全国专业技术人员新职业培训教程

集成电路工程技术人员 初级

集成电路设计

人力资源社会保障部专业技术人员管理司　组织编写

中国人事出版社

图书在版编目（CIP）数据

集成电路工程技术人员：初级．集成电路设计 / 人力资源社会保障部专业技术人员管理司组织编写．--北京：中国人事出版社，2023

全国专业技术人员新职业培训教程

ISBN 978-7-5129-1787-3

Ⅰ.①集…　Ⅱ.①人…　Ⅲ.①集成电路-电路设计-技术培训-教材　Ⅳ.①TN4

中国国家版本馆 CIP 数据核字（2023）第 015415 号

中国人事出版社出版发行

（北京市惠新东街 1 号　邮政编码：100029）

*

保定市中画美凯印刷有限公司印刷装订　　新华书店经销

787 毫米 ×1092 毫米　16 开本　28.75 印张　435 千字

2023 年 3 月第 1 版　　2023 年 3 月第 1 次印刷

定价：75.00 元

营销中心电话：400-606-6496

出版社网址：http://www.class.com.cn

本书编委会

指导委员会

魏少军　赵新华　陈南翔　刘伟平　沈　磊　曹立强　吴南健

编审委员会

总 编 审： 陈大纪

副总编审： 任　翔　吴东亚

主　　编： 菅端端

副 主 编： 付璟璐　龙　锐

编写人员： 余　涵　胡远奇　王昭昊　王自强　贾小涛　何卫锋　赵毅强
姜汉钧　王国兴　何　明　郭继旺　吴行军　龚宗跃

主审人员： 叶　茵　罗国杰

出版说明

当今世界正经历百年未有之大变局，我国正处于实现中华民族伟大复兴关键时期。在全球经济低迷，我国加快形成以国内大循环为主体、国内国际双循环相互促进的新发展格局背景下，数字经济发挥着提振经济的重要作用。党的十九届五中全会提出，要发展战略性新兴产业，推动互联网、大数据、人工智能等同各产业深度融合，推动先进制造业集群发展，构建一批各具特色、优势互补、结构合理的战略性新兴产业增长引擎。“十四五”期间，数字经济将继续快速发展、全面发力，成为我国推动高质量发展的核心动力。

近年来，人工智能、物联网、大数据、云计算、数字化管理、智能制造、工业互联网、虚拟现实、区块链、集成电路等数字技术领域新职业不断涌现，这些新职业从业人员通过不断学习与探索，将推动科技创新、释放巨大能量，推动人们生产生活方式智能化、智慧化、数字化，推动传统产业转型升级，为经济高质量发展注入强劲活力。我国在技术、消费与应用领域具备数字经济创新领先优势，但还存在数字技术人才供给缺口较大、关键核心技术领域自主创新能力不足、数字经济与实体经济融合的深度和广度不够等问题。发展数字经济，推进数字产业化和产业数字化，推动数字经济和实体经济深度融合，急需培育壮大数字技术工程师队伍。

人力资源社会保障部会同有关行业主管部门将陆续制定颁布数字技术领域国家职业标准，坚持以职业活动为导向、以专业能力为核心，遵循人才成长规律，对从业人员的理论知识和专业能力提出综合性引导性培养标准，为加快培育数字技术人才提供基本依据。根据《人力资源社会保障部办公厅关于加强新职业培训工作的通知》（人社厅发〔2021〕28号）要求，为提高新职业培训的针对性、有效性，进一步发挥新职业培训促进更好就业的作用，人力资源社会保障部专业技术人员管理司组织相关领域的专家学者编写了全国专业技术人员新职业培训教程，供相关领域开展新职业培训使用。

本系列教程依据相应国家职业标准和培训大纲编写，划分初级、中级、高级三个等级，有的职业划分若干职业方向。教程紧贴数字技术人员职业活动特点，定位于全国平均水平，且是相关数字技术人员经过继续教育或岗位实践能够达到的水平，突出该职业领域的核心理论知识、主流技术及未来发展要求，为教学活动和培训考核提供规范和引导，将帮助广大有意或正在从事数字技术职业人员改善知识结构、掌握数字技术、提升创新能力。

希望本系列教程的出版，能够在加强数字技术人才队伍建设、推动数字经济快速发展中发挥支持作用。

目 录

第一章 模拟与射频集成电路的原理分析

开展模拟与射频集成电路设计的前提是理解电路的基本原理，这是设计各类电路的基础，以下三方面的知识是必需的：一是熟悉 MOS 管工作原理，掌握作为集成电路基本单元的 MOS 管的伏安特性和各种参数定义；二是掌握集成电路频率响应的分析方法，熟悉影响频率稳定性的各种因素；三是了解负反馈的基本原理，掌握增益分析的方法。这三方面内容是学习模拟与射频集成电路设计的基础，也是进阶学习复杂电路设计的必由之路。

- **职业功能：**模拟与射频集成电路设计。
- **工作内容：**模拟与射频集成电路原理设计。
- **专业能力要求：**能根据电路图、工艺文件和模型文件，分析电路的具体工作原理。
- **相关知识要求：**元器件参数及模型知识；基础电路结构知识。

第一节　基本 MOS 管的分析方法

考核知识点及能力要求：

- 理解 MOS 管直流偏置电路的结构和工作原理。
- 理解 MOS 管输入、输出伏安特性，掌握 MOS 管的大信号和小信号模型。
- 了解不同衬源电压下的体效应。
- 理解 MOS 管跨导、输出电阻、体效应跨导的求解。

一、MOS 管的工作原理

金属 - 氧化物半导体场效应晶体管（metal-oxide-semiconductor field-effect transistor，MOSFET）是一种利用电场效应来控制电流的半导体器件，它通过改变栅源电压 V_{GS} 来改变导电沟道的宽度和高度，从而改变沟道电阻，达到对沟道电流的控制目的。MOSFET 体积小、工艺简单、器件特性便于控制，是目前制造大规模集成电路的主要有源器件。伏安特性曲线是物理学常用的图像法之一，是研究 MOSFET 特性的重要手段。

NMOS 与 PMOS 器件在性能方面存在很多不同，NMOS 主要通过电子，而 PMOS 主要通过空穴来进行电荷的传输。由于空穴迁移率小，在现代工艺中 $\mu_p C_{ox}$ 约等于 $0.25\mu_n C_{ox}$，所以，相同条件下 PMOS 的电流驱动能力和跨导相比 NMOS 较低。另外，对于给定的器件尺寸和偏置电流，PMOS 晶体管呈现出较高的输出电阻，为放大器提供了更理想的电流源和更高的增益。因此，往往更倾向于采用 NMOS 作为放大管，而使用 PMOS 作为负载管。

MOSFET 的体效应（body-effect，也叫衬底调制效应或衬偏效应），主要是来源于 MOS 管的源 – 衬底（source-bulk）端之间的偏压对 MOSFET阈值电压 V_{th} 的影响。以 NMOS 晶体管为例，当晶体管源端的电势高于衬底端电势时，源和衬底区的二极管反偏程度增加，栅下面的表面层中将有更多的空穴被吸引到衬底，使耗尽层中留下的不能移动的负离子增多，耗尽层宽度增加，耗尽层中的体电荷面密度 Q_{dep} 也增加，Q_{dep} 增加会使得耗尽区更加难以反型，从而导致阈值电压 V_{th} 升高。

二、关键参数特性分析

（一）输入特性曲线

输入特性曲线是指漏源电压 V_{DS} 为定值时，漏极电流 i_D 与栅源电压 V_{GS} 之间的关系曲线。当 $V_{GS}<V_{th}$ 时，$i_D=0$；当 $V_{GS}>V_{th}$ 时，i_D 随 V_{GS} 的增大而增大。在较小的范围内可以认为 V_{GS} 和 i_D 呈线性关系。通过 V_{GS} 大小的变化，即电场的变化，可以控制漏电流的变化。

（二）输出特性曲线

输出特性曲线是指栅源电压 V_{GS} 为定值时，漏极电流 i_D 与漏源电压 V_{DS} 的关系曲线。按 MOS 管的工作特性可将输出特性分为以下三个区域：

1. 可变电阻区（三极管区）

V_{DS} 相对较小，i_D 随 V_{DS} 增大而增大。V_{DS} 增大，曲线变陡，说明输出电阻随 V_{DS} 变化而变化，故称为可变电阻区。

2. 饱和区

饱和区又称为恒流区，漏极电流基本不随 V_{DS} 变化而变化，只随 V_{GS} 的增大而增大，体现了 V_{GS} 对 i_D 的控制作用。

3. 击穿区

当 V_{DS} 增大到一定值时，场效应管内 PN 结被击穿，电流突然增大，如果无限流措施，MOSFET 将损坏。

当 MOSFET 工作在饱和区时，其电流受栅源过驱动电压控制，使用跨导 g_m 表示

电压转换电流的能力：

$$g_m = \frac{\partial I_D}{\partial V_{GS}} \mid V_{DS,const}$$

输出电阻指从放大器输出端看进去的戴维宁等效电阻，该电阻作为负载的信号源内阻，用以说明放大器带负载的能力，输出电阻越小表明放大器的输出能力越强。

三、直流仿真方法和实例解析

（一）创建库和单元

本书以模拟集成电路设计工具 Aether 为例介绍模拟和射频电路的设计方法，其他厂家工具操作界面虽略有不同，但设计方法是相似的。在本章中，学员跟随本书实例操作即可，主要目的是建立理论参数和电路仿真参数关系的直观印象，为后续学习电路设计打下基础。

“库”（Library）在模拟电路设计工具中是一类具有相同工艺属性且归属于同一项目的电路、版图等设计的组合，用于集中管理某一项目或项目中某一设计人员的所有设计文件。在 Aether 的 Design Manager（简称“DM”）中通过 File → New Library 创建一个新的库，可命名任意名字，如图 1-1 所示。在弹出窗口的工艺 Technology 选项中选择 Attach To Library 并选择加载 018 μm_PDK，即可为该库指定工艺属性，如图 1-2 所示。

“单元”（Cell）是具体的设计文件，可以是电路图、版图、符号等设计中可能用到的文件类型。在 DM 中通过 File → New Cell/View 在新建的库中创建一个 Cell，View Type 选择 Schematic，如图 1-3 所示。

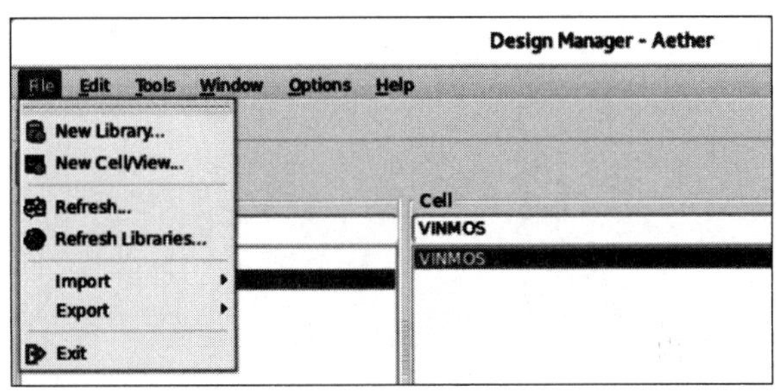

图 1-1　新库的建立

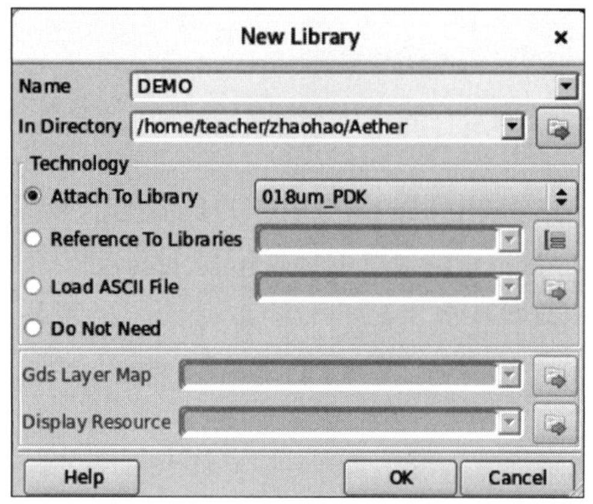

图 1-2　库属性的复制

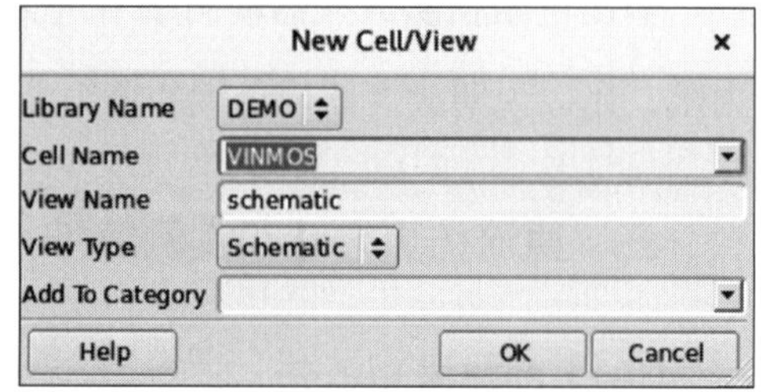

图 1-3　新建 Cell

（二）绘制电路图

打开此 cell 的 schematic 文件，使用快捷键 i 添加新的 Instances，如图 1-4 和图 1-5 所示。

MOS 管的伏安特性曲线实验中，需要一个 MOS 管、若干电压源和电源地。首先通过 Add Instances 添加一个属于 018 μm_PDK 工艺的 NMOS/PMOS 场效应管（n18/p18），选中要添加的器件后，通过 Edit Properties 修改器件的属性。然后添加 analog 库中的电源 vdc，最后添加 basic 库中的地 gnd。设置栅极电压为“VGS”，漏极电压为“VDS”，衬底电压为“VBS”。这些变量均可在仿真窗口中赋值，如图 1-6 至图 1-8 所示。

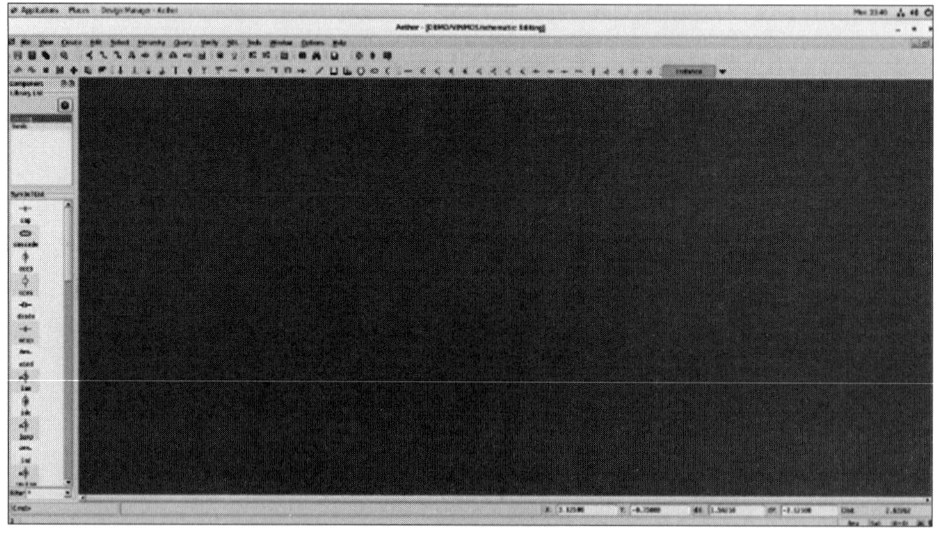

图 1-4　原理图界面

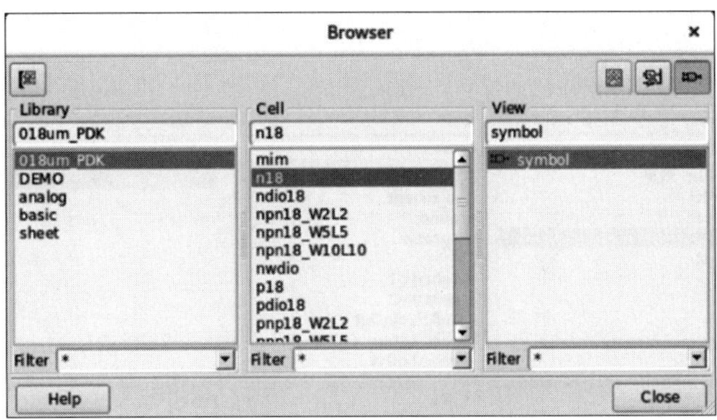

图 1–5　添加 MOS 器件

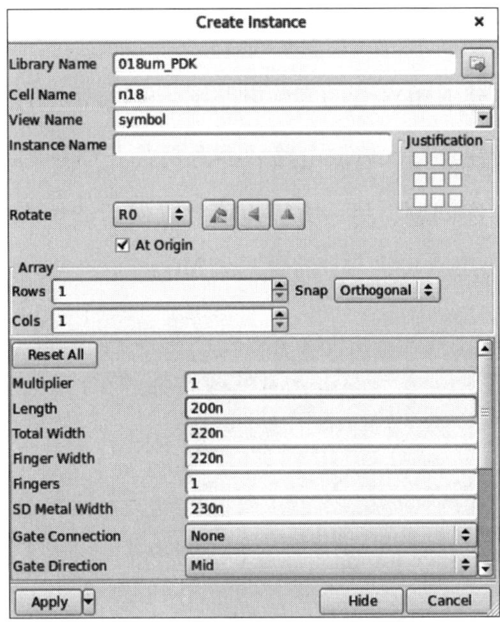

图 1–6　修改 MOS 器件属性

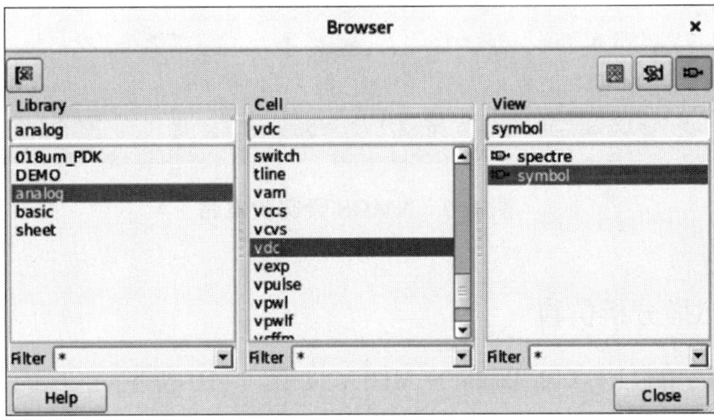

图 1–7　添加电压源

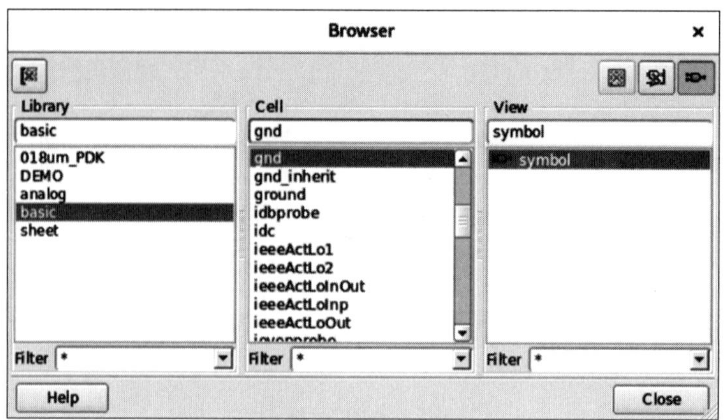

图 1-8　添加地

按照图 1-9 所示搭建 NMOS 管的实验电路图（Schematic），点击左上角 Check and Save 按键进行保存，要注意每次修改电路后都需要点击 Check and Save，一方面可以初步验证此次修改是否存在问题，另一方面也可以确保后续仿真是基于修改后的电路进行的。

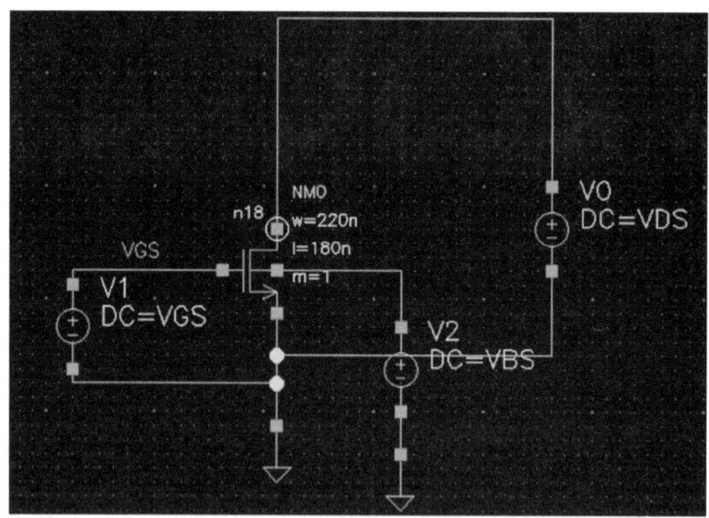

图 1-9　NMOS 管实验电路

（三）直流扫描分析仿真

在电路图的菜单栏中点击 Tools → MDE，如图 1-10 所示。

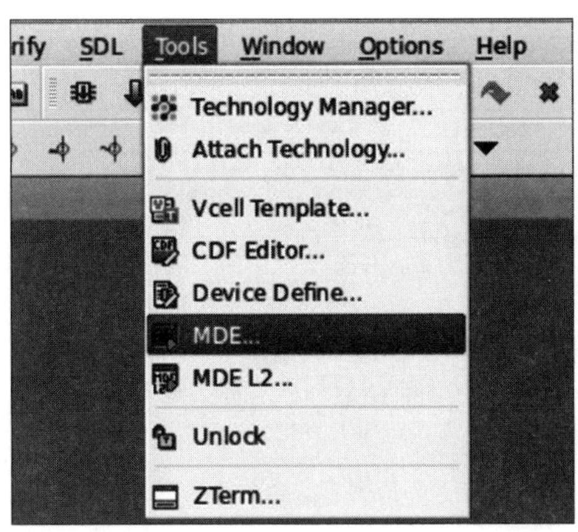

图 1–10　直流扫描工具的打开

在 MDE 窗口中，左上部分 Model Setup 的空白处激活鼠标右键菜单，选择 Add Modcl Library，在弹出对话框中选择 /opt/PDK/DEMO/models/model.lib 文件，如图 1–11 所示。

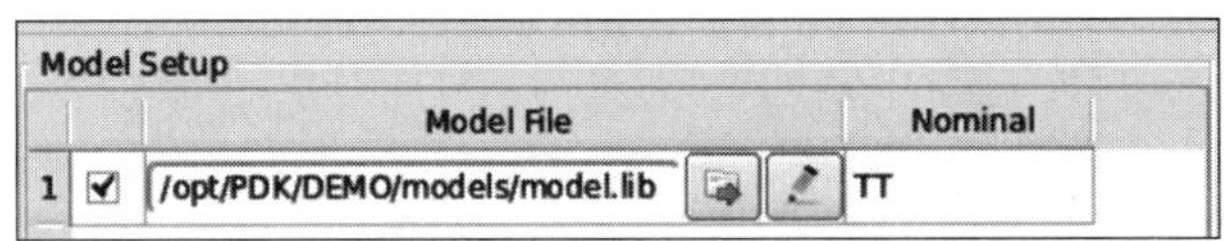

图 1–11　仿真模型的选择

在左中部分 Parameter Setup 的空白处激活鼠标右键菜单，选择 Copy From Cellview，弹出提示“Do you want to copy parameters from top cell only？”点击 Yes，此时将得到之前设置的变量 V_{GS}、V_{BS}、V_{DS}，设置 V_{GS} 初始值为 0.9 V，V_{BS} 为 0 V，V_{DS} 为 1.8 V，如图 1–12 所示。

Parameters

Name	Nominal
VDS	1.8
VBS	0
VGS	0.9

图 1–12　参数的复制

接下来进行仿真参数的设置，在 MDE 主菜单点击 Analysis → Add Analysis 会弹出对话框，在此首先切换为 DC 仿真，并扫描变量 V_{GS}，如图 1–13 所示，这样就可在 MDE 的右上窗口看到设置的 DC 仿真，如图 1–14 所示。

最后将想要观察的信号加入输出栏 Outputs 中，在右下部分 Outputs 的空白处激活右键菜单，既可以单独选择想要的输出，也可以保留全部的网表节点（net）电压和端子电流，如图 1–15 所示。

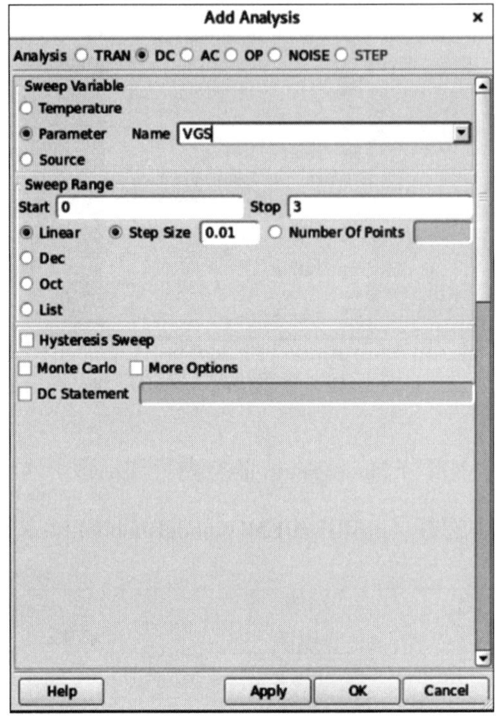

图 1–13　扫描参数的设置

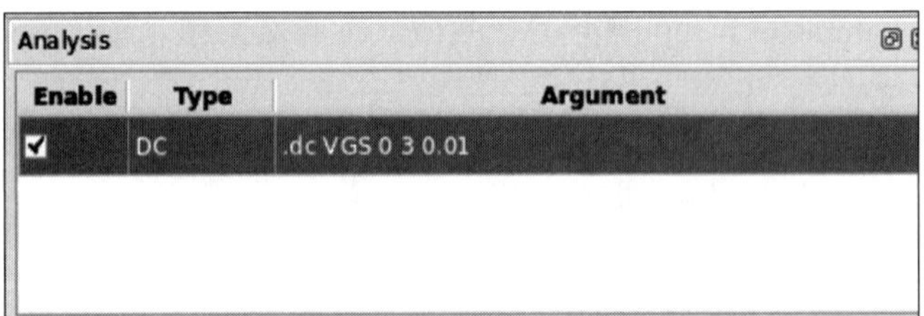
Analysis

Enable	Type	Argument
✔	DC	.dc VGS 0 3 0.01

图 1–14　直流扫描设置完成

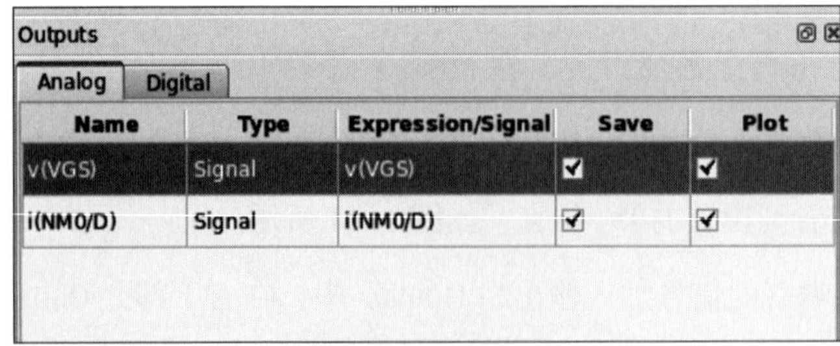
Outputs

Analog　Digital

Name	Type	Expression/Signal	Save	Plot
v(VGS)	Signal	v(VGS)	✔	✔
i(NM0/D)	Signal	i(NM0/D)	✔	✔

图 1–15　输出参数的设置

完成以上四部分设置，就可以生成网表并进行仿真了。点击 Simulation → Netlist → Create，即可生成电路的网表文件（Netlist），如图 1–16 和图 1–17 所示。

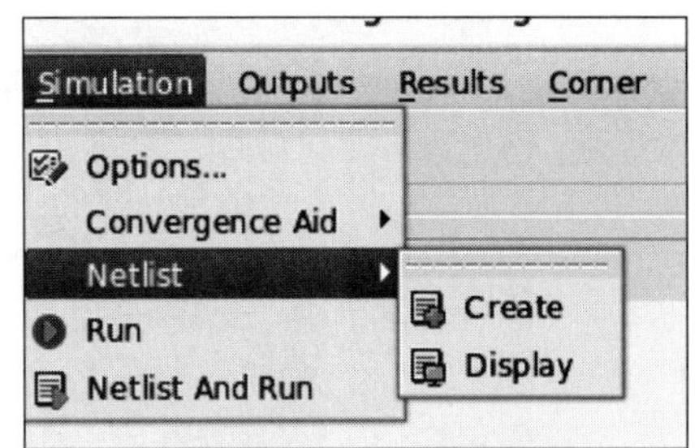

图 1–16　网表的生成

接下来在 Simulation 中选择 Run 来运行仿真，得到直流扫描分析，即 NMOS 管的 I_D–V_{GS} 传输特性曲线，如图 1–18 所示。

同理，修改仿真参数，得到 NMOS 管的 I_D–V_{DS} 输出特性曲线，如图 1–19 和图 1–20 所示。

接下来做 PMOS 管的 I_D–V_{SC} 传输特性曲线和 I_D–V_{SD} 输出特性曲线。将 NMOS（n18）换为 PMOS（p18），并修改电路图，如图 1–21、图 1–22 所示。

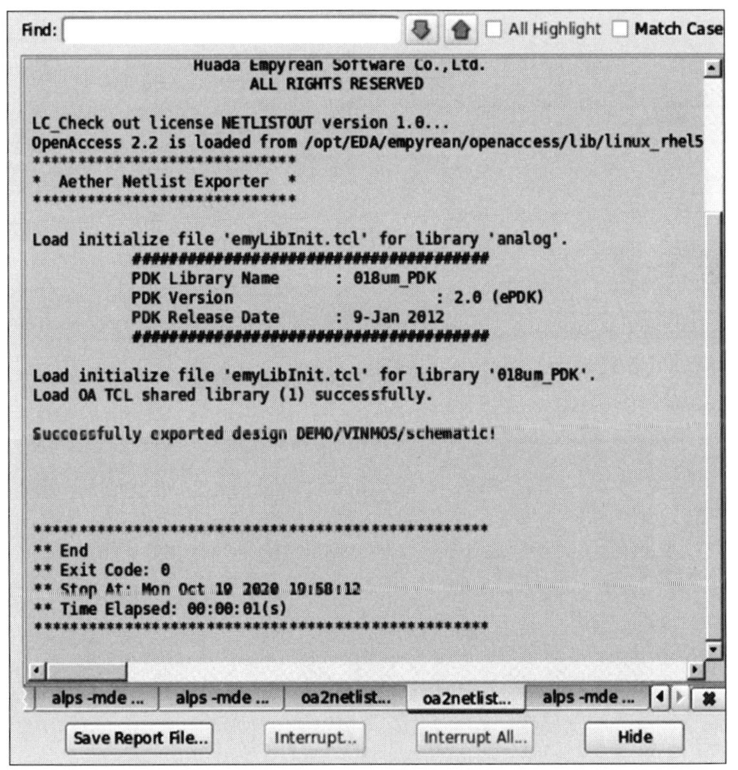

图 1–17　生成的网表

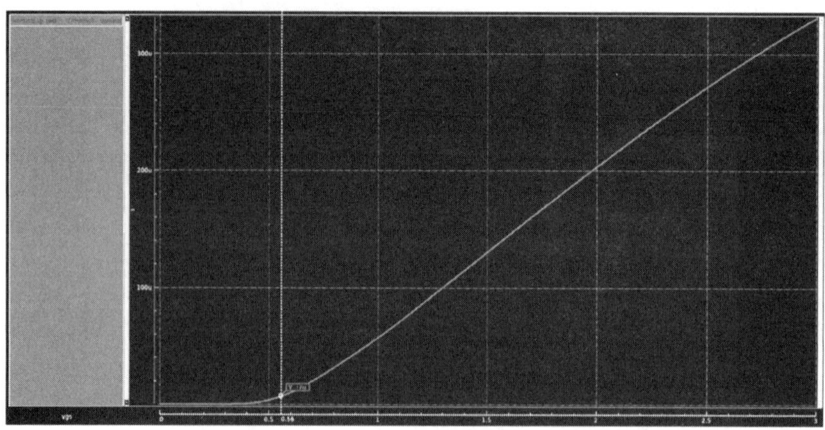

图 1-18　NMOS 管的传输特性曲线

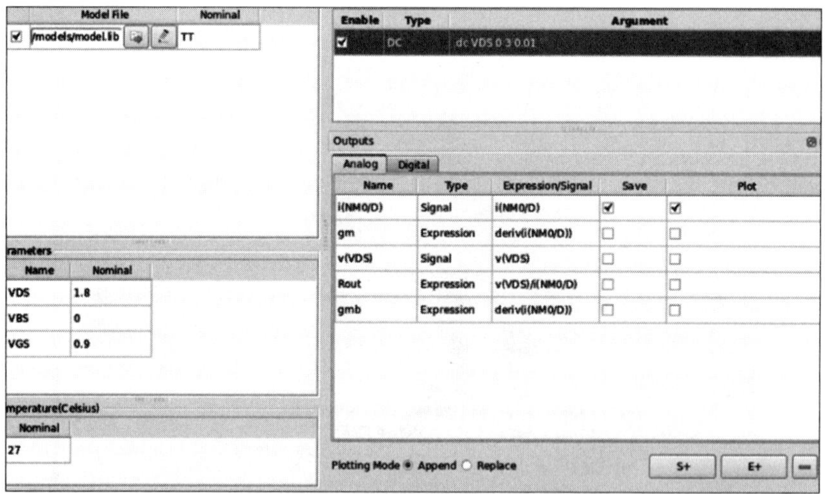

图 1-19　输出特性曲线仿真的设置

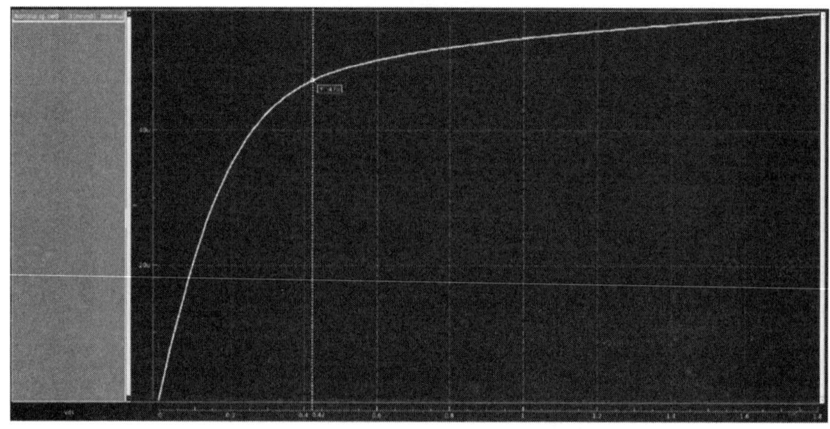

图 1-20　NMOS 管输出特性曲线

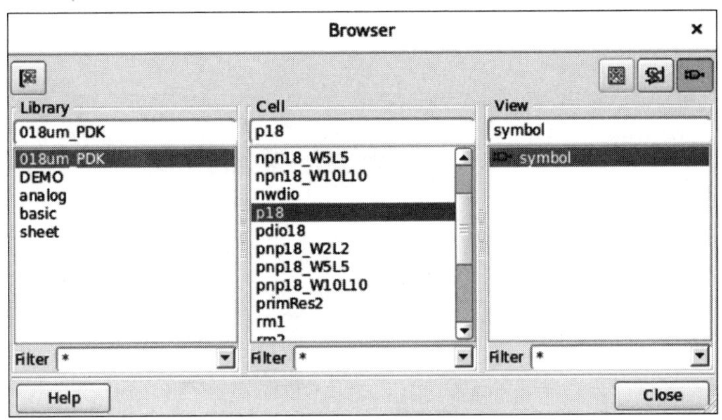

图 1-21　PMOS 管的调用

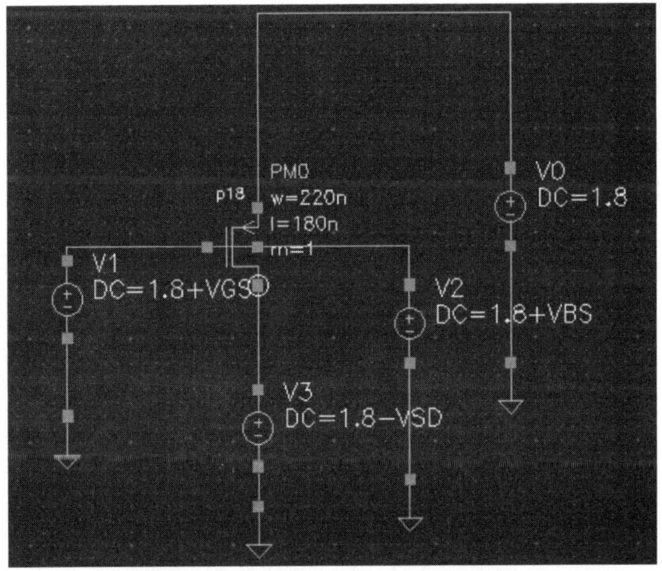

图 1-22　PMOS 管的仿真电路

每次修改电路图的拓扑结构或任意参数后，在仿真前都需要重新生成电路图的网表文件。修改仿真参数，点击 Run 运行仿真程序，得到 PMOS 管的 I_D-V_{SG} 特性曲线和 I_D-V_{SD} 特性曲线，如图 1-23 至图 1-26 所示。

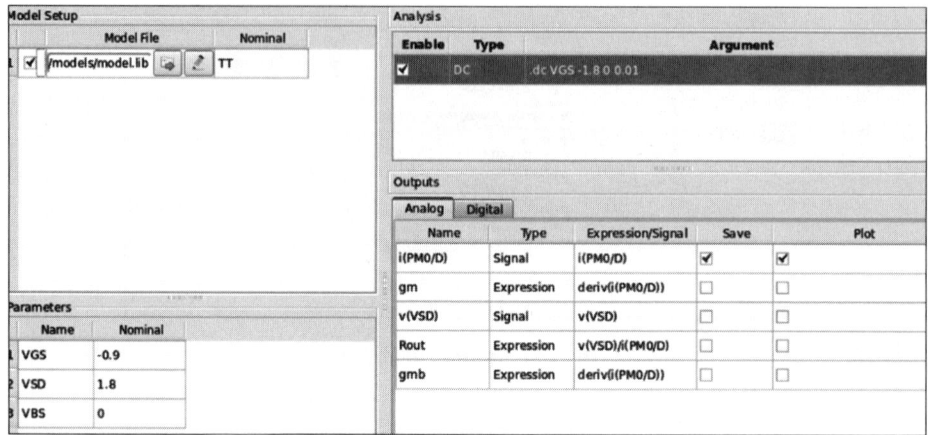

图 1–23　传输特性设置

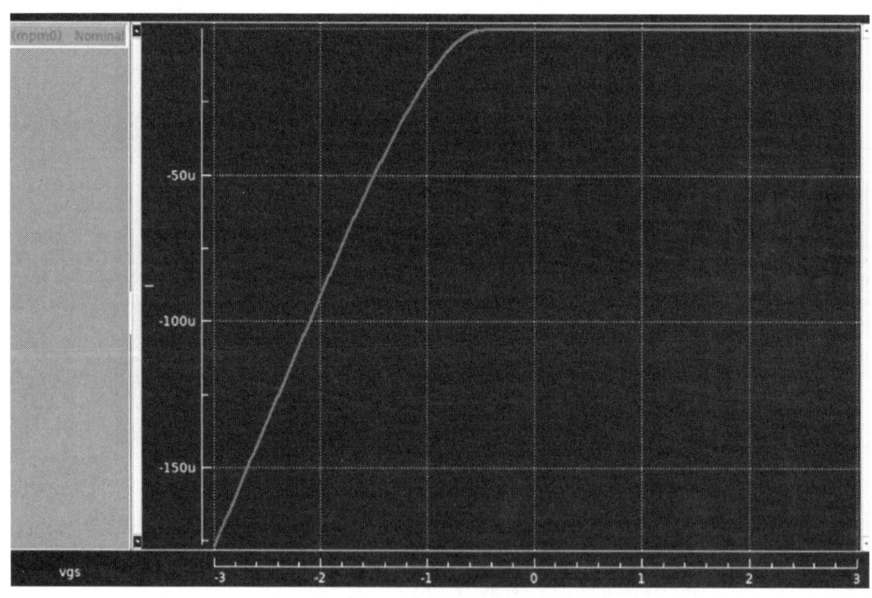

图 1–24　PMOS 管传输特性曲线

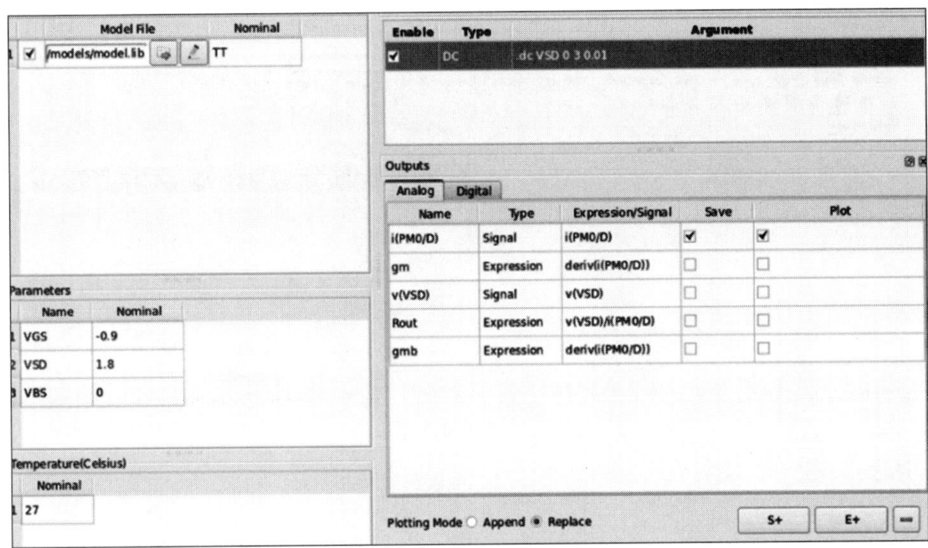

图 1–25　输出特性设置

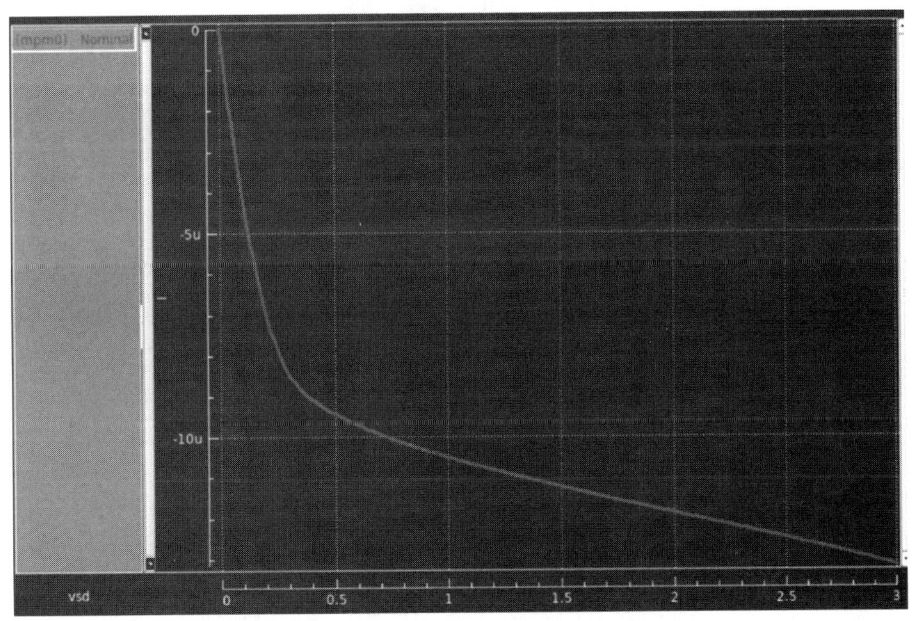

图 1–26　PMOS 管输出特性曲线

（四）体效应仿真

重新设置 NMOS 管体效应的仿真参数如图 1–27 所示，运行仿真后可以发现随着 V_{BS} 的增加 V_{th} 会减小，在相同的输入电压下漏电流增加，如图 1–28 所示。

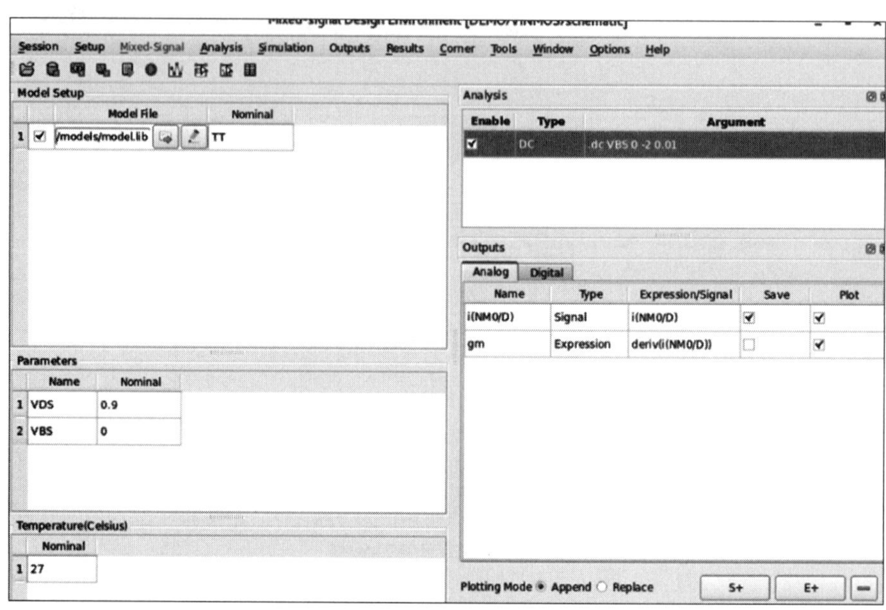

图 1–27　NMOS 体效应仿真设置

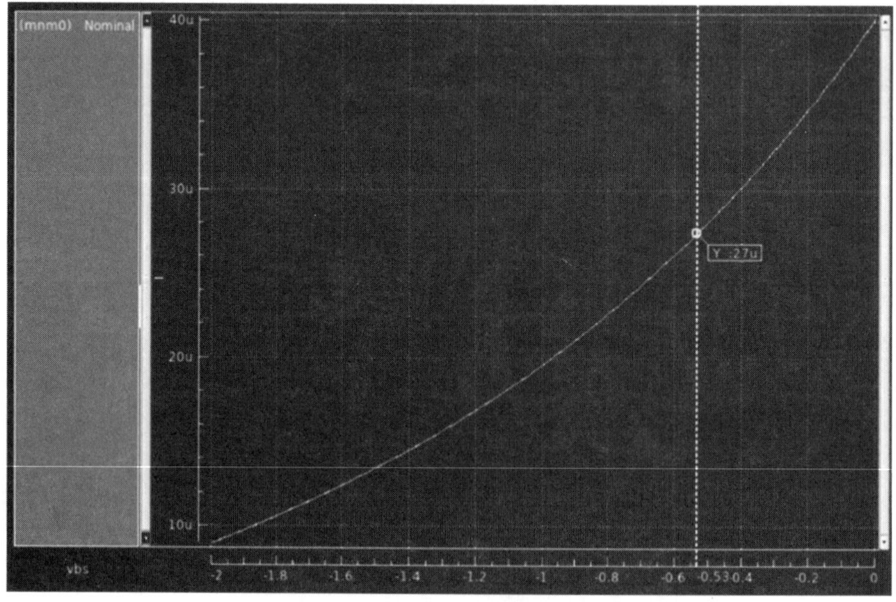

图 1–28　NMOS 体效应仿真结果

对应修改和设置 PMOS 管体效应仿真参数，如图 1–29 所示。随着 V_{BS} 的增加，$|V_{th}|$ 增大，在相同的输入电压下漏电流减小，如图 1–30 所示。

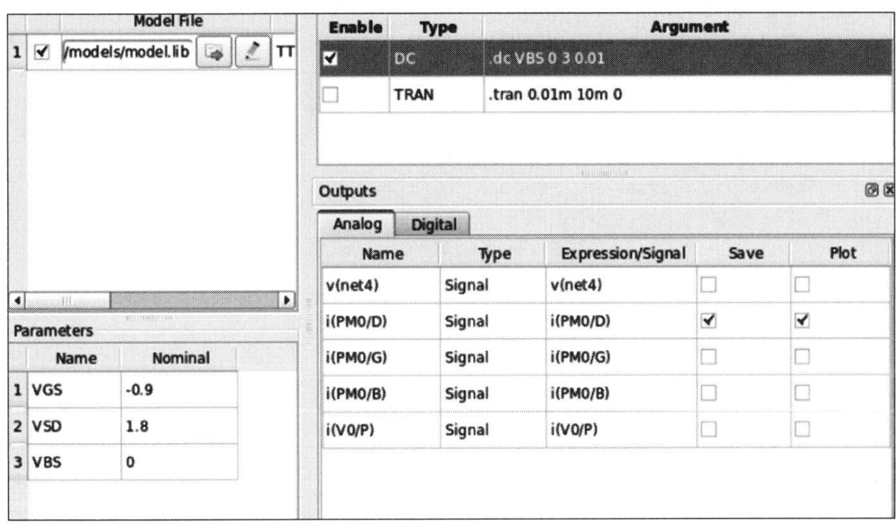

图 1–29　PMOS 体效应仿真设置

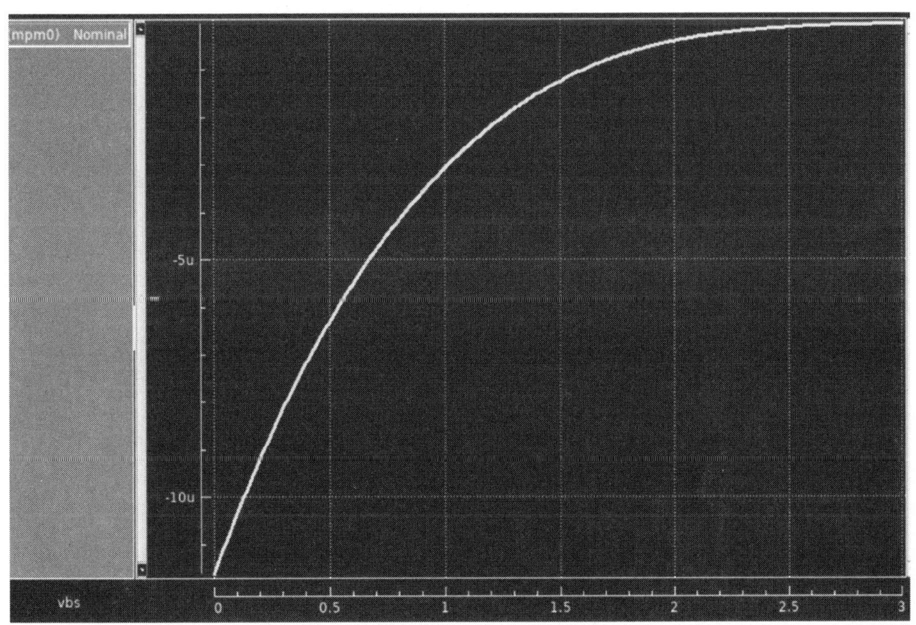

图 1–30　PMOS 体效应仿真曲线

（五）利用计算器工具进行仿真

在 Aether MDE 界面的 Outputs 区域，单击右键选择添加表达式 Add Expression，并在弹出的窗口中点击新表达式 New Expression，如图 1–31 和图 1–32 所示。

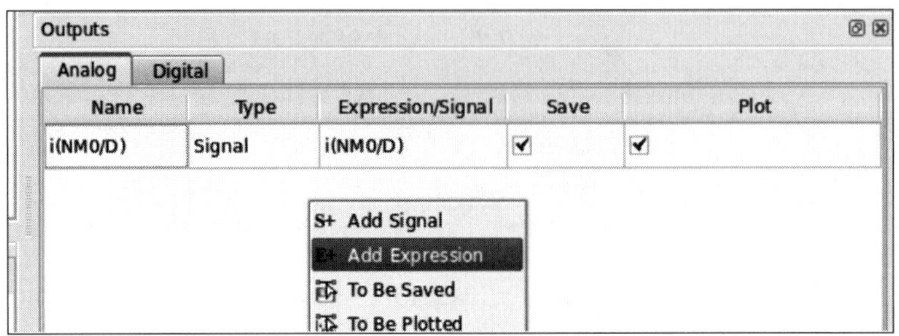

图 1–31　增加新表达式

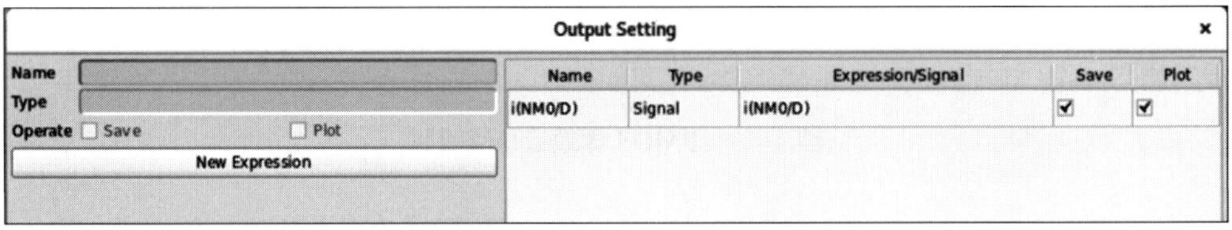

图 1–32　表达式的设置

在展开的界面中，有一系列方程和特殊函数可以使用，如求解 NMOS 管的跨导需要扫描输出电流 i_D 随输入电压 V_{GS} 的变化曲线，根据跨导 g_m 的定义，g_m 为输出电流 i_D 对 V_{GS} 的导数，使用函数 deriv 对 i_D 进行求导即可得到 g_m，如图 1–33 和图 1–34 所示。

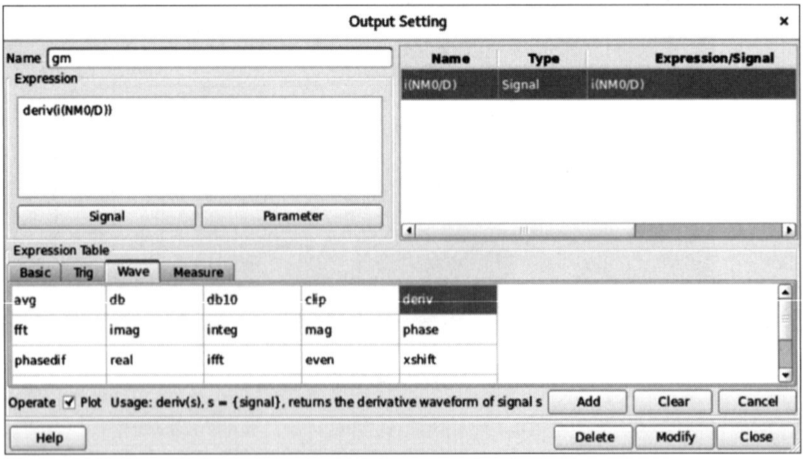

图 1–33　函数的调用

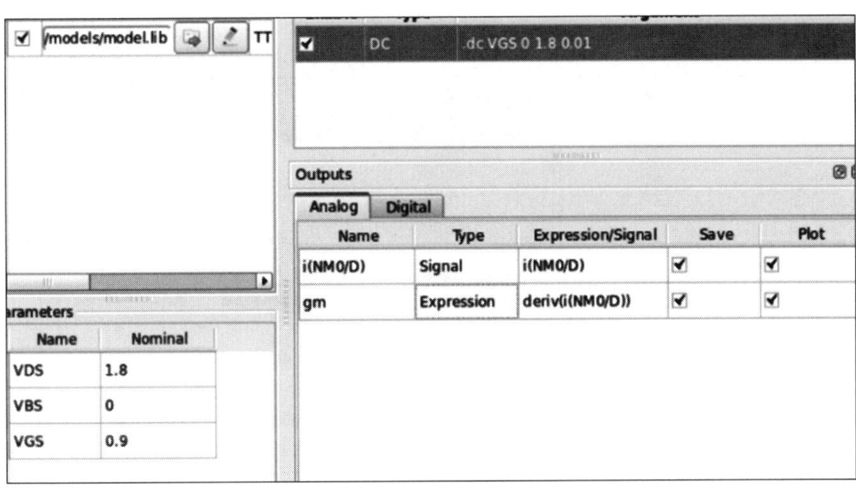

图 1–34　函数的设置

进行仿真后，可以改变纵轴的刻度模式为 log 以获得更佳的显示效果，NMOS 的跨导随 V_{GS} 变化的曲线如图 1–35 所示。

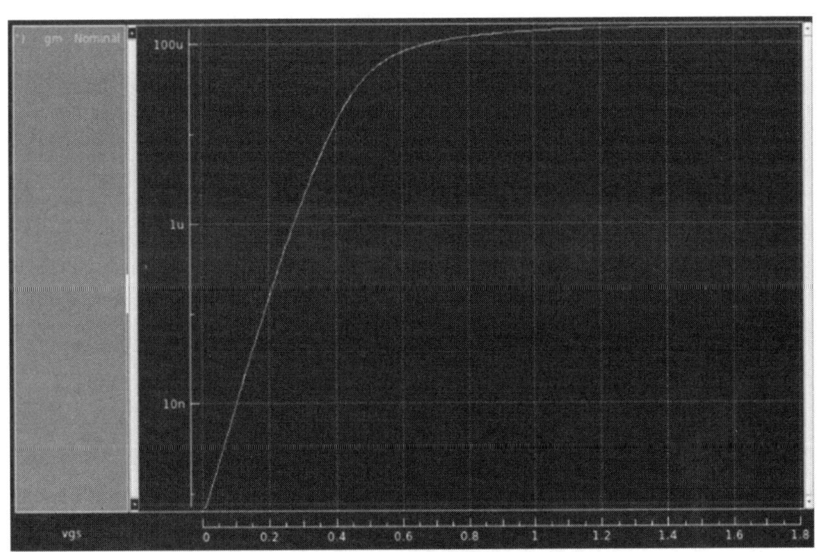

图 1–35　NMOS 的跨导随 V_{GS} 变化的曲线

NMOS 管的输出电阻为 V_{DS} 与 i_D 的比值，参数设置与仿真结果如图 1-36 和图 1-37 所示。

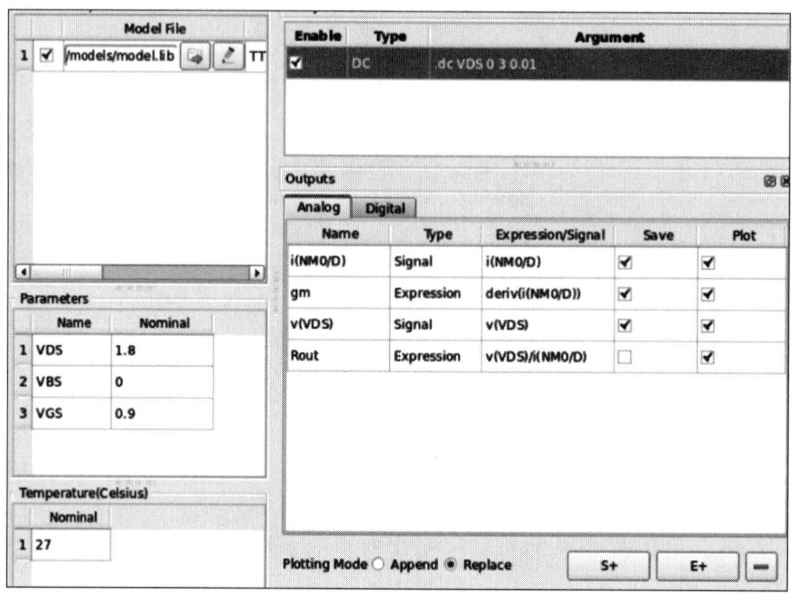

图 1-36　输出电阻的仿真设置

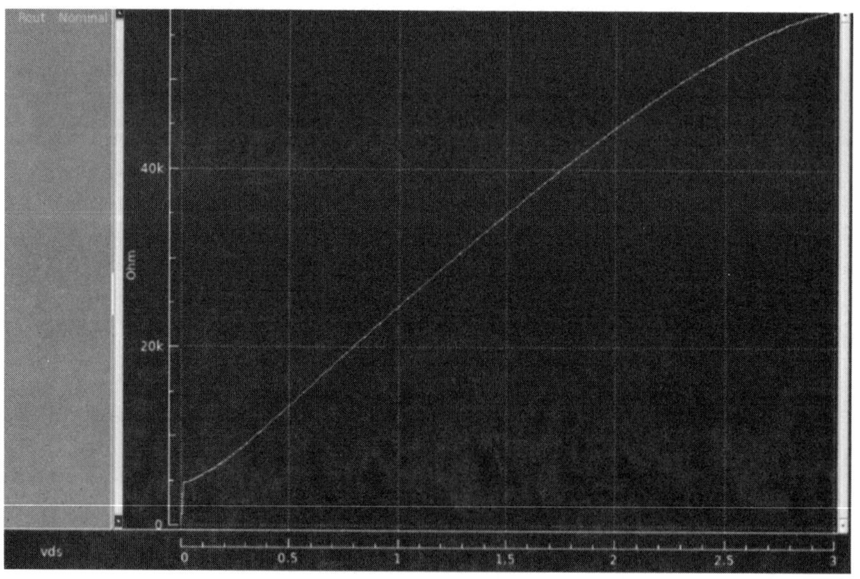

图 1-37　输出电阻随 V_{DS} 变化曲线

NMOS 管的体效应跨导为扫描 V_{BS} 时 i_D 对 V_{BS} 的导数，对应的参数设置和仿真结果如图 1–38 和图 1–39 所示。

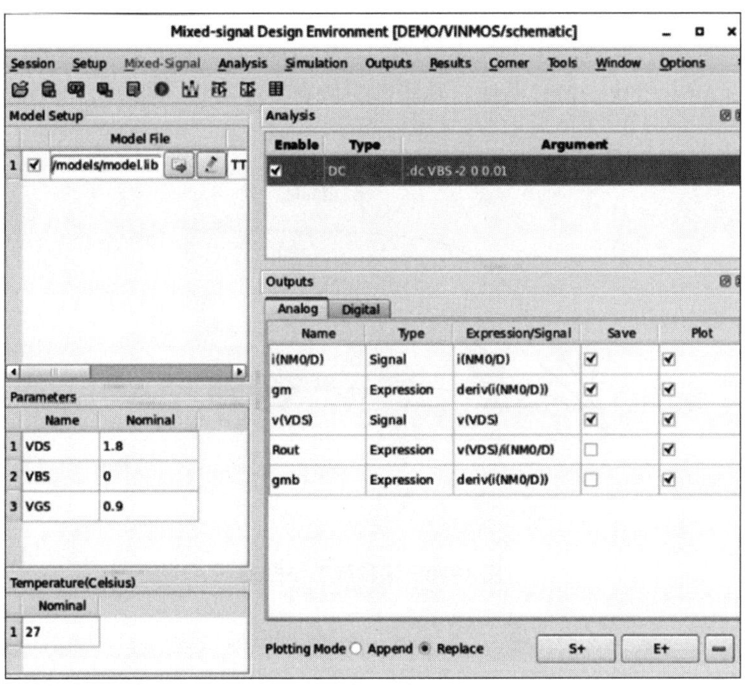

图 1–38　NMOS 体效应仿真设置

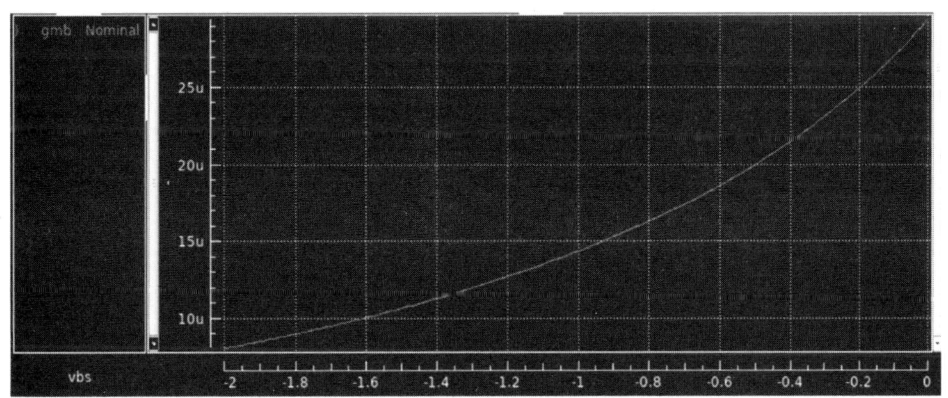

图 1–39　衬偏电压对输出电流的影响

同理，PMOS 管的跨导、输出电阻、体效应跨导也可参照 NMOS 进行相应参数设置和仿真。

小结

经过本节的学习，需要掌握以下内容：

（1）掌握 MOS 管伏安特性曲线，熟悉理想伏安特性形状，如图 1–40 和图 1–41 所示。

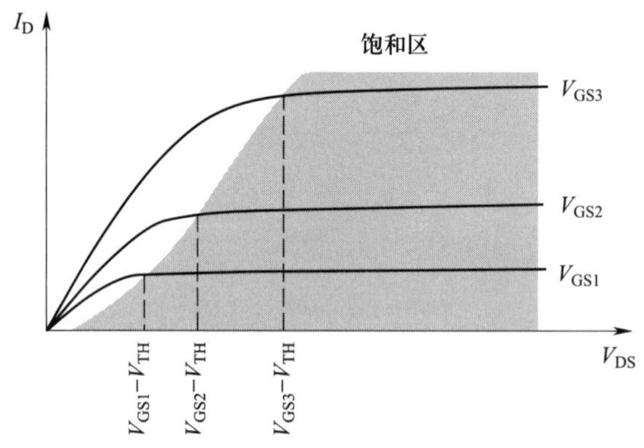

图 1–40　饱和区工作曲线

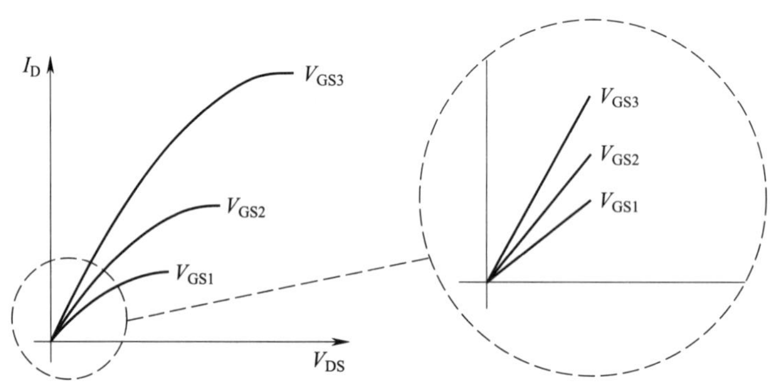

图 1–41　三极管区工作曲线

（2）能够使用 Aether 工具的基本功能。

（3）能够完成 MOS 管的仿真。

思考题

MOS 管的伏安特性曲线表明了在不同的工作区间 MOS 管的不同特性，这些特性分别有什么应用场景呢？

第二节　频率响应与稳定性分析

考核知识点及能力要求：

- 理解电路系统频率响应的分析方法。
- 理解零点、极点对系统稳定性与电路性能的影响。
- 掌握频率响应的基本概念：零极点、幅频特性、相频特性。
- 了解多极点系统的特性，极点之间的耦合。

一、频率响应分析方法

频率响应（frequency responce）是指系统信号的振幅和相位随频率变化而变化的特性。系统的频率响应由幅频特性和相频特性组成，幅频特性表示增益的增减同信号频率的关系，相频特性表示不同信号频率下的相位畸变关系。

本次实验内容包括：

（1）交流小信号分析。CMOS 共源放大器的零极点、幅频特性和相频特性曲线，与理论估算做对比，与波特图近似法做对比。

（2）瞬态分析。根据上述频率响应结果，选取某个高频小信号做输入，观察增益值，并与低频增益值做对比，然后与幅频相频特性曲线相互验证。

（3）交流小信号分析。两级放大电路的频率响应，观察多极点系统的幅频和相频特性曲线。

根据频率响应可以比较直观地评价系统复现信号的能力和过滤噪声的特性，而具体到电路中，通过频率响应可以方便地分析出系统的带宽和稳定性等性能。

借助跨导，可以将 MOS 管栅 - 源电压变化转换成小信号漏极电流的变化，小信号漏极电流流过电阻就会产生输出电压信号，这就是共源极放大器的基本工作原理，如图 1-42、图 1-43 和图 1-44 所示。

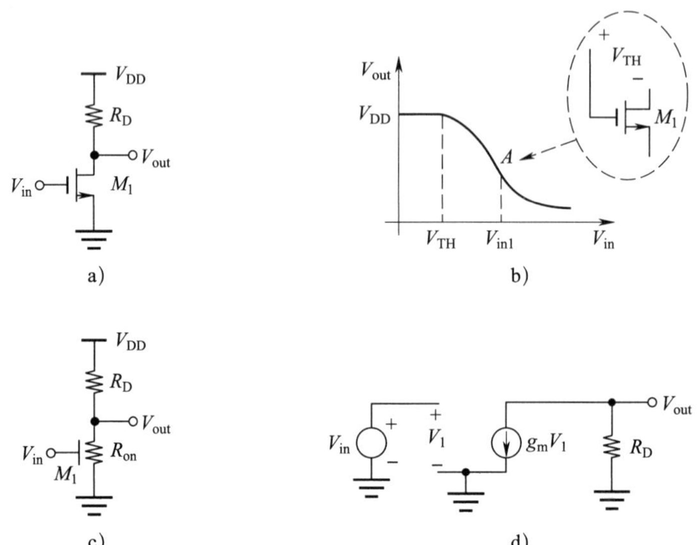

图 1-42　共源极小信号模型

$$V_{out}=V_{DD}-R_D\frac{1}{2}\mu_nC_{ox}\frac{W}{L}(V_{in}-V_{TH})^2$$

$$A_v=\frac{\partial V_{out}}{\partial V_{in}}=-R_D\mu_nC_{ox}\frac{W}{L}(V_{in}-V_{TH})=-g_mR_D$$

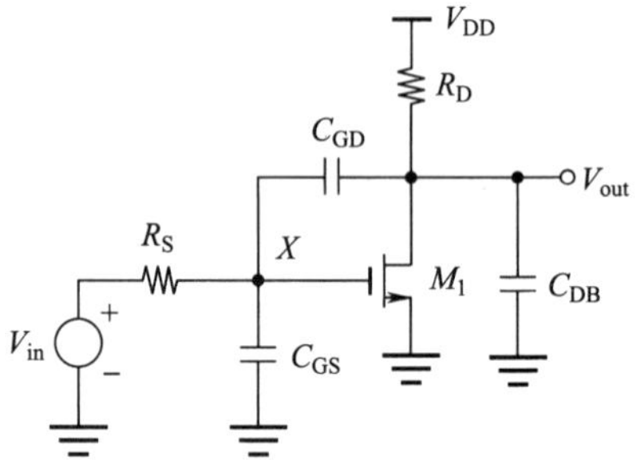

图 1-43　单级共源极放大器的零极点

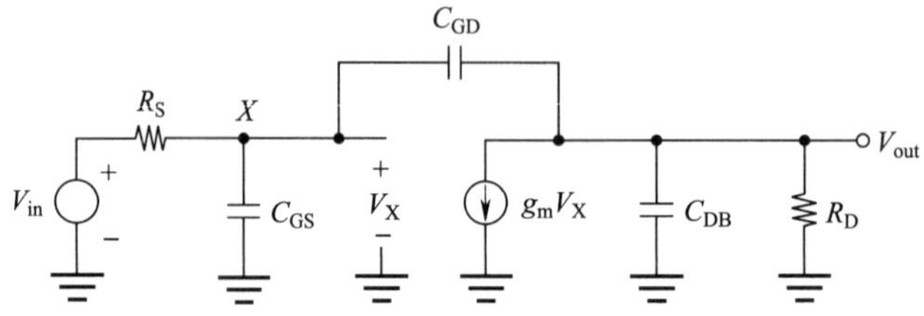

图 1-44　共源极放大器完整小信号模型

通过对 MOS 管及其高频模型的推导，可以得到传输函数为：

$$\frac{V_{out}}{V_{in}}(s)=\frac{(C_{GD}s-g_m)R_D}{R_SR_D\xi_S^2+[R_S(1+g_mR_D)C_{GD}+R_SC_S+R_D(C_{GD}+C_{DB})]s+1}$$

二、稳定性仿真方法和实例解析

（一）创建库和单元

在 Design Manager 中通过 File → New Library 创建一个新的库，可命名任意名字，在弹出窗口的工艺 Technology 中选择 Attach To Library 并选择之前加载过的 018 μm_PDK，如图 1–45 和图 1–46 所示。

在 DM 中通过 File → New Cell/View 在新建的库中创建一个 Cell，View Type 选择 Schematic，如图 1–47 所示。

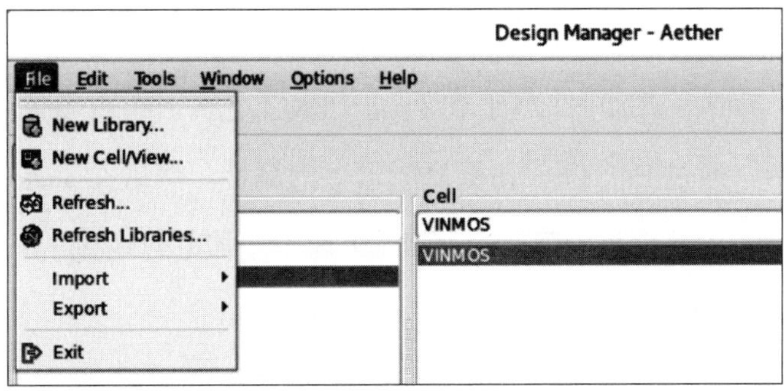

图 1–45　新库的建立

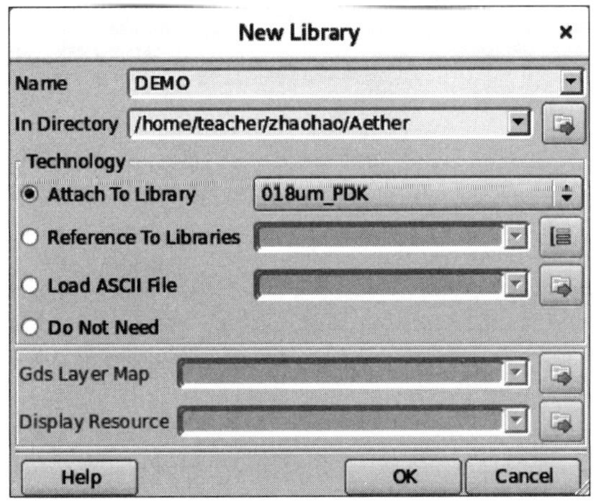

图 1–46　库属性的设置

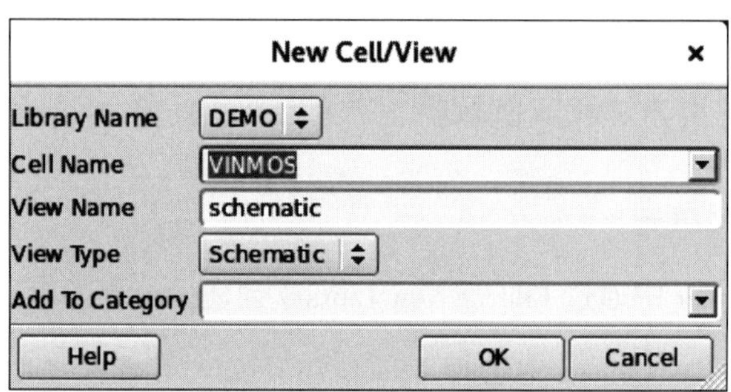

图 1–47　新 Cell 的建立

（二）绘制电路图

打开此 Cell 的 Schematic 文件，使用快捷键 i 添加新的 Instances。

CMOS 共源放大器需要一个 NMOS 管、电压源、正弦信号源、电源地、负载电阻。首先通过 Add Instances 添加一个属于 018 μm_PDK 工艺的 NMOS 场效应管（n18），选中添加的器件后，通过 Edit Properties 修改器件的属性。然后在 analog 库中添加电源 vdc、正弦信号源 vsin、理想电阻 res，在 basic 库中添加电源地 gnd，并设置好元器件的参数，如图 1–48 所示。

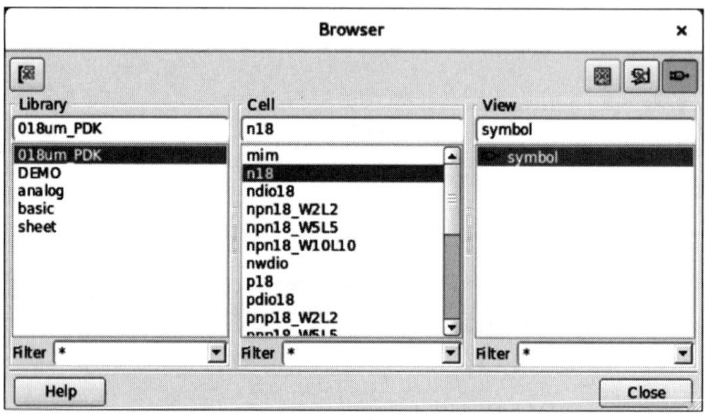

a)

Create Instance
Library Name 018um_PDK
Cell Name n18
View Name symbol
Instance Name
Justification
Rotate R0
At Origin
Array
Rows 1
Snap Orthogonal
Cols 1
Reset All
Multiplier 1
Length 200n
Total Width 220n
Finger Width 220n
Fingers 1
SD Metal Width 230n
Gate Connection None
Gate Direction Mid
Apply
Hide
Cancel

b)

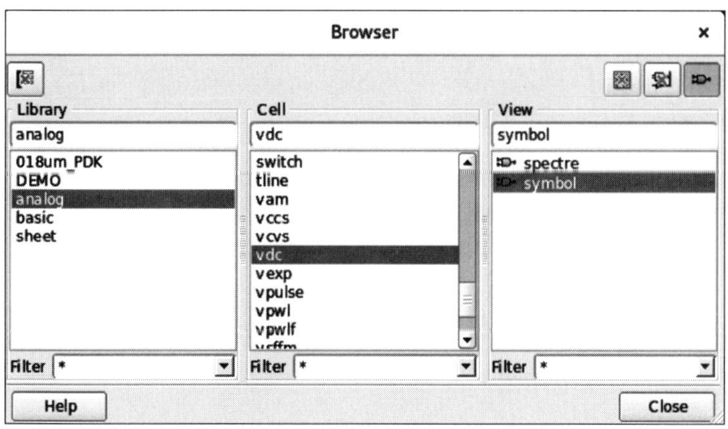
Browser
Library
analog
018um_PDK
DEMO
analog
basic
sheet
Cell
vdc
switch
tline
vam
vccs
vcvs
vdc
vexp
vpulse
vpwl
vpwlf
View
symbol
spectre
symbol
Filter *
Filter *
Filter *
Help
Close

c)

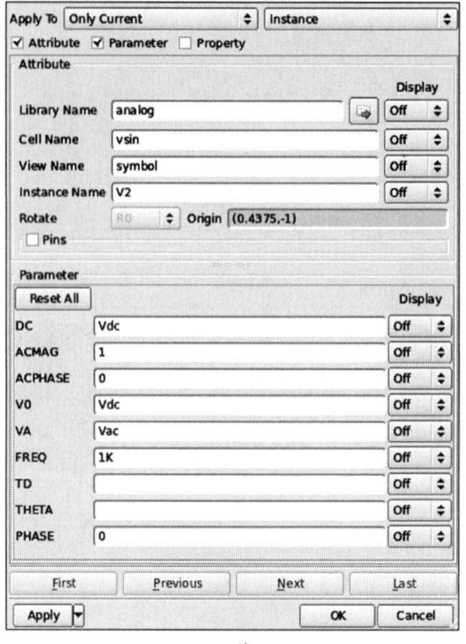

d）

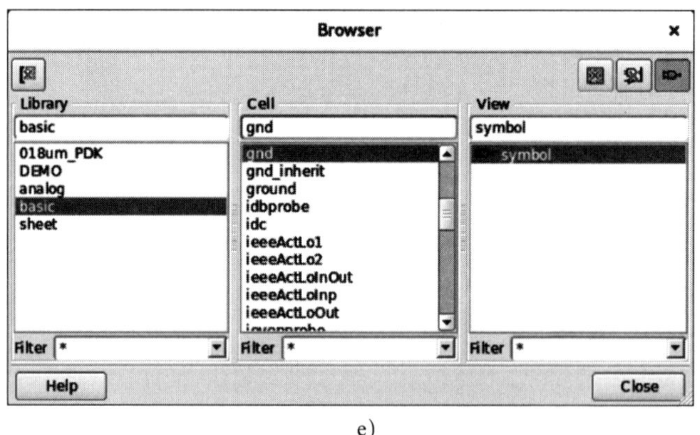

e）

图 1–48　共源放大器单元的添加

a）NMOS 的添加　b）NMOS 的属性设置　c）电源的添加

d）信号源的添加　e）地的添加

在确保电路图无误后，点击左上角 Check and Save 按键进行保存，图 1–49 所示为单管共源极放大器的实验电路图。

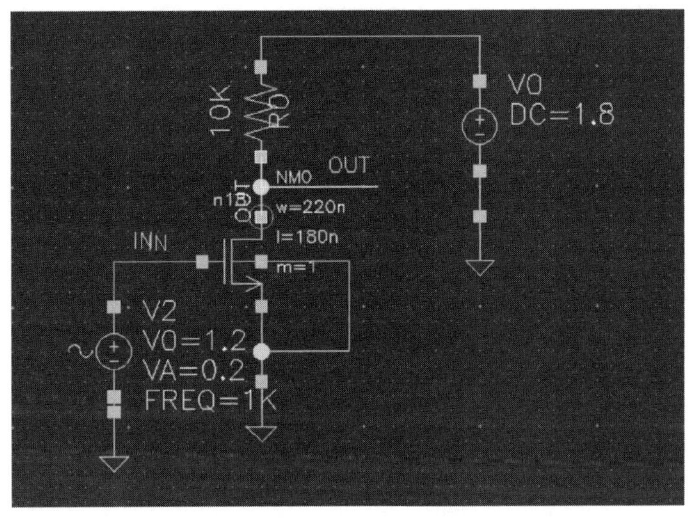

图 1–49 单管共源极放大器实验电路图

（三）交流仿真

在电路图的菜单栏中点击 Tools → MDE，如图 1–50 所示。

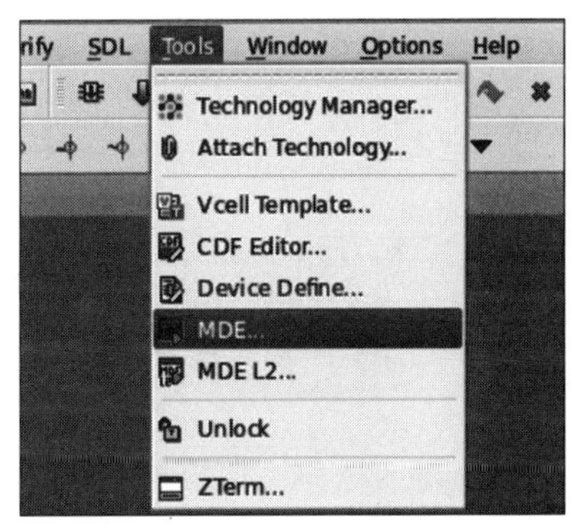

图 1–50 仿真环境的打开

在 MDE 窗口中，左上部分 Model Setup 的空白处激活鼠标右键菜单，选择 Add Model Library，在弹出对话框中选择 /opt/PDK/DEMO/models/model.lib 文件，如图 1–51 所示。

接下来进行交流仿真设置，在 MDE 主菜单点击 Analysis → Add Analysis 会弹出对话框，在此切换为 AC 仿真，并设置仿真参数，输出选择对应输出端口，如图 1–52 和图 1–53 所示。

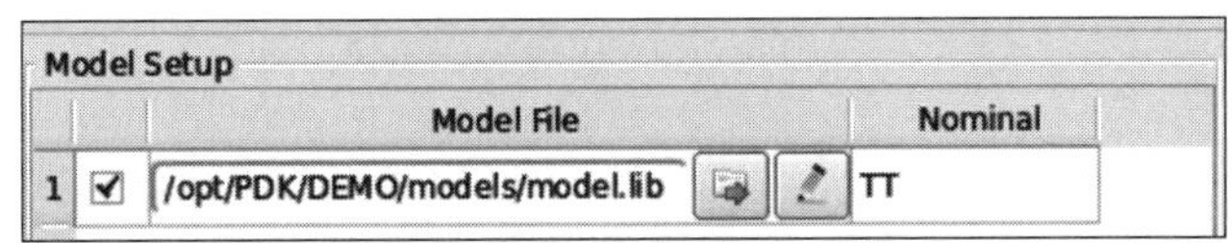

图 1–51 模型的添加

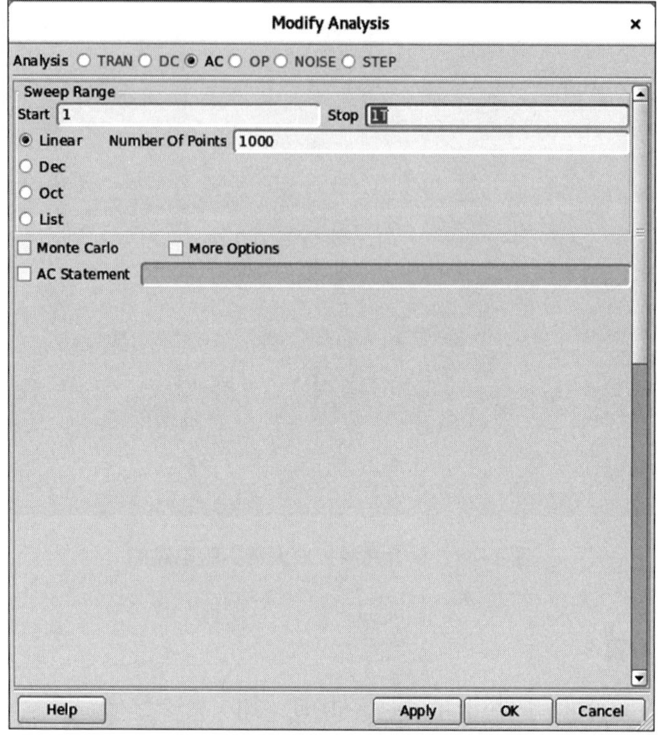

图 1–52　交流仿真的设置

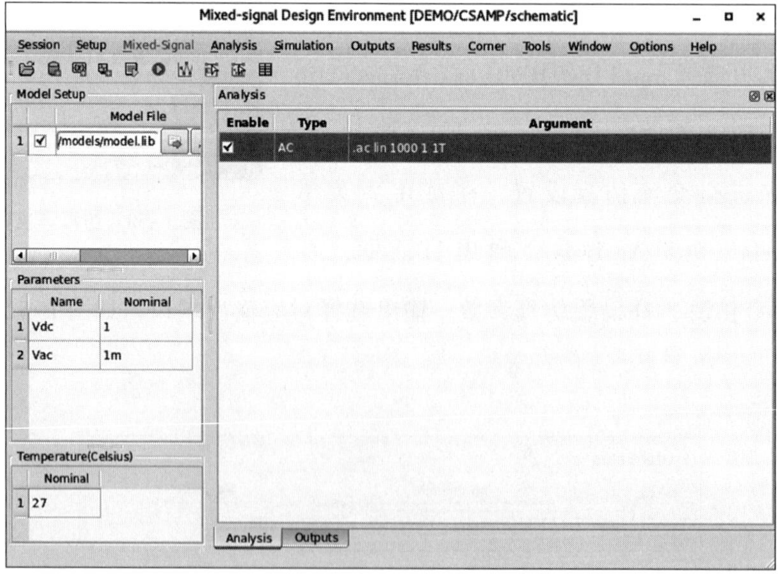

图 1–53　交流仿真界面

生成网表文件，点击 Simulation → Netlist → Create，生成 Schematic 的网表文件，如图 1–54 所示。

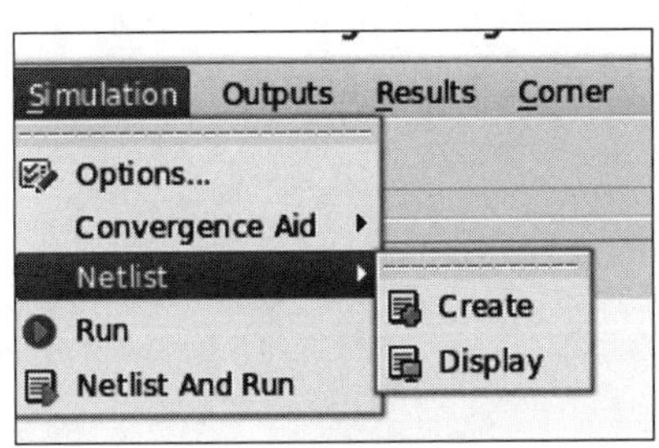

图 1–54 网表的生成

接下来在 Simulation 中选择 Run 来运行仿真，得到交流输出幅频相频特性，如图 1–55 所示。

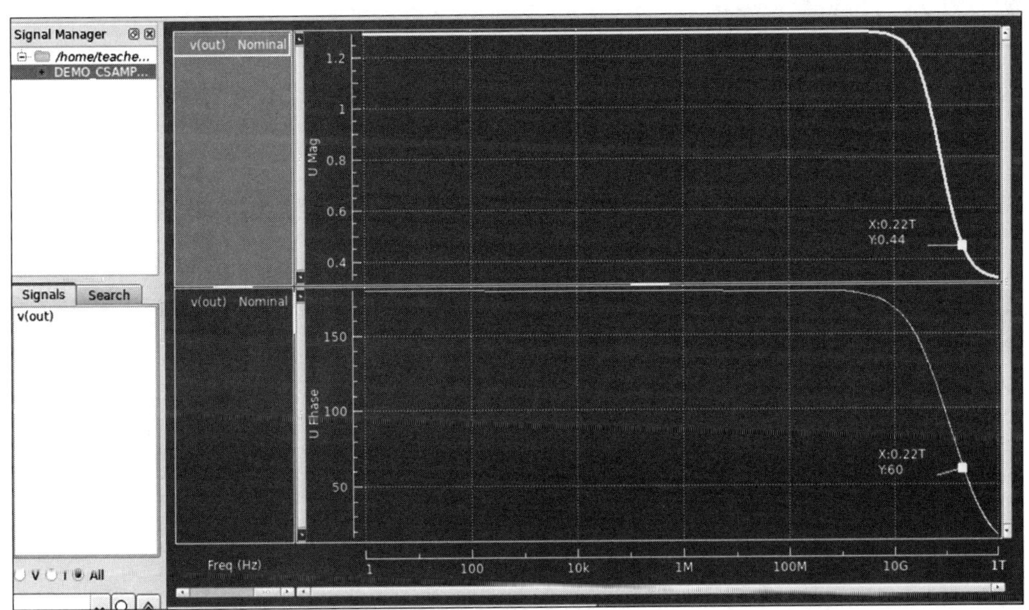

图 1–55 交流仿真结果

可以将理论计算所得曲线和波特图曲线对比，选取横坐标为 100 GHz，得到幅值为 0.67，相角为 95°，1 kHz 时对应幅值为 1.3，相角为 180°，如图 1–56 和图 1–57 所示。

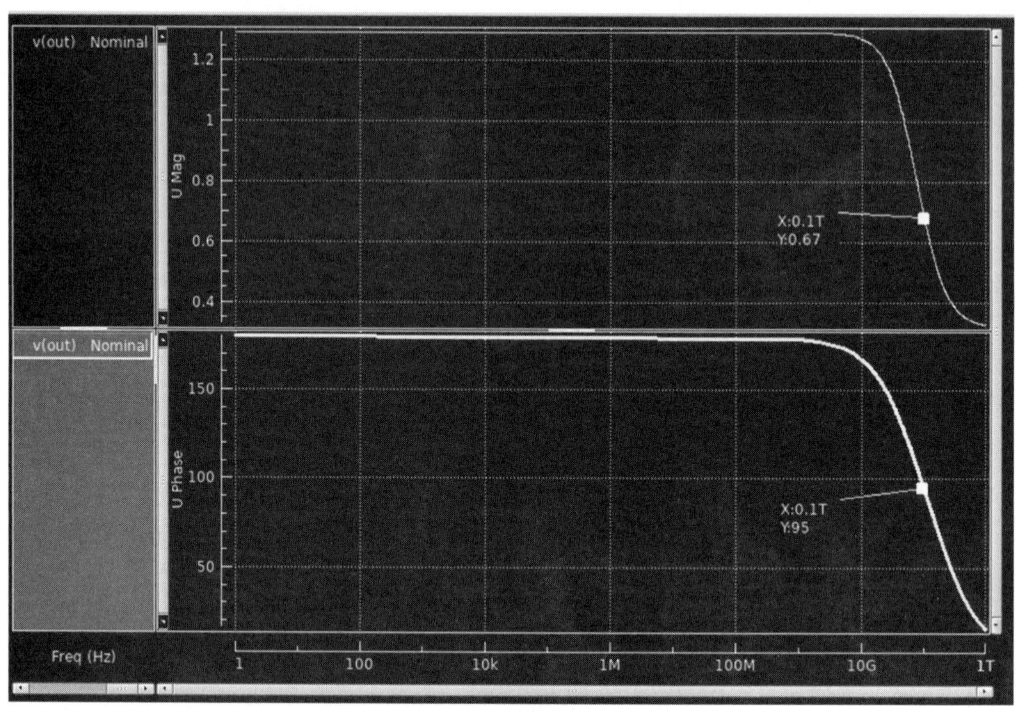

图 1–56　100 GHz 时的幅度和相位

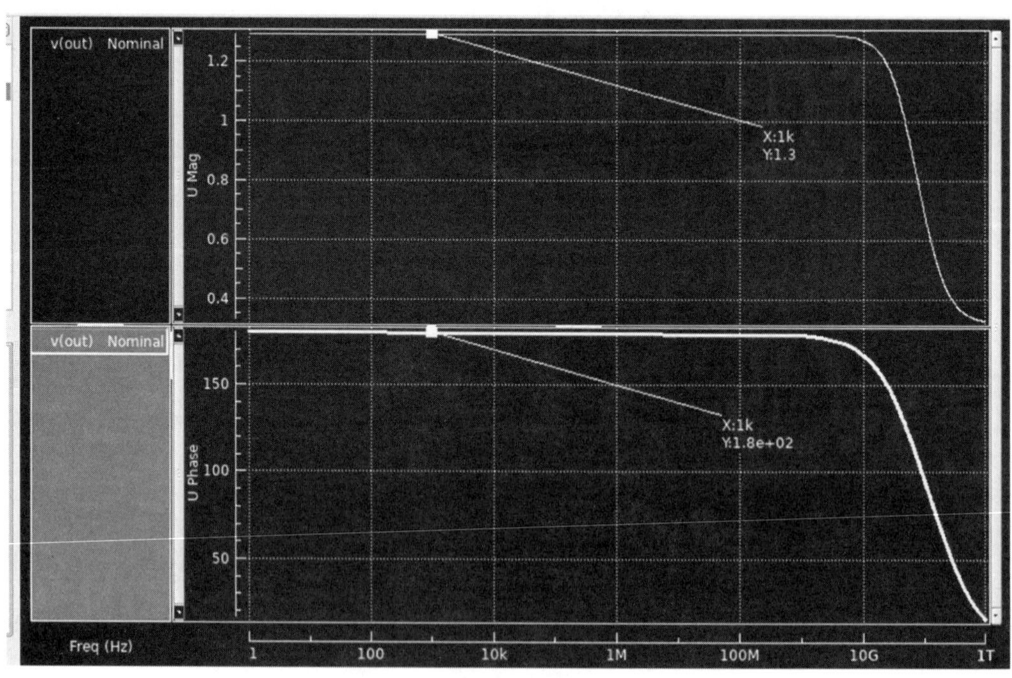

图 1–57　1 kHz 时的幅度和相位

（四）瞬态分析

选取高频点为 100 GHz，切换为瞬态仿真，仿真其增益，如图 1–58 所示。

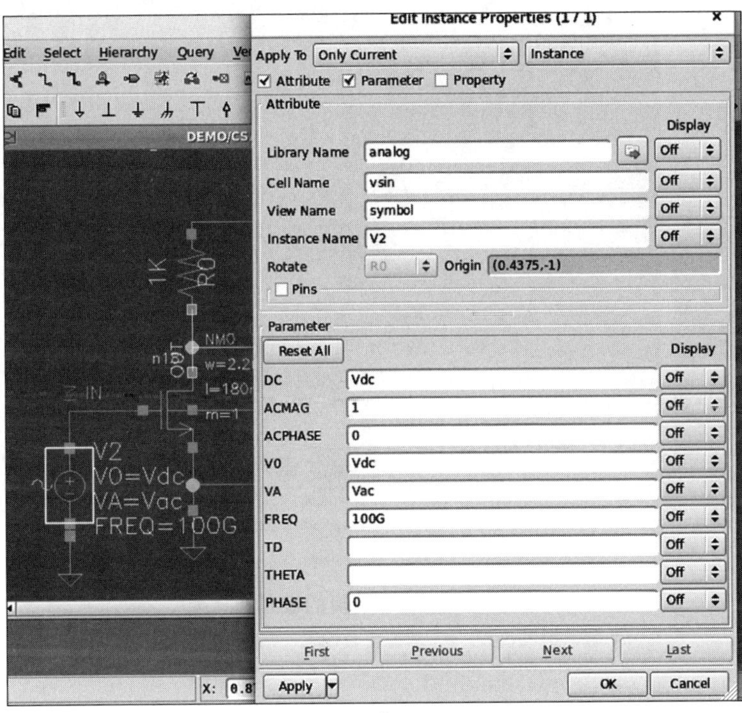

a）

b）

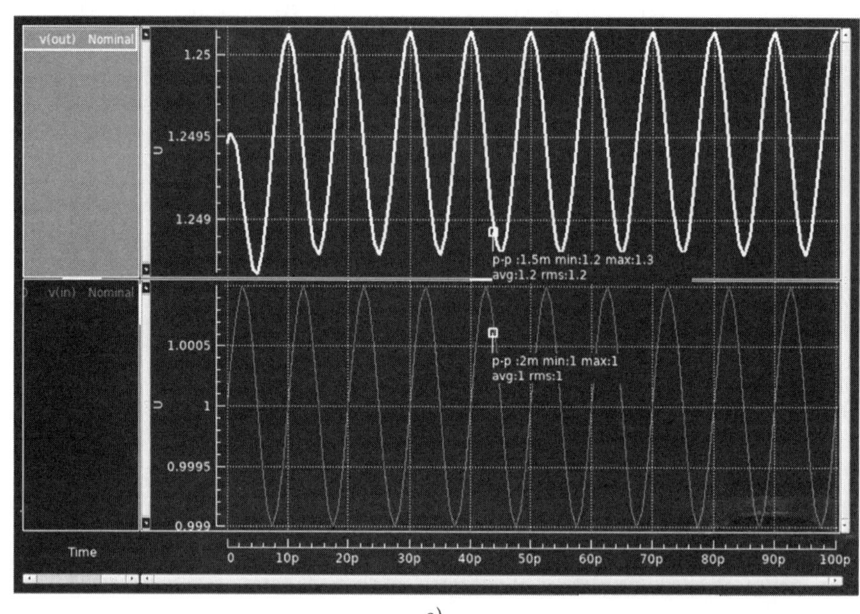

c）

图 1–58　高频瞬态仿真的设置和结果

a）输入源的设置　b）瞬态仿真设置　c）瞬态仿真结果

可知其增益为 1.5 m/2 m=0.75，与之前交流仿真结果略有偏差，可以看到输出波形有明显的上升时间，对应的相位也比输入有延迟。

选取低点为 1 k，切换为瞬态仿真，仿真其增益，如图 1–59 所示。

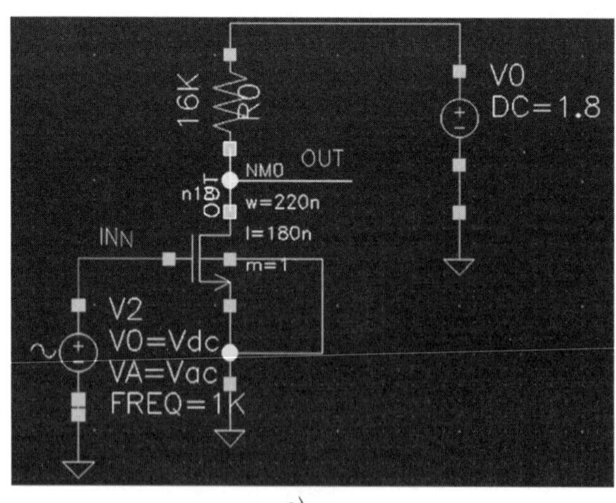

a）

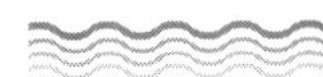

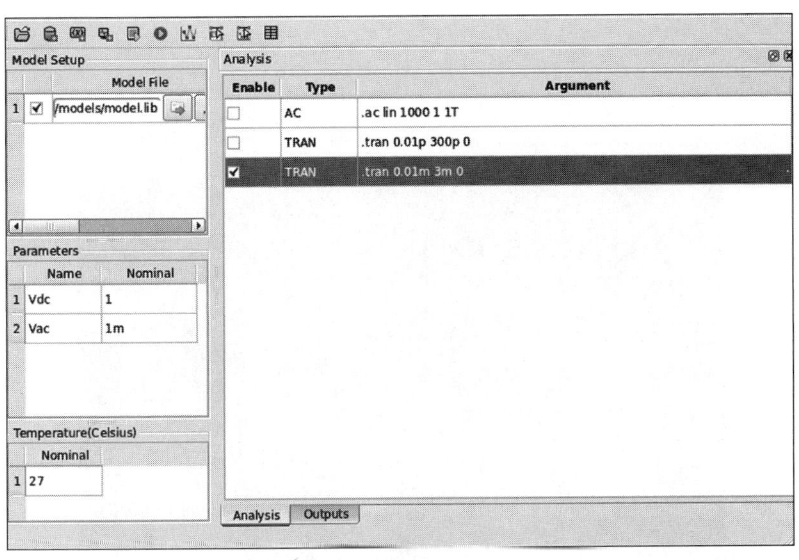

b)

v(out) Nominal
v(in) Nominal
p-p :2.6m min:1.2 max:1.3
avg:1.2 rms:1.2
p-p :2m min:1 max:1
avg:1 rms:1
Time

c)

图 1–59　低频瞬态仿真设置和结果

a）输入源的设置　b）瞬态仿真设置　c）瞬态仿真结果

可知增益为 2.6 m/2 m=1.3，与交流仿真结果一致。

（五）观察多极点系统的幅频和相频特性曲线

在原共源极基础上，增加一级，修改后的电路图、仿真参数和仿真结果如图 1–60 所示。

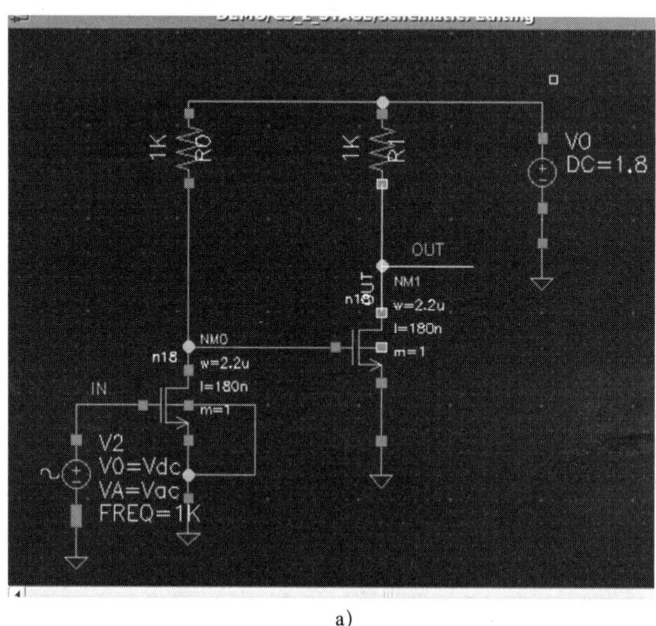

1K
R0
1K
R1
V0
DC=1.8
OUT
NM1
w=2.2u
l=180n
m=1
NM0
n18
w=2.2u
l=180n
m=1
IN
V2
V0=Vdc
VA=Vac
FREQ=1K

a)

b)

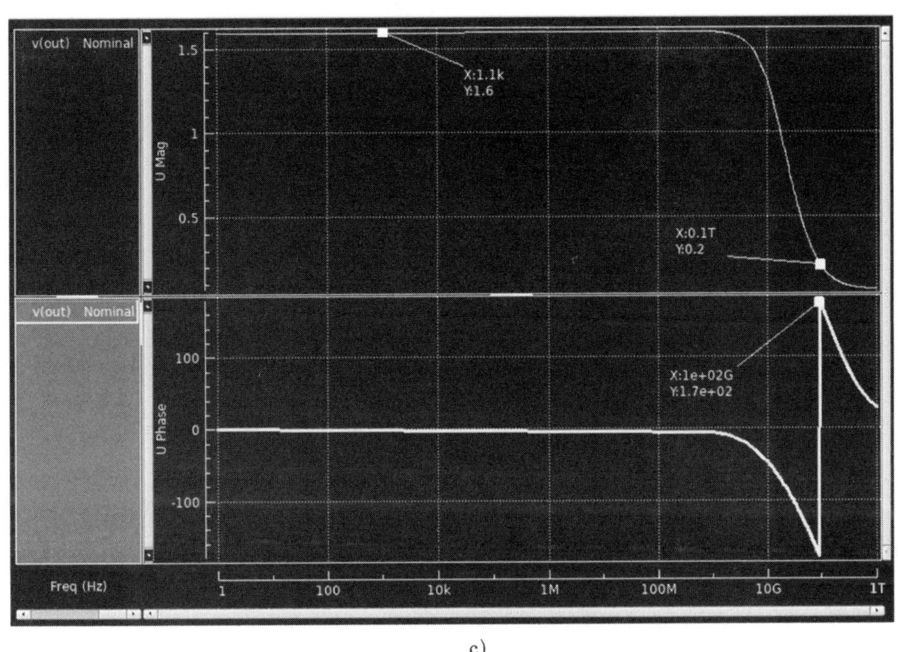

c）

图 1–60　两级共源放大器

a）实验电路　b）仿真设置　c）仿真结果

可以看到，低频时的增益有所增加，而相频的起点由 180°变为了 0°，这是因为每经过一级共源极，相当于信号进行了一次反相，由于多引入了一级，在高频时输出的相频曲线出现了跳变。

小结

经过本节的学习，需要掌握以下内容：

（1）熟悉电路频率响应的仿真方法，即交流特性仿真。

（2）掌握幅频与相频曲线，即频率响应的仿真方法，并可以通过瞬态仿真进行验证。

（3）了解多级放大器零极点对频率响应的影响。

思考题

（1）分析实验中两级放大输出相频曲线的变化是由什么引起的。

（2）哪些因素会导致瞬态仿真与交流仿真的差异?

第三节　负反馈与增益分析

考核知识点及能力要求：

- 理解五管 OTA 的结构和工作原理。
- 理解反馈在五管 OTA 中的作用。
- 掌握负反馈的基本概念：开环增益、闭环增益、反馈系数。
- 了解负反馈中的加载效应。

一、负反馈的分析方法

反馈又称回馈，是控制论的基本概念，指将系统的输出返回到输入端并以某种方式改变输入，进而影响系统功能的过程。反馈可分为负反馈和正反馈。前者使输出起到与输入相反的作用，使系统输出与系统目标的误差减小，系统趋于稳定；后者使输出起到与输入相似的作用，使系统偏差不断增大，使系统振荡，可以放大控制作用，对负反馈的研究是控制论的核心问题。

本次实验内容包括：

（1）搭建五管 OTA，观察增益，并引入电容负反馈，观察增益的变化，然后与理论分析做对比。注意应采用较小的电容，避免过度分流。

（2）采用电阻反馈方式为五管 OTA 引入负反馈，观察增益的变化，并利用加载效应理论验证，然后与上述电容形式的负反馈做对比。

跨导放大器（OTA）的输入信号是电压，输出信号是电流，增益叫跨导，用 g_m 表

示。它既不是完全的电压模式电路，也不是完全的电流模式电路，而是一种电压－电流模式混合电路。由于跨导放大器内部只有电压电流变换级和电流传输级，没有电压增益级，因此没有大摆幅电压信号和密勒电容倍增效应，高频性能好，大信号下的转换速率也高，同时电路结构简单，电源电压和功耗都可以降低。这些高性能特点表明，在跨导放大器的电路中，电流模式部分起决定作用，因此，跨导放大器更多被看作是一种电流模式电路。

二、负反馈的类型与作用

通过设计一款五管 OTA 来了解负反馈的作用。设计的性能指标为：输出摆幅为 1 V，总电流为 110 μA，输出直流电平为 1 V，增益为 45，V_{DD} 为 1.8 V。

根据如下公式可确定 OTA 中各管子的参数（以下参数为 MOS 管的典型值，可能与仿真模型存在一定差距）。

$$I=110\ \mu A$$

$$V_b=850\ mV$$

$$V_{TH}=575\ mV$$

$$\mu_n C_{ox}=520\ \mu A/V^2$$

$$V_{Dsat}=V_b-V_{TH}=275\ mV$$

$$I_D=\frac{1}{2}\mu_n C_{ox}\frac{W}{L}V_{Dsat}^2$$

可确定 M_5 的宽长比约为 5，根据输出摆幅取 M_1 与 M_2 的过驱动电压约为 0.2 V，可得 M_1 与 M_2 的宽长比约为 3。根据输出摆幅取 M_3 与 M_4 的过驱动电压约为 0.2 V，可得 M_3 与 M_4 的宽长比约为 15，因为计算时采用的为简化模型，故与仿真软件的结果存在一定的误差，五管 OTA 的电路如图 1-61 所示。

负反馈通常存在四种形式，其类型与作用分别为：

（1）电流串联负反馈。稳定电压增益从而达到稳定输出电流量，会使输出电阻增大，输入电阻增大，从负反馈角度对信号源的要求为定压源。

（2）电流并联负反馈。稳定电流增益从而达到稳定输出电流量，会使输出电阻增大，输入电阻减小，从负反馈角度对信号源的要求为定流源。

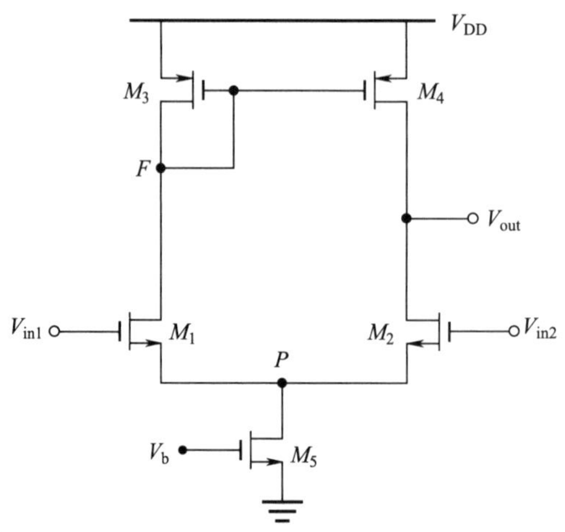

图 1-61　五管 OTA 原理图

（3）电压串联负反馈。稳定电压增益从而达到稳定输出电压量，会使输出电阻减小，输入电阻增大，从负反馈角度对信号源的要求为定压源。

（4）电压并联负反馈。稳定电流增益从而达到稳定输出电压量，会使输出电阻减小，输入电阻减小，从负反馈角度对信号源的要求为定流源。

三、不同负反馈下的增益仿真和实例解析

（一）创建库和单元

在 Design Manager 中通过 File → New Library 创建一个新的库，可命名任意名字，在弹出窗口的工艺 Technology 中选择 Attach To Library 并选择之前加载过的 018 μm_PDK。

在 DM 中通过 File → New Cell/View 在新建的库中创建一个 Cell，View Type 选择 Schematic。

（二）绘制五管 OTA 电路

打开此 Cell 的电路 Schematic 文件，使用快捷键 i 添加新的 Instances。搭建五管 OTA 实验中，需要三个 NMOS 管（n18）、两个 PMOS 管（p18）、电压源（vdc）、电

源地（gnd）、正弦信号源（vsin）。首先通过 Add Instances 添加一个属于 018 μm_PDK 工艺的 NMOS 场效应管（n18），选中添加的器件后，通过 Edit Properties 修改器件的属性。然后在 analog 库中添加 PMOS 管（p18）、电压源（vdc）、正弦信号源（vsin），最后在 basic 库中添加电源地（gnd）。

将各个 MOS 管的尺寸设置为之前的计算结果，在确保电路图无误后，点击左上角 Check and Save 按键进行保存（每次修改电路后都需要点击 Check and Save），图 1–62 为五管 OTA 的实验电路图。

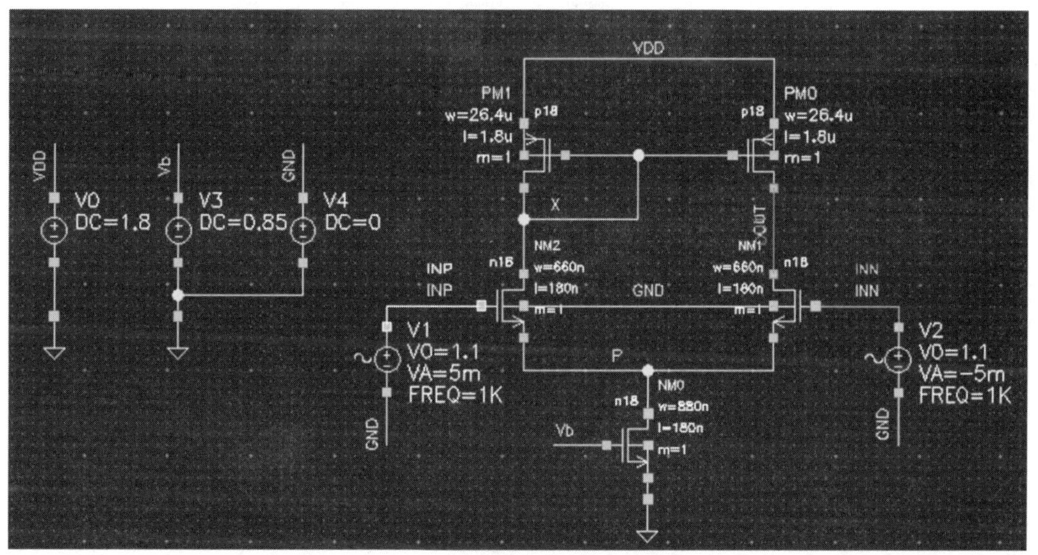

图 1–62　五管 OTA 实验电路图

（三）测试五管 OTA 的增益

在电路图的菜单栏中点击 Tools → MDE。

在 MDE 窗口中，左上部分 Model Setup 的空白处激活鼠标右键菜单，选择 Add Model Library，在弹出对话框中选择 /opt/PDK/DEMO/models/model.lib 文件。

设置瞬态仿真参数，如图 1–63 所示。

点击 Simulation → Netlist → Create，生成 Schematic 的网表文件，接下来在 Simulation 中选择 Run 来运行仿真，得到如图 1–64 所示的输出曲线。

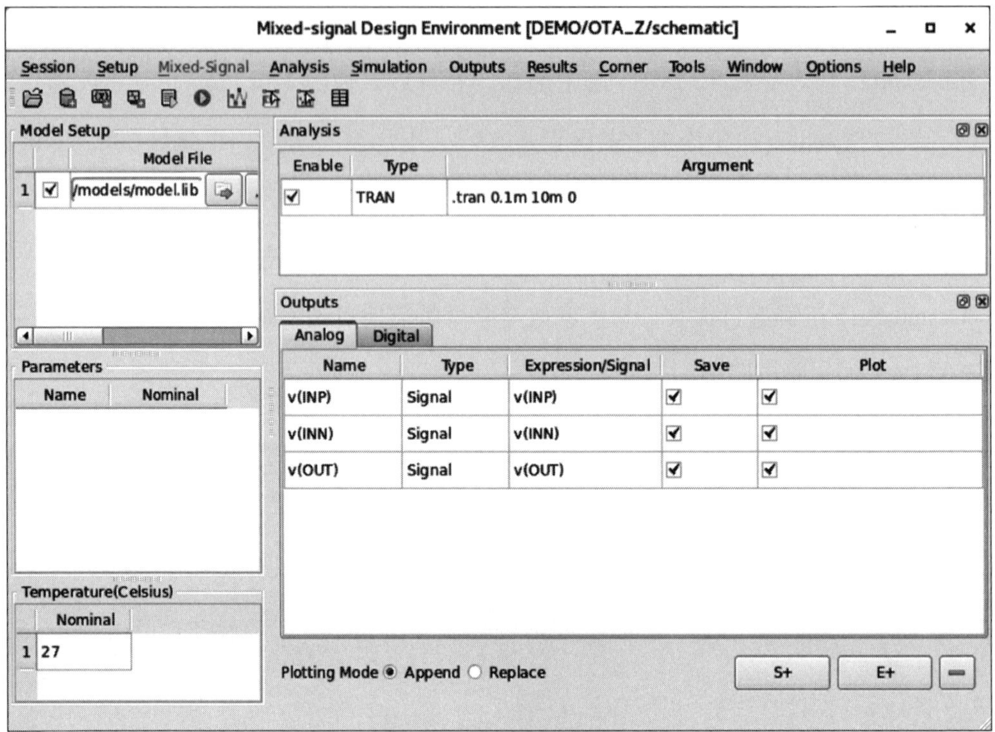

图 1–63 瞬态仿真环境

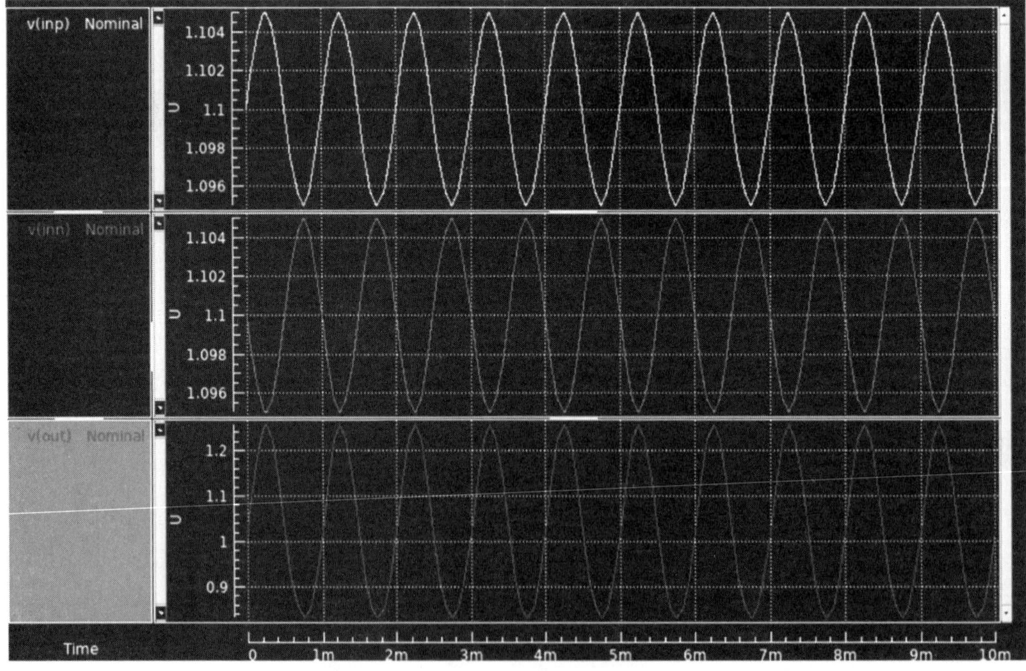

图 1–64 OTA 瞬态仿真结果

使用 Tool → Measure Tool → Y Range 测量输入输出信号峰峰值，并计算增益（双端输入单端输出），如图 1–65 所示，增益计算公式为：

$$G_1 = 20\ \lg \frac{V_{\text{out}}}{V_{\text{inp}} - V_{\text{inn}}} = 20\ \lg \frac{0.42}{0.02} = 26.4\ (\text{dB})$$

a）

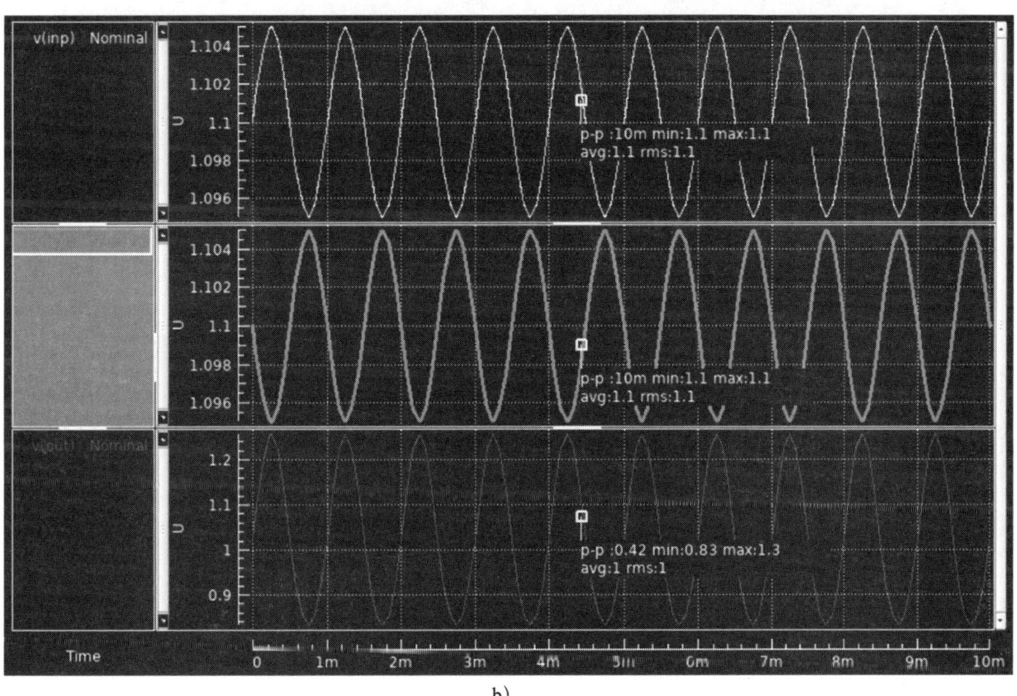

b）

图 1–65　OTA 瞬态增益的计算

a）测量工具的调用　b）测量结果

（四）加入电容负反馈的五管 OTA

在输出和反向输入端加入 0.8 μF 的反馈电容，检查并保存电路图，如图 1–66 所示。

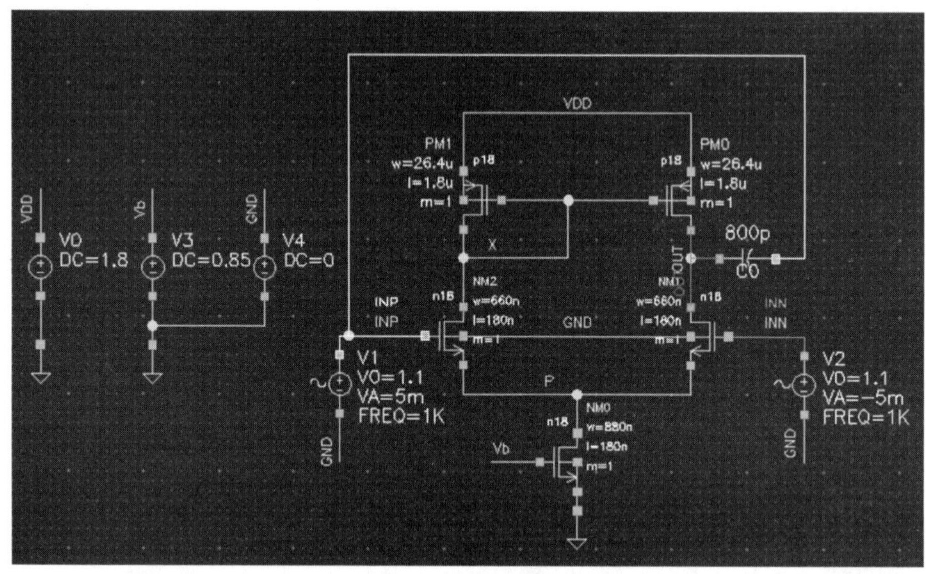

图 1–66　加入电容负反馈的五管 OTA

设置仿真参数如图 1–67 所示，生成网表文件后进行瞬态仿真，增益计算公式为：

$$G_{FC}=20\ \lg\frac{V_{out}}{V_{inp}-V_{inn}}=20\ \lg\frac{0.39}{0.02}=25.8\ (\text{dB})$$

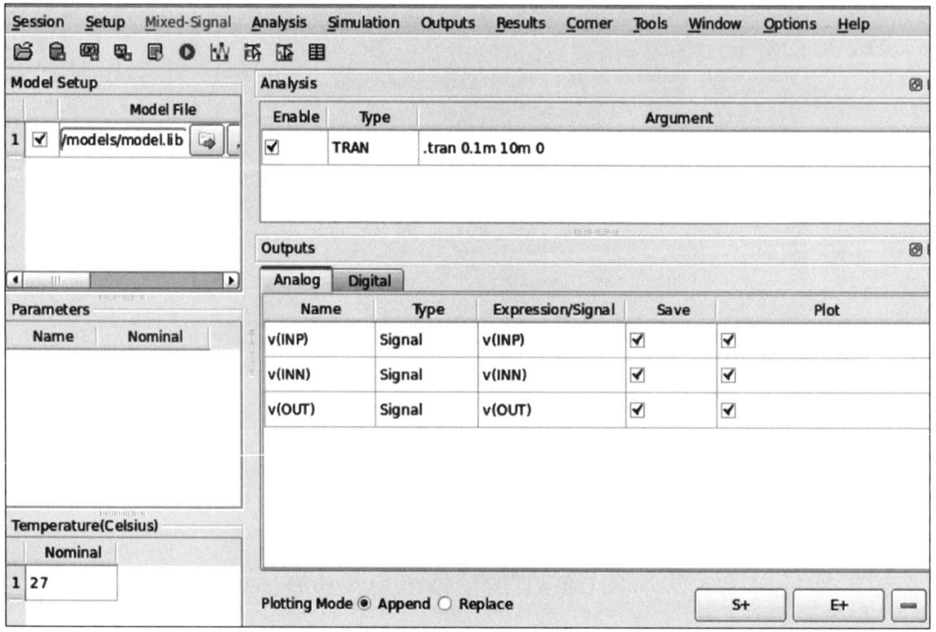

a）

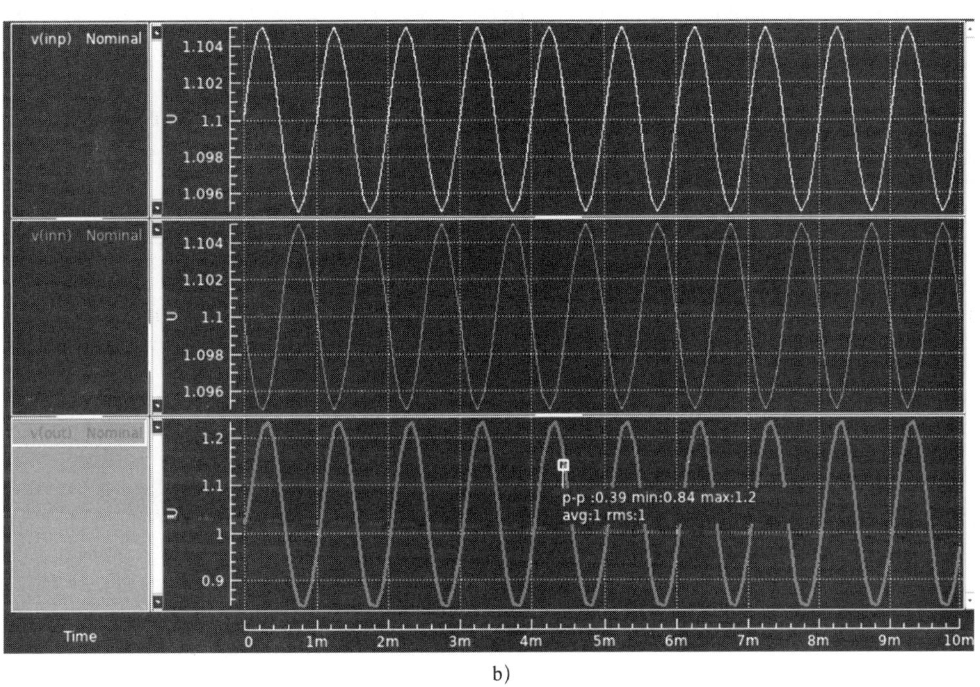

b)

图 1–67　电容负反馈的 OTA 瞬态仿真

a）仿真设置　b）仿真结果

（五）加入电阻负反馈的五管 OTA

在输出和反向输入端加入 1 kΩ 的反馈电阻，检查并保存电路图，如图 1–68 所示。

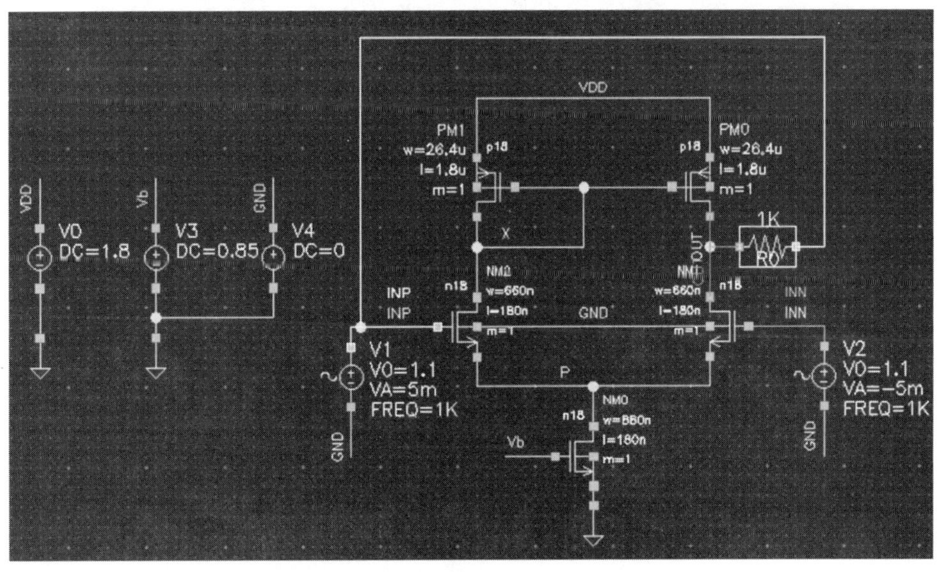

图 1–68　加入电阻负反馈的五管 OTA

设置仿真参数如图 1–69 所示，生成网表文件后进行瞬态仿真，增益的计算公式为：

$$G_{\mathrm{FC}}=20\ \lg\frac{V_{\mathrm{out}}}{V_{\mathrm{inp}}-V_{\mathrm{inn}}}=20\ \lg\frac{0.16}{0.02}=18\ (\mathrm{dB})$$

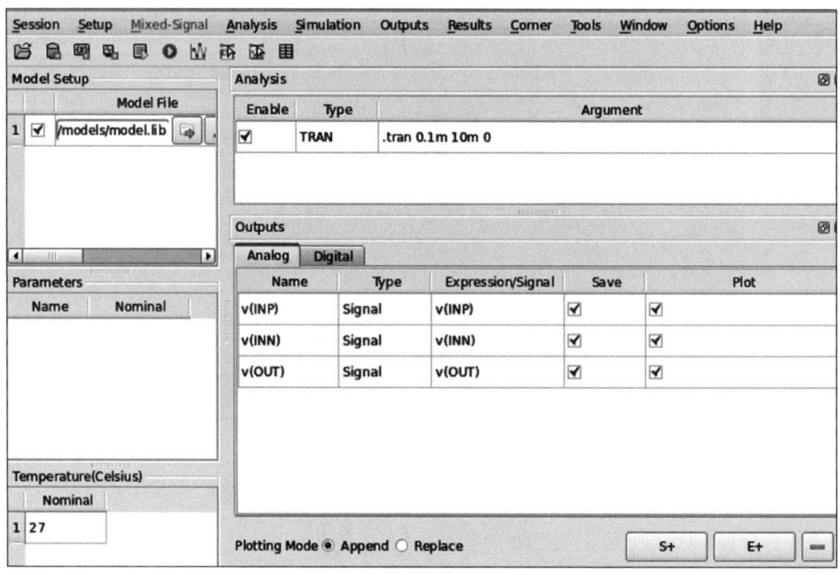

a）

b）

图 1–69　电阻负反馈五管 OTA 瞬态仿真

a）瞬态仿真设置　b）瞬态仿真结果

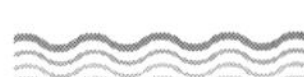

小结

经过本节的学习，需要掌握以下内容：

（1）熟悉五管 OTA 的电容负反馈及电阻负反馈。

（2）掌握 OTA 仿真的方法，并能验证增益变化。

思考题

思考四种负反馈（电压串联负反馈、电压并联负反馈、电流串联负反馈、电流并联负反馈）的应用场景。

第二章 模拟与射频集成电路设计和优化

共源放大器、源极跟随器、电流镜和带隙基准等是模拟与射频集成电路的基本模块，一颗完整的芯片是由这些基本模块根据应用需要组合而成的。因此，在初级阶段掌握基本电路模块的设计方法是必要的，在学习基本电路模块设计的过程中，掌握电路设计的技巧，从而为设计复杂电路打下基础。

- **职业功能：**模拟与射频集成电路设计。
- **工作内容：**模拟与射频集成电路原理设计。
- **专业能力要求：**能根据功能定义，完成基本功能模块的设计或电路结构的简单优化；能使用设计类电子设计自动化工具，完成基本电路模块的功能仿真。
- **相关知识要求：**元器件参数及模型知识，基础电路结构知识。

第一节　CMOS 共源放大器设计方法

考核知识点及能力要求：

- 了解共源放大器的工作原理和增益的本质。
- 熟悉放大器的失真现象，理解直流工作点的重要性。
- 了解放大器线性度的意义。
- 掌握共源极放大器的设计方法。
- 掌握共源极放大器的调试和性能指标的测试方法。

一、共源放大器的关键参数

共源放大器又称共源极（common-source）放大器，是场效应管放大器电路的三种基本组成方式之一（另外两种为共栅极和共漏极），通常被用在电压或跨导放大器中。共源放大器输入信号加在栅极和源极之间，而输出信号取自漏极和源极之间。它具有高的输入阻抗、中等至较高的输出阻抗，电压增益大于 1。

本次实验内容包括：

（1）瞬态分析和直流扫描分析：展示“MOS 管 + 负载电阻”共源放大器的信号波形，分析增益。做直流扫描分析，观察输出电压随输入电压的变化，分析变化曲线的斜率，对比该斜率与增益值的关系。

（2）瞬态分析：调整器件参数，展示失真现象。

（3）瞬态分析：调整直流工作点，展示失真现象。

（4）瞬态分析：增大小信号幅度，展示失真现象。

（5）瞬态分析：将负载电阻换为电流源连接形式的 MOS 管，观察放大器的信号波形，比较增益的变化。

（6）瞬态分析和直流扫描分析：将负载电阻换为二极管连接形式的 MOS 管，观察放大器的信号波形。做直流扫描分析，观察输出电压随输入电压的变化，分析变化曲线的线性度。

借助于自身的跨导，MOS 管可以将栅 - 源电压变化转换成小信号漏极电流，小信号漏极电流流过电阻就会产生输出电压，共源极就起到了这样的作用。利用 MOS 管的伏安特性曲线中的饱和区特性可以实现对小信号的放大，利用这一特点可以搭建共源极放大器对输入小信号放大。辨识一个场效应管放大器电路是共源极、共栅极还是共漏极的简易方法为，检查信号输入和输出的通路，剩余的那一端即为“公共端”。

如图 2-1 所示为共源放大器模型。

$$V_{out} = V_{DD} - R_D \frac{1}{2} \mu_n C_{ox} \frac{W}{L} (V_{in} - V_{TH})^2$$

$$A_v = \frac{\partial V_{out}}{\partial V_{in}} = -R_D \mu_n C_{ox} \frac{W}{L} (V_{in} - V_{TH}) = -g_m R_D$$

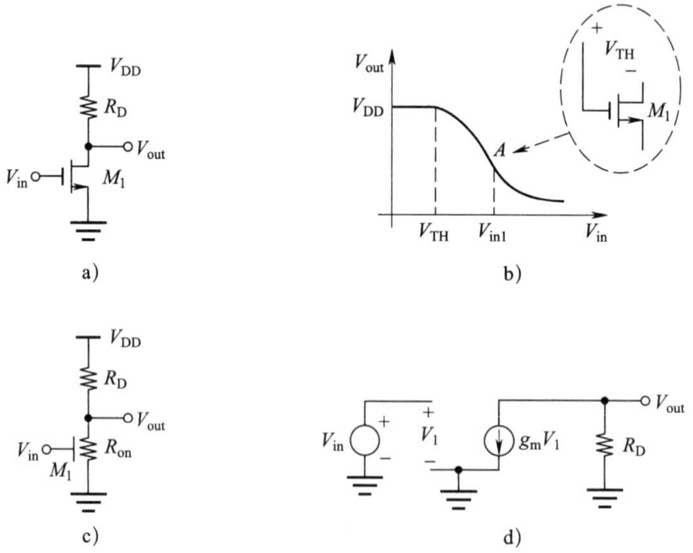

图 2-1　共源放大器模型

a）共源极　b）输入 - 输出特性　c）MOS 管工作在深线性区的等效电路　d）饱和区小信号模型

二、设计仿真步骤与电路优化方法

（一）创建库和单元

在 Design Manager 中通过 File → New Library 创建一个新的库，可命名任意名字，在弹出窗口的工艺 Technology 中选择 Attach To Library 并选择之前加载过的 018 μm_PDK，如图 2-2 所示。

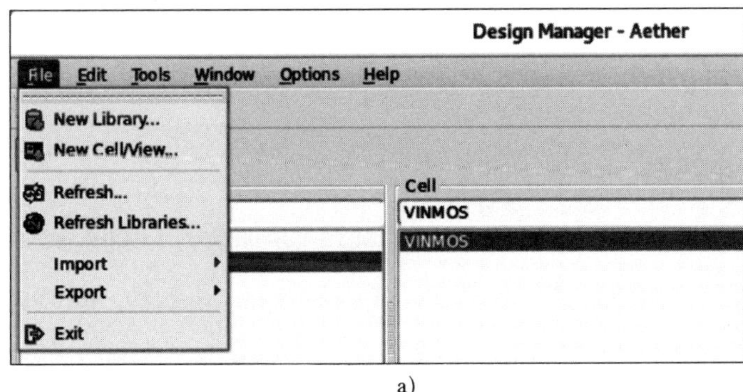

a)

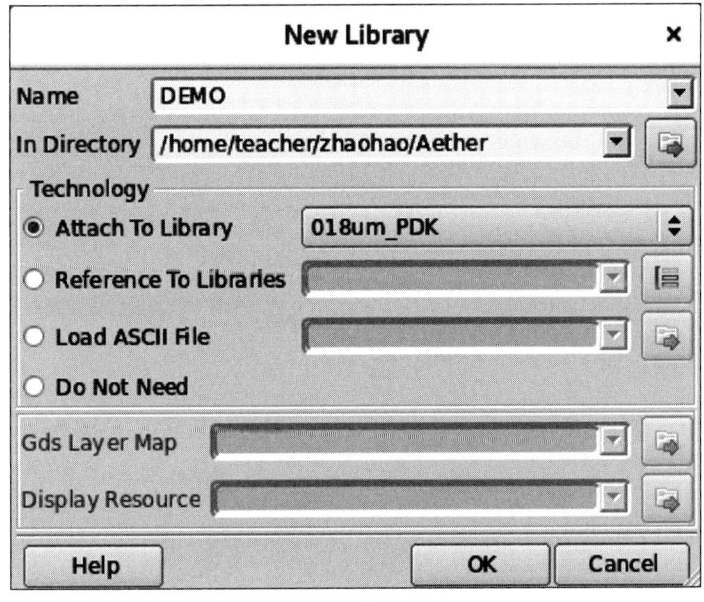

b)

图 2-2　建立新库

a）Design Manager 中菜单选项　b）库的设置

在 DM 中通过 File → New Cell/View 在新建的库中创建一个 Cell，View Type 选择 Schematic，如图 2-3 所示。

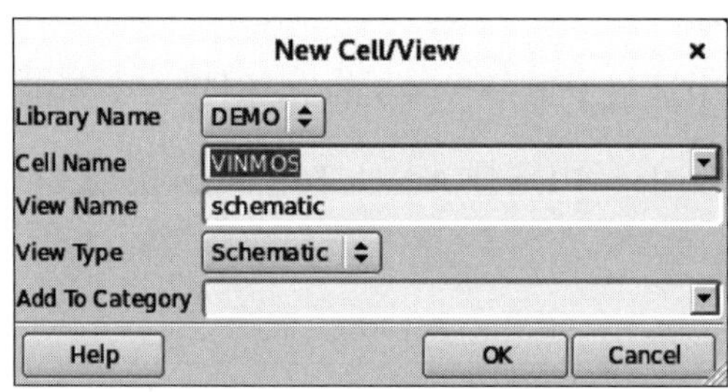

图 2-3　新建单元

（二）绘制电路图

打开此 Cell 的 Schematic 文件，使用快捷键 i 添加新的 Instances。CMOS 共源放大器实验中，需要一个 NMOS 管、电压源、正弦信号源、电源地、负载电阻。首先通过 Add Instances 添加一个属于 018 μm_PDK 工艺的 NMOS 场效应管（n18），选中添加的器件后，通过 Edit Properties 修改器件的属性。然后在 analog 库中添加电源 vdc、正弦信号源 vsin、理想电阻 res，在 basic 库中添加电源地 gnd，并设置好元器件的参数，如图 2-4 所示。

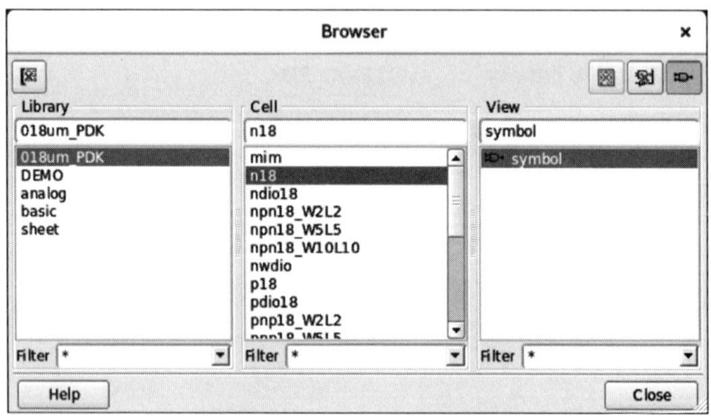

a）

b)

c)

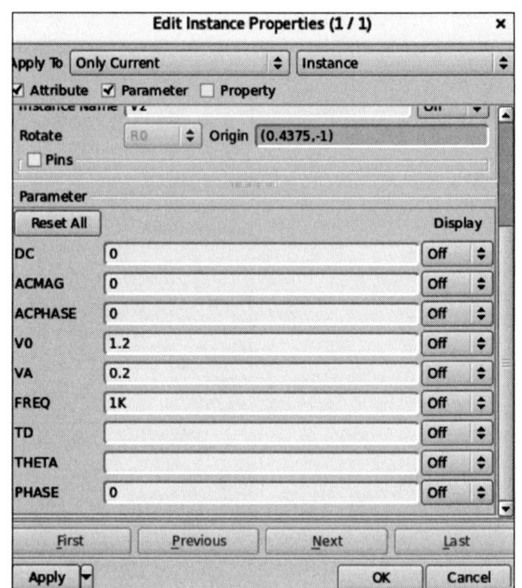

d）

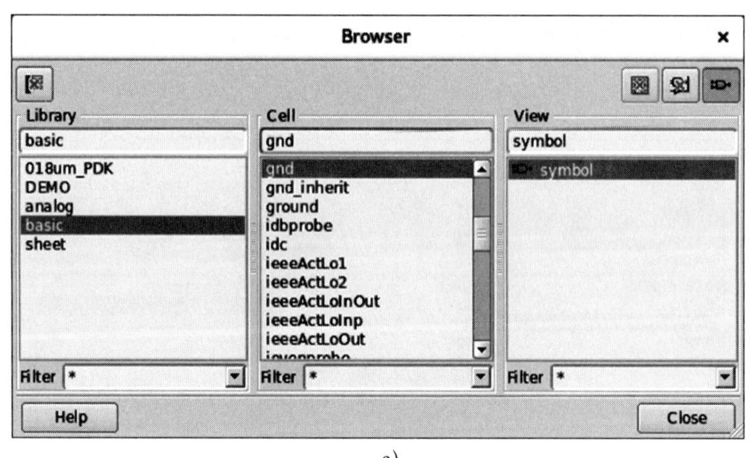

e）

图 2–4　元器件的调用

a）NMOS 的调用　b）NMOS 属性设置　c）电源的调用　d）电源属性设置　e）地的调用

在确保电路图无误后，点击左上角 Check and Save 按键进行保存，图 2–5 为 NMOS 管的实验电路图。

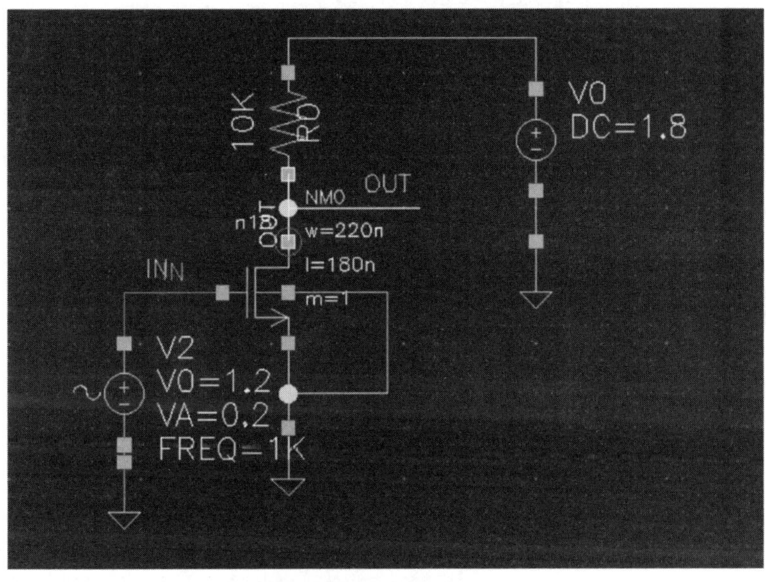

图 2-5　NMOS 管的实验电路图

（三）瞬态仿真

在电路图的菜单栏中点击 Tools → MDE，如图 2-6 所示。

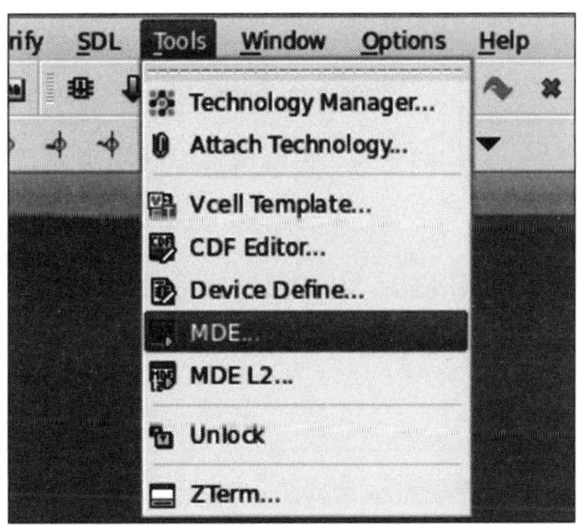

图 2-6　仿真环境的打开

在 MDE 窗口中，左上部分 Model Setup 的空白处激活鼠标右键菜单，选择 Add Model Library，在弹出对话框中选择 /opt/PDK/DEMO/models/model.lib 文件，如图 2-7 所示。

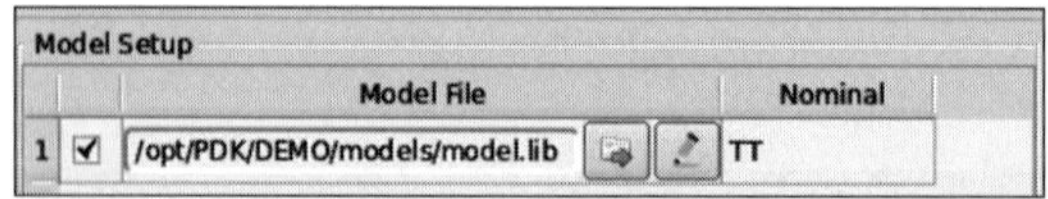

图 2-7　库的选择

接下来设置瞬态仿真参数，在 MDE 主菜单点击 Analysis → Add Analysis 会弹出对话框，在此切换为 TRAN 仿真，并设置仿真参数，如图 2-8 所示。

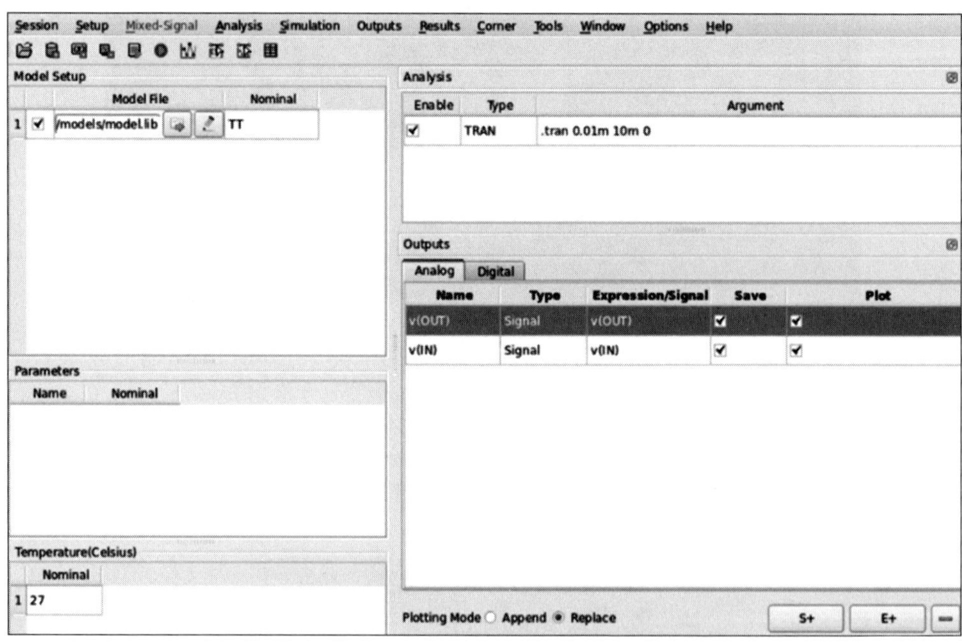

图 2-8　瞬态仿真环境

点击 Simulation → Netlist → Create，生成 Schematic 的网表文件，如图 2-9 和图 2-10 所示。

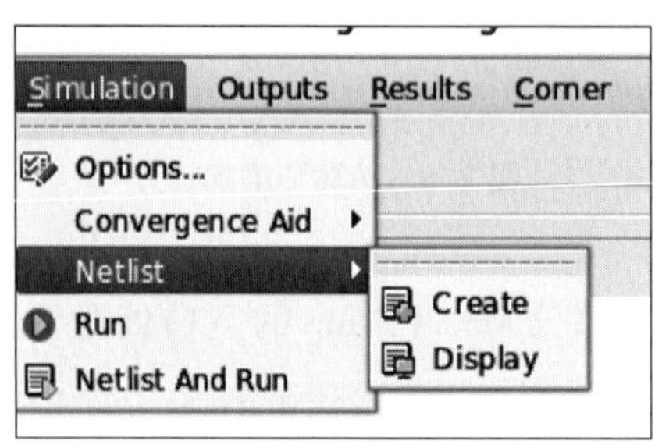

图 2-9　网表的生成

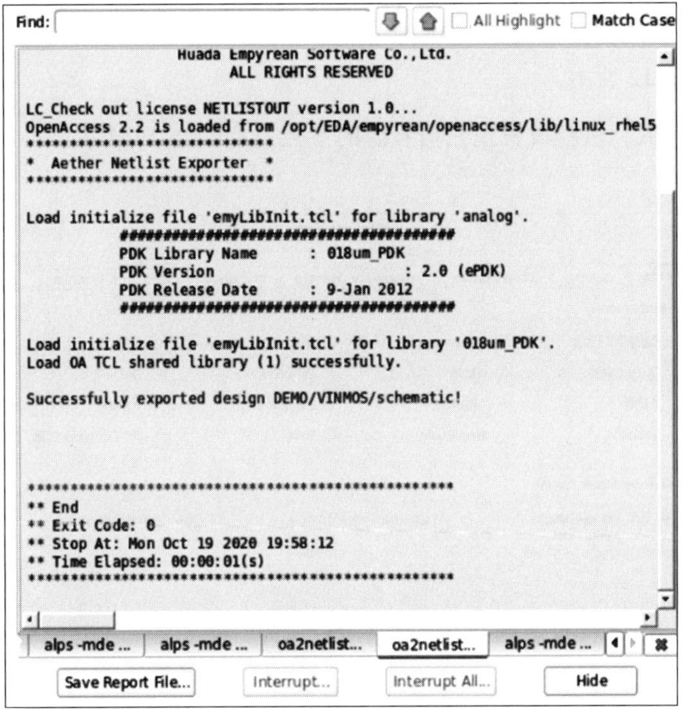

图 2-10　生成的网表

接下来在 Simulation 中选择 RUN 来运行仿真，得到“MOS 管 + 负载电阻”共源放大器的信号波形，如图 2-11 所示。

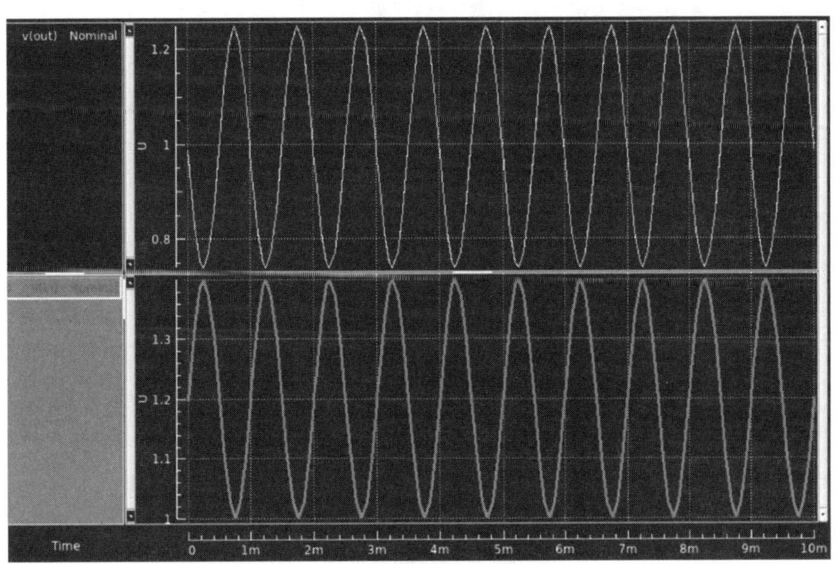

图 2-11　瞬态仿真结果

分析增益的方法为，选择 Tools → Measure Tool → Y range，峰峰值的比值即为放大倍数，如图 2–12 所示。

修改电路参数，重新设置正弦信号源的参数，如图 2–13 所示。

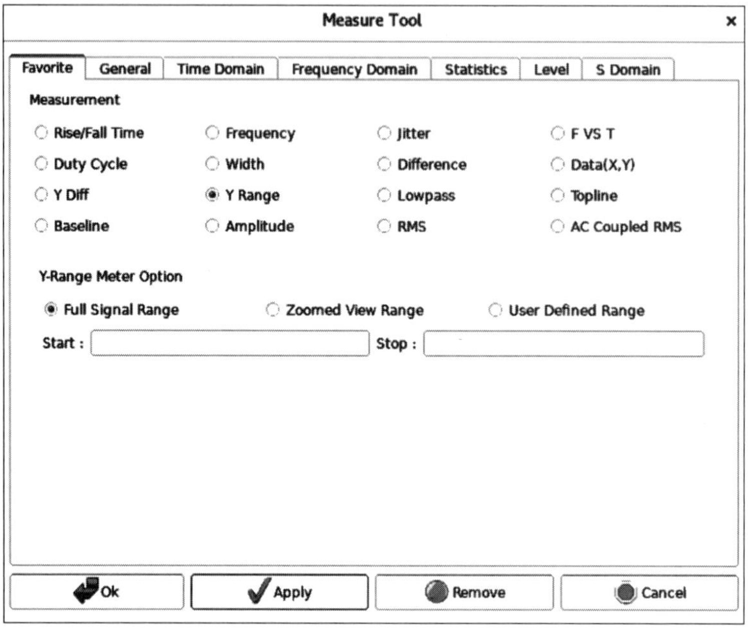

a）

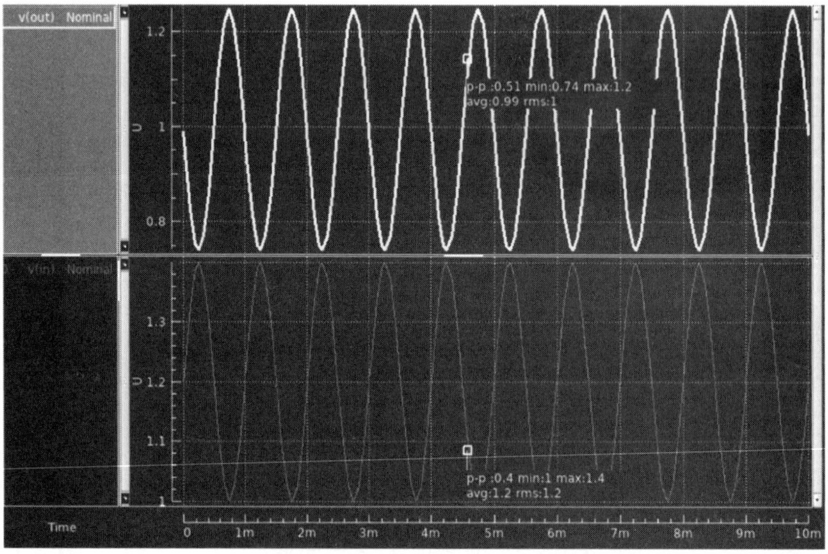

b）

图 2–12　增益分析

a）计算器的使用　b）瞬态仿真结果

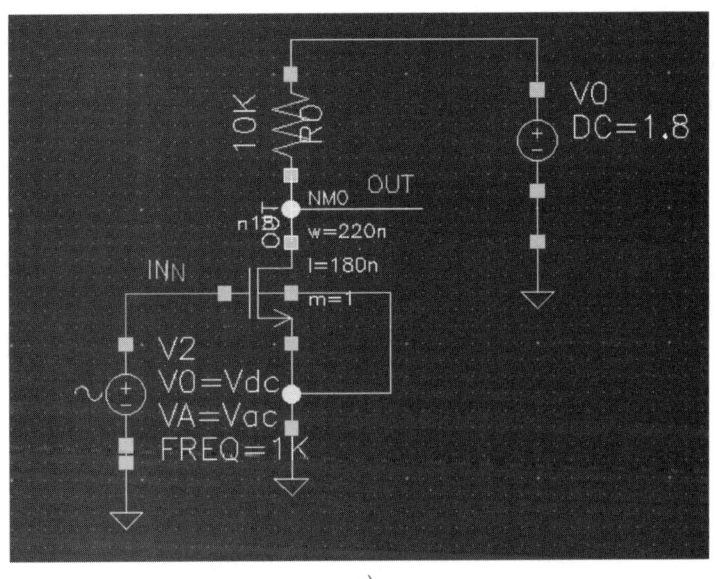

a)

Edit Instance Properties (1 / 1)

Apply To　Only Current　Instance

Attribute　Parameter　Property

Rotate　R0　Origin　(0.4375,-1)

Pins

Parameter

Reset All　Display

		Display
DC	Vdc	Off
ACMAG	0	Off
ACPHASE	0	Off
V0	Vdc	Off
VA	Vac	Off
FREQ	1K	Off
TD		Off
THETA		Off
PHASE	0	Off

First　Previous　Next　Last

Apply　OK　Cancel

b)

图 2–13　信号源参数设置

a）仿真电路图　b）信号源属性设置

重新生成网表文件，调整仿真参数，进行直流扫描分析，如图 2-14 所示。

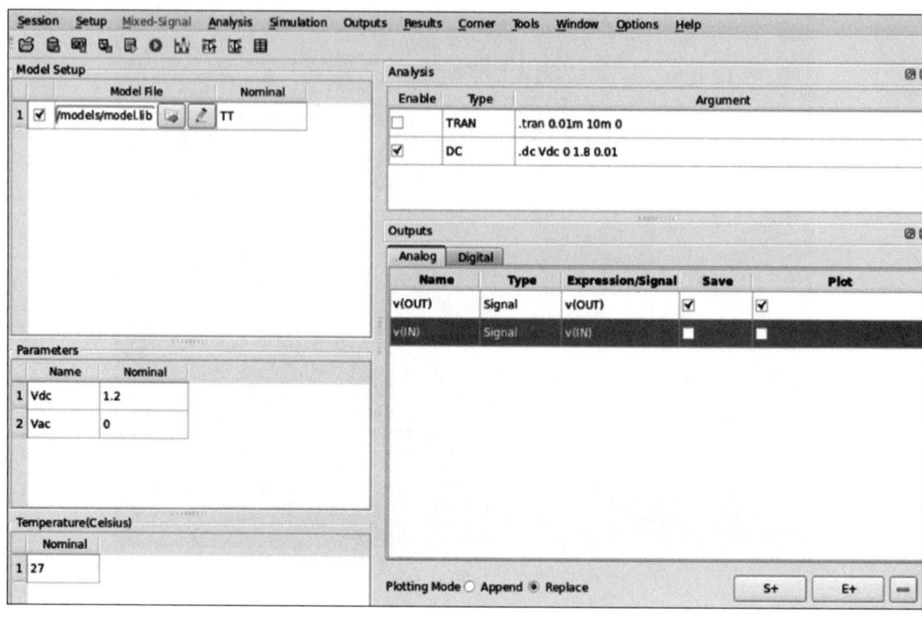

a）

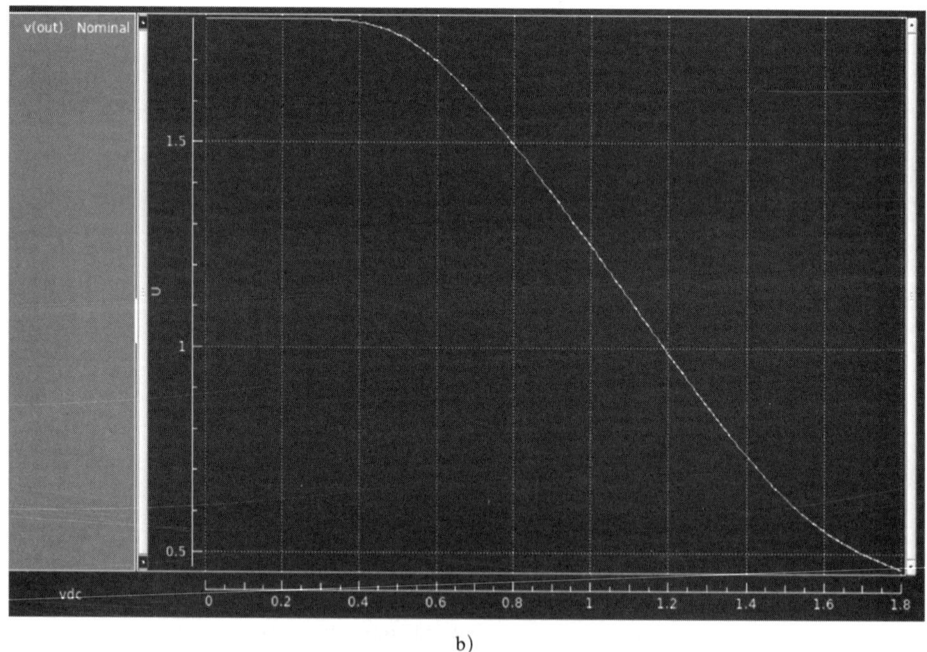

b）

图 2-14　小信号增益仿真

a）仿真设置　b）仿真结果

输出曲线的斜率即为增益，随着 VIN 增大，MOS 管先进入截止区，增益为 0，随后进入饱和区，增益增大，最后进入线性区，增益减小。通过计算器工具可以快速求出增益。在 Aether MDE 界面的 Outputs 区域，单击右键，选择添加表达式 Add Expression，并在弹出的窗口中点击新表达式 New Expression。展开的界面中，有一系列方程和特殊函数可以使用，使用函数 deriv 对输出电压曲线进行求导，即可得到增益曲线，如图 2-15 所示。

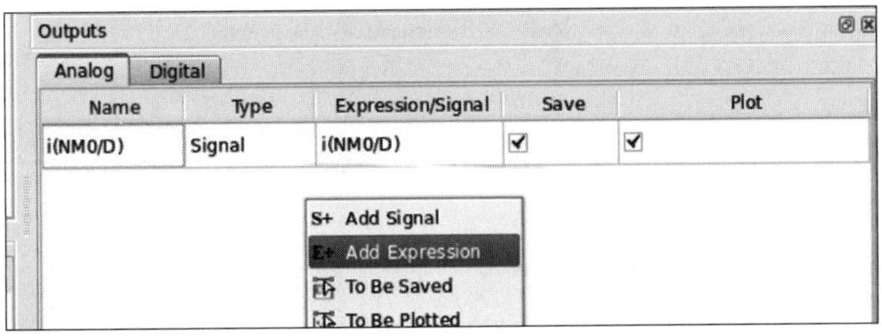

a)

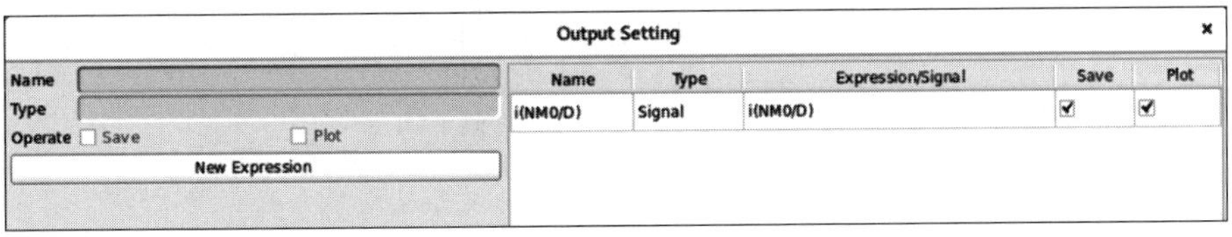

b)

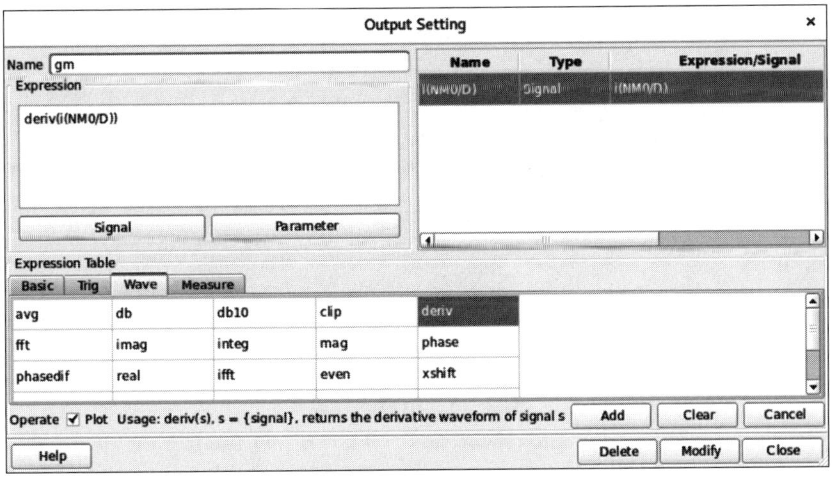

c)

Model Setup

	Model File			Nominal
☑	/models/model.lib			TT

Parameters

Name	Nominal
Vdc	1.2
Vac	0

Analysis

Enable	Type	Argument
☐	TRAN	.tran 0.01m 10m 0
☑	DC	.dc Vdc 0 1.8 0.01

Outputs

Analog　Digital

Name	Type	Expression/Signal	Save	Plot
v(OUT)	Signal	v(OUT)	☑	☑
v(IN)	Signal	v(IN)	☐	☐
Av	Expression	deriv(v(OUT))	☐	☑

d）

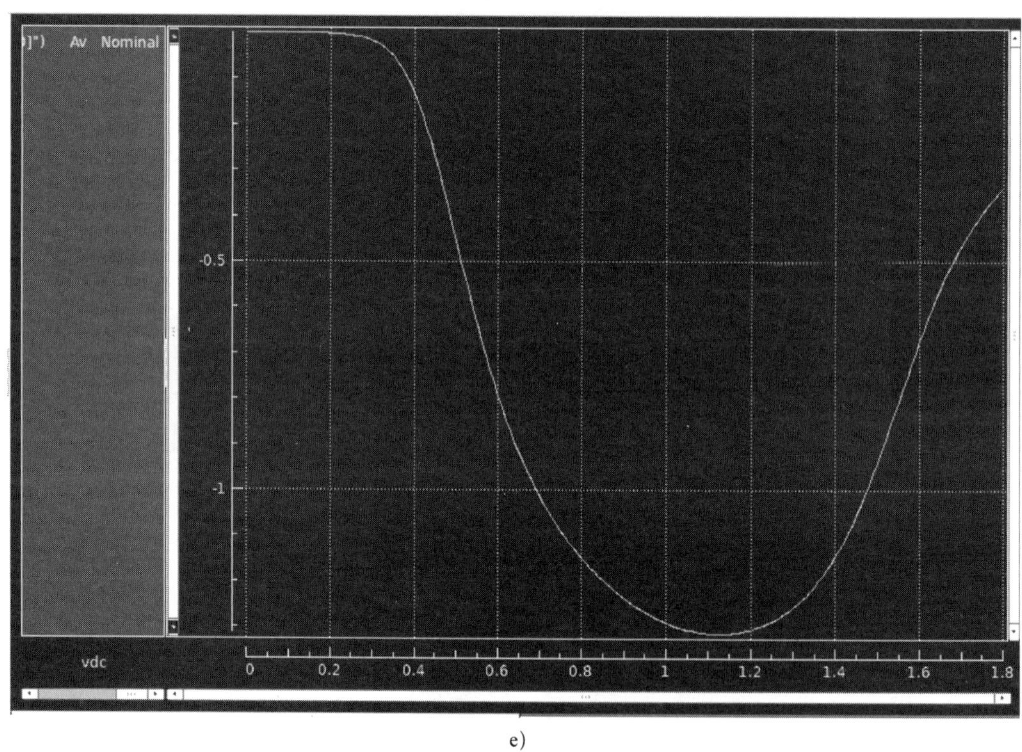

e）

图 2-15　增益的计算

a）增加计算表达式　b）输出设置结果　c）计算器设置　d）仿真设置　e）仿真结果

（四）观察失真

调整 NMOS 管和负载电阻的参数，进行瞬态仿真，输出信号波谷已失真，如图 2–16 所示。

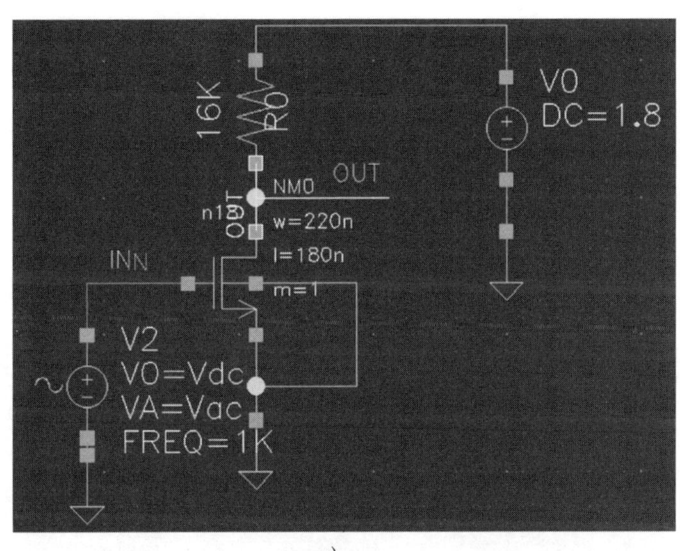

a）

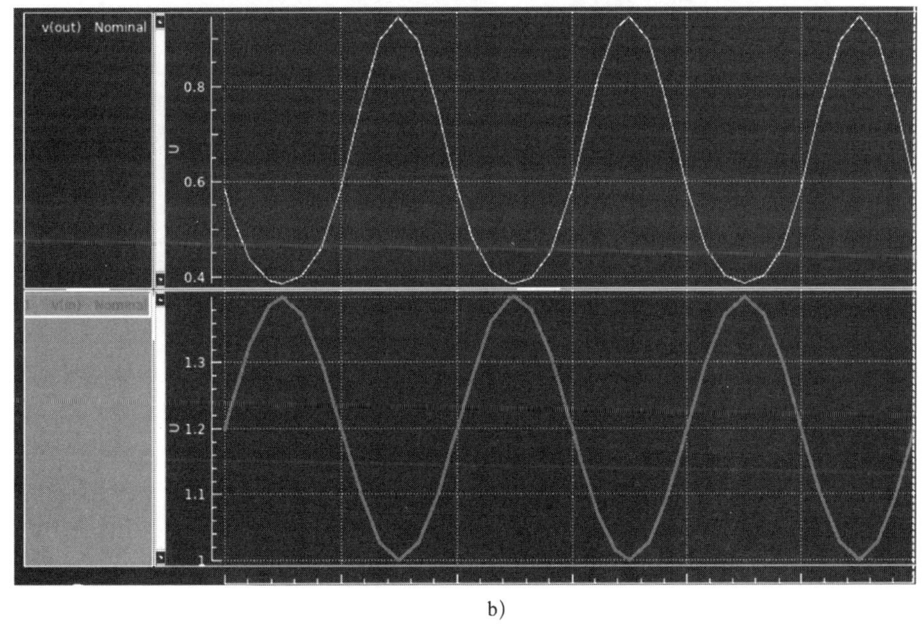

b）

图 2–16 失真的仿真

a）仿真电路图 b）仿真结果

调整直流工作点，进行瞬态仿真，观察信号失真现象，如图 2–17 所示。

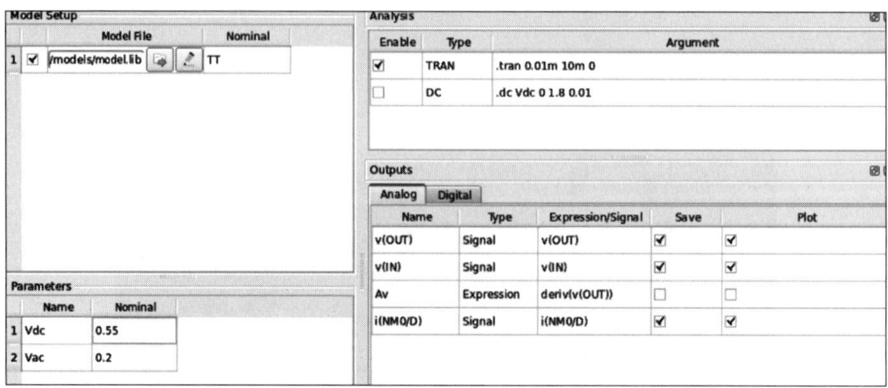

a）

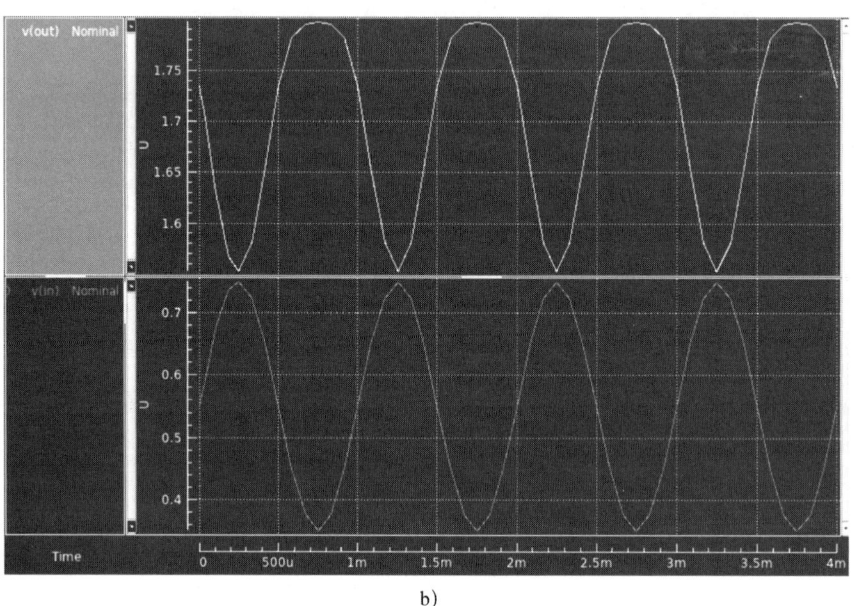

b）

图 2–17　调整工作点后失真仿真

a）仿真环境的调整　b）仿真结果

增大小信号幅度，进行瞬态仿真，观察信号失真现象，如图 2–18 所示。

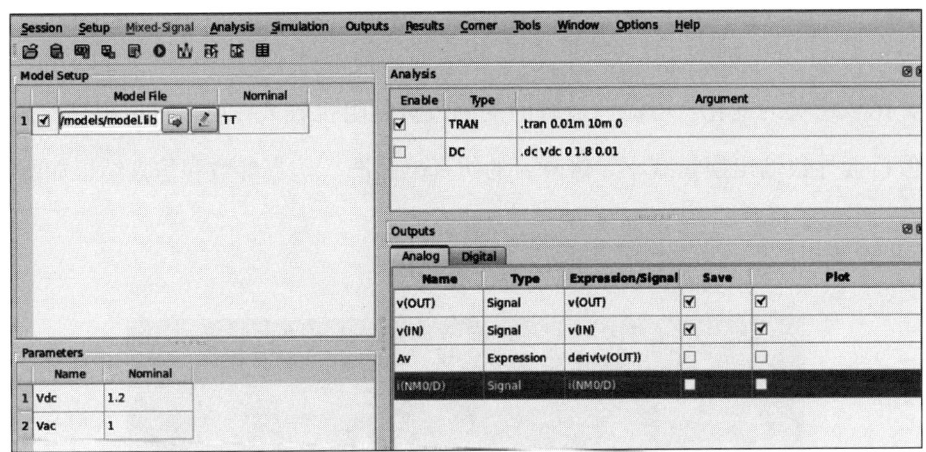

a）

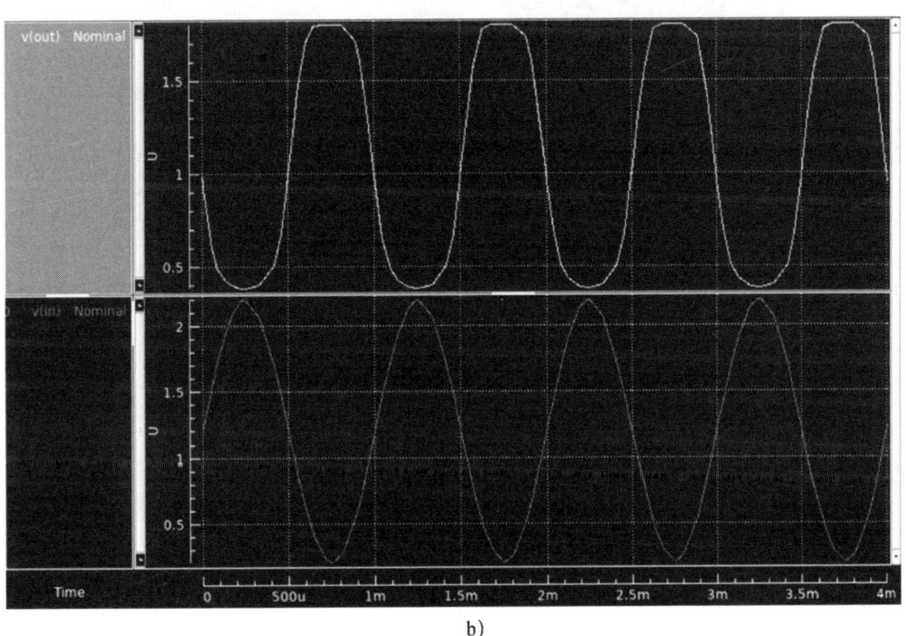

b）

图 2–18　增大输入信号后的失真情况

a）仿真设置　b）仿真结果

（五）采用 MOS 管电流源作负载的共源极

将负载电阻换为电流源连接形式的 MOS 管，进行瞬态仿真，观察放大器的信号波形，比较增益的变化。电流源负载的共源极负载阻抗较大，所以可以得到更高的增益，但也会导致输出摆幅减小。修改后的仿真电路图、仿真参数和仿真结果如图 2-19 所示。

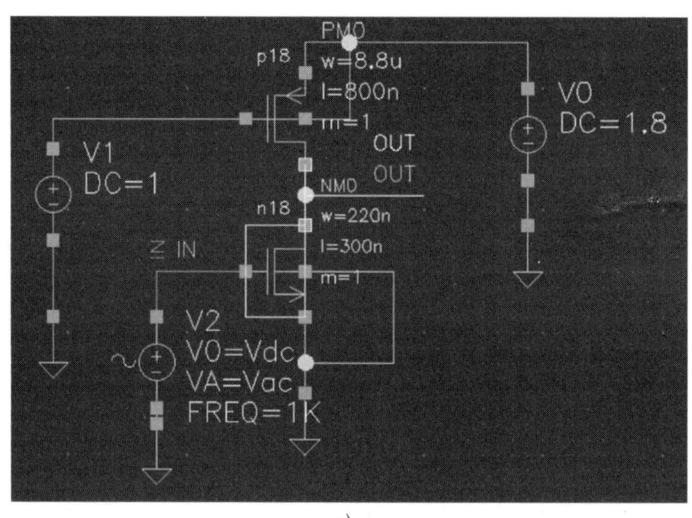

a)

Session Setup Mixed-Signal Analysis Simulation Outputs Results Corner Tools Window Options Help

Model Setup

		Model File	Nominal
1	☑	/models/model.lib	TT

Parameters

	Name	Nominal
1	Vdc	1.2
2	Vac	0.01

Analysis

Enable	Type	Argument
☑	TRAN	.tran 0.01m 10m 0
☐	AC	.ac lin 1000 10 100M

Outputs

Analog Digital

Name	Type	Expression/Signal	Save	Plot
v(OUT)	Signal	v(OUT)	☑	☑
v(IN)	Signal	v(IN)	☑	☑
i(NM0/D)	Signal	i(NM0/D)	☐	☐

b)

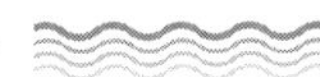

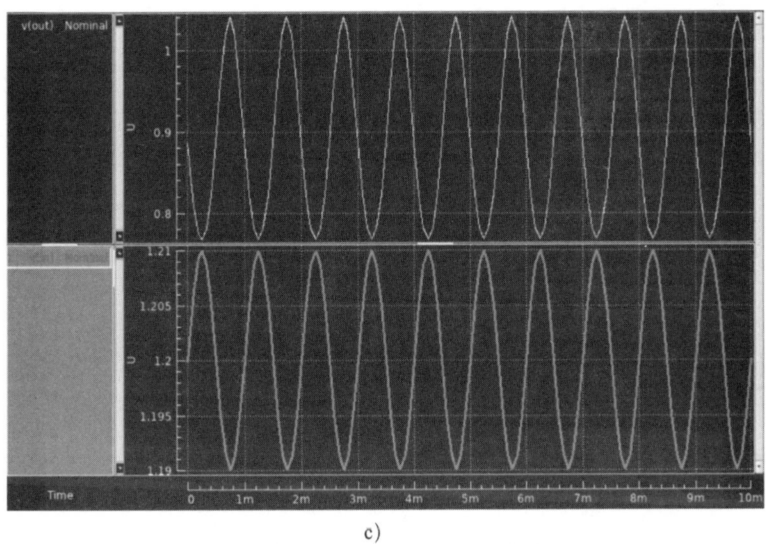

c）

图 2–19　电流源做负载的仿真结果

a）仿真电路图　b）仿真设置　c）仿真结果

（六）采用二极管连接形式的 MOS 管作负载的共源极

将负载电阻换为二极管连接形式的 MOS 管，观察放大器的信号波形，如图 2–20 所示。

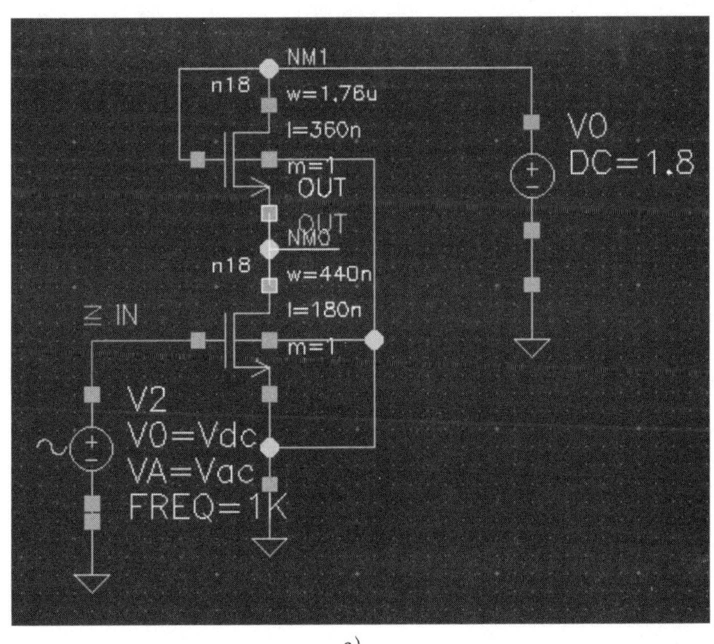

a）

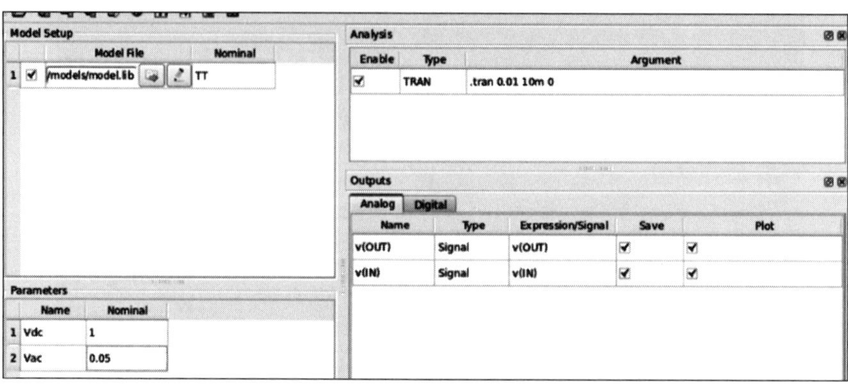

b）

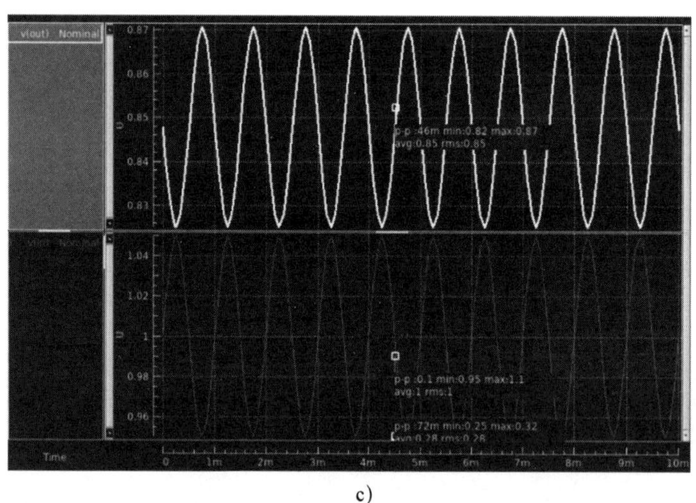

c）

图 2–20　二极管负载的仿真结果

a）仿真电路图　b）仿真设置　c）仿真结果

对上图电路进行直流扫描分析，观察输出电压随输入电压的变化，如果忽略 NM1（对应电路图中器件 NM1）中的 g_{mb1}/g_{m1} 随输出电压的变化，增益和偏置电压或电流是无关的（只要 MOS 管工作于饱和区），也就是说，当输入和输出电平发生变化时，增益相对保持不变，即输入 – 输出特性呈线性，如图 2–21 所示。

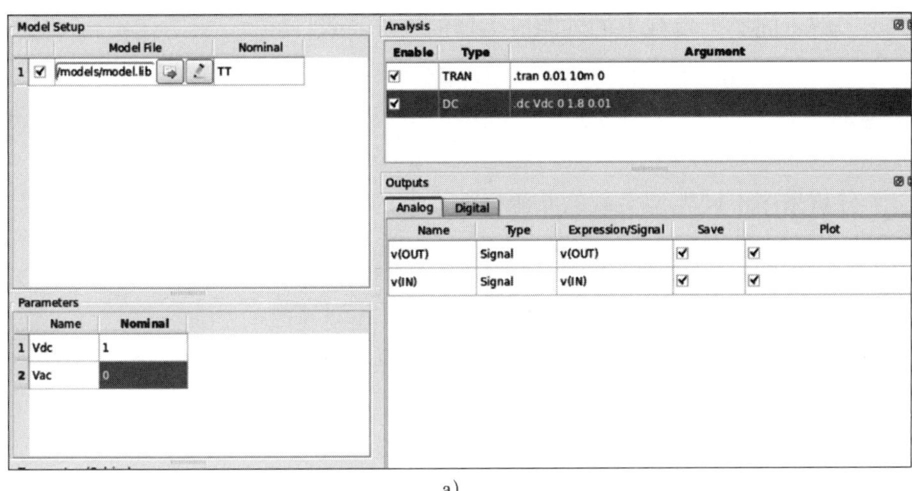

a）

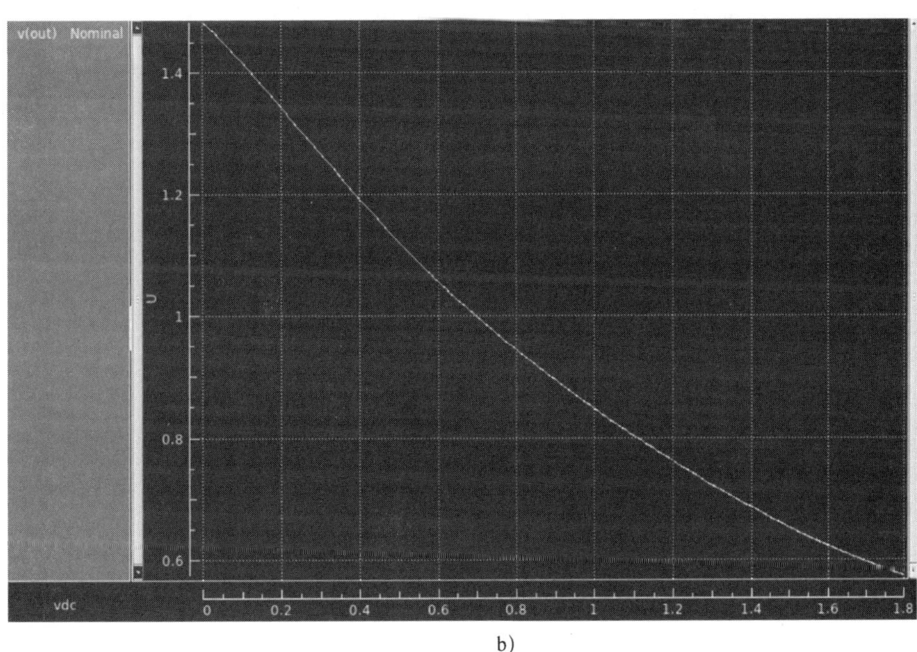

b）

图 2-21　二极管负载的直流仿真

a）仿真设置　b）仿真结果

小结

经过本节的学习，需要掌握以下内容：

（1）熟悉共源放大器的工作原理和增益的本质。

（2）了解放大器的失真现象。

（3）了解不同类型负载下的共源放大器的工作特点。

思考题

（1）分析采用不同类型负载的共源极放大器的特点。

（2）思考不同类型负载的共源极放大器分别适合哪些应用场景。

第二节　CMOS 源极跟随器设计方法

考核知识点及能力要求：

- 掌握源极跟随器的设计方法。
- 熟悉源极跟随器的调试和性能指标的测试方法。
- 了解源极跟随器的电压跟随效果。
- 熟悉放大器的输出电阻和带负载能力的仿真方法。

一、源极跟随器的关键参数

源极跟随器是场效应管用作阻抗变换和电压跟随的电路，其特点是输入阻抗高、输出阻抗低、电压放大倍数近似为 1。

本次实验内容包括：

（1）瞬态分析和直流扫描分析：展示“MOS 管 + 负载电阻”源极跟随器的信号波形，并进行增益分析。观察输出电压随输入电压的变化，分析变化曲线的斜率是否接近于 1。

（2）瞬态分析：对比共源放大器和源极跟随器的带负载能力。为两种放大器接上合适的负载，观察接负载前后增益的损失，对比两种放大器的增益损失大小。

源极跟随器是一种共漏放大器，源极跟随器的电路、应用、输入输出特性曲线如图 2–22 所示。

$$V_{out}=\frac{1}{2}\mu_n C_{ox}\frac{W}{L}(V_{in}-V_{TH}-V_{OUT})^2 R_S$$

$$A_v=\frac{\partial V_{out}}{\partial V_{in}}=\frac{g_m R_S}{1+(g_m+g_{mb})R_D}$$

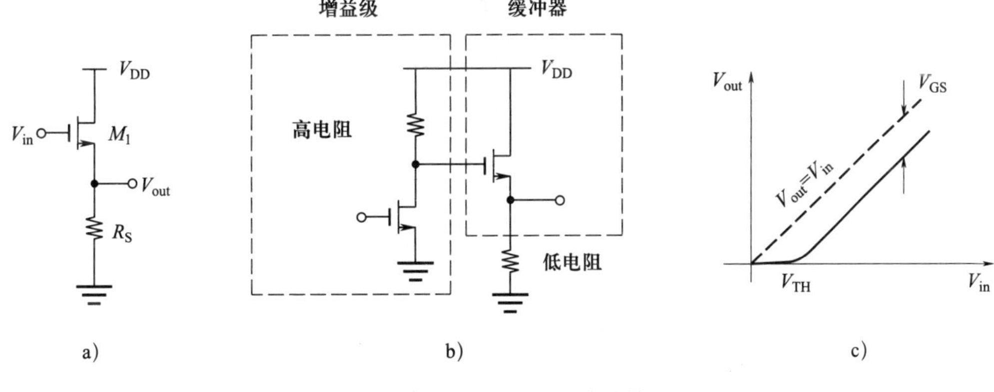

图 2–22　源极跟随器的特性

二、设计仿真步骤与电路优化方法

（一）创建库和单元

在 Design Manager 中通过 File → New Library 创建一个新的库，可命名任意名字，在弹出窗口的工艺 Technology 中选择 Attach To Library，并选择之前加载过的 018 μm_PDK。如果已进行之前的实验，此步可跳过，直接使用之前创建的 Library，此处以 DEMO 为例。

在 DM 中通过 File → New Cell/View 在新建的库中创建一个 Cell，View Type 选择 Schematic。

（二）绘制电路图

打开此 Cell 的 Schematic 文件，使用快捷键 i 添加新的 Instances。CMOS 源极跟随器实验中，需要一个 NMOS 管、电压源、正弦信号源、电源地、理想电阻。首先通过 Add Instances 添加一个属于 018 μm_PDK 工艺的 NMOS 场效应管（n18），选中添加的器件后，通过 Edit Properties 修改器件的属性，然后在 analog 库中添加电源 vdc、正弦信号源 vsin、理想电阻 res，在 basic 库中添加地 gnd，并设置好元器件的参数。在确保电路图无误后，点击左上角 Check and Save 按键进行保存，图 2-23 为 NMOS 管的实验电路图。

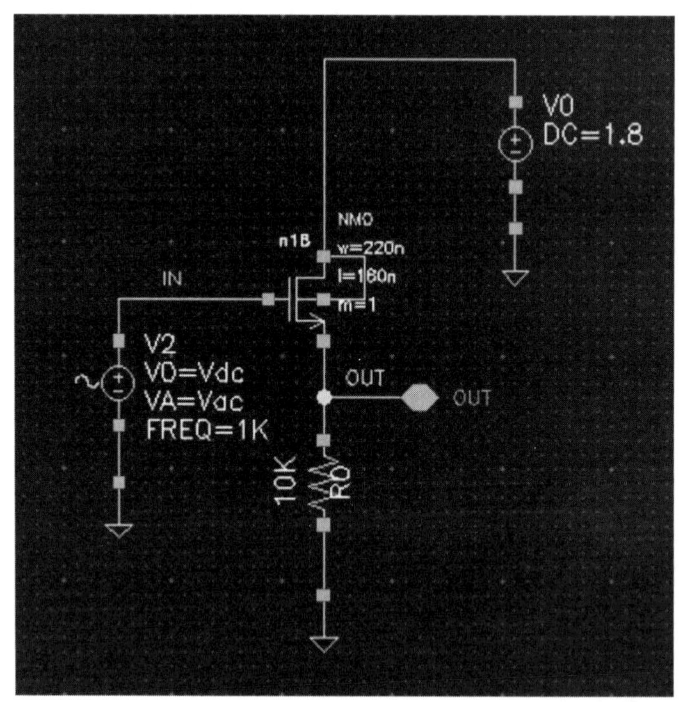

图 2-23　NMOS 管的实验电路图

（三）瞬态仿真

在电路图的菜单栏中点击 Tools → MDE。在 MDE 窗口中，左上部分 Model Setup 的空白处激活鼠标右键菜单，选择 Add Model Library，在弹出对话框中选择 /opt/PDK/DEMO/models/model.lib 文件。在 MDE 主菜单点击 Analysis → Add Analysis 会弹出对话框，在此切换为 TRAN 仿真，并设置仿真参数。点击 Simulation → Netlist → Create，生成 Schematic 的网表文件。接下来在 Simulation 中选择 Run 来运行仿真，得到“MOS 管 + 负载电阻”源极跟随器的信号波形，如图 2-24 所示。

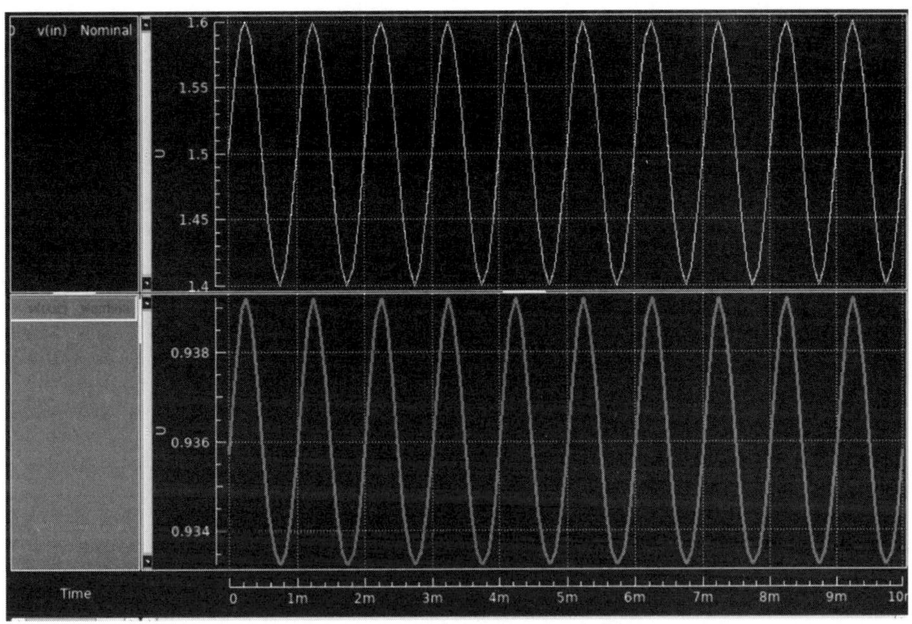

图 2-24　源极跟随器的信号波形

分析增益的方法为，选择 Tools → Measure Tool → Y range，峰峰值的比值即为放大倍数，如图 2-25 所示。

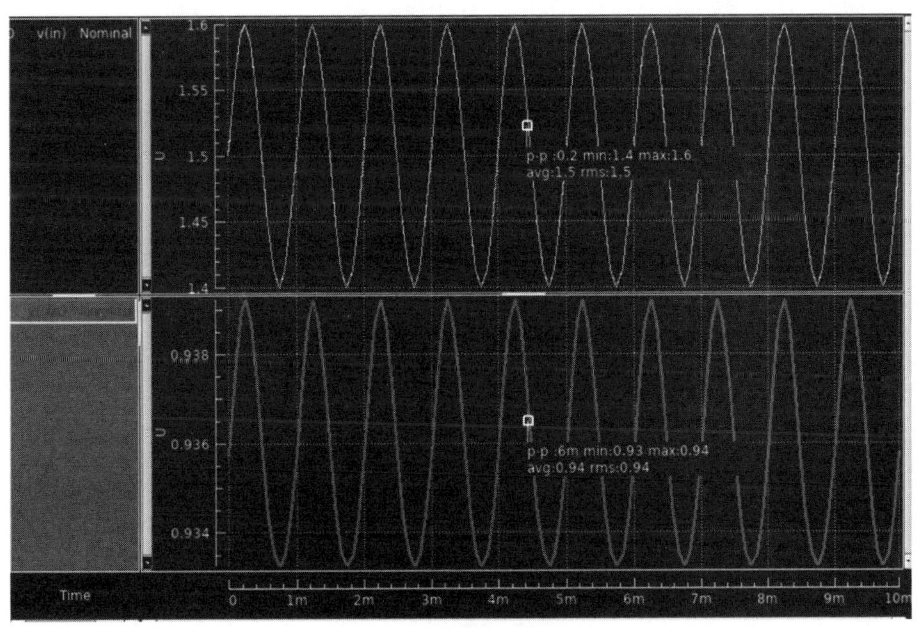

图 2-25　增益的计算方法

直流扫描分析要先调整仿真参数，重新生成网表文件，再对电路进行直流扫描。在仿真界面添加 DC 仿真，对变量 Vdc 进行参数扫描并设置扫描范围及步长，如图 2-26 所示。

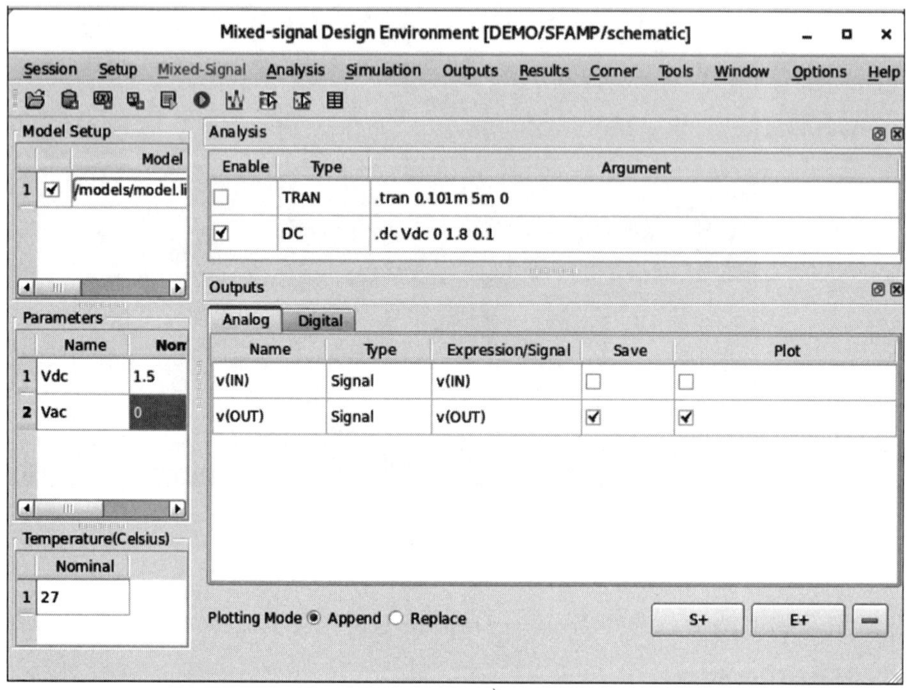

a）

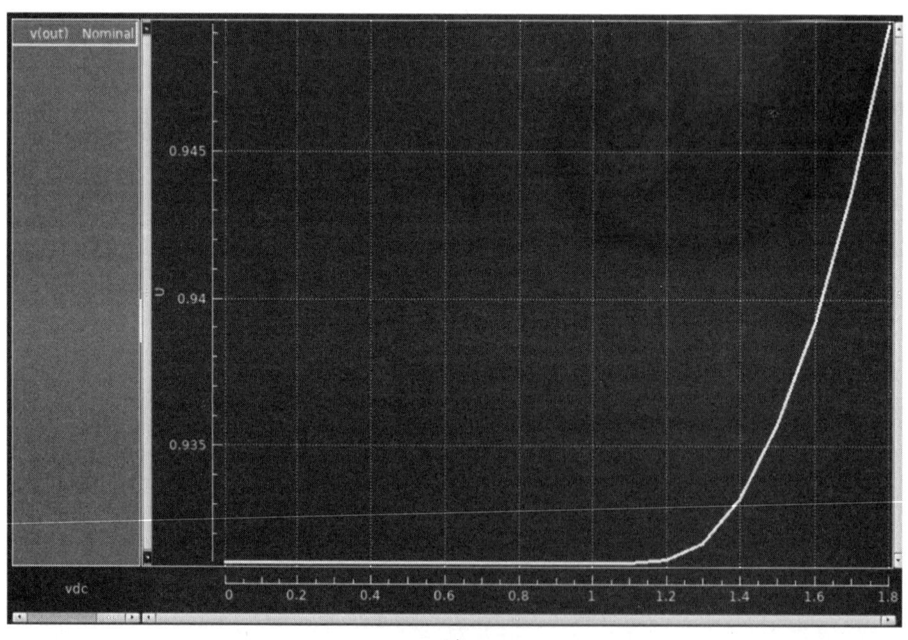

b）

图 2-26　直流扫描结果

a）仿真设置　b）仿真结果

（四）源极跟随器的带负载能力

瞬态分析对比共源放大器和源极跟随器的带负载能力，为两种放大器接上合适的负载，观察接负载前后增益的损失，对比两种放大器的增益损失大小。此处将源极跟随器和共源放大器负载电阻更改为合适负载（此处设为 100 k），使用瞬态仿真观察其增益变化。

源极跟随器带负载仿真结果如图 2–27 所示。

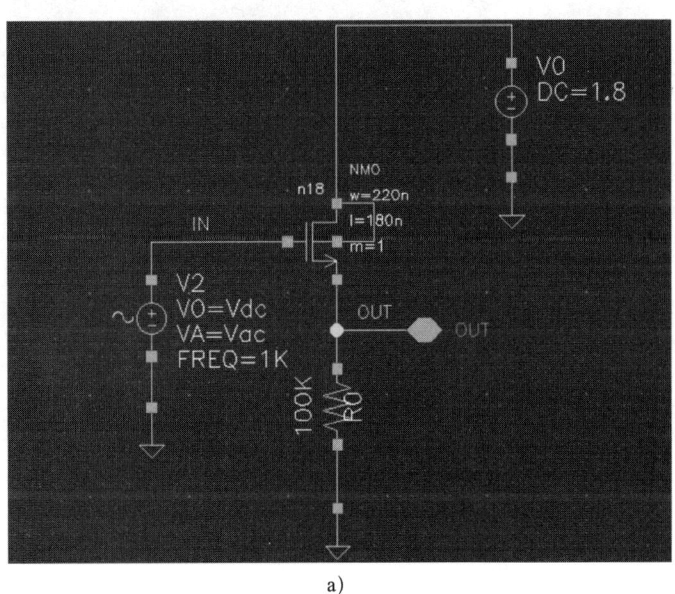

a)

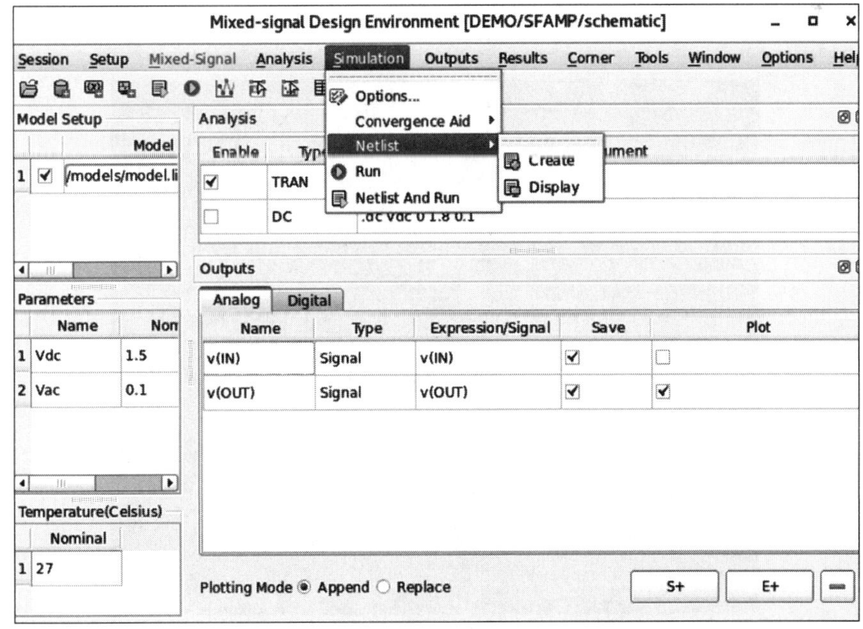

b)

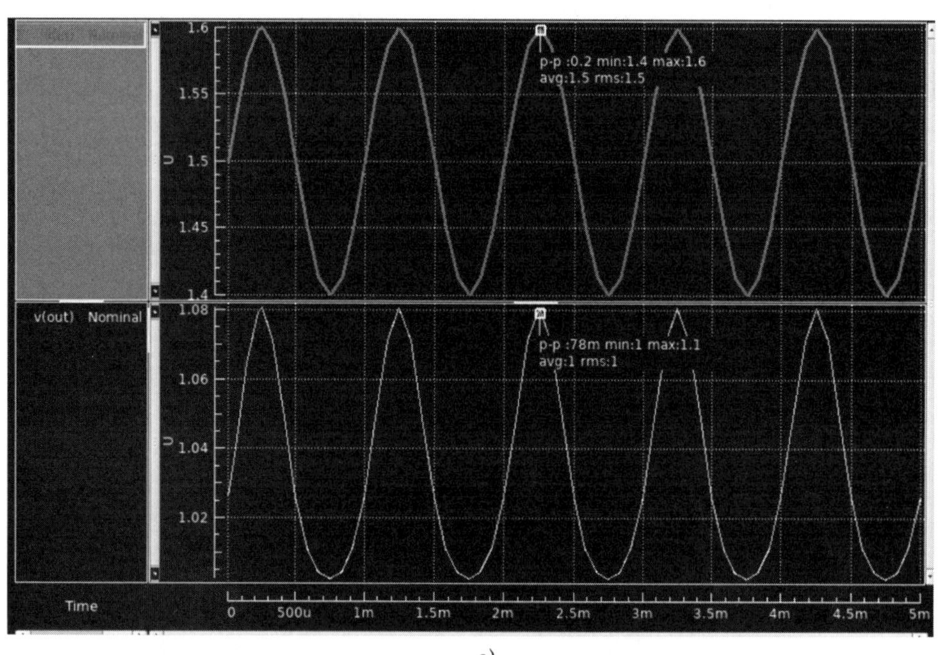

c）

图 2–27　源极跟随器带负载仿真结果

a）仿真电路图　b）仿真设置　c）仿真结果

共源放大器带负载仿真结果如图 2–28 所示。

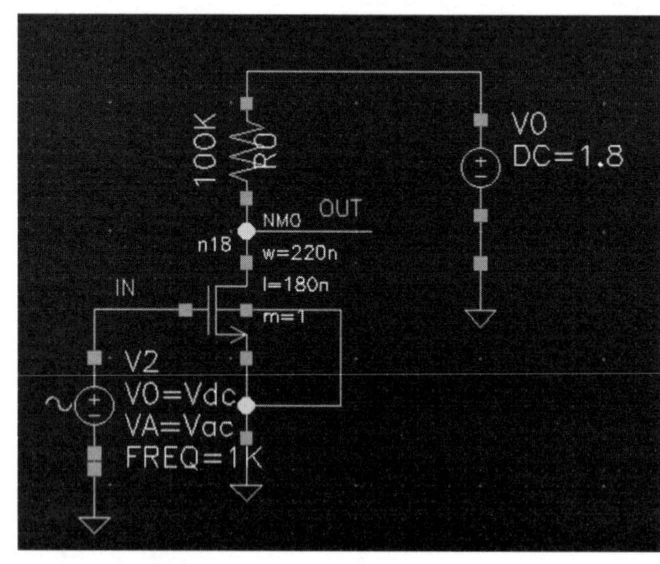

a）

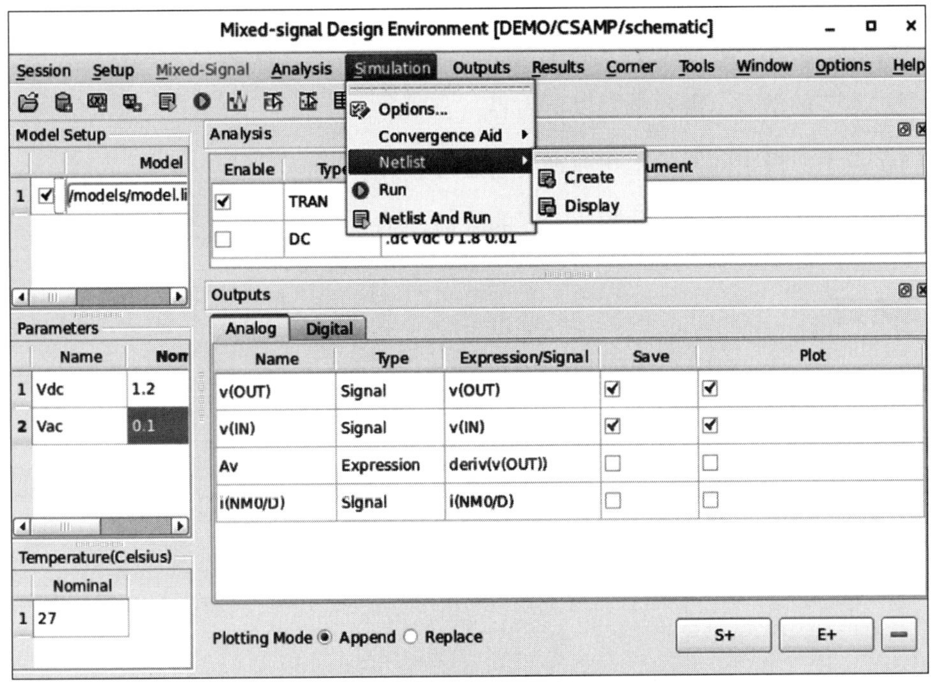

b）

c）

图 2-28　共源放大器带负载仿真结果

a）仿真电路图　b）仿真设置　c）仿真结果

小结

经过本节的学习，需要掌握以下内容：

（1）熟悉源极跟随器的工作原理和增益的本质。

（2）了解源极跟随器与共源放大器的区别。

思考题

（1）分析源极跟随器的电平平移特性适用于哪些场景。

（2）分析源极跟随器输出阻抗和跨导的关系。

第三节　电流镜设计方法

考核知识点及能力要求：

- 理解基本电流镜电路的结构和工作原理。
- 理解共源共栅电流镜电路的结构和工作原理。
- 了解不同电流镜的优劣，如输入输出摆幅等。
- 了解共源共栅结构的屏蔽效应。

一、电流镜的关键参数

电流镜（current mirror）一般指镜像恒流源。镜像恒流源是模拟集成电路中普遍存在的一种标准部件，它的受控电流与输入参考电流相等，即输入输出电流传输比等

于 1。其特点是输出电流是对输入电流按一定比例的“复制”，用来产生偏置电流和作为有源负载。

本次实验内容包括：

（1）搭建基本电流镜，设置合理的 MOS 管宽长比，观察电流镜的镜像效果。增大电流镜上方的电压摆动区间，观察镜像效果的恶化。

（2）搭建共源共栅电流镜，设置合理的 MOS 管宽长比，增大电流镜上方的电压摆动区间，观察镜像效果是否改善。

电流镜的主要作用就是精确镜像电流，由于沟道长度调制效应，如果镜像管之间的漏源电压 V_{DS} 存在电压差，镜像电流就会有偏差。共源共栅结构中的共源管，其漏源电压 V_{DS} 对输出电压变化不敏感，因此，在精度要求比较高的电流镜中经常采用共源共栅结构。

（一）基本电流镜电路

两个都工作在饱和区且具有相等栅源电压的晶体管会传输相同的电流（暂时不考虑沟道长度调制效应），如图 2–29 所示，由 M_1 和 M_2 组成的结构就是电流镜。

（二）共源共栅电流镜

当考虑沟道长度调制效应时，基本电流镜会使镜像电流产生较大误差，尤其是当使用较小沟道长度的晶体管的时候。

如图 2–30 所示，共源共栅器件可以屏蔽电流源，从而减小电流源 M_1 和 M_2 两端电压的变化，使电路能精确地复制电流。

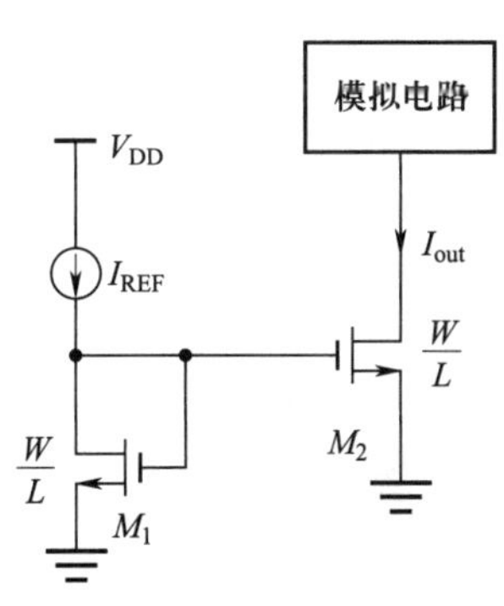

图 2–29　基本电流镜结构

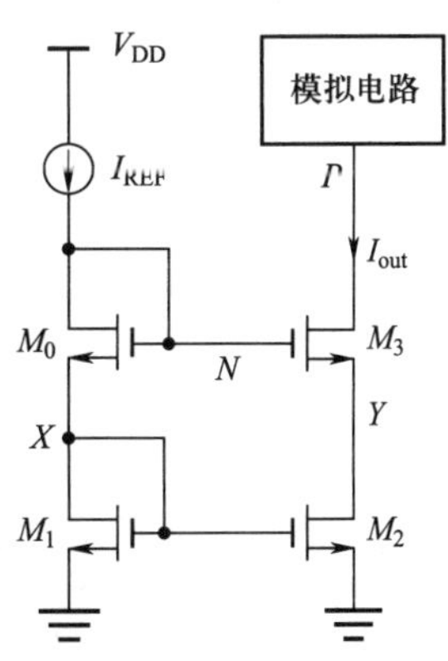

图 2–30　共源共栅电流镜结构

二、设计仿真步骤与电路优化方法

（一）创建库和单元

在 Design Manager 中通过 File → New Library 创建一个新的库，可命名任意名字，在弹出窗口的工艺 Technology 中选择 Attach To Library 并选择之前加载过的 018 μm_PDK。在 DM 中通过 File → New Cell/View 在新建的库中创建一个 Cell，View Type 选择 Schematic。

（二）绘制基本电流镜电路图

打开此 Cell 的 Schematic 文件，使用快捷键 i 添加新的 Instances。搭建基本电流镜实验中，需要两个 NMOS 管（n18）、电压源（vdc）、电流源（idc）、电源地（gnd）、电阻（res）。首先通过 Add Instances 添加一个属于 018 μm_PDK 工艺的 NMOS 场效应管（n18），选中添加的器件后，通过 Edit Properties 修改器件的属性。然后在 analog 库中添加电压源（vdc）、电流源（idc）、电阻（res），最后在 basic 库中添加电源地（gnd）。

设置合理的 MOS 管宽长比，在确保电路图无误后，点击左上角 Check and Save 按键进行保存，图 2-31 为基本电流镜的实验电路图，其中电阻为模拟电路负载，NM1 的漏极为电流镜的镜像电流输出点。

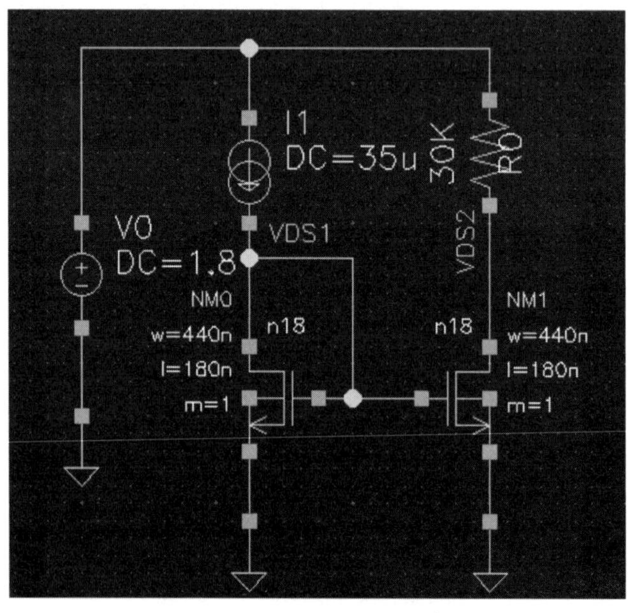

图 2-31　基本电流镜的实验电路图

（三）基本电流镜电路的瞬态仿真

在电路图的菜单栏中点击 Tools → MDE。在 MDE 窗口中，左上部分 Model Setup 的空白处激活鼠标右键菜单，选择 Add Model Library，在弹出对话框中选择 /opt/PDK/DEMO/models/model.lib 文件。设置瞬态仿真的仿真参数，并生成网表文件，点击 Simulation → Netlist → Create，生成 Schematic 的网表文件。

接下来在 Simulation 中选择 Run 来运行仿真，得到瞬态仿真结果，如图 2-32 所示，其中上方黄线为镜像电流值，下方红线为理想电流源的参考电流，可见两者相差不大。

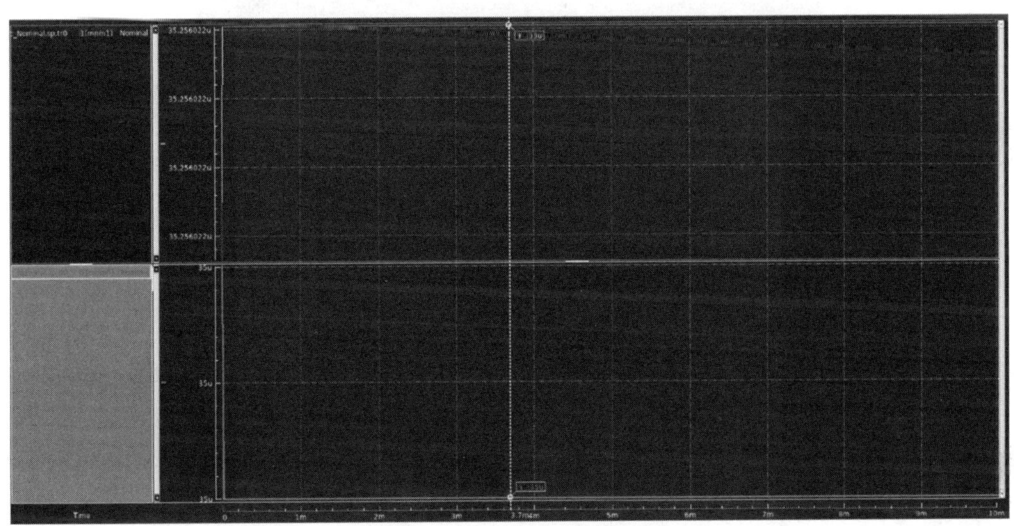

图 2-32　电流镜电路仿真结果

减小负载电阻，增大摆幅，如图 2-33 所示，将负载电阻调整为 15 kΩ。检查并保存电路图，仿真参数不变，重新生成网表，并进行瞬态仿真，得到新的仿真曲线，如图 2-34 所示。上方黄线为镜像电流值，下方红线为理想电流源的参考电流，可以看出镜像电流偏离参考电流，镜像效果恶化。

继续减小电阻，增大电压摆幅，如图 2-35 所示，将电阻减小为 5 kΩ，检查并保存电路图，仿真参数不变，重新生成网表，并进行瞬态仿真，得到新的仿真曲线，如图 2-36 所示。上方黄线为镜像电流值，下方红线为理想电流源的参考电流，可以看出镜像电流进一步偏离参考电流，镜像效果恶化加剧。

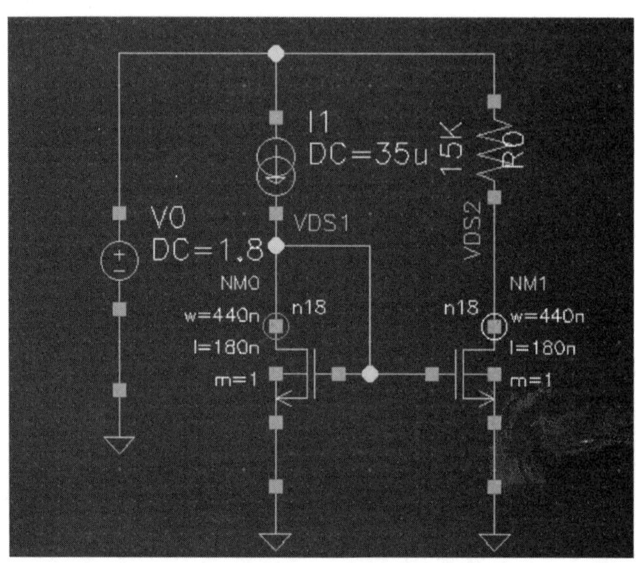

图 2–33　调整负载电阻后的仿真电路

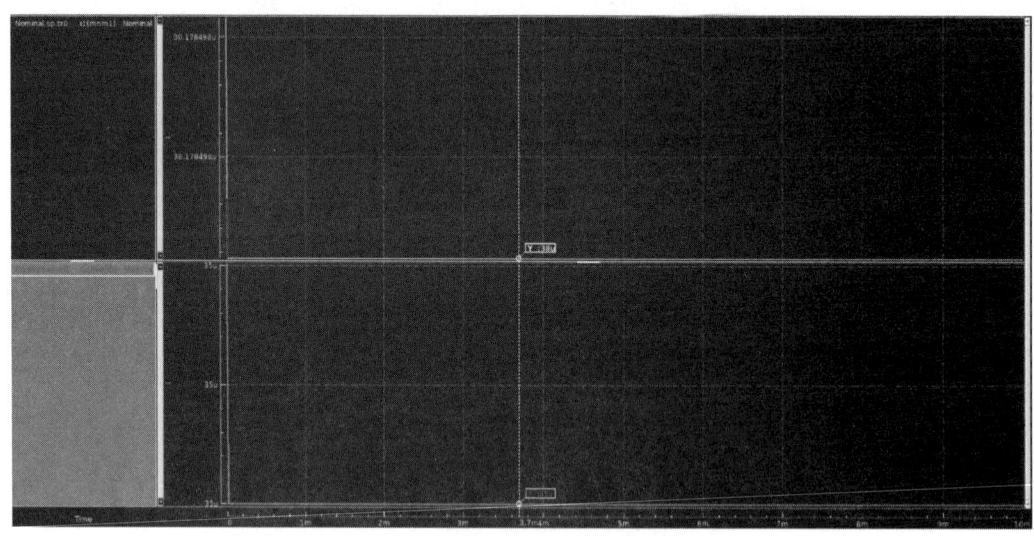

图 2–34　调整负载电阻后的电路仿真结果

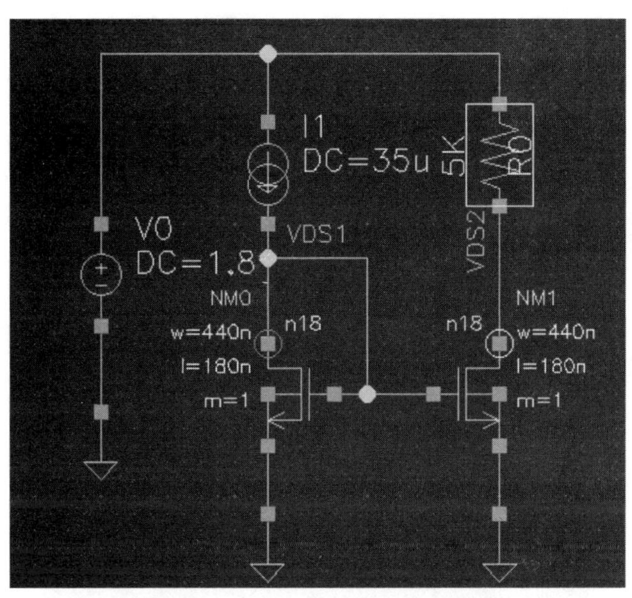

图 2-35　进一步减小负载电阻

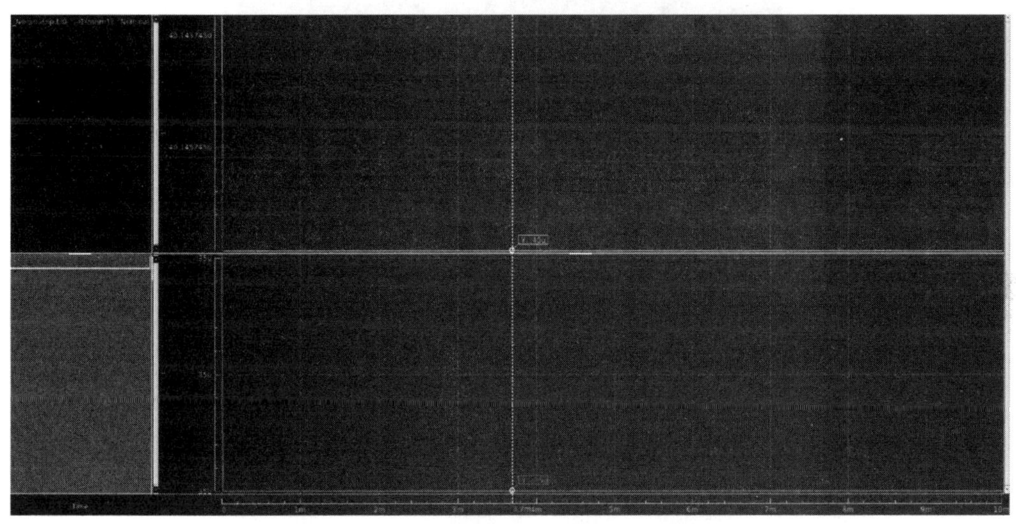

图 2-36　进一步减小负载电阻导致的电流偏差

（四）共源共栅电流镜电路的瞬态仿真

搭建如图 2-37 所示的共源共栅电流镜的电路图，设置合理的 MOS 管宽长比，检查并保存电路图。

设置仿真参数如图 2-38 所示，生成网表文件后进行瞬态仿真。其中上方紫线 1 为镜像电流值，下方粉线 2 为理想电流源的参考电流，可见两者相差不大，如图 2-39 所示。

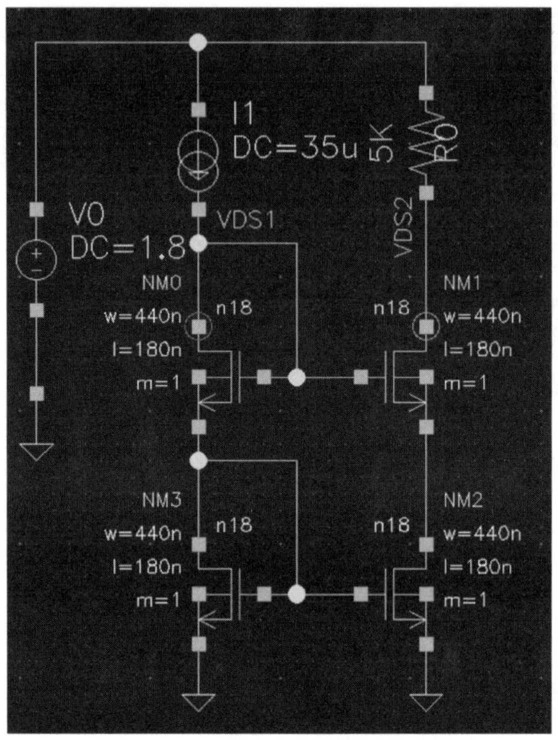

图 2–37　共源共栅电流镜的电路图

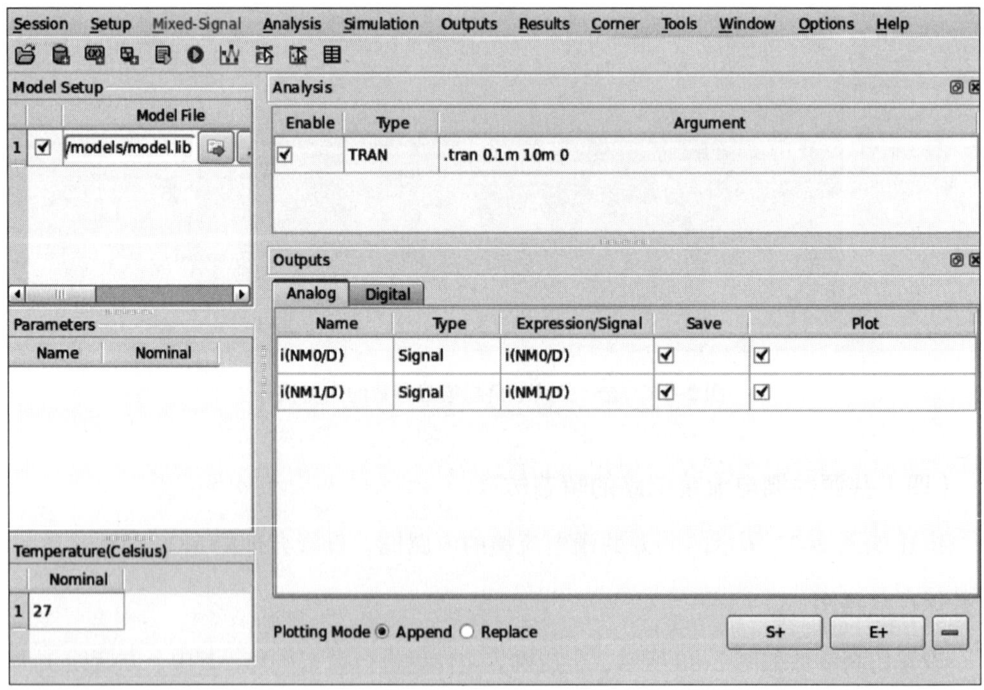

图 2–38　仿真参数设置

图 2–39　仿真结果

增大负载电阻，增大摆幅，如图 2–40 所示，将负载电阻调整为 15 kΩ，检查并保存电路图，仿真参数不变，重新生成网表，并进行瞬态仿真，得到新的仿真曲线，如图 2–41 所示。上方紫线 1 为镜像电流值，下方粉线 2 为理想电流源的参考电流，可以看出镜像电流稍微偏离参考电流，镜像效果恶化，但明显优于基本电流镜电路的效果。

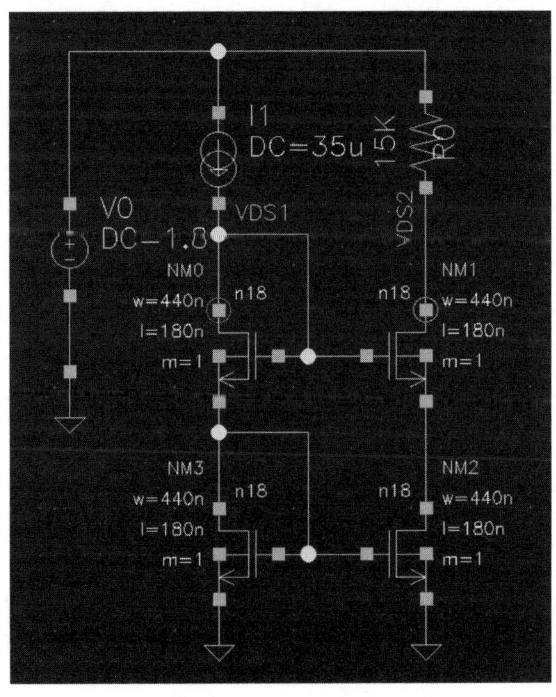

图 2–40　增大负载电阻后的原理图

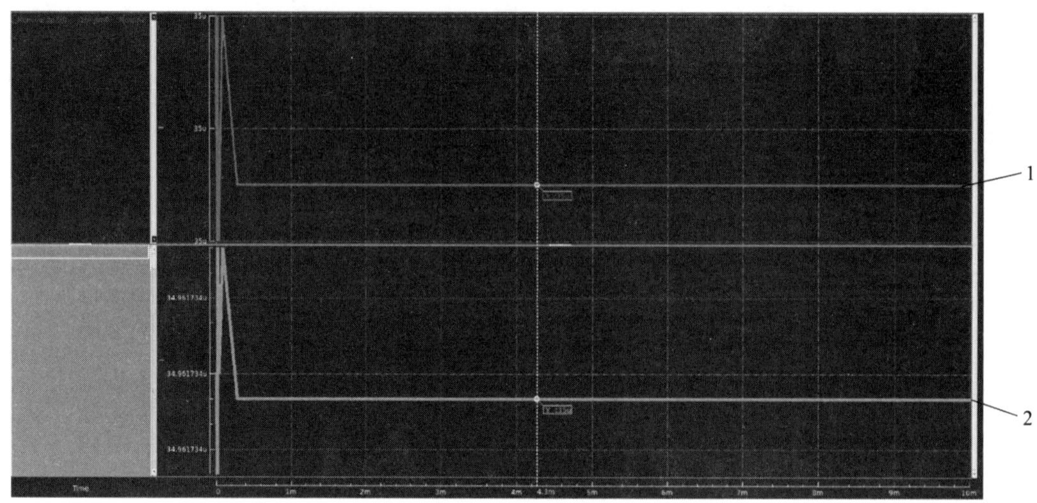

图 2–41　增大负载电阻后的仿真结果

继续增大电阻，增大电压摆幅，如图 2–42 所示，将电阻增大为 30 kΩ，检查并保存电路图，仿真参数不变，重新生成网表，并进行瞬态仿真，得到新的仿真曲线，

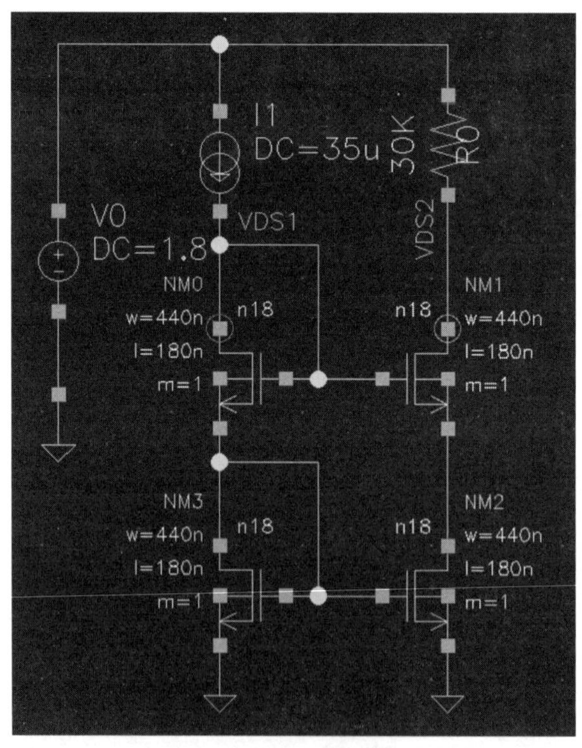

图 2–42　仿真电路图

如图 2–43 所示。上方紫线 1 为镜像电流值，下方粉线 2 为理想电流源的参考电流，可以看出镜像电流进一步偏离参考电流，镜像效果恶化加剧，但仍明显优于基本电流镜电路。

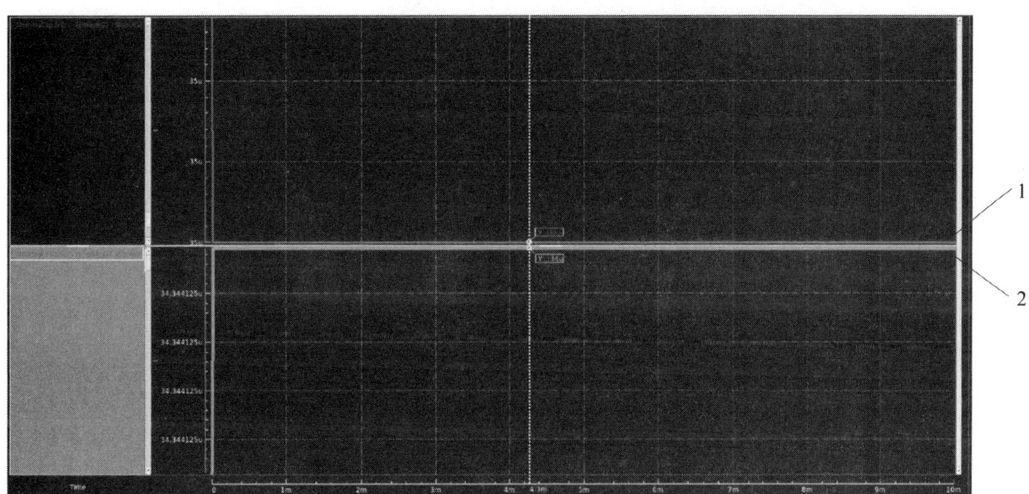

图 2–43　仿真结果

小结

经过本节的学习，需要掌握以下内容：

（1）掌握基本电流镜电路和共源共栅电流镜电路的原理。

（2）了解基本电流镜的缺陷。

思考题

（1）为什么共源共栅电流镜可以大大改善电流镜的镜像效果？

（2）共源共栅电流镜有哪些缺点？

第四节　差动放大器设计方法

考核知识点及能力要求：

- 理解差动放大电路的结构和工作原理。
- 理解基本差动对共模、差模的概念。
- 了解负载失配与 MOS 管失配对差动对性能的影响。
- 熟悉差动对的半边电路分析法。
- 掌握差动对的几种增益的概念和共模抑制比的含义。

一、差动放大器的关键参数

基本差动放大电路（differential amplifier）由两个完全对称的共源极单管放大电路组成，该电路的输入端是两个信号的输入，这两个信号的差值，为电路有效输入信号，电路的输出是对这两个输入信号之差的放大。设想这样一种情景，如果存在干扰信号，会对两个输入信号产生相同的干扰，通过二者之差，干扰信号的有效输出为零，这就达到了抗共模干扰的目的。

本次实验内容包括：

（1）搭建基本差动对，用一个 NMOS 管实现尾电流源，观察尾电流源 MOS 管的漏极电平变化。

（2）对于完全对称的基本差动对，分别观察“共模输入 – 共模输出”“共模输入 – 差模输出”“差模输入 – 差模输出”的增益。

（3）引入负载失配和 MOS 管失配，再次观察“共模输入－差模输出”和“差模输入－差模输出”的增益。

差动放大电路的输入端是两个信号的输入，这两个信号的差值，为电路有效输入信号，电路的输出是对这两个输入信号之差的放大，同时实现对共模信号的抑制。为了更好地抑制共模信号，需要两个输入级支路具有良好的对称性，由于生产工艺误差等因素，理想的差动放大电路是不存在的，实际的设计中，只能通过增大输入对管的面积或其他专门设计的结构来减小这一不对称性。

（一）基本差动放大电路

基本差动放大电路由两个完全对称的共发射极单管放大电路组成，电流源 I_{SS} 为放大电路供电，具体的分析可分为大信号分析与小信号分析，输入信号可以分解为共模信号与差模信号的叠加，通过叠加原理，可以分别得出基本差动电路的共模增益与差模增益。理想的差动对，其共模增益为 0，差模增益为 $-g_mR_D$。共模抑制比定义为差模增益与共模增益绝对值之比，可见，理想差放，其共模抑制比应为无穷大，如图 2–44 所示。

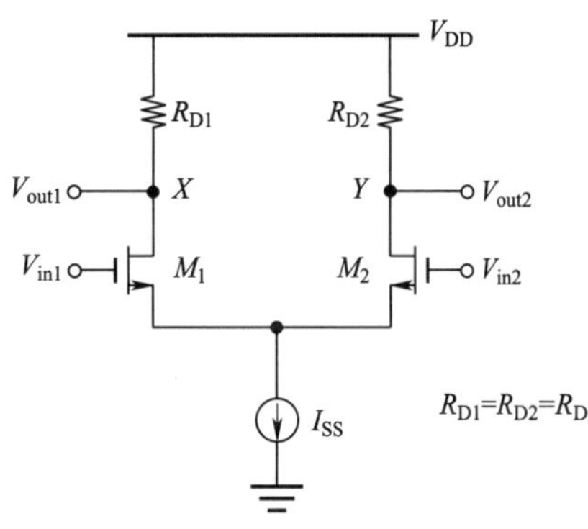

图 2–44 基本差动放大电路原理图

（二）半边电路法

半边电路法，是指由于 V_P 几乎不变，所以 P 点可以认为是交流地，从而整个电路可以分为两个独立的部分，如图 2–45 所示。

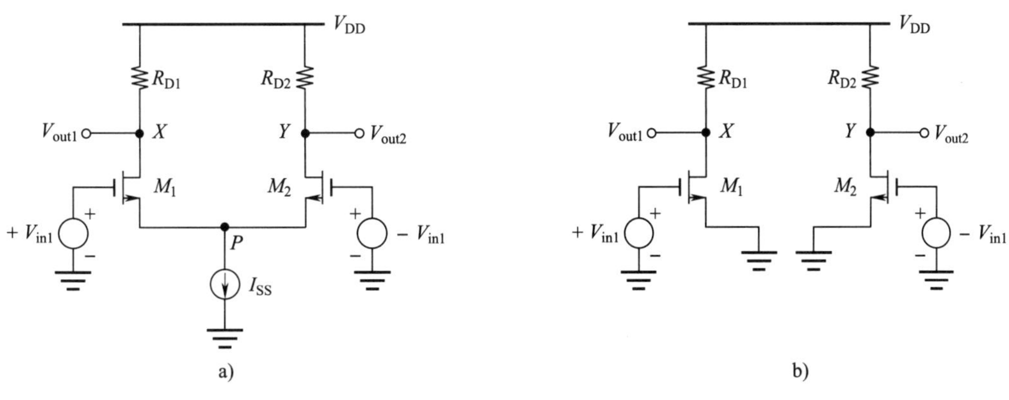

图 2–45 半边电路法

具体的证明过程可以参照相关教材，利用半边电路法，可以得到：

$$\frac{V_X}{V_{in1}} = -g_m R_D$$

$$\frac{V_Y}{-V_{in1}} = -g_m R_D$$

其中 V_{in1} 与 $-V_{in1}$ 表示每边的电压变化，从而：

$$\frac{V_X - V_Y}{2V_{in1}} = -g_m R_D$$

二、设计仿真步骤与电路优化方法

（一）创建库和单元

在 Design Manager 中通过 File → New Library 创建一个新的库，可命名任意名字，在弹出窗口的工艺 Technology 中选择 Attach To Library 并选择之前加载过的 018 μm_PDK。在 DM 中通过 File → New Cell/View 在新建的库中创建一个 Cell，View Type 选择 Schematic。

（二）绘制差动放大器电路图

打开此 Cell 的 Schematic 文件，使用快捷键 i 添加新的 Instances。差动放大器实验中，需要一对 NMOS 输入管，一个电压源作为供电 VDD，一对正弦信号源作为差分输入信号，电源地，一对理想电阻作为负载，本实验采用一个 NMOS 管作为尾电流源，另需一个电压源提供控制 VB。首先通过 Add Instances 添加一个属于 018 μm_PDK 工艺的 NMOS 场效应管（n18），选中添加的器件后，通过 Edit Properties 修改器件的属性。然后在 analog 库中添加电源 vdc、正弦信号源 vsin、理想电阻 res，在 basic 库中添加电源地 gnd，并设置好元器件的参数。

将各个 MOS 管的尺寸设置为之前的计算结果，在确保电路图无误后，点击左上角 Check and Save 按键进行保存，图 2-46 为差动放大器的实验电路图。

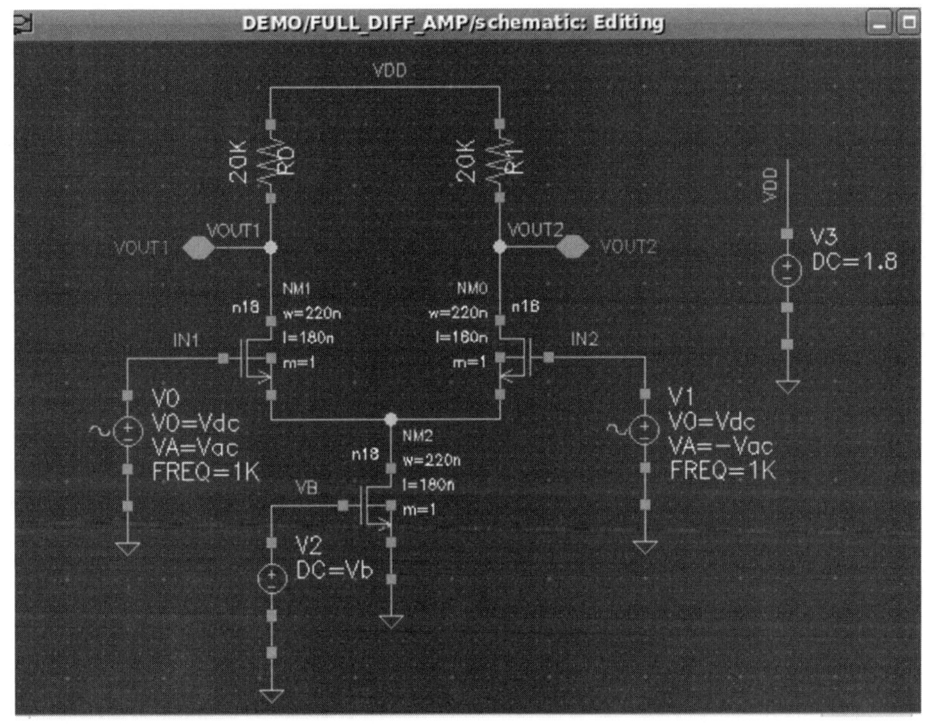

图 2–46　差动放大器的实验电路图

（三）差动放大器直流电平和电压波动范围

在电路图的菜单栏中点击 Tools → MDE，在 MDE 窗口中，左上部分 Model Setup 的空白处激活鼠标右键菜单，选择 Add Model Library，在弹出对话框中选择 /opt/PDK/DEMO/models/model.lib 文件。如图 2–47 所示设置瞬态仿真参数。点击 S+ 添加输出电压，由于是差动放大器，需点击 E+，输出差分信号。

Output Setting

Name Vin

Expression

v(IN1)-v(IN2)

Signal　Parameter

Expression Table

Name	Type
v(IN1)	Signal
v(IN2)	Signal
v(VOUT1)	Signal
v(VOUT2)	Signal
v(net11)	Signal
Vin	Expression
Vout	Expression

a)

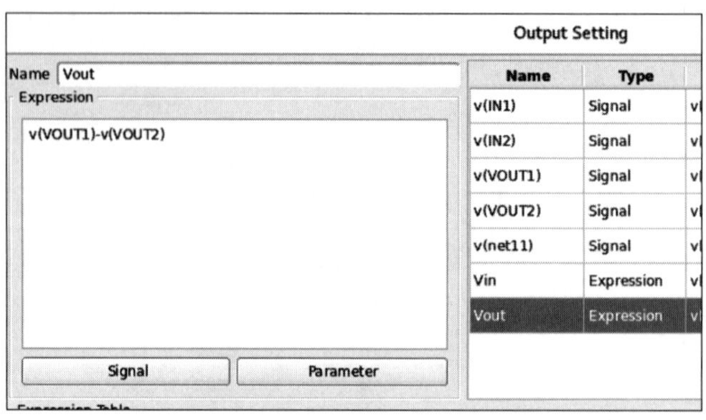

b）

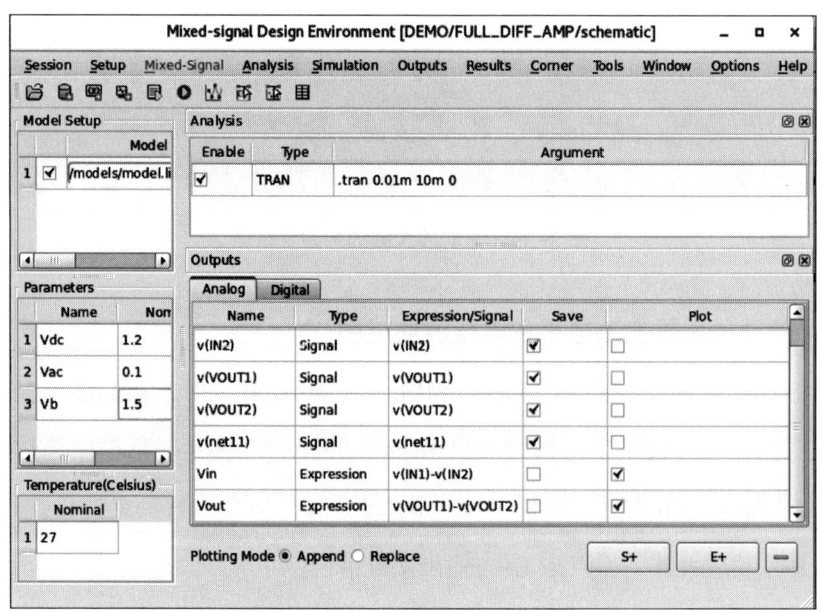

c）

图 2–47　瞬态仿真参数设置

a）输入设置　b）输出设置　c）仿真设置

点击 Simulation → Netlist → Create，生成 Schematic 的网表文件。接下来在 Simulation 中选择 Run 来运行仿真，基本差动放大电路的信号波形如图 2–48 所示。

分析增益的方法为，选择 Tools → Measure Tool → Y range，选中对应波形曲线，峰峰值的比值即为放大倍数，如图 2–49 所示。

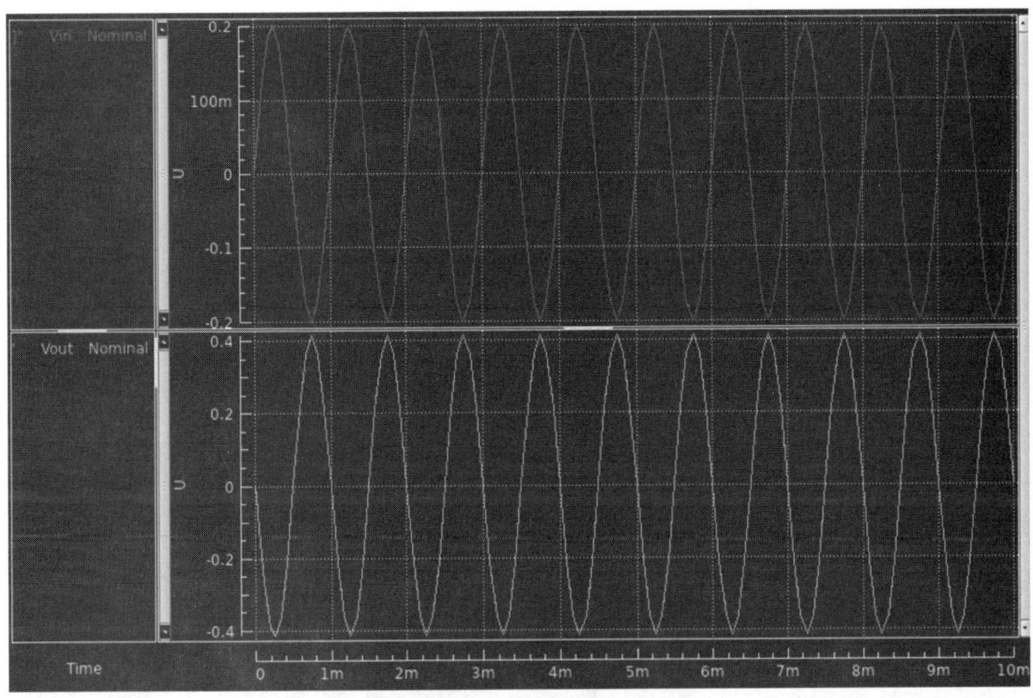

图 2–48　差动放大电路的信号波形

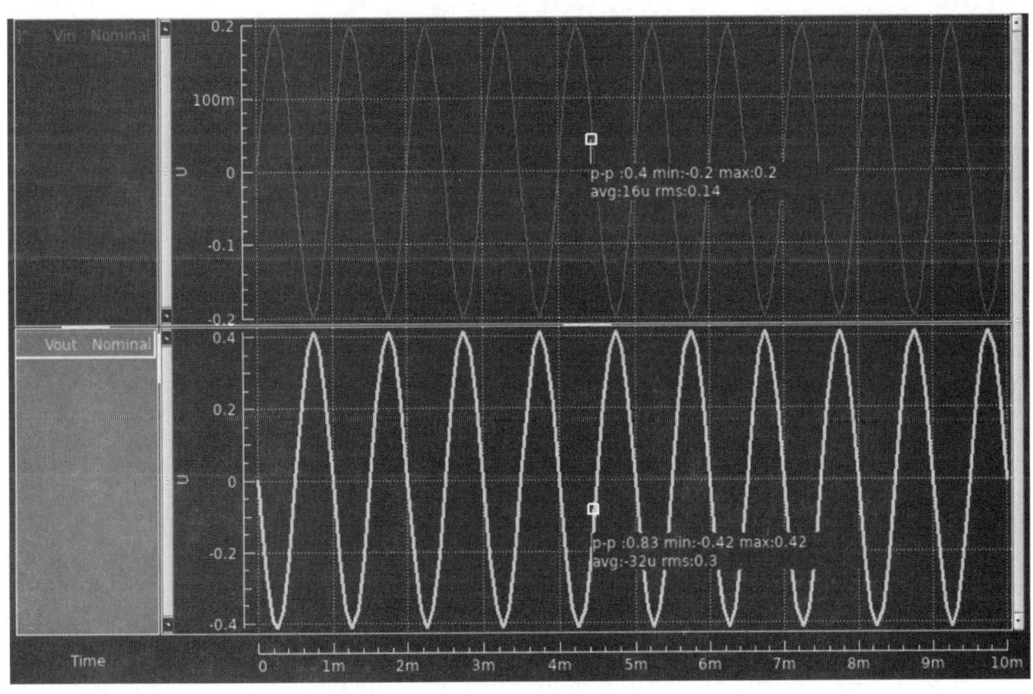

图 2–49　增益分析方法

观察尾电流源 MOS 管的漏极电平变化，通过选中尾电流源 MOS 管漏极相连的导线，可以得到其电平的瞬态波形，以及与单端输入输出波形的对比，如图 2–50 所示。

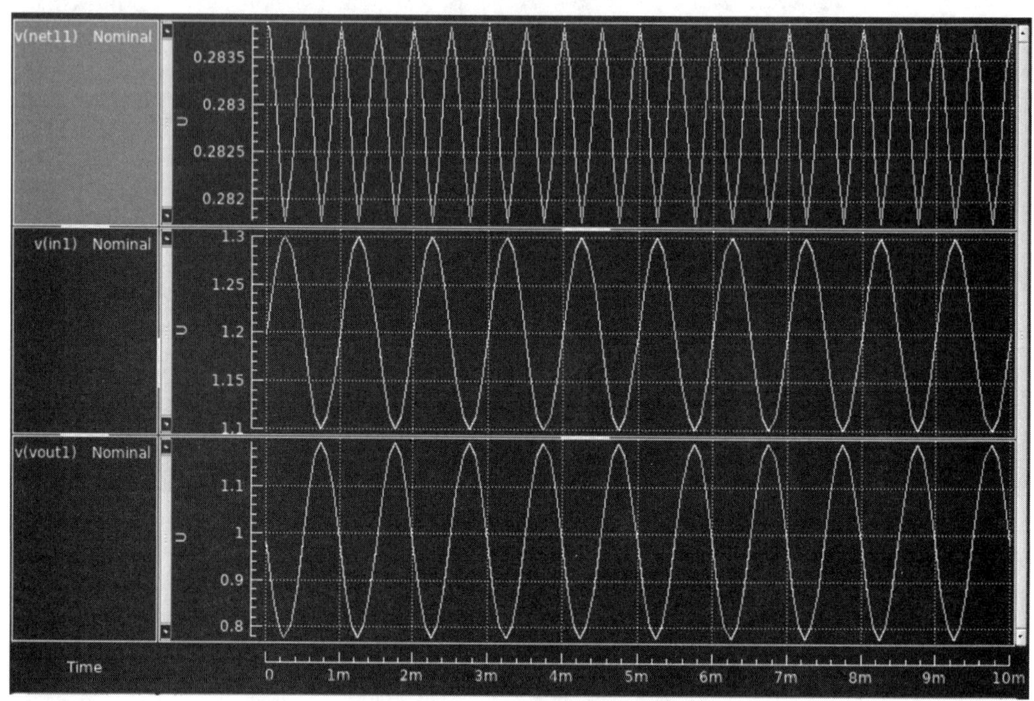

图 2–50　差动放大器关键节点波形

（四）增益仿真

1. 共模输入 – 共模输出

相较之前的电路，输入 vsin 的小信号幅值被设置为一致，皆为 V_{ac}，如图 2–51 所示。

通过前述增益仿真方法，可以得到输入与输出的峰峰值，进而得到“共模输入 – 共模输出”的增益，可以与半边电路法计算结果相比较，如图 2–52 所示。

2. 共模输入 – 差模输出

与共模增益仿真电路类似，输出设置为差模，即前述 $V_{out}=V_{out1}-V_{out2}$，通过瞬态仿真，可以得到输入共模信号与输出差模信号的波形，用同样的方法可以得到增益，如图 2–53 和图 2–54 所示。

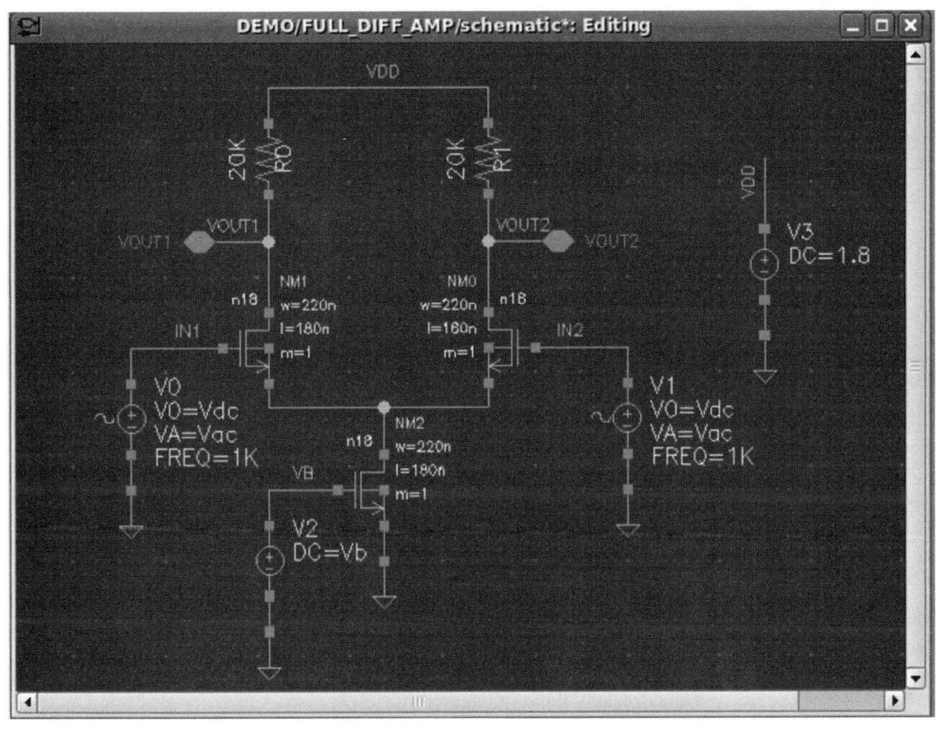

图 2–51　共模增益仿真电路

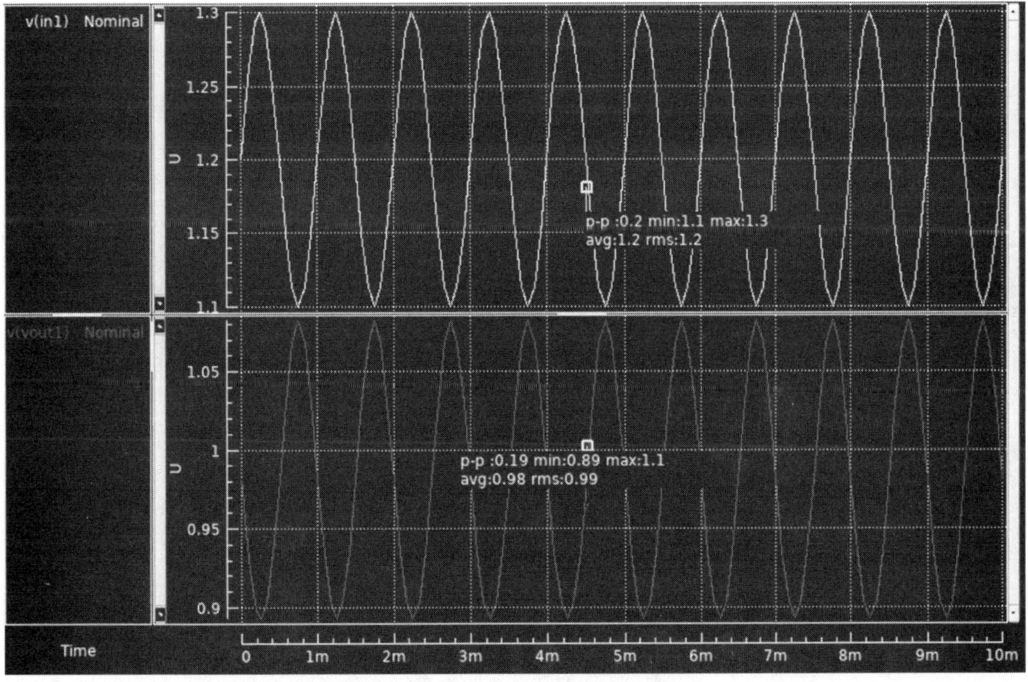

图 2–52　共模增益仿真结果

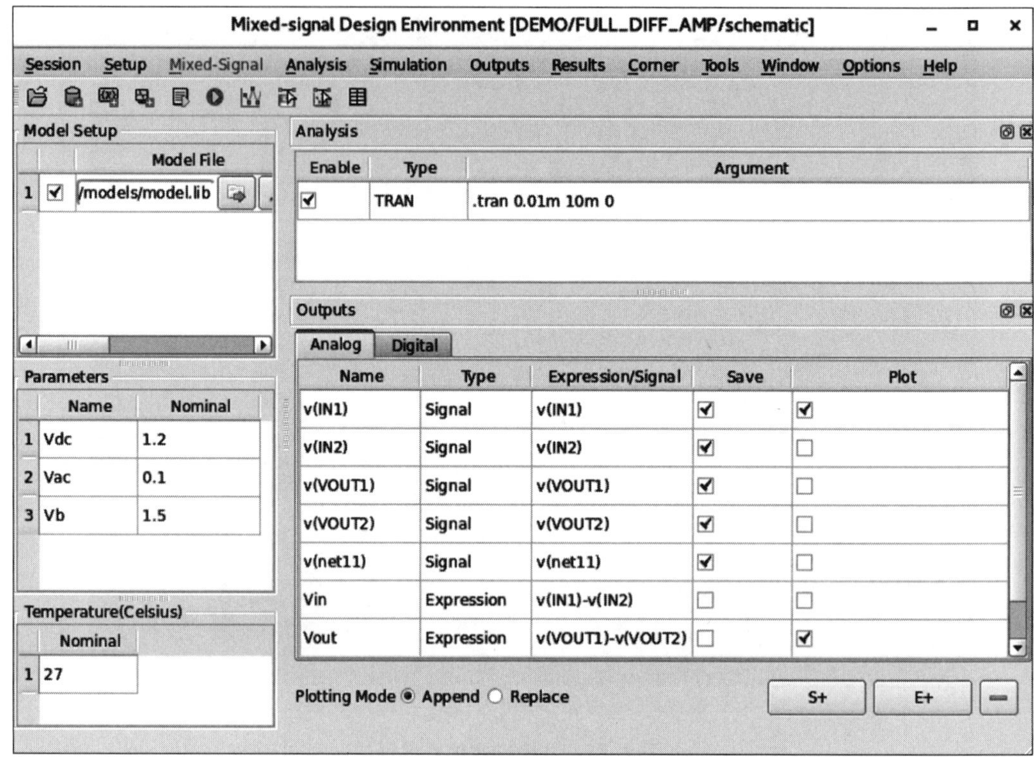

图 2–53　共模－差模增益仿真设置

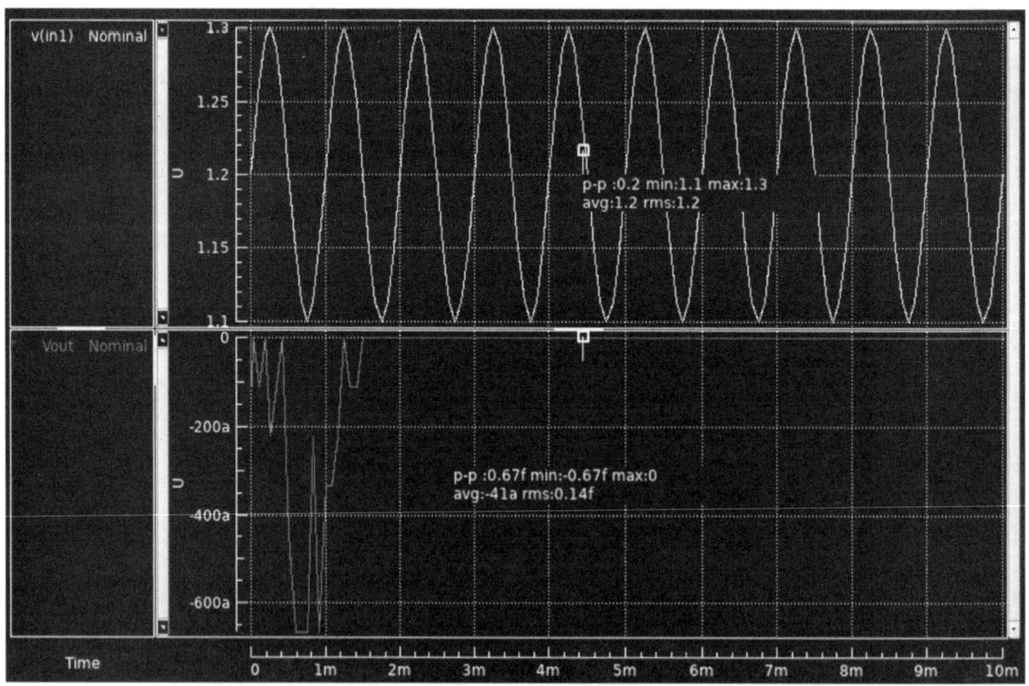

图 2–54　共模－差模增益仿真结果

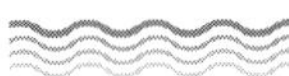

3. 差模输入 – 差模输出

差模输入时，需将输入信号源 V1 的小信号幅值改回 $-V_{ac}$，输出设为差模输入 $V_{in}=V_{in1}-V_{in2}$，$V_{out}=V_{out1}-V_{out2}$，其结果与共模增益仿真中的瞬态仿真结果相同，如图 2–55 和图 2–56 所示。

（五）引入负载失配和 MOS 管失配

1. 负载失配

将负载 R_0 改为 25 kΩ，此时电路不再完全对称，如图 2–57 所示。

（1）共模输入 – 差模输出

采用之前"共模输入 – 差模输出"相同的方法，观察输出 V_{in1} 与 $V_{out}=V_{out1}-V_{out2}$，比较对应实验的结果区别，也可以自行调节 R_0 值，观察结果变化，如图 2–58 所示。

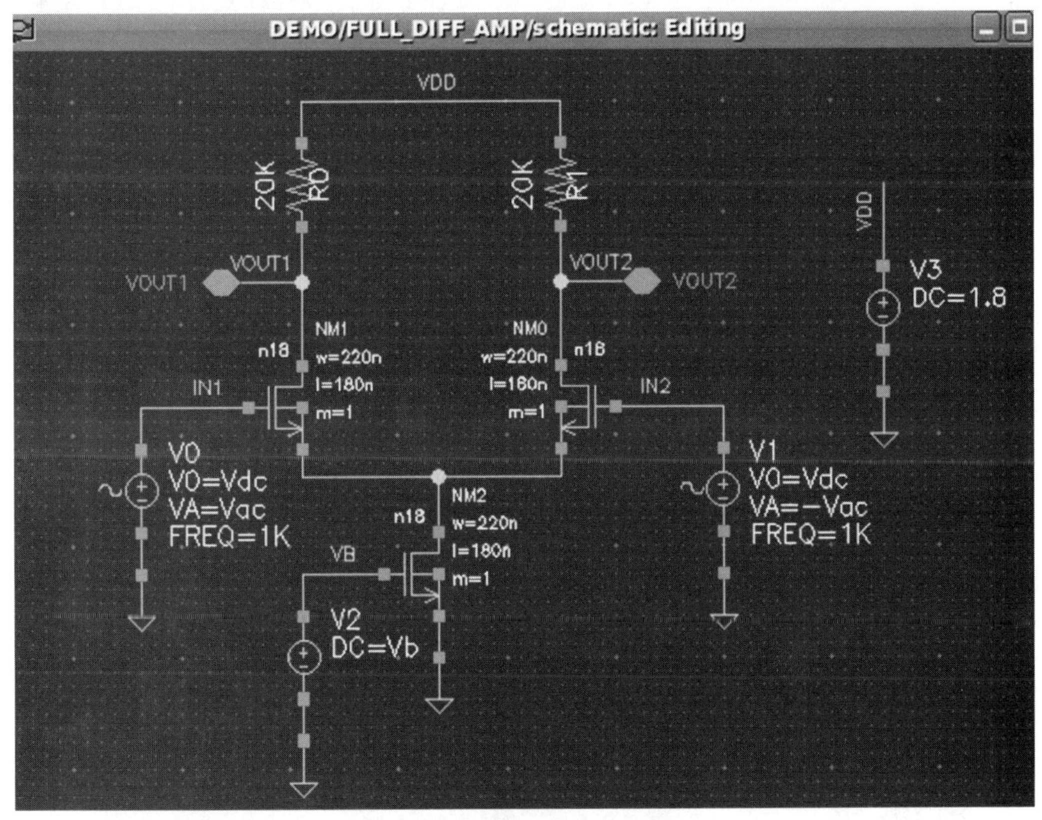

图 2–55　差模增益仿真电路图

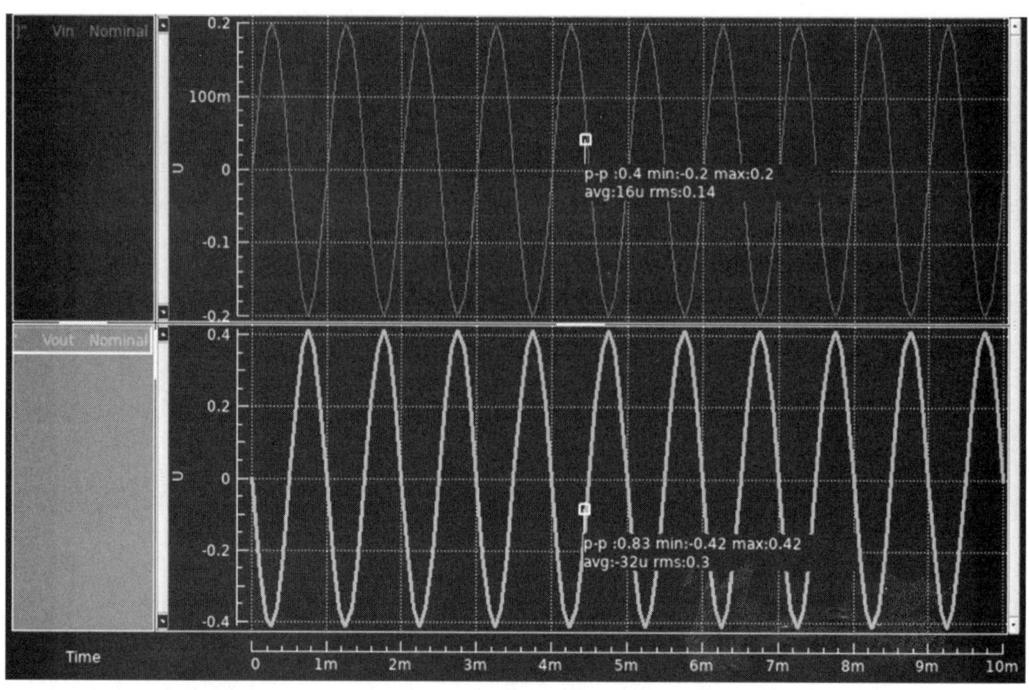

图 2-56　差模增益仿真结果

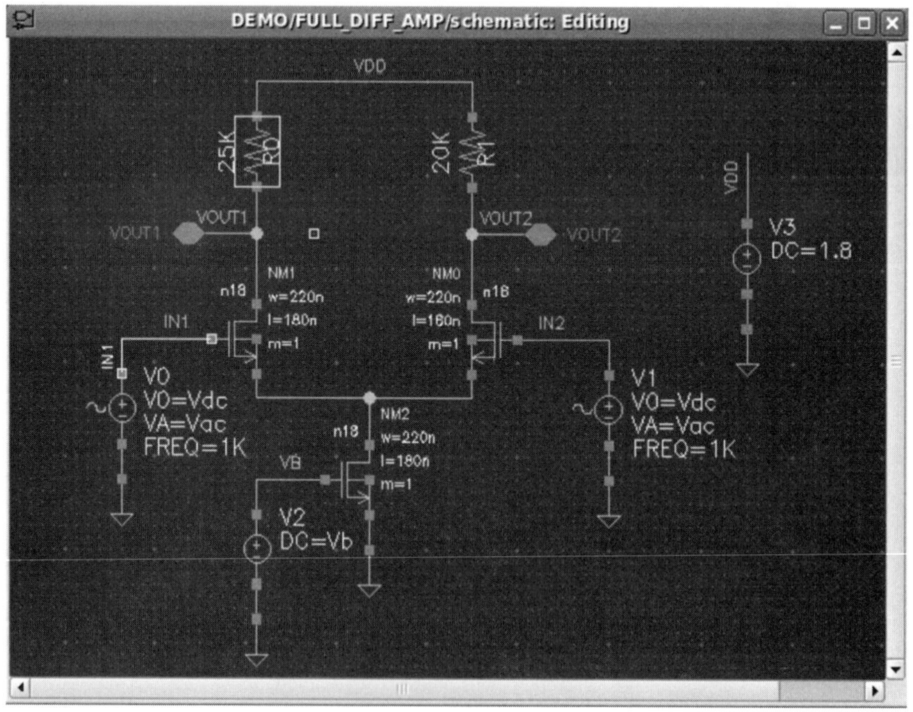

图 2-57　非对称负载电路图

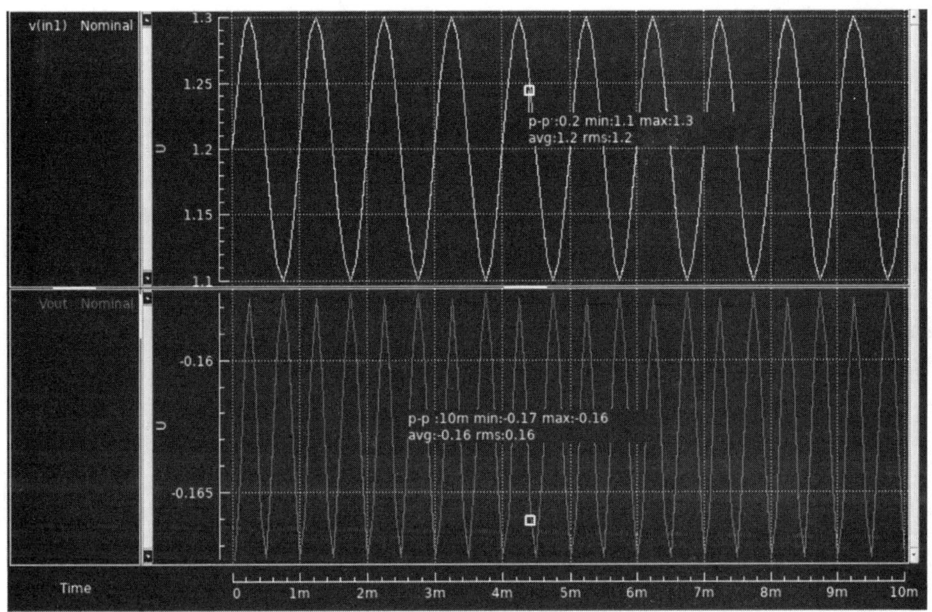

图 2–58　输出电阻失配的仿真结果

（2）差模输入 – 差模输出

采用之前“差模输入 – 差模输出”相同的方法，观察输出 $V_{in}=V_{in1}-V_{in2}$ 与 $V_{out}=V_{out1}-V_{out2}$，比较对应实验的结果区别，也可以自行调节 R_0 值，观察结果变化，如图 2–59 所示。

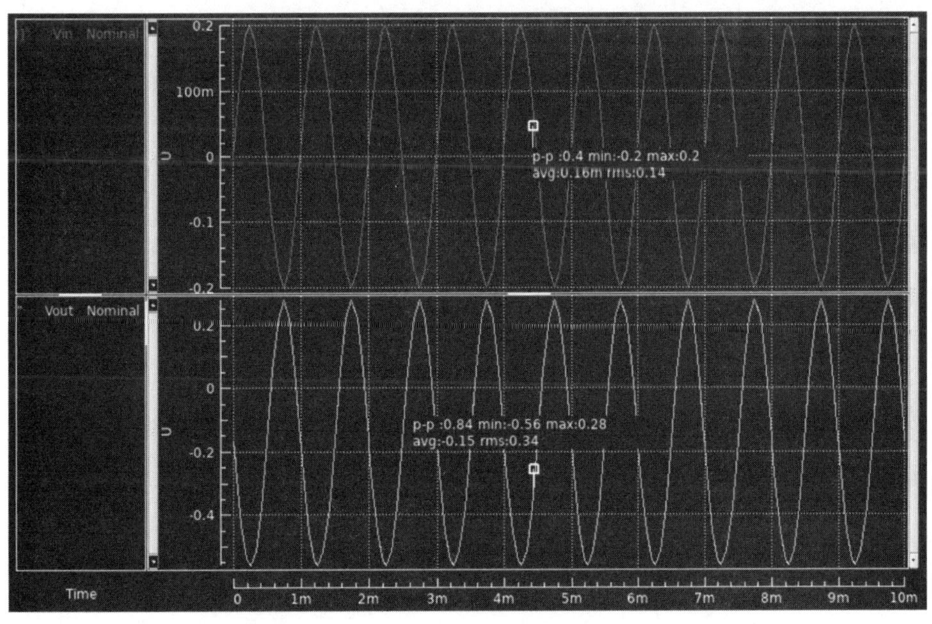

图 2–59　输出电阻失配的差模增益仿真结果

2. MOS 管失配

将输入对管中左侧 NM1 的宽度 w 改为 300 nm，此时电路不再完全对称，如图 2-60 所示。

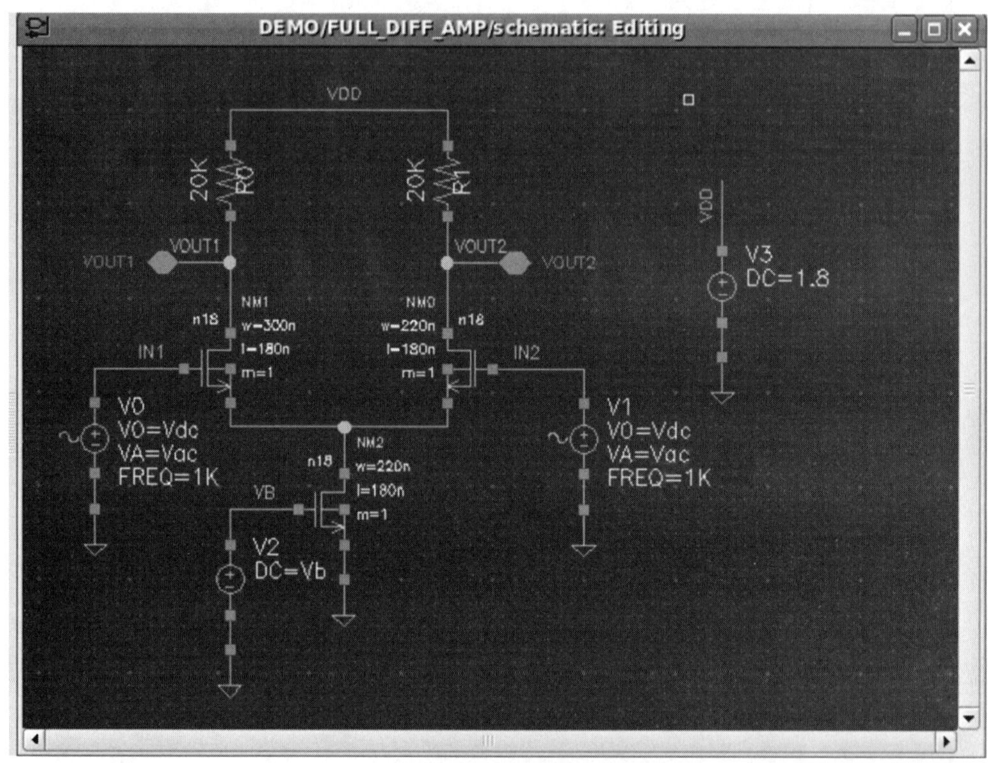

图 2-60　MOS 管失配电路图

（1）共模输入 - 差模输出

观察输出 V_{in1} 与 $V_{out}=V_{out1}-V_{out2}$，比较与之前对应实验的结果区别，也可以自行调节 NM1 尺寸，观察结果变化，如图 2-61 所示。

（2）差模输入 - 差模输出

观察输出 $V_{in}=V_{in1}-V_{in2}$ 与 $V_{out}=V_{out1}-V_{out2}$，比较与之前对应实验的结果区别，也可以自行调节 NM1 尺寸，观察结果变化，如图 2-62 所示。

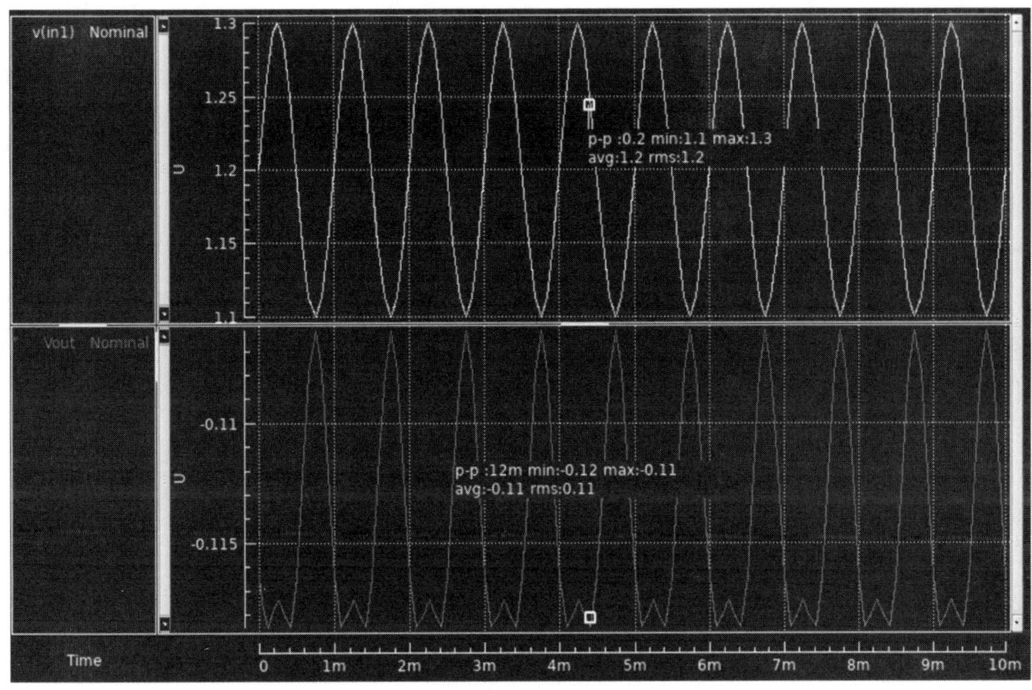

图 2–61　MOS 管失配对共模抑制的影响

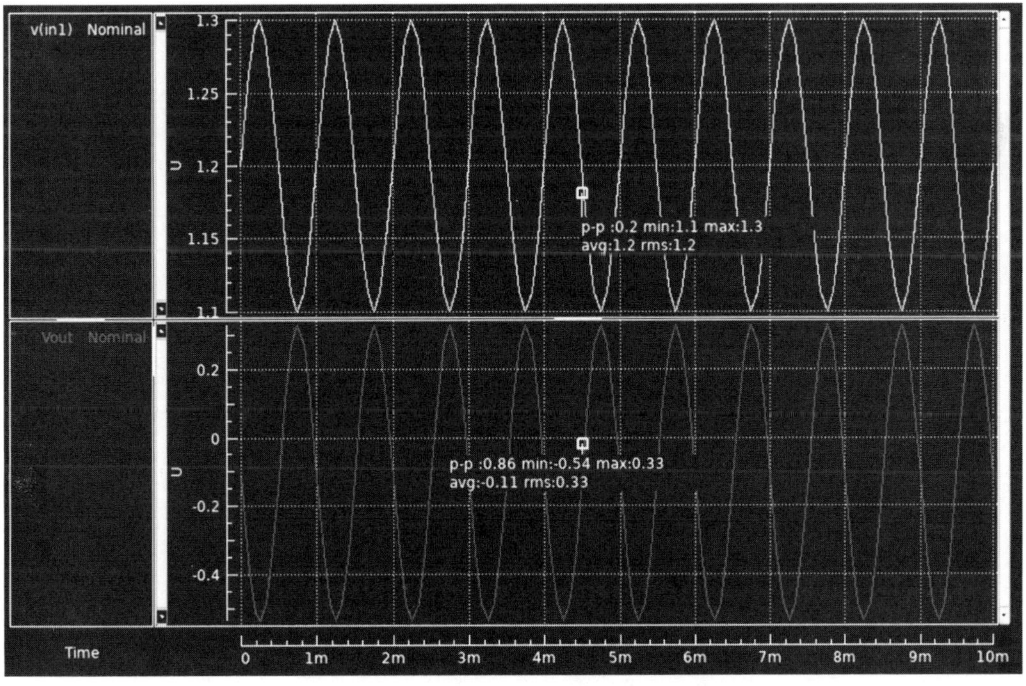

图 2–62　MOS 管失配对差模增益的影响

小结

经过本节的学习，需要掌握以下内容：

（1）熟悉差动放大电路的工作原理。

（2）掌握“共模输入－共模输出”“共模输入－差模输出”“差模输入－差模输出”的增益仿真方法。

（3）了解负载与输入 MOS 管失配对性能的影响。

思考题

（1）分析共模到差模增益仿真的实际意义。

（2）如何减小负载和输入 MOS 管失配的影响？

第五节　带隙基准设计方法

考核知识点及能力要求：

- 理解带隙基准的基本结构和工作原理。
- 掌握调节带隙基准中器件参数的方法。
- 会扫描电路的温度特性曲线。
- 了解带隙基准电路的设计步骤：选取合适的三极管的发射结横截面积；选取合适的电阻比例；仿真验证温漂系数。

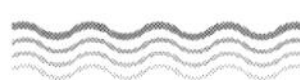

一、带隙基准的关键参数

某些应用，如稳压器，会要求提供一个与温度、电压无关的稳定基准电压。通常使用带隙基准电路产生一个 1.23 V 左右的低温度系数的带隙基准电压，该电压因接近硅的带隙电压而得名。

本次实验内容包括：

（1）搭建带隙基准电路。

（2）对所产生的带隙基准电压的温度特性进行仿真。

（一）三极管基础知识

PNP 三极管的符号如图 2–63 所示，其集电极电流公式为：

$$I_C = I_S \exp\left(\frac{V_{EB}}{V_T}\right)$$

式中 I_S——正向放大区中晶体管传输特性常数，与三极管发射结横截面积成正比；

V_T——$V_T=kT/q$ 为热电压，与绝对温度成正比；

V_{EB}——发射极－基极电压。

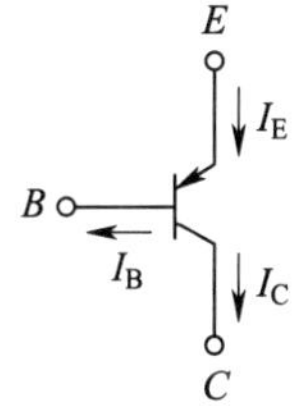

图 2–63 PNP 三极管的符号

设三极管的正向电流放大倍数为 $\beta=I_C/I_B$，PNP 管 β 的典型值为 10～100，则：

$$I_E = I_C + I_B = (1 + 1/\beta) I_C \triangleq \alpha I_C$$

可知：

$$I_E = \alpha I_S \exp\left(\frac{V_{EB}}{V_T}\right)$$

（二）温漂系数

通常使用温漂系数（Temperature Coefficient，TC）这个指标来衡量产生的基准电压随温度变化的程度。温漂系数的定义为：

$$TC = \frac{V_{max} - V_{min}}{V_{mean}(T_{max} - T_{min})} \times 10^6 \quad 10^{-6}/℃$$

式中 V_{max}——在一定温度区间内基准电压的最大值；

V_{min}——在一定温度区间内基准电压的最小值；

V_{mean}——在一定温度区间内基准电压的平均值；

T_{max}——对应温度区间的上限；

T_{min}——对应温度区间的下限。

（三）带隙基准电路原理

构建零温度系数的思路是将具有正温度系数的电压和具有负温度系数的电压通过合适的权重相加，理论上即可得到一个具有零温度系数的电压。

由三极管集电极电流公式可得：

$$V_{EB}=V_T\ln\frac{I_E}{\alpha I_S}$$

其中，V_{EB}对绝对温度T进行偏微分，当V_{EB}=750 mV，T=300 K（即摄氏温度27 ℃）时，$\partial V_{EB}/\partial T\approx -1.5$ mV/K，可以看出V_{EB}具有负的温度系数。需要注意的是，根据工艺的不同，该温度系数也会不同，但并不影响对带隙基准电路原理的理解，所以暂时使用此值。

考虑图2–64电路，三极管Q_1、Q_2的发射结横截面积为1∶n，除了发射结横截面积，两个三极管的其他器件参数相同。根据三极管基础知识所述，I_S的大小与发射结横截面积成正比，设$I_{S1}=I_S$，则$I_{S2}=nI_{S1}=nI_S$。

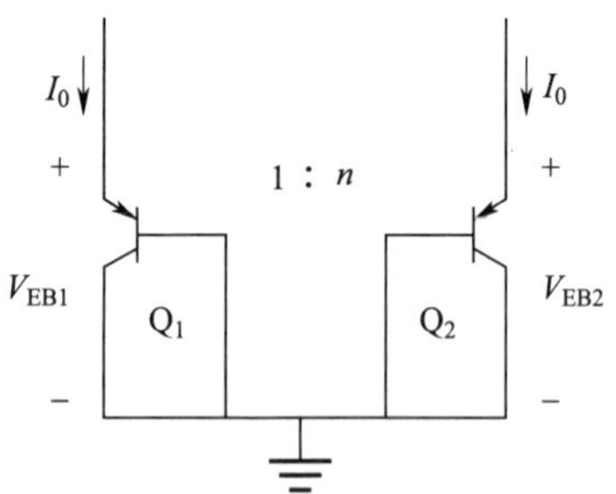

图2–64 具有不同发射结横截面积的三极管

若向两个三极管通入相同的发射极电流，则有：

$$\begin{aligned}\Delta V_{EB}&=V_{EB1}-V_{EB2}\\&=V_T\ln\frac{I_0}{\alpha I_S}-V_T\ln\frac{I_0}{\alpha n I_S}\\&=V_T\ln n\end{aligned}$$

而$V_T=kT/q$与绝对温度T成正比，且$\partial V_T/\partial T\approx 0.087$ mV/K，所以ΔV_{EB}具有正的温度系数。进一步可以得到V_{BE}与V_T温度系数的比值为$|-1.5/0.087|\approx 17.24$，令：

$$\begin{aligned}V_{BG}&=V_{EB}+M\Delta V_{EB}\\&=V_{EB}+MV_T\ln n\end{aligned}$$

则如果有$M\ln n\approx 17.24$，就可以得到零温度系数的基准电压V_{BG}。

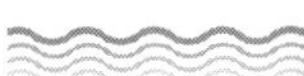

在图 2–65 的电路中，PMOS 管 M_1 和 M_2 具有相同的器件特性且宽长比相同。由于 PMOS 管 M_1 和 M_2 的栅源电压相同，所以这两个 PMOS 管具有相同的漏极电流，即两条支路中的电流相同，设支路中的电流为 I_0。

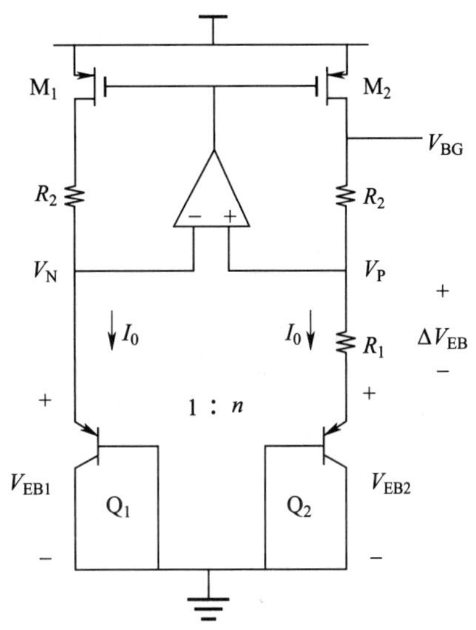

图 2–65　带隙基准电路原理图

由放大器虚短的特性可知 $V_p=V_N=V_{EB1}$，所以电阻 R_1 两端的电压差为 $V_{EB1}-V_{EB2}=\Delta V_{EB}$，因此，$I_0=\Delta V_{EB}/R_1$。则

$$
\begin{aligned}
V_{BG} &= V_{EB1}+I_0R_2 \\
&= V_{EB1}+\Delta V_{EB}R_2 \\
&= V_{EB1}+（R_2/R_1）V_T\ln n
\end{aligned}
$$

根据之前的推导可知，为了使得 V_{BG} 具有零温度系数，则（R_2/R_1）ln n=17.24。出于器件匹配和面积的考虑，一般选取 n=8，并在绘制版图时将 Q_1 和 Q_2 以 3×3 的方式排列，而 Q_1 被置于 3×3 阵列的中心。那么可知 $R_2/R_1 \approx 17.24/\ln 8 \approx 8.3$。同样是出于匹配性的考虑，通常使用整数比值的电阻，所以取 $R_2/R_1=9$，从而可以得到一个接近零温度系数的基准电压 V_{BG}。

二、设计仿真步骤与电路优化方法

（一）创建库和单元

在 Design Manager 中通过 File → New Library 创建一个新的库，可命名任意名字，在弹出窗口的工艺 Technology 中选择 Attach To Library 并选择之前加载过的 018 μm_PDK。在 Design Manager 中通过 File → New Cell/View 在新建的库中创建一个 Cell，View Type 选择 Schematic。

（二）绘制带隙基准电路图

打开此 Cell 的 Schematic 文件，使用快捷键 i 添加新的 Instances。搭建带隙基准实验中，需要用到 NMOS（n18）、PMOS（p18）、电压源（vdc）、电源地（gnd）。首先，通过 Add Instances 添加一个属于 018 μm_PDK 工艺的 NMOS（n18），可以选中添加的器件并通过 Edit Properties 修改其属性，以同样方式添加 018 μm_PDK 库中的 PMOS（p18）、PNP（pnp18_W10L10）、电阻（rppo）。然后从 analog 库中添加电压源（vdc），最后添加 basic 库中的电源地（gnd），按图 2-66 所示搭建带隙基准电路图。

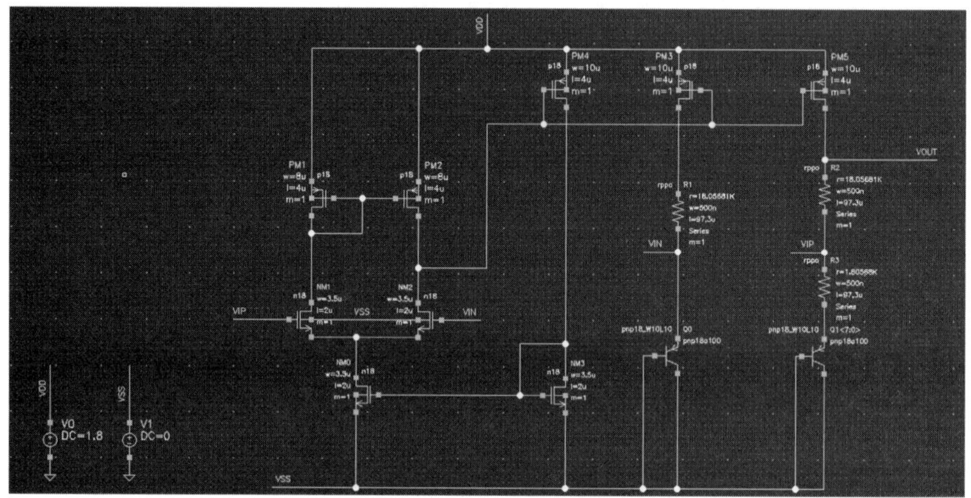

图 2-66　搭建带隙基准电路图

需要注意的是，两个 PNP 器件的 Instance Name 属性分别为 Q0 和 Q1〈7：0〉，这表示 Q1 晶体管由 8 个相同的晶体管组成，如图 2-67 所示。

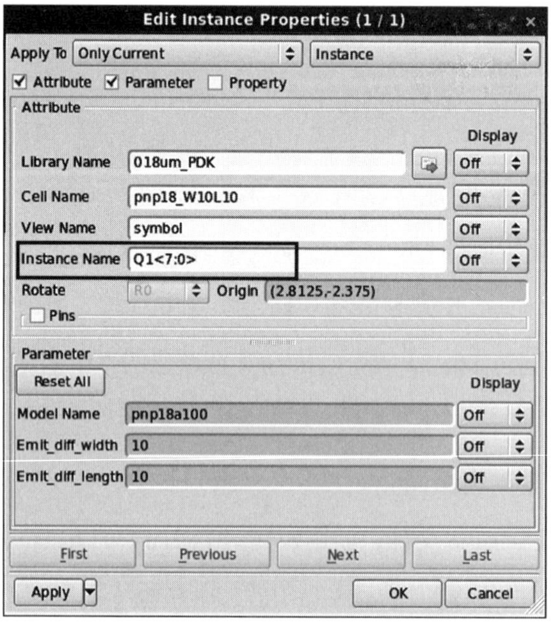

Edit Instance Properties (1 / 1)

Apply To　Only Current　Instance

Attribute　Parameter　Property

Attribute　Display

Library Name　018um_PDK　Off

Cell Name　pnp18_W10L10　Off

View Name　symbol　Off

Instance Name　Q1<7:0>　Off

Rotate　R0　Origin　(2.8125,-2.375)

Pins

Parameter

Reset All　Display

Model Name　pnp18a100　Off

Emit_diff_width　10　Off

Emit_diff_length　10　Off

First　Previous　Next　Last

Apply　OK　Cancel

图 2-67　多个器件并联的表示方式

根据表 2-1 和表 2-2 设置电阻、MOS 管的属性，设置 VDD 电压源电压为 1.8 V，VSS 电压为 0 V，在确保电路图无误后，点击左上角 Check and Save 按键进行保存。注意到电阻 R1，2 和 R3 的比值与理论计算中的比值略有不同。

表 2-1　　晶体管参数

器件名称	W	L	Finger	Multiplier
NM0，1，2，3	3.5 u	2 u	1	1
PM1，2	8 u	4 u	1	1
PM3，4，5	5 u	4 u	2	1

表 2-2　　电阻参数

器件名称	W	L	Finger	Segment Connection	Multiplier
R1，2	500 n	97.3 u	10	Series	1
R3	500 n	97.3 u	2	Series	1

（三）带隙基准的性能仿真及验证

在电路图的菜单栏中点击 Tools → MDE。在 MDE 窗口中，左上部分 Model Setup 的空白处激活鼠标右键菜单，选择 Add Model Library，在弹出对话框中选择 /opt/PDK/DEMO/models/model.lib 文件，调整 Nominal 值以添加工艺角，选择 MOS 管的 TT 工艺角，重复上述操作，分别为三极管添加 BJT_TT 工艺角，为电阻添加 RES_TT 工艺角，如图 2-68 所示。

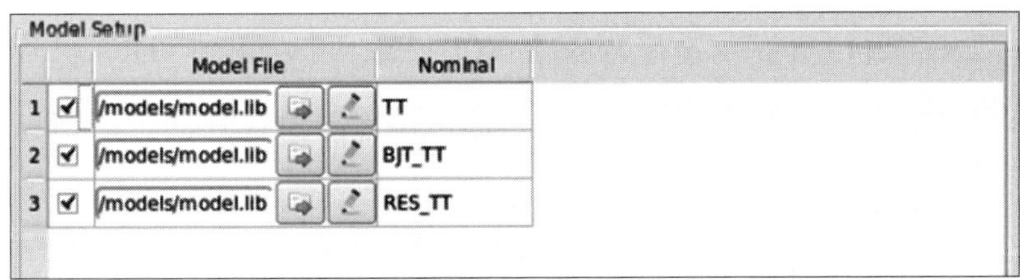

图 2-68　仿真工艺角的添加

温度特性曲线仿真的设置，在右上部分 Analysis 的空白处激活鼠标右键菜单，选择 Add Analysis，在弹出的对话框中设置 Analysis 为 DC，设置 Sweep Variable 为 Temperature，设置 Sweep Range 的范围为 -40 ~ 125 ℃，设置扫描类型为 Linear，然后点击 OK，如图 2-69 所示。

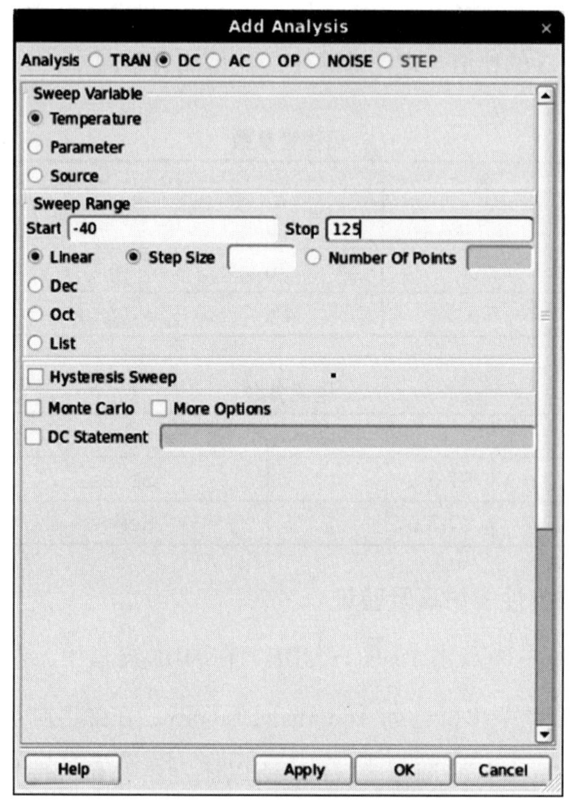

图 2-69　温度扫描的设置

接下来进行输出设置，在右下部分 Outputs 的空白处激活鼠标右键菜单，选择 Add Signal，然后用鼠标点击原理图上 VOUT 线，可以看到 VOUT 已经被添加到了 Outputs 窗口中，就可以观察 VOUT 处的输出波形。设置好的仿真窗口如图 2-70 所示。

点击 Simulation → Netlist → Create，生成 Schematic 的网表文件。然后，在 Simulation 中选择 Run 来运行仿真，得到输出节点电平随温度变化的曲线。可以看到输出电压并不是完全与温度无关，这是因为在之前的推导中只考虑了 V_{EB} 与 T 呈线性关系的一部分，但实际上 V_{EB} 与 T 还存在非线性关系，如果要进一步降低温漂系数，就需要进行曲率矫正，对非线性的这一部分进行补偿，如图 2-71 所示。

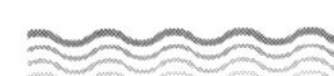

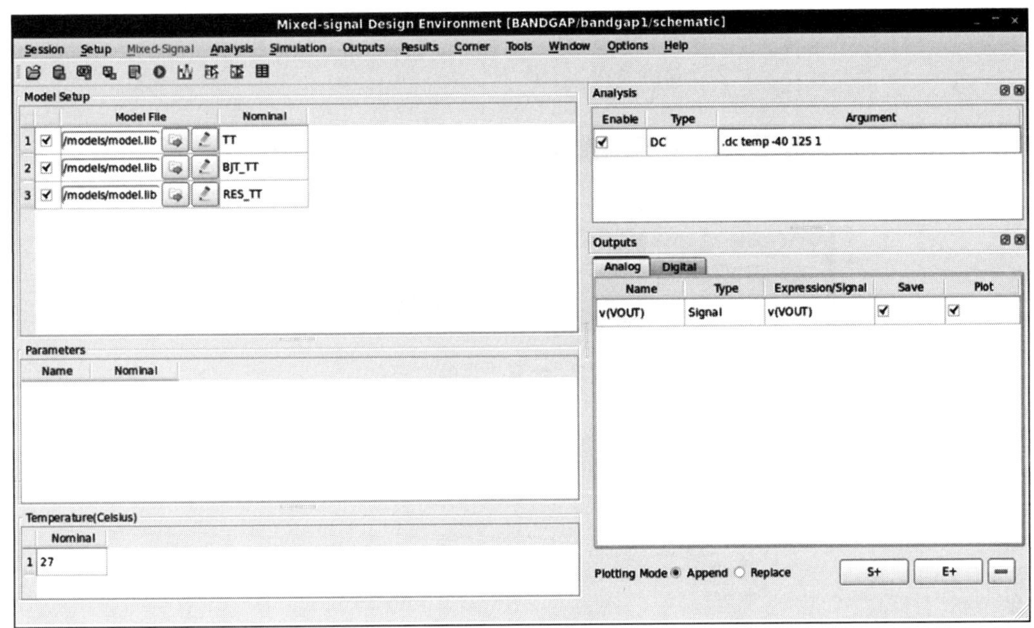

图 2–70　仿真设置

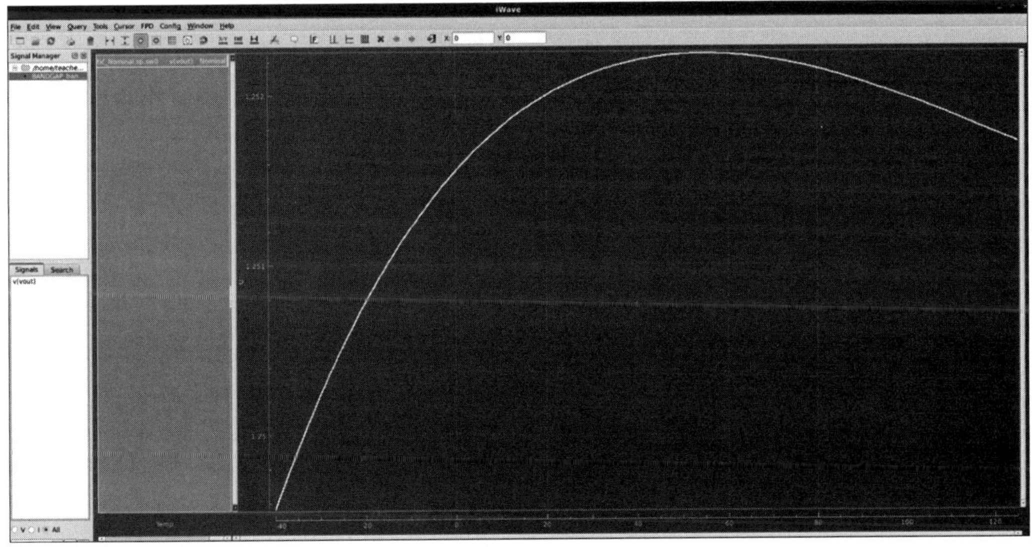

图 2–71　温度补偿曲线

（四）带隙基准电路温漂系数的计算

在 iwave 窗口上方选择 FPD/Measure Tool Box，如图 2–72 所示，在弹出的对话框中勾选 Min Y/Max Y 以及 Average Y，分别得到输出电压的最大最小值以及平均值，如

图 2–73 所示，代入公式可以计算带隙基准的温漂系数。

$$
\mathrm{TC}=\frac{2.676\ 256\ 6\ \mathrm{mV}}{1.251\ 717\ 4\ \mathrm{V}\times 165\ ℃}\times 10^{6}\approx 12.958\quad 10^{-6}/℃
$$

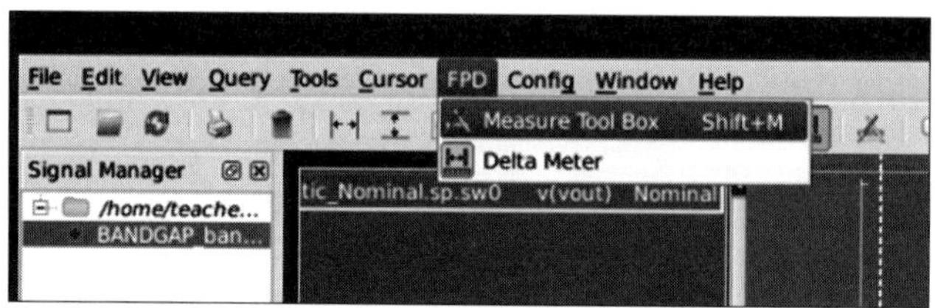

图 2–72　计算工具的打开

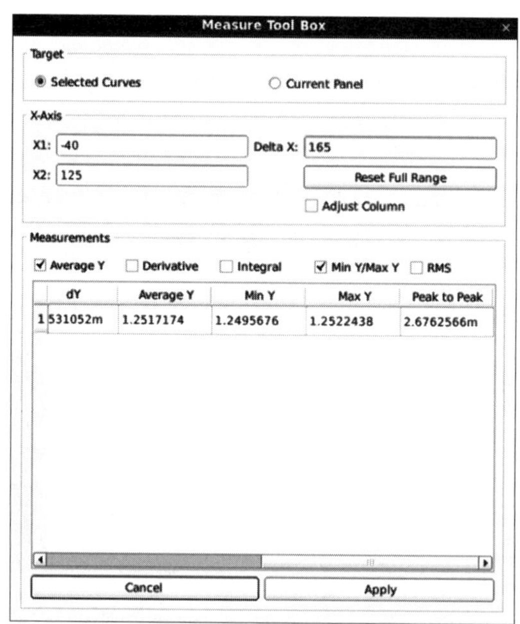

图 2–73　极值和平均值的计算

小结

经过本节的学习，需要掌握以下内容：

（1）熟悉带隙基准电路的基本原理。

（2）会搭建带隙基准电路并进行仿真。

（3）会计算带隙基准电路的温漂系数。

思考题

（1）在给芯片上电的过程中，如果 V_N 和 V_P 的电压为 0 会发生什么？如何解决这一问题？

（2）放大器输入对管的不匹配对带隙电压有何影响？

第三章 模拟与射频集成电路工艺基础和版图设计

模拟与射频集成电路的版图设计是与工艺参数密不可分的，在设计版图之前，需要做好三方面的准备：一是要了解工艺流程，清楚版图中不同图层与工艺结构的对应关系；二是要熟悉版图所使用器件的类型和特点，了解设计工艺库的组成；三是要掌握设计工具的使用方法，了解设计规则和版图的验证方法。这三方面内容是学习版图设计的基础，也是进阶学习复杂版图设计的必由之路。

- **职业功能：**模拟与射频集成电路设计。
- **工作内容：**模拟与射频集成电路版图设计。
- **专业能力要求：**能根据工艺流程和设计文件，完成器件的结构特点分析；能根据工艺设计规则，使用设计工具，完成简单版图设计。
- **相关知识要求：**工艺流程基础知识；版图设计工具基本操作知识；器件版图结构知识。

第一节　集成电路工艺基础

考核知识点及能力要求：

- 了解集成电路的物理结构和工艺流程。
- 了解模拟和射频集成电路版图设计必需的工艺信息。
- 了解版图与工艺的对应关系及版图的设计流程。
- 能够分辨版图设计所用的图层类型。
- 能够进行工艺文件的调用和配置。

一、集成电路工艺流程概述

集成电路的制造工艺通常分为两大部分，一部分是前段工艺，另一部分是后段工艺。前段主要完成集成电路基础器件的制造流程，包括隔离区、栅结构、源漏区和接触孔等的制造；后段主要来实现器件间的互连，包括互连线间介质沉积、金属线条形成、引出焊盘制造等工艺流程。前、后段工艺以接触孔（contact）制造工艺为分界线，接触孔是为连接首层金属互连线和器件有源区或多晶硅而在硅片垂直方向刻蚀形成的连接孔，其中填充钨等金属，从而引出器件电极到金属互连层。通孔（via）是相邻两层金属互连线之间的连接通路，位于两层金属中间的介质层中，一般用铜等金属来填充。

现代集成电路版图设计中，由于器件大量使用参数化的标准单元（pcell），对于初级工程师来说，通常不用过多绘制前段工艺的版图，大量的工作集中在器件的互连上，即后段工艺的实现。因此，本章将重点放在后段版图的设计，而对前段工艺进行简单介绍。

通过光刻、刻蚀、离子注入、淀积、氧化，再配以化学机械抛光、清洗等工序反复执行就可以由下至上逐层完成晶体管的制造过程。对于初级版图工程师来说，熟悉集成电路的工艺组成和晶圆的层次结构，有利于在布线过程中更好地利用布线资源，如图 3–1 所示。

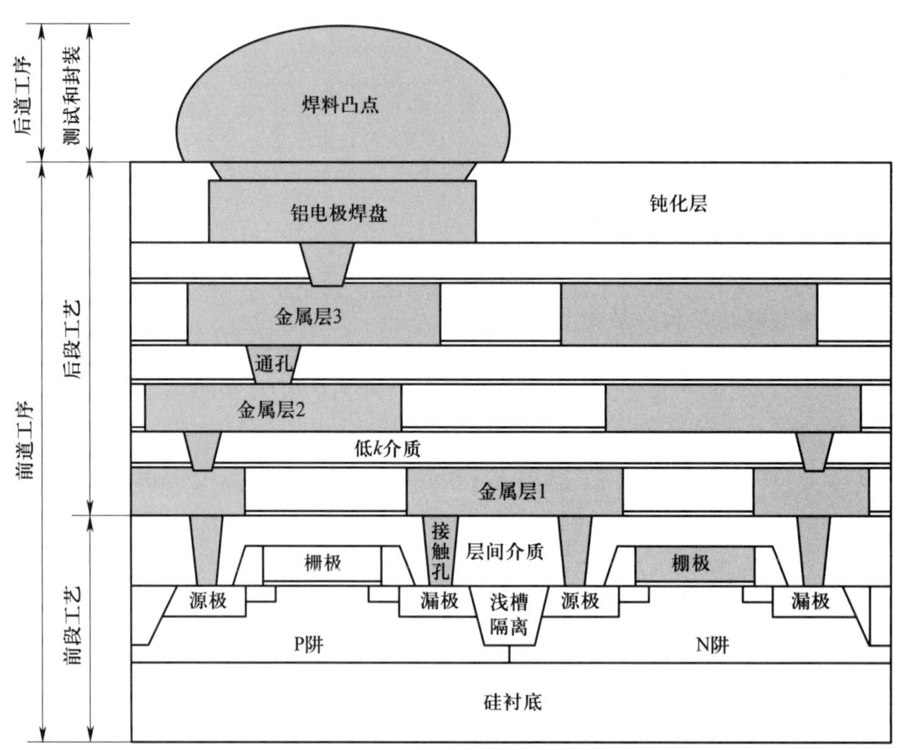

图 3–1　集成电路制造工艺示意图

二、版图设计与工艺的关系

（一）工艺是版图设计的基础

版图设计是集成电路设计中与工艺相关性最强的部分。工艺流程是版图设计的基础，版图是工艺步骤的具体表现。版图是掩模版制作的基础，掩模版是工艺实现的最基础文件，版图设计需要紧密结合工艺，需符合工艺加工的各种物理限制。因此，进行版图设计之前，至少需要具备三方面的知识：

（1）了解所使用的工艺种类（如 CMOS、Bipolar、SiGe 等），工艺节点（如

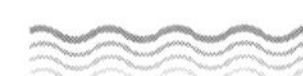

180 nm、65 nm、28 nm、14 nm 等），生产厂家（如 TSMC、UMC、SMIC 等），工艺提供的器件类型（如晶体管、电阻、电容等），版图设计涉及的规则要求（如绘制规则、DRC 规则、LVS 规则等），规则要求包含的工艺说明文件和校验文件（如安装说明、库文件、仿真模型、设计示例、寄生参数提取文件等）。

（2）熟悉软件的使用方法，包括查看原理图，创建版图并进行编辑、校验，对版图文件进行处理等。本书采用国产模拟集成电路设计工具 Aether 作为示范，该工具可实现原理图输入、电路仿真、绘制版图、DRC/LVS 校验、寄生参数提取等全定制电路的设计流程，掌握软件的使用方法是进行版图工作的必要基础。

（3）了解版图在芯片整个设计流程中的位置、作用，版图需要完成的内容，绘制版图的技巧等。使用版图软件，参考版图设计规则，可以把电路原理图转变为版图，由版图提取寄生参数后的后仿真结果和使用原理图的前仿真结果之间存在差异，评价版图好坏的一个直观标准就是后仿和前仿之间有多大的差别，版图人员需要学习相关理论知识指导版图设计，从而提高版图质量。

（二）基于工艺的版图设计流程

版图设计流程可以分为输入、制作和输出三个阶段，如图 3–2 所示。

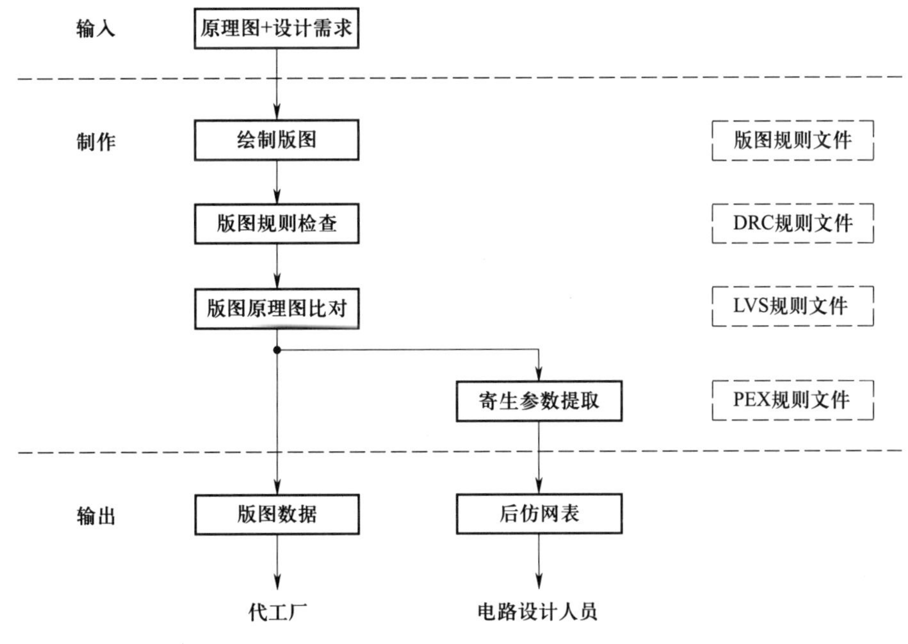

图 3–2　版图阶段流程示意图

1. 输入阶段

版图设计的输入数据是原理图，以及原理图设计人员（以下简称为设计人员）对版图提出的要求。

提示：版图人员不能只照着原理图画版图，需要和设计人员多交流，了解电路的功能、明白设计人员的需求才有可能画出高质量版图。

2. 制作阶段

首先是绘制版图。版图人员需要熟悉工艺，特别是版图规则文件，了解的规则越多，版图出现的错误越少，画版图的效率越高。

提示：版图有几百，甚至几千条规则，版图人员难以掌握所有规则。一方面可以通过多次画图的经验记住规则，另一方面建议先熟悉部分常用规则，从而可以提高正确率。

然后是版图规则校验（design rule check，DRC）。集成电路的版图不能任意绘制，只有满足厂家的要求（见版图规则文件）才能制造出来。DRC 就是软件自动检查设计规则的过程，只有通过 DRC 校验，厂家才会生产芯片。

接着是版图原理图比对（layout vs schematic，LVS）。虽然版图人员是照着原理图画的版图，但人工绘制可能出现错误。LVS 就是软件自动比对版图和原理图，保证两者之间的一致性。

提示：DRC 只管电路是否满足厂家生产要求，不管版图画得是否和原理图一样。LVS 只管版图和原理图是否一样，不管版图是否满足规则要求，是否能送去生产。DRC 和 LVS 没有必然的联系，但通常习惯先做 DRC，再做 LVS。

最后是寄生参数提取（parasitic extraction，PEX）。集成电路的版图存在寄生元件，例如原理图中的理想导线在版图中为金属线，金属线存在寄生电阻和寄生电容，这些寄生参数会影响电路的性能。为了更准确地仿真电路的功能和性能，需要对版图进行寄生参数提取。

提示：寄生参数提取有多种叫法，例如 LPE、XRC、QRC 等，其执行过程可能有一些差别，但本质是相同的。

只有通过 LVS 才能做 PEX。DRC、LVS 是电路制造前的必要校验，PEX 并非必要，

但通常还是需要做寄生参数提取，验证后仿真下电路的性能。

DRC、LVS、PEX 及后仿都是多次迭代的过程，为简便起见，图 3–3 没有画出迭代过程。

3. 输出阶段

在经过绘制版图、DRC 和 LVS 校验后，就可以输出版图数据（通常是后缀为 gds 的文件），传给代工厂进行生产。

如果电路需要考虑寄生的影响，则在 PEX 后将带有寄生参数的网表提供给设计人员重新进行调整。在完全确定原理图和版图后，再将最终数据交给代工厂。

综上所述，模拟集成电路的版图需要有工艺、软件、版图理论三方面的知识，需要完成绘制版图、DRC、LVS、PEX 四步工作。下一节将介绍和工艺密切相关的 PDK 的内容。

三、工艺文件的组成

工艺设计库（process design kit，PDK）是代工厂为电路开发人员（设计人员、版图人员等）提供的一套工艺资料。通常每个工艺都有自己的 PDK，可以安装在 EDA 软件上供开发者使用。下面从使用者的角度介绍 PDK 中通常包含的文件，这些文件大多数集中在一个固定的目录下。

（一）工艺库文件

通常服务器管理员会将工艺库文件安装在 EDA 软件中，在软件的库文件列表中出现该工艺库文件，开发者可以调用工艺库文件中元器件（cell）进行设计，例如，设计人员使用工艺库文件中的符号（symbol）视图（view）构建电路原理图，版图人员使用工艺库文件中的版图（layout）视图（view）绘制电路版图。对于使用者来说通常不用关心工艺库的安装和调用，有问题找管理员解决就行。

（二）器件模型文件

为了进行电路仿真，工艺库还会提供支持多种仿真器使用的器件仿真模型，这些模型文件主要供软件在仿真时调用，设计人员如果对模型参数感兴趣，可以打开文件查看。

（三）版图规则文件

PDK 还提供运行 DRC、LVS、PEX 时需要的版图规则文件，这些文件供软件调用，管理员通常会提前做好设置，可以直接运行。

（四）其他文件

以上三类文件都是给软件使用的，对于开发者来说最重要的是 PDK 中的各种说明文档，其内容可能包含而不限于：

（1）PDK 安装说明文件。

（2）工艺特性说明文件。

（3）器件模型文件。

（4）版图规则文件。

（5）DRC/LVS/PEX 使用说明文件。

（6）电路设计流程说明和示例文件。

提示：

版图设计人员在正式开始设计工作之前需要完成五项工作：

（1）跟管理员确认版图环境已设置好，能绘制版图、做校验、提取寄生参数。

（2）阅读相关工艺文件，了解工艺特点。

（3）阅读版图规则文件，熟悉版图绘制的指导性说明。

（4）阅读 DRC/LVS/PEX 的说明文件，明确在该工艺下有何注意事项。

（5）开展版图实验，熟悉版图全流程及其中的规则。

做好正式开始版图设计之前的准备工作后，进一步要了解高质量完成模拟集成电路版图设计还需要掌握的知识。能够使用 EDA 工具完成版图绘制和 DRC/LVS 校验工作，这意味着做得“对”，是版图阶段最基本的要求。熟练掌握 EDA 工具的使用技巧，能快速完成版图设计，这意味着做得“快”，是版图阶段更高的要求。了解版图带来的非理想效应，明白如何尽量保证电路的性能，这意味着做得“好”，是版图阶段最终的要求。为了画好版图，保证制造出来的电路的性能和设计尽量一致，要求版图人员掌握多方面的知识：

（1）集成电路的工艺：了解制造过程，明白制造过程对工艺参数的影响。

（2）集成电路的元件：了解各种元件的物理特性，制造过程带来的非理想因素。

（3）前端电路：了解电路特点，明白其中不同位置、不同功能的器件、单元、模块的不同要求。例如要求匹配性好、失调小；要求噪声低、抗干扰强；要求速度高、响应快；要求功率大、线性度好等。针对不同类型的电路，版图有不同的画法。

（4）后端版图：了解版图都有哪些非理想效应，及其产生的原因，知道如何布局布线以提高版图质量。例如对称布局提高匹配性；增加保护环减小干扰；多层并联走线增大电流；选择合适的金属层和走线宽度以减小寄生等。有高质量的版图，才能制造出高性能的芯片。

（5）封装和测试：尽管芯片封装测试和芯片设计（包括前端电路和后端版图的设计仿真）是相对独立的两大部分，但芯片设计中必须考虑封测的影响。例如封装的负载效应、测试方案的可行性等。了解封测要求可以减少电路设计和版图的迭代。

综上所述，虽然版图人员的主要工作是绘制版图并校验其正确性，但有必要了解芯片设计、制造、封测的全过程。本课程只讲授版图的相关知识，其他内容请自行学习。

以下集成电路版图设计类书籍可供参考：

（1）《The Art of Analog Layout 模拟电路版图的艺术》，Alan Hastings，清华大学出版社，2004 年。

（2）ISBN-978-7-8108-9705-1，《集成电路设计与九天 EDA 工具应用》，东南大学出版社，2004 年 8 月。

【例 3-1】

以实验专用简化工艺库（Aether Reference 0.18 μm 1P6M Salicide 1.8V/3.3V CMOS technology）为例，在 PDK 包中找到版图规则文件和相关使用文档。

答：

（1）版图规则文件为：

Aether_Reference_0.18 μm_1P6M_Salicide_design_rule.pdf。

（2）相关使用文档为：

操作手册文件“Aether_Manual.pdf”可在 Aether 主界面 Design Manager 中利用 Help → Contents 菜单弹出，如图 3-3 所示。

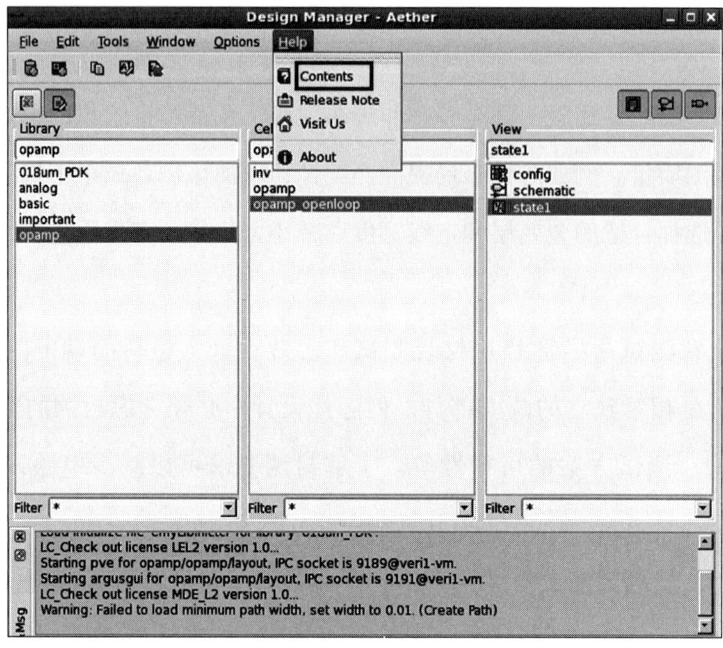

图 3-3　设计管理窗口

示例文件“Aether_Tutorial_en.pdf”位于安装目录 tools/aether/ tutorial/tutorial_ic 子目录下。

此外，在 Aether 软件的每一个功能对话框中，将左下角按钮切换为 Help 后点击，可以弹出对于该功能的在线帮助文档，如图 3-4 所示。

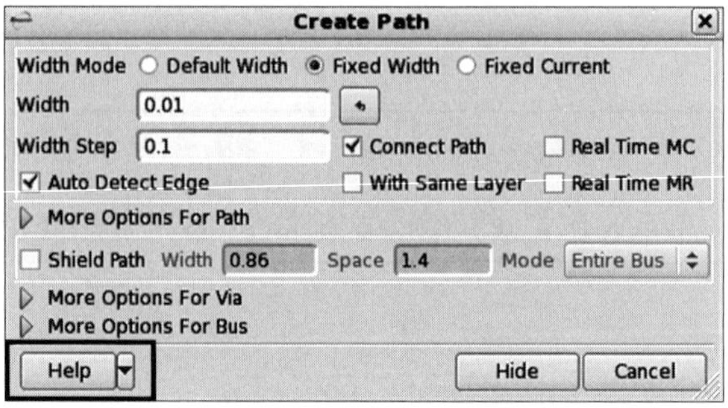

图 3-4　帮助文件位置

小结

经过本节的学习，需要掌握以下内容：

（1）模拟集成电路的版图涉及工艺、软件、版图理论三方面的内容。

（2）了解 PDK 的概念，PDK 包中的内容。

（3）了解模拟集成电路设计常用的 EDA 软件。

（4）了解模拟版图所需的理论知识。

思考题

（1）如何在代工厂提供的实际 PDK 包中找到版图设计需要的文件？

（2）版图设计需要具备哪些基础知识？

第二节　器件模型与工艺设计库

考核知识点及能力要求：

- 了解工艺规则文件的种类和内容，会查看和编辑过孔、器件、金属等各层的信息。
- 熟悉版图工具的设计管理界面和工艺管理界面。
- 了解 PDK 的使用方法，能够使用其中的各种基本元件，建立并编辑库－元件－视图三层的设计结构。
- 能够分辨版图设计所用的图层类型。

- 能够进行工艺文件的调用和配置。
- 能根据工艺流程和设计文件，完成器件的结构特点分析。

一、工艺设计库在版图设计中的作用

（一）PDK 的组成文件

本课程使用 0.18 μm CMOS 实验用工艺设计库（PDK），通过实验的方式介绍 PDK 在版图设计中的关键作用。

PDK 的很多内容都可以通过 EDA 软件图形界面的菜单查看、调用和编辑：

（1）在工艺管理界面下查看、编辑工艺信息。

（2）在仿真器中查看器件仿真模型。

（3）在版图校验中查看 DRC、LVS 规则。

（4）在寄生参数提取中查看 RC 参数提取规则。

这些操作会在本次实验以及后续实验中陆续讲到，此外，相关信息也可以在 Linux 界面下通过文件管理器和文本编辑软件对文件进行处理。实验的 PDK 内包括多个文档，如图 3–5 所示。

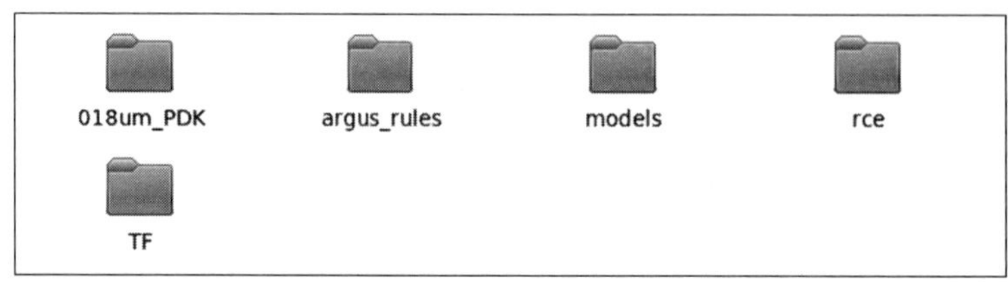

图 3–5　实验用 PDK 文件

（1）018 μm_PDK：软件调用的元器件数据。

（2）argus_rules：DRC 和 LVS 规则文件。

（3）models：元器件仿真模型文件。

（4）rce：寄生参数提取文件。

（5）TF：软件显示相关文件。

关于 PDK 文件有两点提示：

（1）不建议修改 PDK 内容。

（2）PDK 中的一些资料在 EDA 软件中看不到，建议在 Linux 环境下查看。

（二）版图设计中的层

版图是由很多代表不同工艺步骤的图层组成的，这些层在 PDK 中都有体现，以 PMOS 管为例，主要包含衬底、N 阱、P 有源区、多晶硅栅等层，这些层在集成电路生产过程中都会制造出来，是实际存在的层。这里有两点需要注意：

（1）集成电路实际制造过程中不只实现上述这些层，还有很多其他的层，所有这些实际存在的层都会出现在版图中。

（2）版图中除了实际存在的层外，还有辅助用的且不会去制造的层。例如标记层（通常称为 Marker）主要帮助版图人员进行 LVS 校验。

对于初级版图工程师来说，画版图的过程主要就是布局和布线。布局即放置元件，布线即把各元件连接起来。版图是从俯视的角度，在平面上画出集成电路的立体结构。

二、版图设计工具中工艺库管理和使用

上节介绍了工艺设计库的基本知识，本节通过实验的方式进一步帮助学员加深理解。模拟集成电路版图实验包含多个子实验，每个子实验完成一定任务，帮助学员循序渐进地学习绘制版图的方法和软件使用的技巧。

各实验将给出重点步骤的操作演示及必要的说明，指导学员顺利完成实验。需要注意的是各截图基本按照实验顺序给出，但不一定表示连续操作，需要学员补全其中的步骤。

提示：实验手册中的操作演示和学员实验过程可能有一些差别，学员完成每步的操作，达到实验目标即可，不用在意是否和指导书完全一致。

（一）实验平台操作方法

1. 实验环境

本实验基于国产模拟集成电路设计平台 Aether 进行演示，其他 EDA 平台原理相似，仅具体操作方式有区别，学员应保持活学活用、举一反三的态度进行学习。

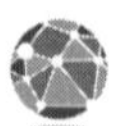

2. 平台登录

在开始画版图之前，需要首先熟悉实验平台和软件的界面，输入平台账号和密码登录后，实验平台界面如图 3–6 所示。

图 3–6　实验平台界面

3. 平台使用

选择第 3 个实验“3- 电路版图设计”，点击“开始实验”或“继续实验”后，可以看到左侧包括“实验手册”和“编写实验报告”两项。实验手册介绍本次实验的内容，包括实验概览、实验原理、实验步骤、实验总结、练习和思考等项，学员可以参考实验手册完成本次实验，编写实验报告则主要撰写本次实验的心得体会。

平台使用 Linux 系统，可以参考 Linux 系统的使用方法进行操作，如查看文件夹内容、查看文件内容、打开终端（Terminal）操作等，Linux 的使用方法学员可查找书籍进行自学。

点击图 3–7 所示的箭头，可以最大化实验界面，反过来可以变成左侧文档、右侧实验的布局，本实验以及后续所有实验的截图将采用最大化实验界面的形式。

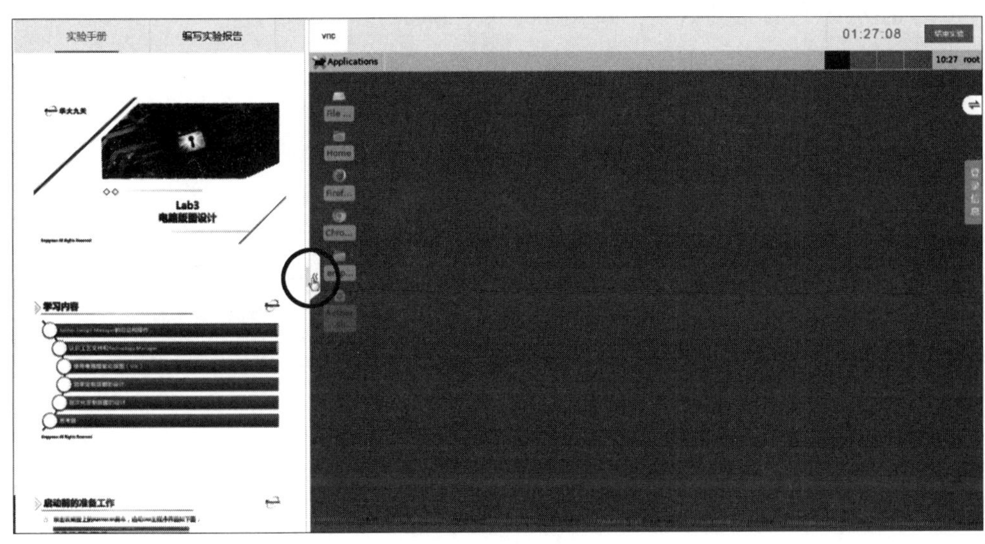

图 3–7　界面的缩放

（二）设计管理界面

1. 启动设计管理界面

双击圆框所示的图标，启动 Aether 软件，如图 3–8 所示。

图 3–8　实验 EDA 软件的启动

启动后的界面如图 3–9 所示，这一界面即为设计管理界面（Design Manager，DM），通过该界面对各种设计数据进行管理，这些数据包含：

（1）EDA 软件自带的数据：如 Analog 库、Basic 库、Sheet 库。

（2）工艺库的数据：如 0.18 μm_PDK 库。

（3）自己的设计数据：如 Opamp 库。

关于数据的详细说明请见后文。

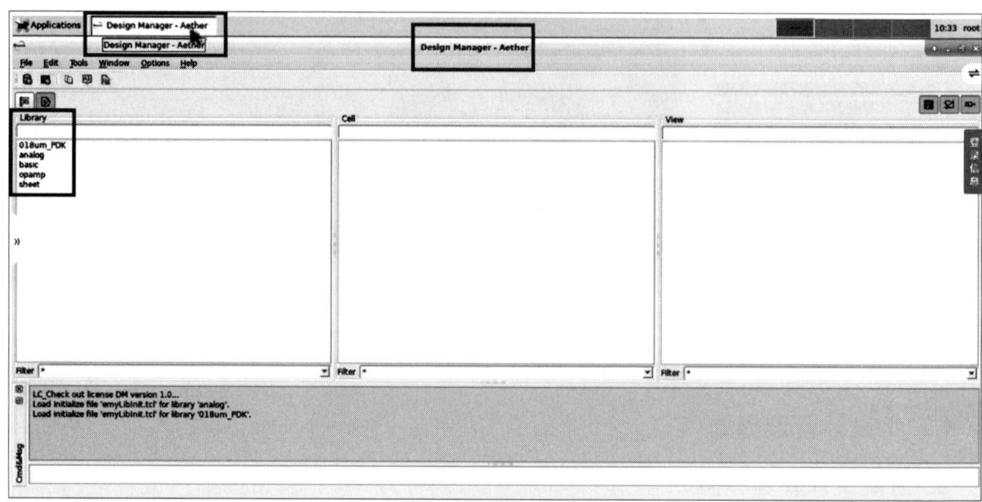

图 3–9　设计管理界面

2. 设计管理界面的基本使用

在该界面下可对各种数据进行管理和操作，常用有三种方式：

（1）通过菜单打开操作选项，如图 3–10 所示。

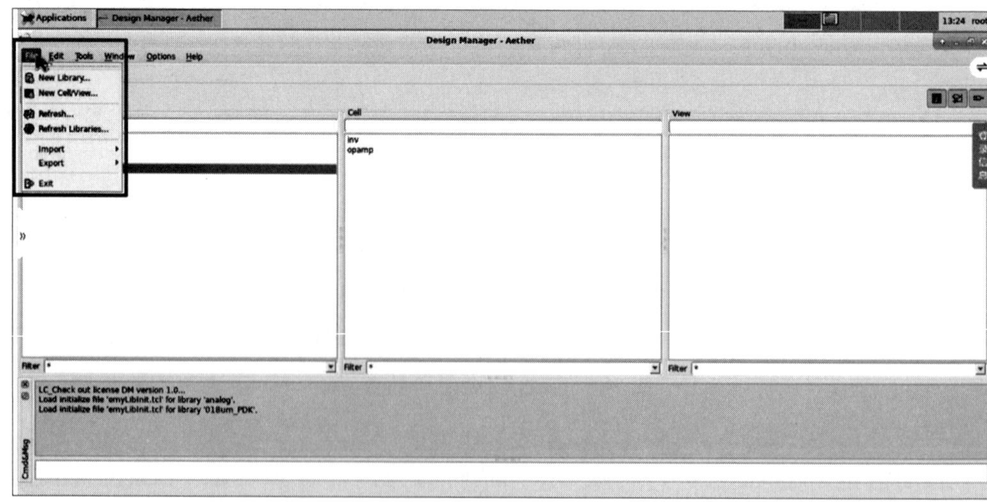

图 3–10　菜单操作示意图

（2）通过快捷图标进行操作，鼠标放在图标上，停留几秒后，会弹出该图标的简单说明。

图标的功能在菜单上均有对应项，点击该图标，就会执行对应功能，如点击 New Library 弹出如图 3–11 所示的菜单。

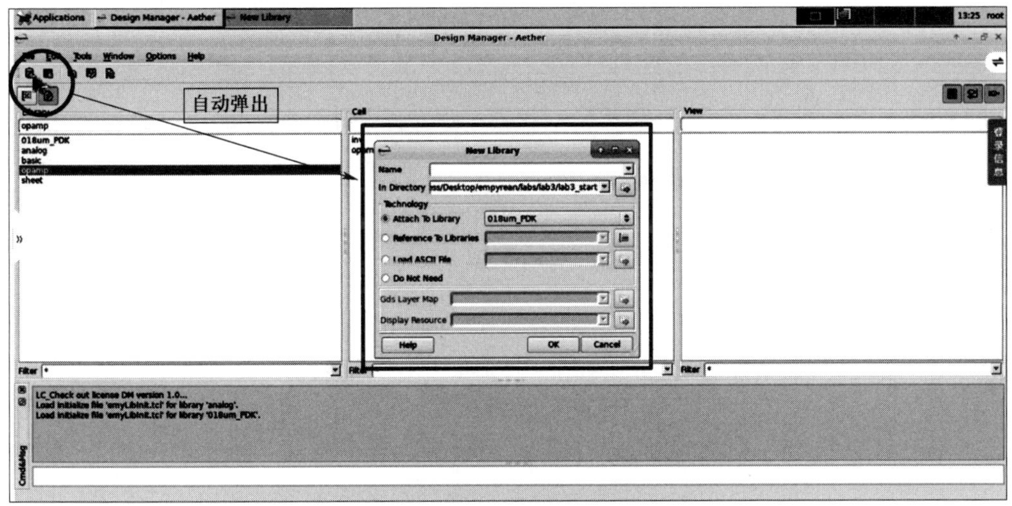

图 3–11　建库菜单示意图

（3）点击左键选中某库文件（该行颜色变成蓝色），例如 opamp 库，再点击右键弹出操作菜单，如图 3–12 所示，在 Cell、View 窗口中都可以进行该操作。

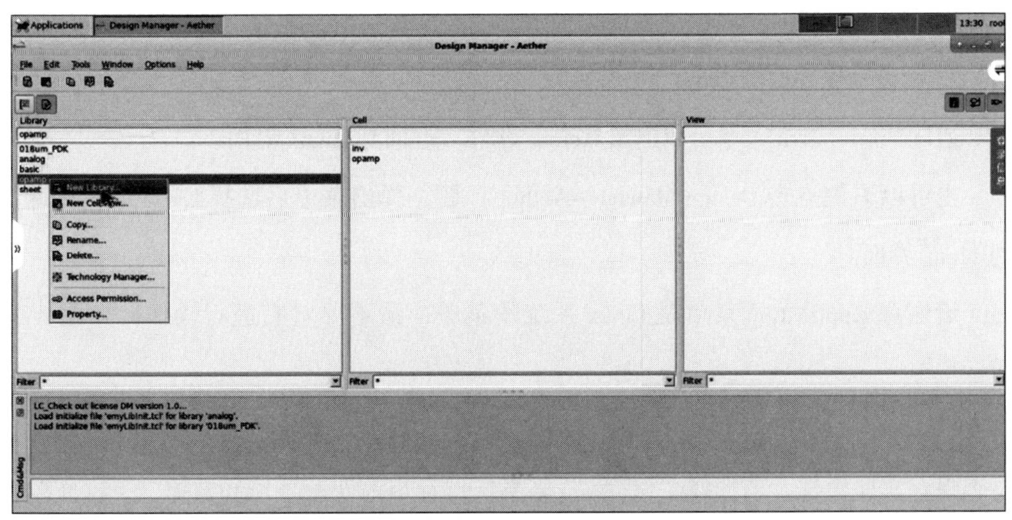

图 3–12　右键操作示意图

Design Manager 的菜单有多项功能，本课程的系列实验中将陆续介绍一部分，更多功能请参考软件使用手册。

提示：Design Manager 的具体使用方法请参考文件 Aether_Manual.pdf。

如图 3–13 所示的工作区域为工作界面 1（workspace1），如图右上侧，颜色为深颜色。可以从工作界面 1 切换到其他工作界面，未运行软件的工作界面显示的是 Linux 桌面。

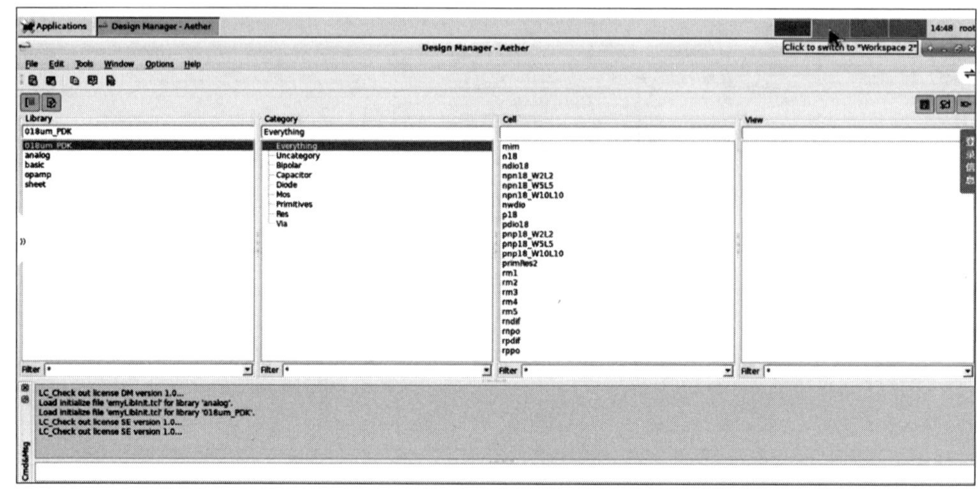

图 3–13　工作界面的切换

提示：利用多个工作界面协同工作有助于提高效率。

在工作界面 2 中，在桌面上找到 Aether_Manual.pdf 文件，双击后弹出“open with”菜单，下拉选择 Firefox 软件即可浏览该手册。

3. 设计管理界面的退出

通过 File → Exit 菜单可以退出 Aether 软件，返回到 Linux 界面。

也可以右键点击 Design Manager–Aether 标题，弹出菜单后选择 Close 退出，返回到 Linux 界面。

请注意 Application 菜单是 Linux 系统的菜单，请不要对它进行操作，如图 3–14 所示。

在 Linux 界面下，点击右上角的“结束实验”，结束当前实验，并根据提示选择是否保存实验数据。若选择“保存”，则系统保存当前实验环境和数据，下次实验可使用本次实验的数据，结束实验后将回到最初始的实验平台界面。

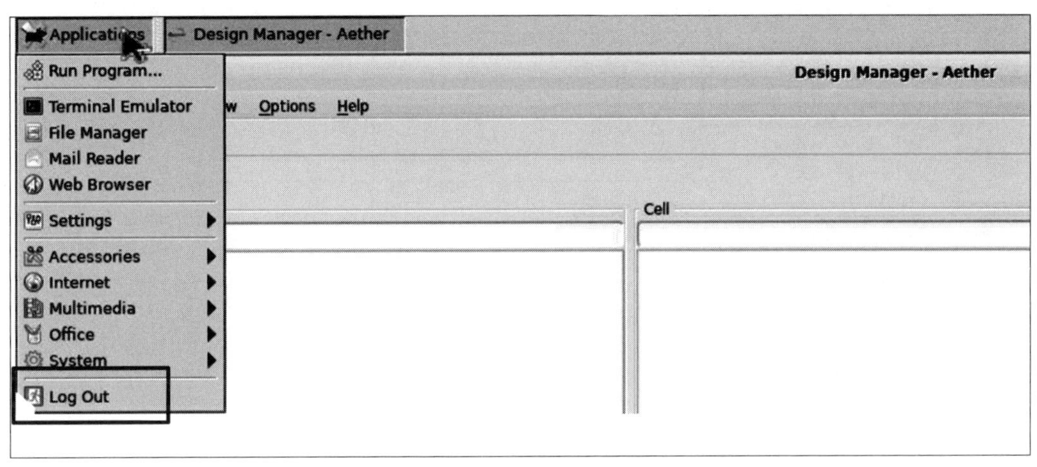

图 3–14　Applications 菜单

提示：如非正常退出或实验界面出现异常，可以重新进入该实验，或者先进入其他实验，然后退出其他实验，再进入出现异常的实验，这样出现异常实验的环境会被重新初始化，通常就恢复正常了。

（三）技术管理界面

1. 技术管理界面的打开

一种打开方式是在 DM 界面下，打开菜单 Tools → Technology Manager，即可打开技术管理界面（Technology Manager，TM），如图 3–15 所示。

在弹出的界面中点击下拉菜单，选择“018 μm_PDK”，在该菜单中可见还有其他选项，如 Analog、Basic。Analog、Basic 是 EDA 软件自带的库，不包含工艺信息，如图 3–16 所示。

提示：如果 DM 中包含了多个工艺库，例如同时存在 018 μm_PDK、65 nm_PDK，则可以选择不同的工艺库，查看其对应信息。

另一种打开方式是先选中 018 μm_PDK，再选择菜单 Tools → Technology Manager，则直接打开该工艺的资料。

2. 工艺层（Layer）信息的查看方法

Technology Manager 对工艺库的各种信息进行管理，版图人员可在这里查看、编辑内容，注意左侧是该工艺的各种信息，选中某一个选项，则右侧显示对应内容。缺省打开 TM 时，左侧选中的是 Layer 项，如图 3–17 所示。

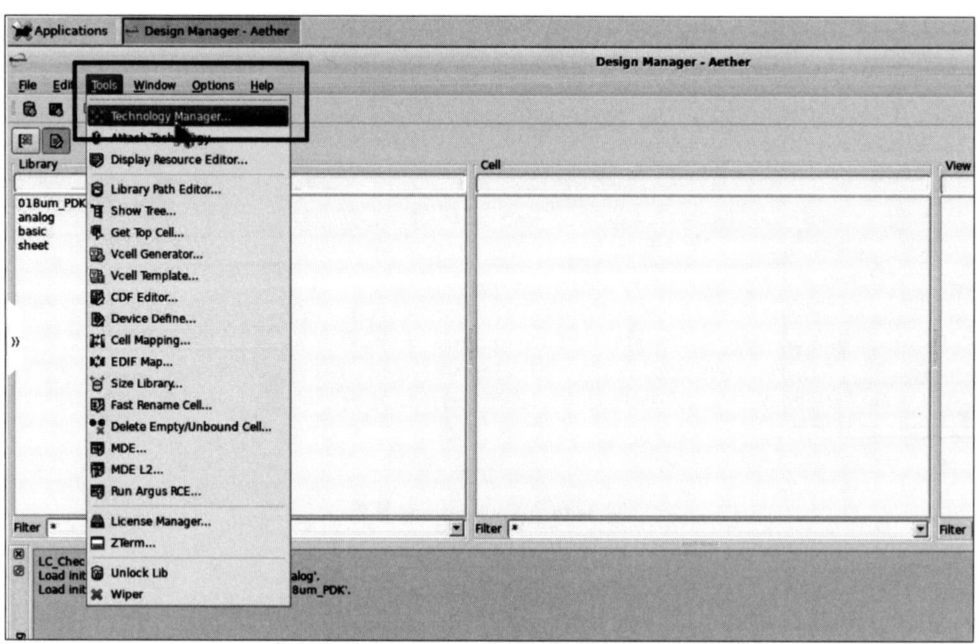

图 3–15　技术管理界面的打开

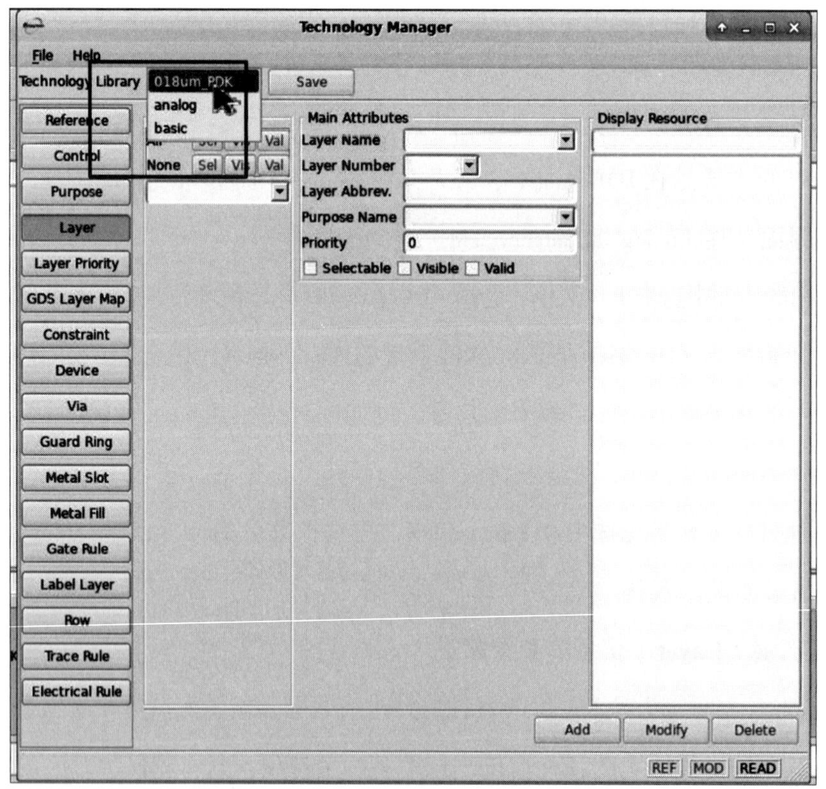

图 3–16　技术管理界面

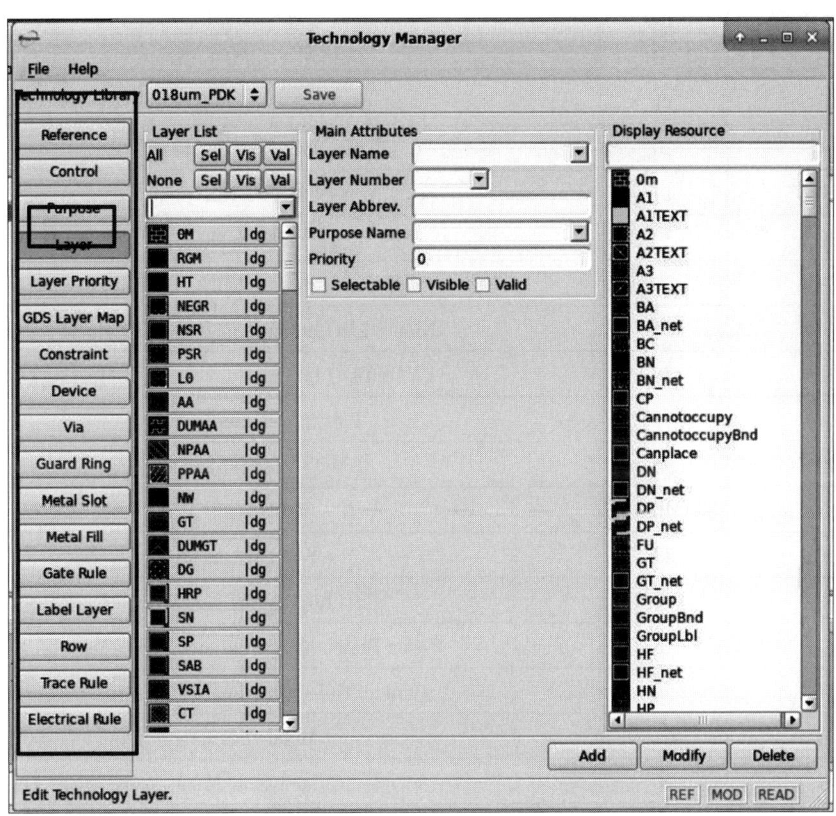

图 3-17　TM 中层信息的查看

首先需要了解该工艺都有哪些层，从第一个 0M 层到最后一个 LVN 层，共有上百个层，这其中有实际制造过程需要的层，也有作为辅助设计的层。在 Linux 界面下打开“Aether_Reference_0.18 μm_1P6M_Salicide_design_rule”文件，该文件是版图规则文件，在第一部分以列表方式描述了实际制造过程需要的层，共有 32 个层。再回顾一下本节开始所述器件主要使用的层，可以把三者进行对比，如图 3-18 所示。

接下来简单看一下 Technology Manager 中对层的描述。以 NW（N 阱）为例，如图 3-19 所示，中间部分是该层的主要属性：

（1）Layer Name：NW，N 阱，学员应该知道构成有源、无源各种器件的各层名称。

（2）Layer Number：14，该层输出到 GDS 文件中的层号，供软件使用。

（3）Layer Abbrev.：NW，缩写。

Process Name	GDS No.	Description
AA	10	Active Area/SDG Must
AR	11	AA Oxide Define Reverse
PW	20	P–Well /P–Tub Must
NW	14	N–Well /N–Tub Must
DG	29	Dual Gate Must
GT	30	Poly Gate / Poly–1 / ONO Gate Must
NLL	35	NMOS LDD Implant for Low VDD Must
PLL	38	PMOS LDD Implant for Low VDD Must
PLH	37	PMOS LDD Implant for
NLH	36	NMOS LDD Implant for
SN	40	N + S/D Implant Must
SP	43	P + S/D Implant Must
ESD1	41	ESD Implant for 1 Optional
SAB	48	Resist Protect Oxide/Salicide Block Must
CT	50	Contact Hole（Metal to Si/Poly）Must
M1	61	Metal–1 Must
V1	70	Via–1 Hole Must
M2	62	Metal–2 Must
V2	71	Via–2 Hole Must
M3	63	Metal–3 Must
V3	72	Via–3 Hole Must
M4	64	Metal–4 Must
V4	73	Via–4 Hole Must
M5	65	Metal–5 Must
V5	74	Via–5 Hole Must
M6	66	Metal–6 Must
PA	80	Passivation / Pad Must
PI	82	Polymide (Negative Resistor) Optional
AADUM	10	AA Dummy Layer (For dummy AA insertion)
PSUB	85	Psub area (NN)
RESAA	97	Dummy Pattern for AA Resistor
RESP1	96	Dummy Pattern for Poly–1 Resistor

图 3–18　版图规则文件中的层

（4）Purpose Name：drawing，绘图层，下拉该菜单还有其他选项，供软件使用。

（5）Priority：11，优先级，供软件使用。

以上的 Layer 属性其实主要是为 EDA 工具提供信息，版图人员只要大致了解就行。

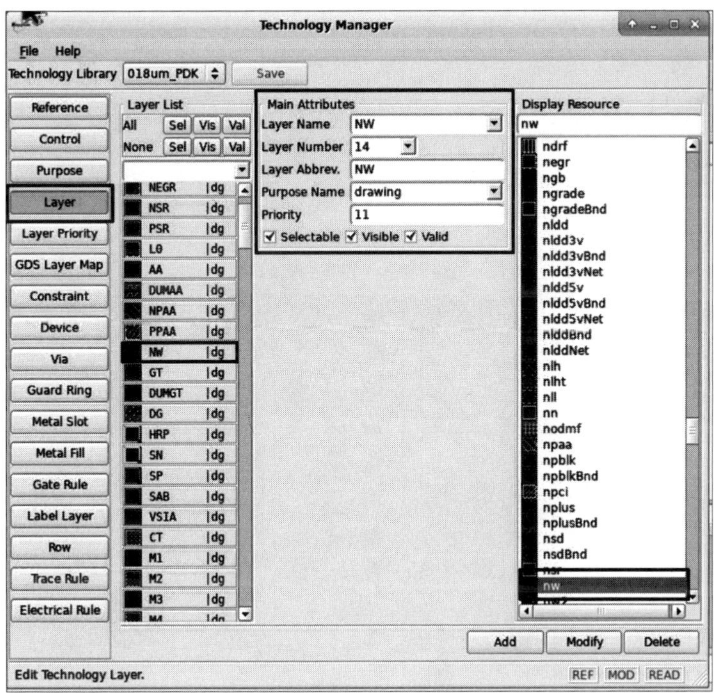

图 3–19　NW 层的信息

Selectable、Visible、Valid 表示在画版图过程中如何对该层进行操作。从字面意义就可以猜测其作用：

（1）Selectable：该层是否可选，选中该层才能对其进行操作。

（2）Visible：该层是否可见，即该层的图形在版图中是否显示。

（3）Valid：该层是否有效，有效则出现在 LSW 中，否则不出现，LSW 的概念将在后面介绍。

界面的右侧是 Display Resource，它给出该层是如何显示的，层名前面的小方块就是其显示的样式。不同层具有不同的样式：外框颜色，内部是否填充，填充颜色，是否有图案，图案样式等。

左键双击 Display Resource 中层名，弹出新的界面“Display Resource Editor-display.

drf”，如图 3–20 所示，显示了当前 nw 层的图案显示设置。版图人员可以修改其图案，不过通常建议使用缺省设置，这样不同的人员编辑或查看同一个版图时，不会对层的显示产生混淆。

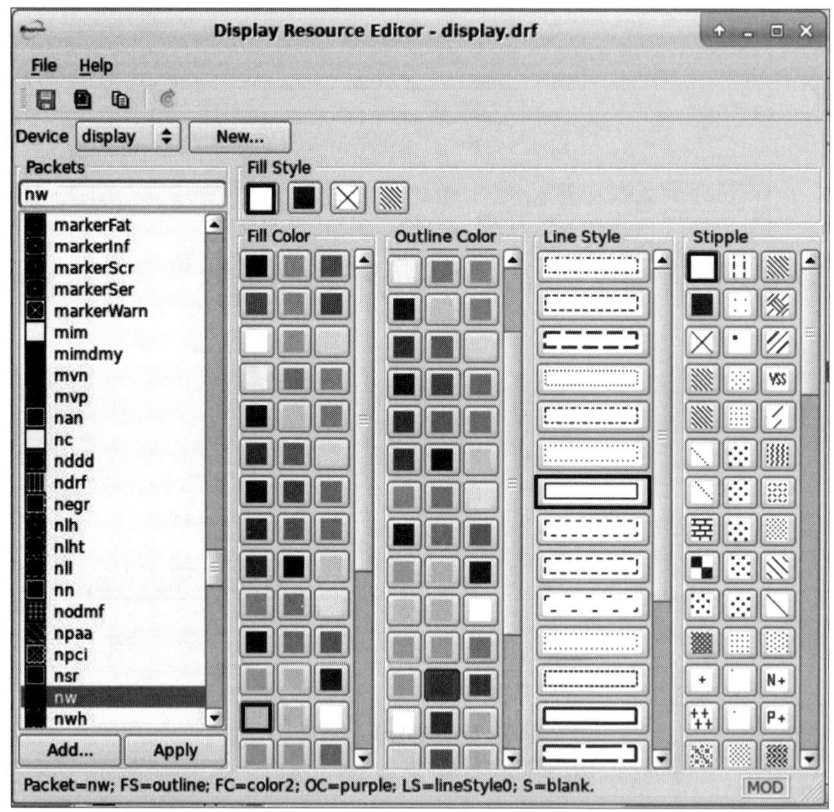

图 3–20　nw 层的图案显示设置

3. 过孔（via）信息的查看方法

过孔（via）连接相邻的金属层，本工艺有 M1–M6 六层金属，因此有 via1–via5 五种过孔。此外，接触孔（contact）连接 M1 和 M1 以下的所有非金属层，接触孔的信息也可以在这里查看。

过孔和接触孔信息如图 3–21 所示，最大化界面后，可以看到完整的内容。图中上半部分灰色区域显示的是 M2_M1 金属之间的过孔 via1 的信息，右面所列的数值是在版图中 via1 需要满足的尺寸要求，其数值和图中下半部分信息有对应关系。

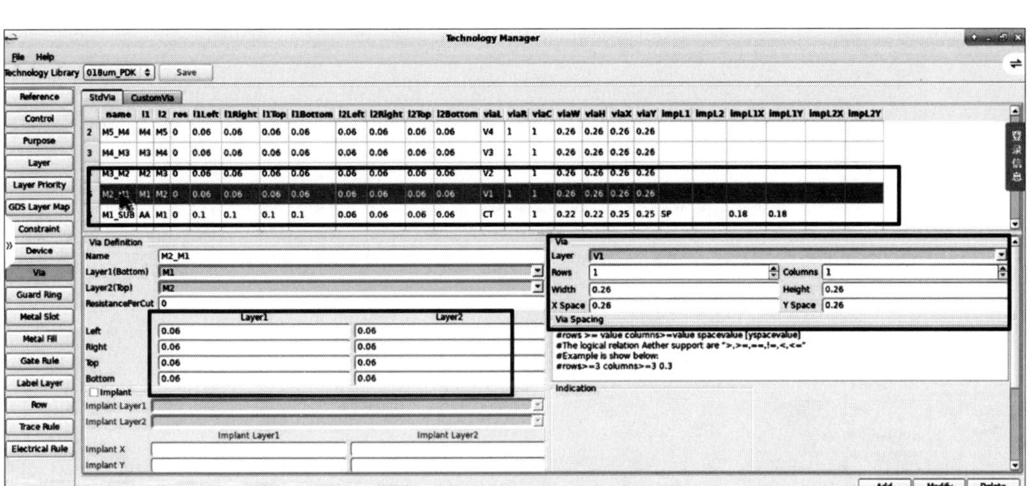

图 3-21　过孔和接触孔信息

左下框给出了金属层 M1 和 M2 对 via1 的覆盖要求，即 via1 上、下、左、右各方向的金属覆盖宽度至少是 0.06 μm。右下框给出了画单个或多个 via 时的要求，单个 via 的宽是 0.26 μm，高也是 0.26 μm，即是一个方块；画多个 via 时，水平方向边缘距（X Space）至少是 0.26 μm，垂直方向边缘距（Y Space）也至少是 0.26 μm。

提示： 这些尺寸方面的说明可以结合 DRC 规则来看。

当前 PDK 功能较强，器件、过孔、接触孔都做成了参数化单元，版图人员只要调用并设置参数就能使用，且满足 DRC 的要求。

4. 金属层信息的查看方法

TM 中和金属层相关的有好几项，包括 Guard Ring，Metal Slot 和 Metal Fill。这里仅做简单介绍，不再对右侧部分各项详细说明。

工艺中的金属层主要用于连接器件，称之为走线，走线的形状、长度、宽度、同层线之间的距离等都有 DRC 的要求，TM 中主要给出了几种特殊走线的规则，如图 3-22 所示。

（1）保护环（Guard Ring）。在器件周围围了一圈，主要作用是避免外界对圈内器件的干扰。保护环是多个层（Layer）的组合，包括金属、过孔、注入层等。

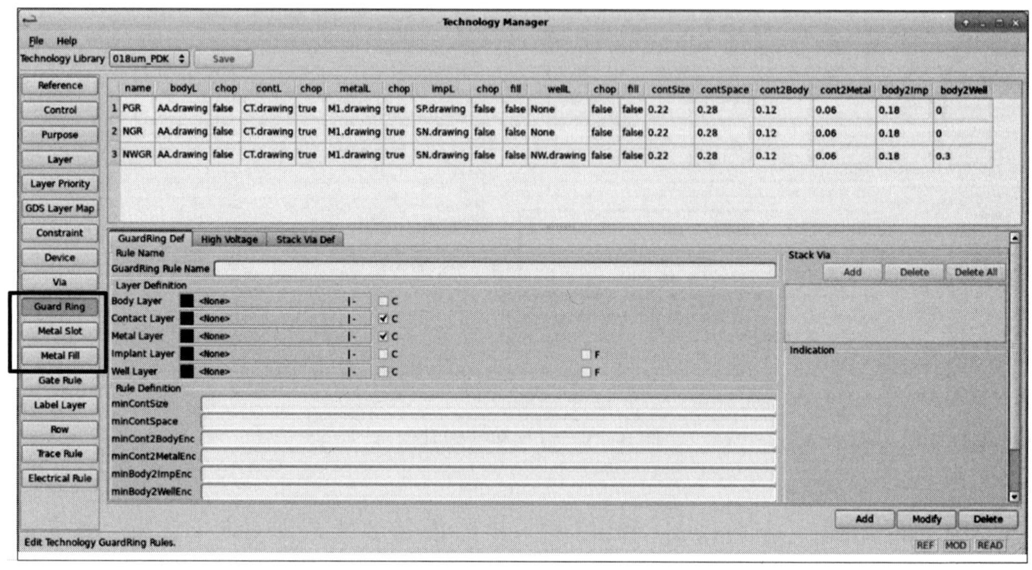

图 3–22　金属层信息

（2）金属开槽（Metal Slot）。当金属走线非常宽的时候，工艺要求金属线要在中间开槽，这里规定了需要开槽的金属线宽度、槽的位置、大小等。

（3）金属填充（Metal Fill）。电路做完之后，往往还有很多地方空着，工艺会要求填充金属，以使得在一定区域内有足够多的金属线，换句话说就是一个区域内金属密度要足够大，这里规定了金属填充的要求。

5. 工艺信息的导入导出

版图人员可能较频繁使用的 TM 项还包括 Constraint、Trace Rule 等。点击 TM 界面菜单 File → Load Technology File 可以调入扩展名为 .tf 的工艺文件（techfile），File → Dump Technology File 则输出同样是 .tf 格式的当前工艺文件。使用 TM 载入或导出业界标准格式工艺文件，通过这种方式，可以使 Aether TM 和其他 EDA 平台之间进行工艺文件的共享，如图 3–23、图 3–24、图 3–25 所示。

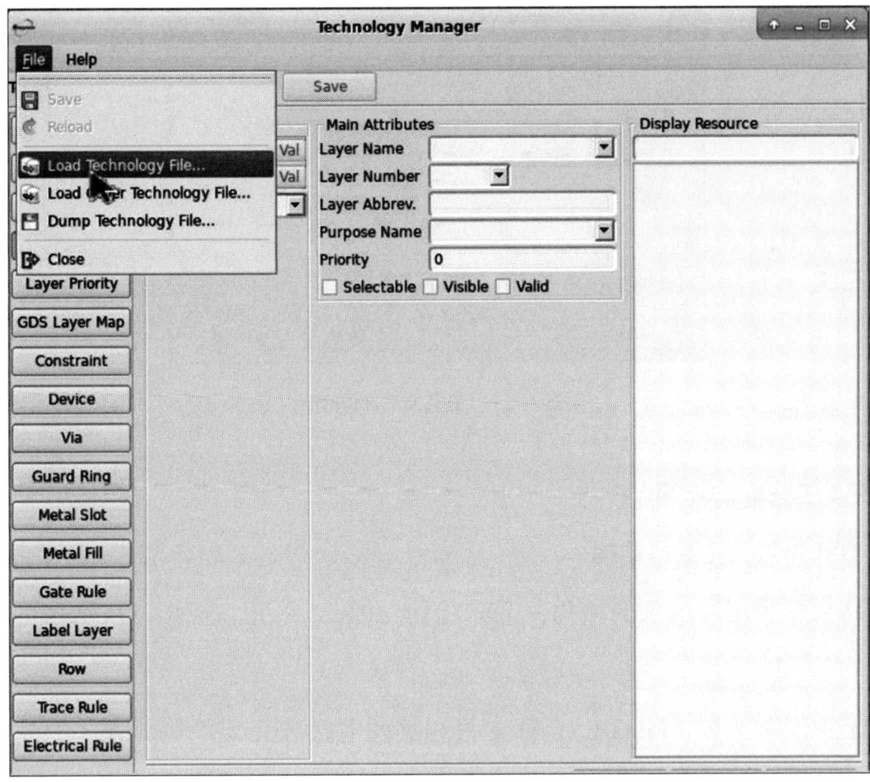

图 3–23　工艺文件的导入

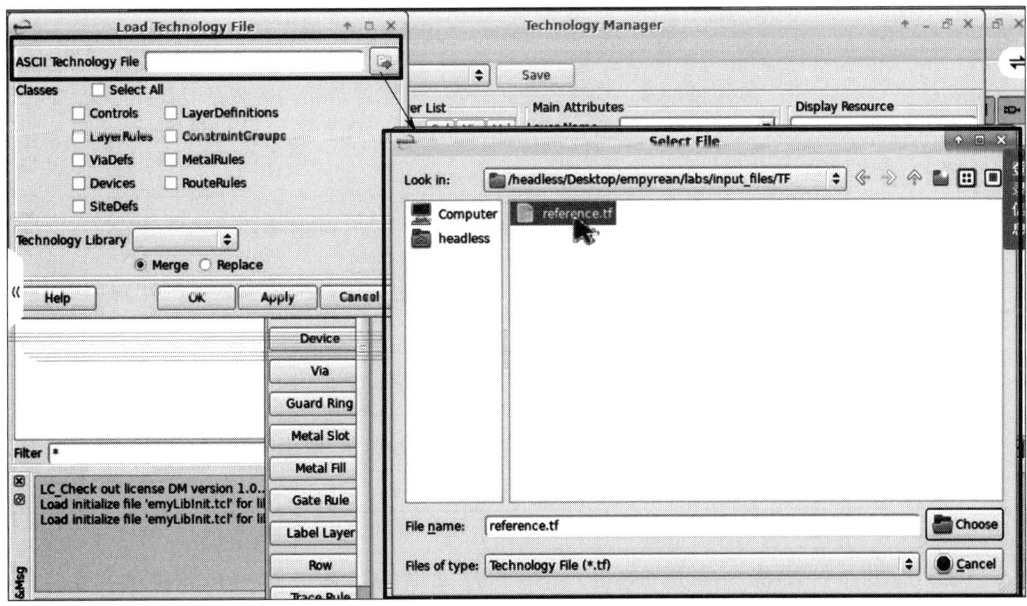

图 3–24　导入工艺文件的选择

图 3–25　工艺文件的导出

（四）工艺库的使用

1. DM 中层次化数据结构

电路数据采用层次化的结构，下面对 DM 中库、单元和视图三层结构进行简单说明。

（1）顶层称为库（Library），通常把相关的电路和元器件等放在一个库中（见表 3–1）。

表 3–1　库内容列表

库名称	主要功能
Analog 库	软件自带库，提供各种元器件、激励源单元，虽然在 TM 中也称为工艺库，但不包含版图，用于搭建电路原理图和前仿真，该库的使用见后续实验
Basic 库	软件自带库，提供各种功能模块，同 Analog 库，不包含版图，用于模拟电路前端设计
Sheet 库	软件自带库，提供不同尺寸的图纸
018 μm_PDK 库	实验用工艺库，提供该工艺所有的各种元件
Opamp 库	自己建立的设计库，包含了 inv 和 opamp 两个电路，可以根据需要添加更多的电路

（2）库的下一层称为单元（Cell），单元是库里的各种电路、元器件的总称（见表 3–2）。

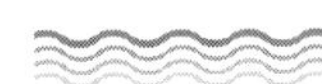

表 3–2 单元内容列表

库名称	单元名称	主要内容
Analog 库	无源器件单元	电容元（cap）、电阻（res）
	有源器件单元	二极管（diode）、NMOS 管（NMOS）
	电源和地单元	电压源（vdc）、电流源（idc）
	激励源单元	正弦电压源（vsin）、脉冲电压源（vpulse）
018 μm_PDK 库	MOS 管单元	n18、p18
	二极管单元	ndio18、pdio18
	三极管单元	npn18_W2L2（2L2 表示大小）、pnp18_W2L2
	电容单元	mim
	电阻单元	rndif、rnpo、rpdlf、rppo、rm1 等
Opamp 库	Inv	反相器电路
	Opamp	运放电路

（3）单元的下一层也就是底层，称为视图（View），视图指一个电路、元器件在不同应用场合的不同表现形式。

原理图中使用时主要包括两种视图：

1）元件使用 symbol 视图，就是常见的各种元件符号。

2）电路通常会使用两种视图，一种是 schematic 视图，由各种元件构成；另一种是 symbol 视图，把整个电路作为一个 symbol 供其他电路调用。

版图中使用 layout 视图，还有多种其他视图，如 cellview。图 3–26 给出了 Library–Cell–View 的显示，选中三列中任一列，该列中的任一项，右键都会弹出菜单，可对该项进行操作。

2. 各级文件的创建

在 Design Manager 下，创建一个版图文件，并进入到下一层版图编辑的界面。在开始使用 EDA 工具时，先通过菜单完成各项操作，熟练之后再考虑使用其他简便操作方法。

为了显示全套过程，从创建 Library 开始，下图为几个顺序操作后的显示，后续截图通常也是如此。

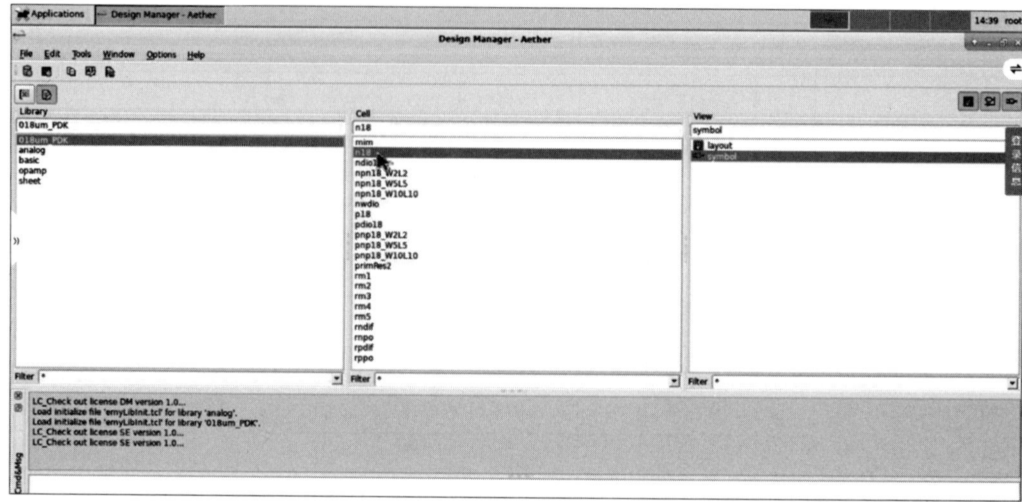

图 3–26　库元件视图的三级结构

（1）库的创建

首先，点击 File，点击 New Library，如图 3–27 所示。

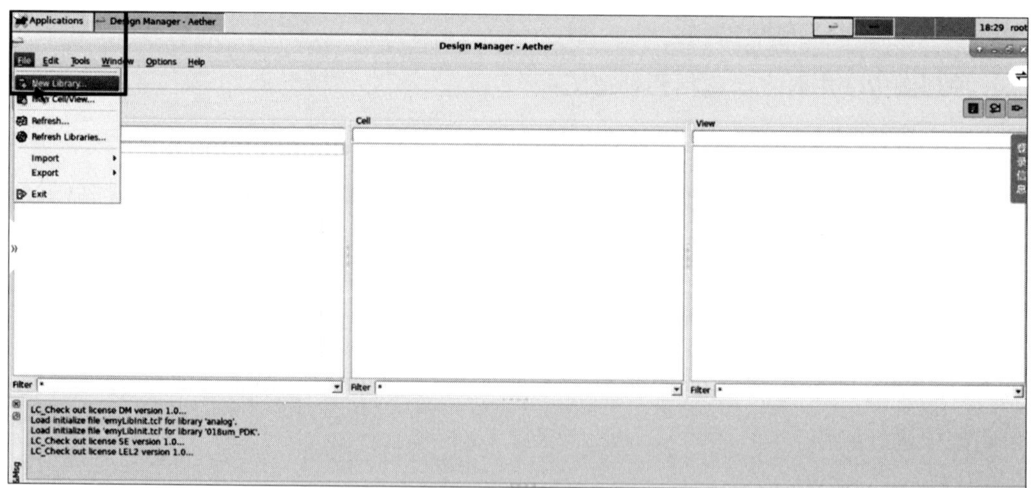

图 3–27　建立新库

在工具弹出的菜单中，在 Name 中填入“ex1”表示该 Library 的名字，如图 3–28 所示。

注意： Technology 下 Attach To Library 中缺省是 018 μm_PDK，表示新建的电路设计库 ex1 和工艺库 –018 μm_PDK 关联起来，即 ex1 可以使用 018 μm_PDK 的工艺开展电路设计。

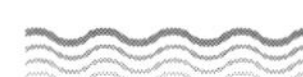

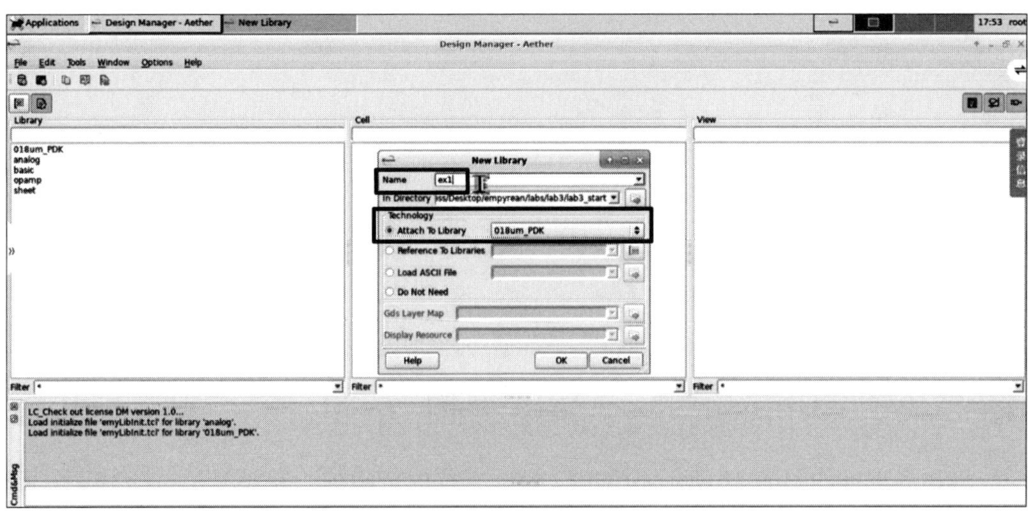

图 3-28　输入库名

然后，点击 OK，Design Manager 中就会出现 ex1 这个库，这个库还是一个空库，里面没有任何 Cell，当然更没有 Cell 的 View，如图 3-29 所示。

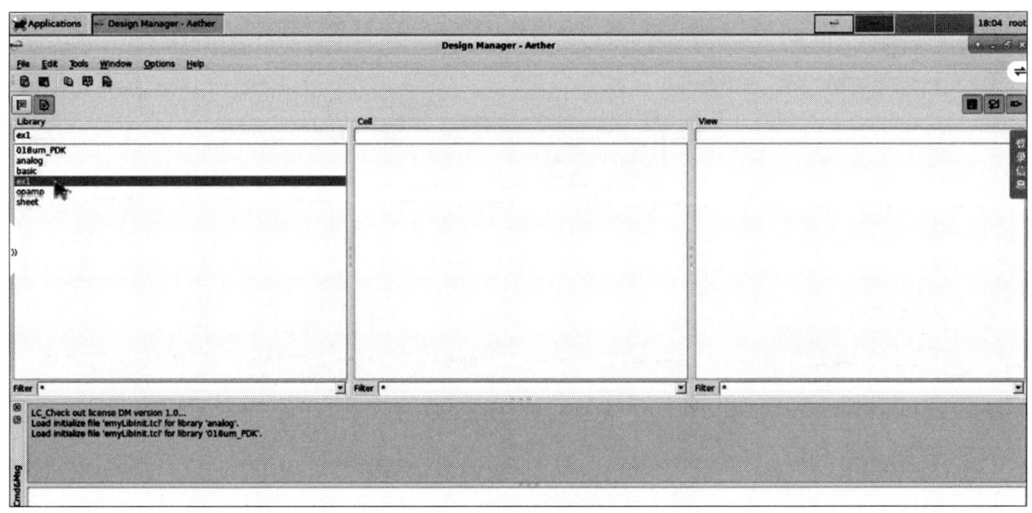

图 3-29　建库完成

（2）元件和视图的创建

创建 Cell 和它的 View，点击 File，点击 New Cell → View，如图 3-30 所示。

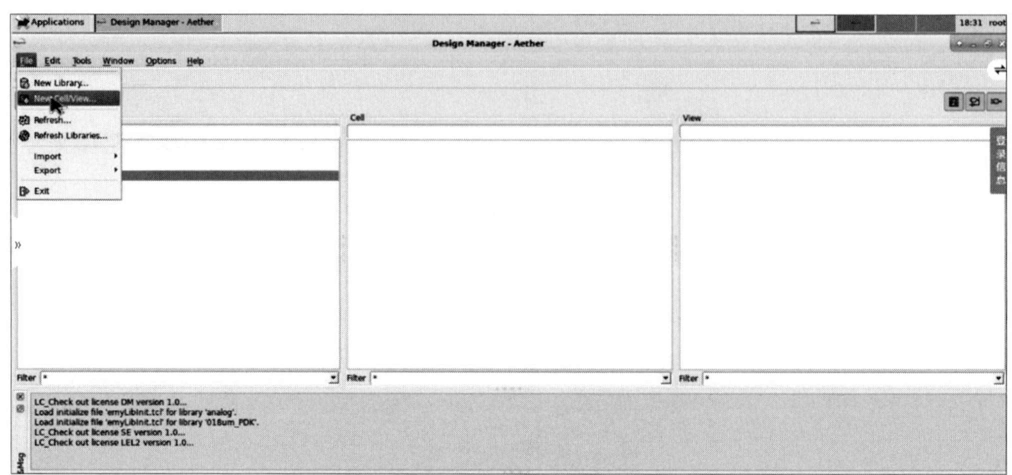

图 3–30　创建元件

弹出菜单框如图 3–31 所示，Cell 和 View 是同时创建的，在 Cell Name 栏填入 Cell 的名字“test”，缺省的 View Name 是“schematic”，View Type 也是“schematic”，如果不改的话，点击 OK 后产生的是“test”这个 cell 的 SchematicView，也就是原理图。

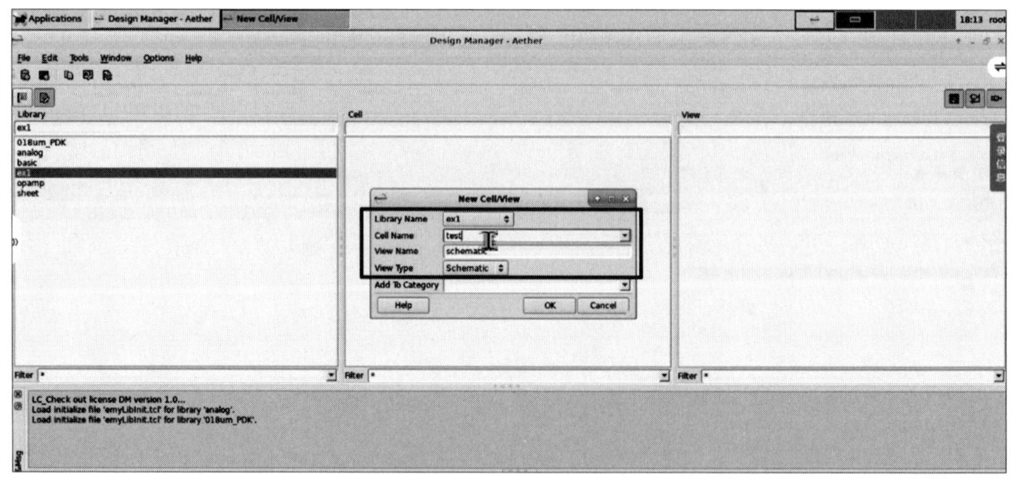

图 3–31　元件命名

点击 View Type，选择 Layout，即创建版图文件，如图 3–32 所示。

点击 OK 后工具直接弹出 Layout Editor 的界面，等一下再看该界面的内容，如图 3–33 所示，现在软件上方选中的是 Aether 按钮，点击 Design Manager–Aether 按钮先回到 Design Manager 下，看是否正确产生了 Cell 和 View。

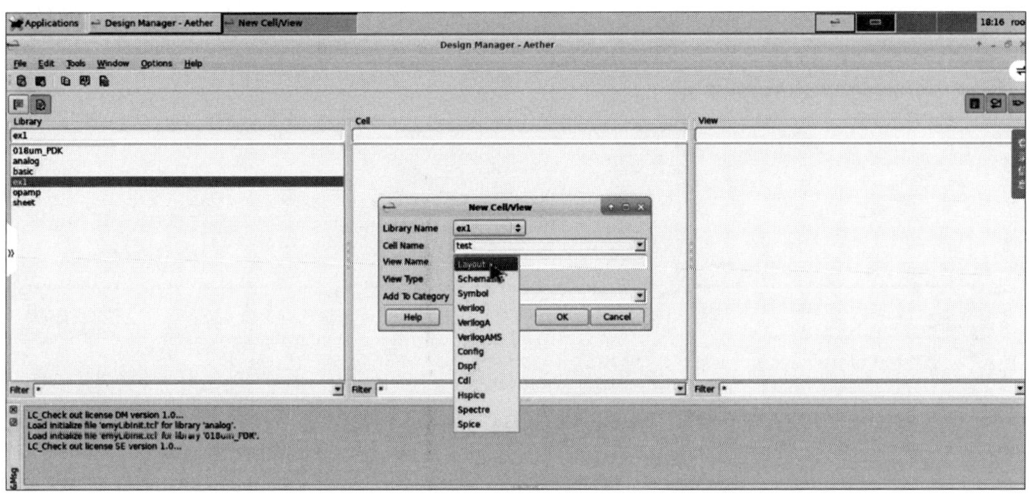

图 3–32　更改视图类型

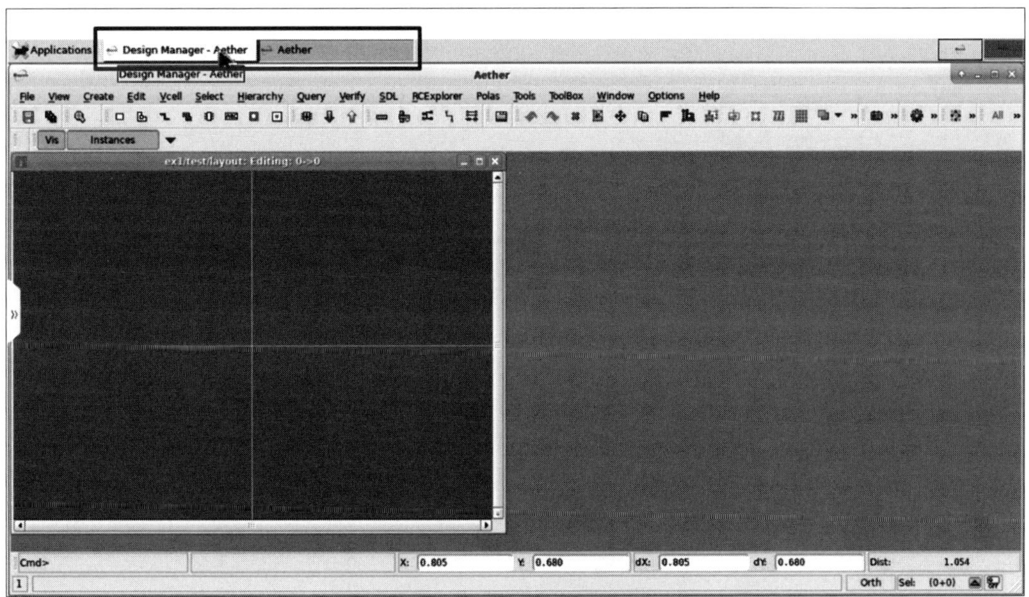

图 3–33　创建版图视图

在 Design Manager 界面下，看到 ex1 Library 中产生了 test cell 的 layout View，Cell 中 Schematic View 和 Layout View 是独立的，可以分别产生，不分先后，如图 3–34 所示。

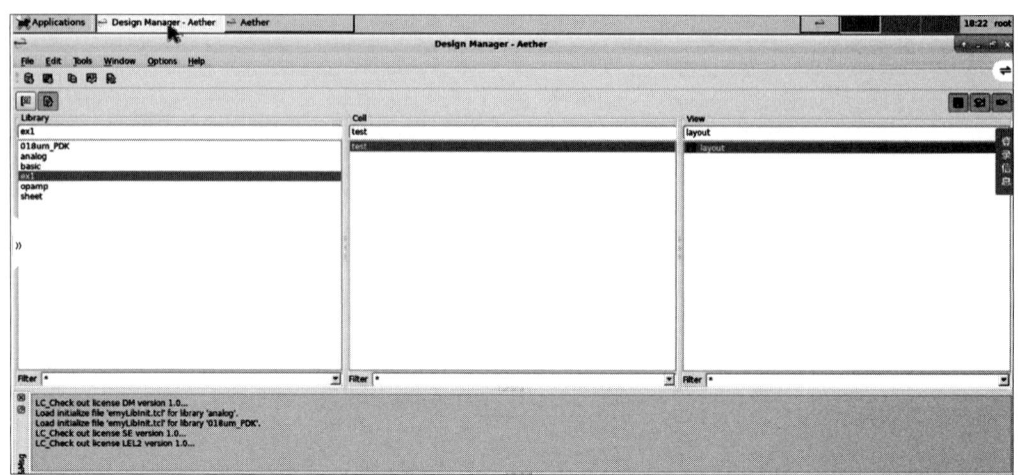

图 3-34　创建后的文件

（3）版图编辑器的查看

查看 Aether 的 Layout Editor 界面，现在工具上方选中的是 design Manager-Aether 按钮，点击 Aether 按钮回到 Layout Editor 的界面，在该界面下点击 Window-LSW，如图 3-35 所示。

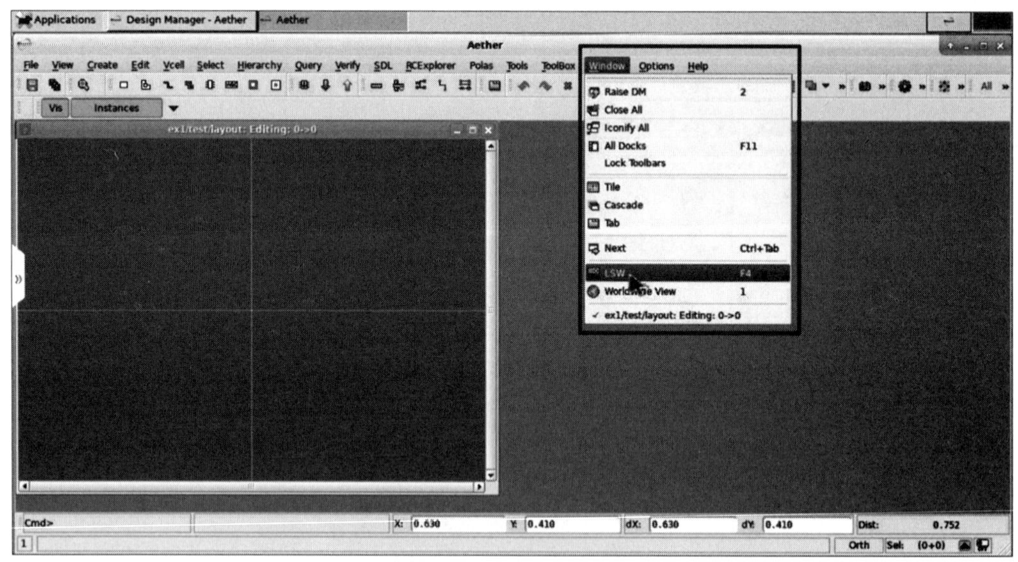

图 3-35　打开版图编辑界面

界面左侧出现 LSW 菜单，LSW 在画版图时十分有用，建议一直打开，如图 3-36 所示。

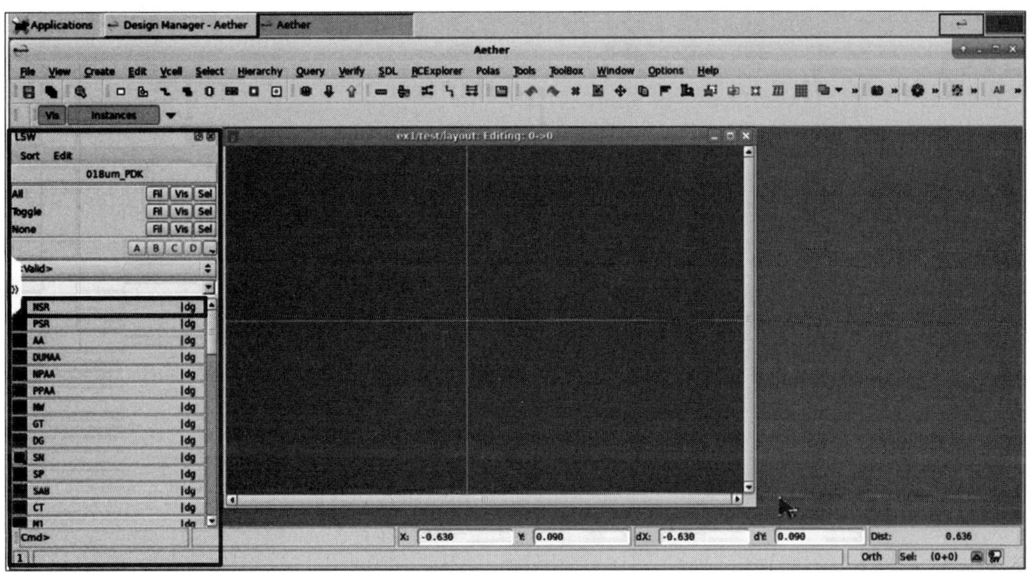

图 3-36　LSW 工具

关闭版图界面有两种方法，一种使用菜单 File → Close，另一种在选中 Aether 框时，右键选择 close，如图 3-37、图 3-38 所示。

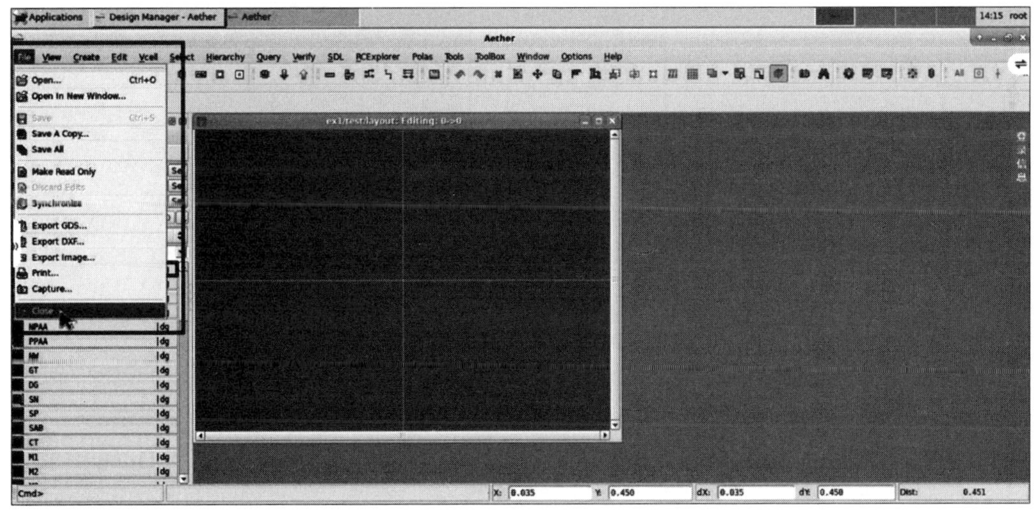

图 3-37　版图界面的关闭方法（一）

如何打开一个已经存在的版图呢？在 Design Manager 界面下，选中右侧 Layout View，右键选择 Open 即可，这样进入 Layout Editor 界面，如图 3-39 所示。

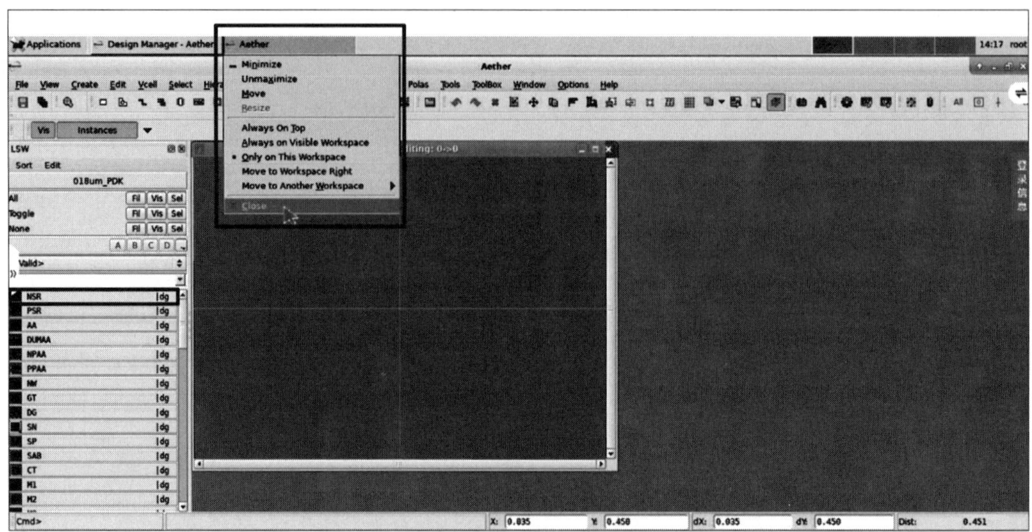

图 3-38　版图界面的关闭方法（二）

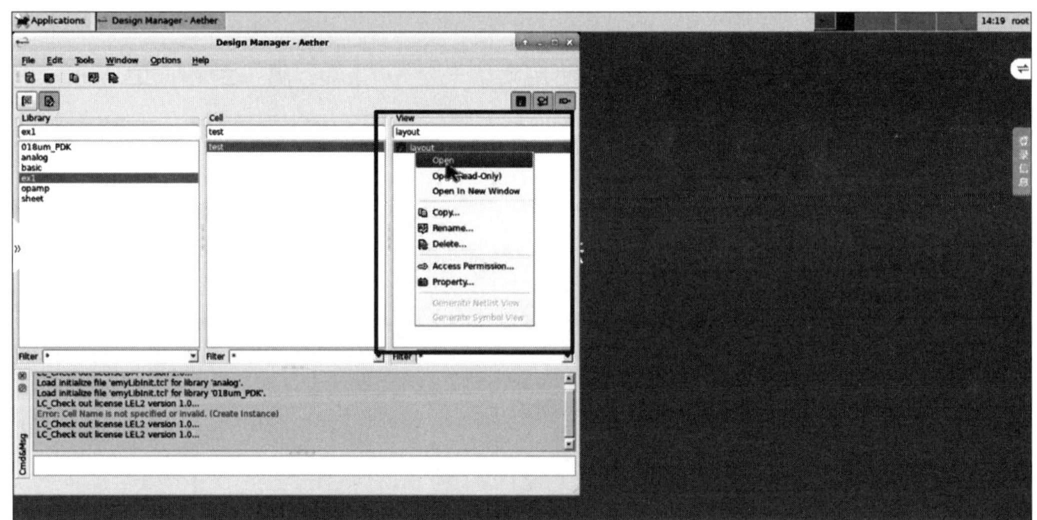

图 3-39　版图界面的打开方法（一）

如果已经在 Layout Editor 界面下，点击菜单 File → Open（或者 Open in new window），弹出 Open 菜单，选择 Library → Cell → View（layout），点击 OK 即可，如图 3-40 所示。

提示： Layout Editor 的具体使用方法请参考文件 Aether_Manual.pdf。在工具使用方面，本系列实验主要介绍 Layout Editor 的常见功能。

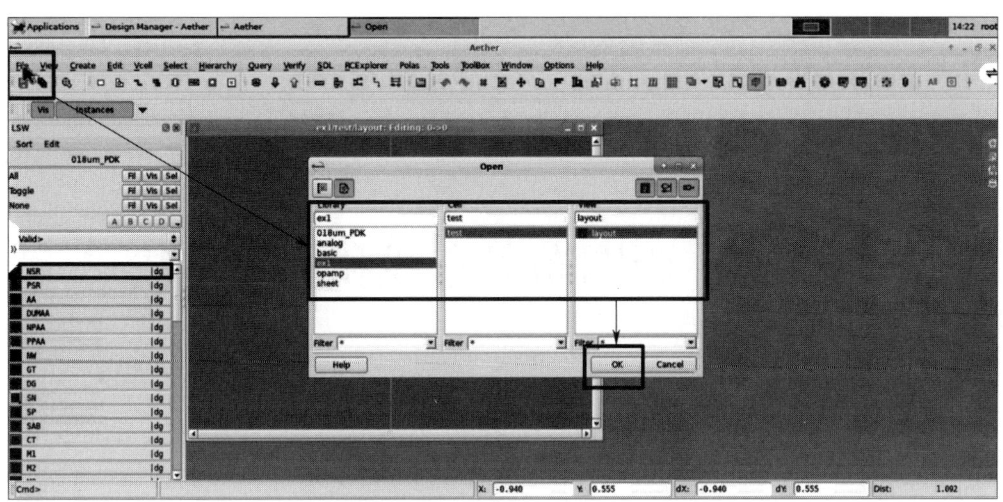

图 3–40　版图界面的打开方法（二）

Layout Editor 和 Design Manager 相比，操作方法基本类似，可以通过菜单操作，可以通过图标操作，一个最大不同在于 Layout Editor 提供了快捷键操作方式，各功能是否有快捷键、快捷键具体类型都可以从菜单上看到，这里先介绍 3 个快捷键：

1）File → Open：Ctrl+O。

2）File → Save：Ctrl+S。

3）Window → LSW：F4（注意，按 F4 是对 LSW 进行切换显示）。

小结

经过本节的学习，需要掌握以下内容：

（1）了解模拟版图所涉及的工艺、软件、版图三方面基础知识。

（2）熟悉平台和 Aether 软件的基本使用方法。

（3）了解在软件中查看和编辑 PDK 内容的方法。

（4）熟练使用软件参考文档查询需要的信息。

思考题

（1）如何查找 Design Manager 界面下菜单的功能说明？

（2）如何查找 Layout Editor 界面下菜单的功能说明？

第三节　版图布局布线和优化方法

考核知识点及能力要求：

- 熟悉简单电路版图的布局规划方法。
- 能够独立完成简单电路版图的布局和布线操作。
- 了解单级放大器版图的调整和优化方法，会增加版图隔离保护。
- 熟悉 Layout Editor 的基本操作。
- 能根据工艺设计规则，使用设计工具，完成简单版图设计。

一、版图设计流程

模拟集成电路版图的设计过程主要包括六个阶段。

（一）输入文件准备

绘制版图之前，以下两类文件是必不可少的：

（1）电路原理图。用于描述电路工作原理的图形样式，复杂电路会包含多层，呈现层次结构，基础单元有可能被多个电路调用，版图也就不用重复画。

（2）设计人员对版图的要求。这一点很重要，设计人员应该在原理图上标注关键位置的要求（例如匹配、寄生、电流大小等），以期版图人员画出高质量版图。

（二）电路版图绘制

这一过程的主要目的是将符号表示的原理图数据转变为带有物理位置信息并可用

于制造的版图数据，主要工作包括：

（1）布局。规划整体版图结构，放置元器件，留出布线空间等。

（2）布线。连接元器件，形成完整版图。

（三）设计规则检查

设计规则检查（design rule check，DRC）用于检查版图是否满足代工厂制造要求，如果 DRC 不通过是无法进行生产的。

（四）版图原理图比较

版图原理图比较（layout vs schematic，LVS）用于检查版图结构和原理图结构是否一致。如果 LVS 不通过，表示版图出现错误，电路即使制造出来也不会符合设计要求。

（五）寄生参数提取

除了原理图中本来就有的器件参数之外，在版图中的器件自身、走线、过孔等均会引入的寄生电阻、电容、电感等，这些寄生参数在一定程度上会对原始电路造成影响，尤其是高速、高功率电路，会导致实际投片出的芯片性能与仿真结果差距很大，因此，需要将提取出来的网表交给前端设计人员，由设计人员通过后仿真评估寄生参数的变化和影响，再对版图设计人员提出优化的要求。

（六）输出文件的制备

版图设计人员完成以上工作后，就需要将图纸导出成文件，提供给制造厂生产。通常需要输出标准格式的版图数据文件（如 *.gds 文件），以及其他文件（例如 *.lib 文件、*.lef 文件等）。

二、布局规划和设计要求

（一）版图规则

画版图之前应该了解版图规则，按照规则文件的要求绘图，否则会出现 DRC 错误。版图规则在“Aether_Reference_0.18 μm_1P6M_Salicide_design _rule.pdf”文件中，该文件将在下一个实验中再详细说明，这里先完成布局、布线，版图的错误在后续实验中检查。

（二）布局方法

这里再次说明一下原理图和版图的区别和联系，原理图用符号代表器件和走线，和其实际实现的样子无关，使用原理图对电路进行结构设计和功能仿真。版图则确定了器件走线的形状、面积、位置，以及使用的工艺层等物理要素，版图就是制造用的图纸，代工厂参照版图生产出芯片。可以认为原理图表示电路的逻辑连接关系，版图表示电路的物理实现方法，两者显然应该是对应的。

在绘制电路版图之前需要先规划布局，简单地说就是器件放在什么位置，连线怎么走。首先从布局入手，说明一下版图布局需要考虑的事情。为了方便介绍，这里把简单电路称为单元电路，多个相同或不同的单元电路构成复杂一些的模块电路，多个模块电路再构成更上层的系统。换句话说，整个电路系统可以分解为多层结构，这里仅用三层作为代表。

根据画电路原理图的习惯进行版图的设计，其实就已经给出了版图的初步布局。图 3–41 是反相器原理图，从上到下为电源线、PMOS 管、输入输出线、NMOS 管和地线，从左到右为信号输入、电路主体（PMOS 管和 NMOS 管）和信号输出。版图可以参照原理图的样子放置器件和预备走线。

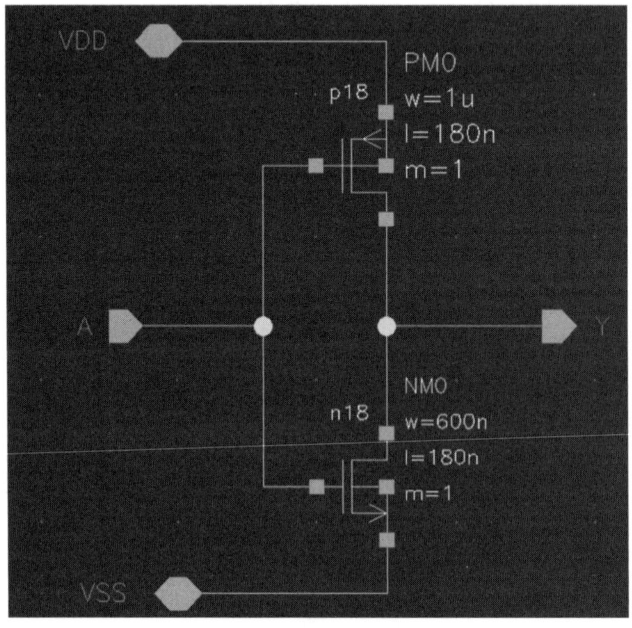

图 3–41　反相器原理图

再看另一个单级放大器的例子，图 3–42 是差分输入，经过电流镜负载实现单端输出的放大器原理图。从上到下为电源线、PMOS 管电流镜负载、输入输出线、NMOS 管差分输入对、NMOS 管偏置电流源和地线。从左到右为信号输入、电路主体和信号输出，版图中器件的位置可以和原理图相同。

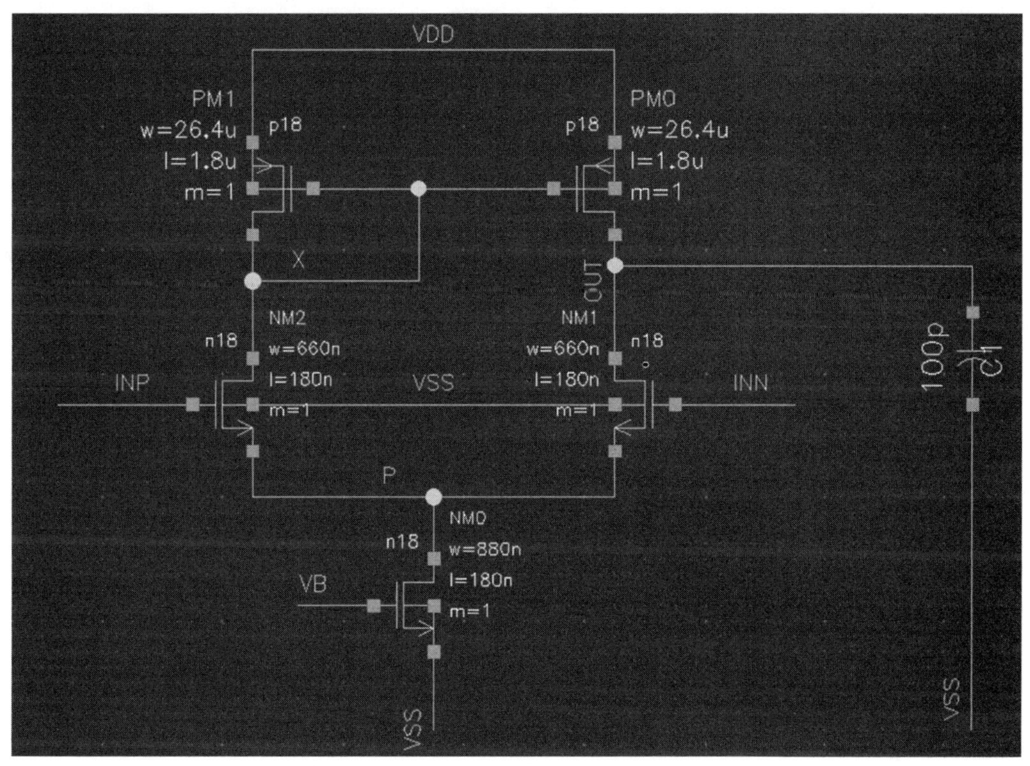

图 3–42　放大器原理图

此外需要考虑的是：原理图中差分输入 INP 在左侧，INN 在右侧，版图里信号都从电路左侧输入；原理图中有一个 100 pF 的负载电容，版图中会占据极大的面积。

当然，版图的布局不一定和原理图完全相同，原理图可以作为一种初始布局的参考。

（三）布局要求

为了在面积、性能、布线资源间进行折中优化，需要在布局的时候遵守一些基本的准则：

（1）集成电路的作用是对信号进行处理，可以把它看成是信号输入——信号处理——信号输出的过程，因此电路通常沿着信号流的走向布局，这样信号路径较短，版图带来的各种寄生参数较小，有的书上称之为信号驱动的布局方法。对于单元电路来说，习惯上让信号从左到右经过，就得到了和原理图差不多的版图布局。当把单元电路放在模块或者系统中时，需要根据上层布局的统一规划，对单元电路的整体方向和走线位置进行调整。

（2）版图要求整体布局紧凑，器件位置合理，相邻走线简短，可以认为相关联的器件应该尽量放在一起。例如单级放大器，两个差分输入对管应该放在一起，这样可以提高匹配；两个构成电流镜的负载管应该放在一起，保证对称；作为电流源的 NMOS 管应该放在差分对 NMOS 管下方，这样电流源 NMOS 管的漏极方便和差分对 NMOS 管的源极连接，走线距离短。

（3）电路中的走线可以分成三类：一是信号线，如输入信号线 INP、INN、OUT；二是电源线或地线，如 VDD、VSS；三是偏置线或配置线，如 VB。根据不同的信号类型，对不同的走线也会产生不同的要求：

1）要保证信号线简短，减小走线带来的寄生电容和电阻对信号质量的影响。如电路中输入接在差分对 MOS 管的栅极，输入线放在版图左侧；输出接在右侧两个 MOS 管的漏极，输出线放在版图右侧。这样输入、输出线长都较短，且两者之间没有干扰。

2）注意电源线供电和地线提供参考电平。电源线和 PMOS 管源极相连，电源线放在整个版图的上方比较合适。类似的，地线和 NMOS 管源极相连，地线放在整个版图的下方，电源线和地线离要连接的器件越近越好，这样供电比较可靠。

3）考虑提供直流偏置电压的偏置线或者数字信号控制的配置线。通常这些线上始终维持固定电平，不会对其他信号产生干扰，可以考虑走较长的距离，但也需要考虑其他信号对它的干扰，这涉及走线屏蔽的问题，后续会进一步介绍。

（4）版图布局时还需要考虑器件之间的距离。一方面，距离太大，则器件匹配程度下降，器件间连线变长，整体面积加大。另一方面，需要留出必要的走线空间，例

如 MOS 管的四端都需要通过走线连接出来，MOS 管周围可能要加接地的保护环路，输入和输出线要从 PMOS 管和 NMOS 管中间穿过等，这些需要版图人员依据经验来确定。

三、布线规则和寄生参数

（一）寄生电阻和电容

走线是版图和原理图的一个显著区别。原理图中走线是理想的，电阻为 0，也没有电容效应，而版图中不管用金属、多晶硅还是别的导电层走线，都存在寄生电阻和寄生电容。对于长条状的走线，其电阻为：

$$R=\rho_{\square}\frac{L}{W}$$

式中　R——电阻值，Ω；

$\rho_{\square}$——方块电阻，Ω/□；

L——电阻长度，μm；

W——电阻宽度，μm。

那么电阻大小是和工艺密切相关的，和走线的材料、高度等有关，不由使用者控制。当 $L=W$ 时，上式变为：

$$R=\rho_{\square}$$

此时，电阻正好是方块形状，大小由工艺决定，常称之为“方块电阻”。集成电路中既可以说走线寄生电阻的绝对值，也可以把走线看成若干个方块的串联，按方块数量计算。

在各种导电材料中，金属层的方块电阻最小，因此通常走线都使用金属层。在多个金属层中，例如，018 μmCMOS 工艺提供了六层金属，其方块电阻的大小也不一样，通常顶层金属的方块电阻小，相同长度下走线的总寄生电阻也小。

走线除了自身的寄生电阻外，还会和芯片衬底及其他走线之间形成寄生电容。回顾平板电容器的构造，包括两个极板和夹在中间的绝缘层，那么走线会形成多种平板电容。当上极板是走线，下极板是衬底，中间是 SiO_2 绝缘层的时候，电容的大小和走线的宽度成正比，和走线到衬底的距离成反比，显然相同面积下，高层走线产生的寄生电容更小，由于芯片衬底接地，这种电容称为到地寄生电容，是一种重叠电容。当上极板是走线，下极板是同层另一根平行走线的时候，由于走线是有一定高度的，同层两根平行走线的侧面面积就是电容的极板面积，走线之间的距离就是电容极板间的距离，中间的介质仍然是 SiO_2 绝缘层，这样产生的互容称为横向电容，而且，不同金属层走线之间，不同类型的导电层走线之间都会产生互容，它们则是重叠电容，比如，第一层金属和第二层金属之间就会产生重叠电容。

另外，除了平板电容外，在金属走线的边缘和其他金属或衬底之间，还会形成更为复杂的边缘电容。各类寄生电容如图 3–43 所示。

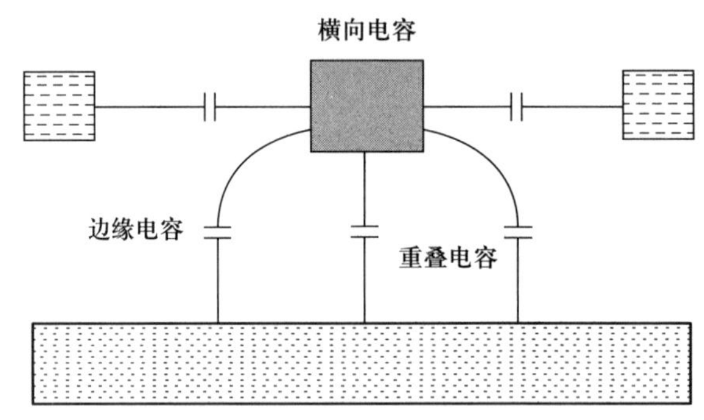

图 3–43　走线寄生电容

版图中寄生电阻和寄生电容的计算很复杂，设计者主要依靠软件提取寄生阻容的大小，但了解其形成的原因后，可以通过多种布局布线方式减小寄生阻容的影响。

（二）布线基本原则

版图中用实际走线代替原理图中的理想走线，完成器件之间的连接关系，同时要尽量避免寄生电阻和寄生电容对原电路性能的影响，在开始布线之前需要掌握一些基本的原则。

1. 布线层次的选择

具体布线的时候选择哪一层金属，需要多方面综合考虑：

（1）只要是导电层原则上都可以走线，但根据前文所述，走线会带来寄生电阻和电容，寄生越小对电路影响越小。从减小寄生电阻的角度看，金属线远远好于其他导电层，从减小寄生电容的角度看，高层金属线好于低层金属线，所以，默认可能的情况下都尽量使用金属走线。

（2）走线的主要目的是实现器件之间的连接，版图中的所有非金属层（栅、阱、有源区等）都需要通过接触孔（contact）先和第一层金属（简称金属 1）连接，然后金属 1 再通过过孔（via）和金属 2 连接，依次类推，可以换层使用更高层的金属。

（3）金属 1 通常用于把器件各端引出来，但有时只用金属 1 无法满足引出要求，还需要使用金属 2。低层的金属 1 和金属 2 主要实现本地连接，而高层的金属用于较远距离器件之间的连接。

（4）对于信号线，为了减小寄生电阻和电容，建议使用更高层的金属。道理上最高层金属最好，但通常最高层、次高层金属都用于电源 / 地线走线，所以信号线可以选择中间金属层，例如 M3 和 M4。

（5）对于电源 / 地线，它们既用于单元电路，也用于模块和整个系统，是布满电路的全局走线。为了减小电源 / 地线的寄生电阻，使得版图中各个位置的电源电压尽量一样，通常选用高层金属，例如 M5 和 M6。

（6）特别强调的是，以上原则仅是建议不是要求，各种版图情况复杂，需要具体问题具体分析。

2. 布线宽度的选择

具体布线的时候使用多大宽带，也需要综合考虑多方面因素，最基础的原则是走线足够宽，能承受设计的电流，日常生活中如果细线走大电流，线可能会烧掉，集成电路的走线存在同样问题。为了避免此类问题出现，首先，通过电路仿真确定每根走线流过的电流；其次，查看相关文件，确定金属层宽度、长度和电流的关系；然后，计算线宽；最后，确定使用的金属层以及该层金属下的线宽。下面分别说明两种常见的情况：

情况 1：有些信号线、偏置和配置线上不走大电流，即使用最小线宽也能满足要求，那么这时线宽的选择不是由电流决定，而是有其他考虑，例如，线宽能正好包住一个接触孔或者过孔；选择窄线减小寄生电容；选择宽一些的线减小寄生电阻等。

情况 2：在有限的空间内，单层金属无法满足电流的要求。那么可以把多层金属并联起来，理论上能通过的电流会成倍增加。但需要注意的是，相邻金属层要打足够多的过孔，保证良好的接触。

从走线承载电流的角度看，电路中电源和地线流过的电流最大，因此应该使用高层宽金属。

3. 布线路径的选择

具体布线的时候选择如何引线，也需要多方面综合考虑：

（1）对于信号线来说，这是电路的关键走线，应该尽量遵循长度短、宽度适当、周围没有干扰及差分走线等原则。

（2）对于电源 / 地线来说，应尽量遵循宽度适中、高层走线、靠近被供电器件及器件之间可靠接触等原则。

（3）对于偏置 / 配置线来说，如果有充足的布线空间，和信号线走法一致。通常偏置 / 配置线可能较长，需要考虑走线屏蔽问题。

（4）对模拟电路来说，各种走线不建议从器件上方穿过。虽然该方法可以节约走线面积，但走线和器件之间的电容耦合可能影响信号质量。

（5）走线之间也要考虑互容问题，例如两根平行长线产生较大的互容，如果是不相关的信号，彼此会互相干扰。

4. 布线方向的选择

具体布线的时候方向如何选择，也需要多方面综合考虑：

（1）大部分时候，版图走线只有水平和垂直两个方向。对于多个金属层来说，通常使用正交走线方法，例如，M1、M3、M5 层只使用水平走线，M2、M4、M6 层只使用垂直走线，这样走线比较灵活，布线密度较大，在这个原则下可以灵活把握走线方向，局部走线可以特殊对待。

（2）在某些情况下，例如走线电流特别大，或者希望走线中电流密度保持不变，那么可以选择在同层走 45° 的斜线。

5. 换层走线的选择

当单层走线无法实现所有连接，也就是布线无法布通的时候，需要换层使用高层走线，需要考虑以下几个问题：

（1）由制造工艺可知，只能通过接触孔或者过孔换到相邻层，如果要一次性换到隔开的层，需要使用多个过孔，例如，M1 转到 M3，需要通过 via1 和 via2，缺少过孔会造成电路的连接错误。

（2）换层走线时两层之间需要打多少个过孔：

1）如果两层走线的宽度都较小，那么至少在线交叠的位置放置 1 个过孔，但考虑到连接的可靠性，建议这时使用至少 2 个过孔。

2）如果走线较宽，建议在线交叠的位置，符合 DRC 规则的前提下，尽量多放置过孔。

6. 其他问题

走线需要考虑的其他问题，例如屏蔽、对称、开槽、天线效应等在后续实验中再说明。

（三）保护环的绘制

集成电路中的器件做在同一块衬底上，容易受到外部的干扰。这些干扰可能来源于：

（1）NMOS 管 Bulk 端接在芯片的衬底上，外部干扰通过衬底影响 NMOS 管。

（2）PMOS 管 Bulk 端接在电源上，外部干扰通过共用的电源影响 PMOS 管。

（3）器件通过互容、互感受到周围其他器件、走线的干扰。

对于某些敏感电路而言（例如低噪声放大器的差分输入对管），可以使用保护环将其围起来，隔离外部的干扰。保护环的作用体现在两个方面：

（1）环路接电源线或地线，提供了到电源 / 地的低阻通路，外部干扰通过该低阻通路连接电源 / 地，从而不会对环内电路产生影响。

（2）干扰的大小和干扰源到被干扰电路之间的距离成反比，保护环占用了被保护电路附近的面积，干扰源离被保护电路远了，因此干扰也变小了。

（3）对于敏感电路，需要分析干扰的来源，来源于地则使用接地的保护环，来源于电源则使用接电源的保护环，如果两者都有干扰，则可以画 2 圈保护环，当然保护性能提升的同时，电路的面积变大了。

保护环既可以自己绘制，也可以使用 PDK 提供的现成结构，通常该环路由多层（Layer）构成，可以调整宽度。在本实验中，连接电源的保护环为 NGR 和 NWGR，连接地的保护环为 PGR。

保护环既可以画成环状结构，也可以画成长方形或其他形状，它既可以作为保护电路使用，也可以作为 MOS 管的衬底，NWGR 作为 PMOS 管的衬底，PGR 作为 NMOS 管的衬底。

四、反相器版图设计方法和实例解析

（一）创建版图文件

首先，启动 Aether 软件，在设计管理器（design manager，DM）中找到反相器（INV）单元，目前已有原理图（Schematic）。

右键点击 schematic，弹出菜单，用 Open 打开原理图，如图 3–44 所示。

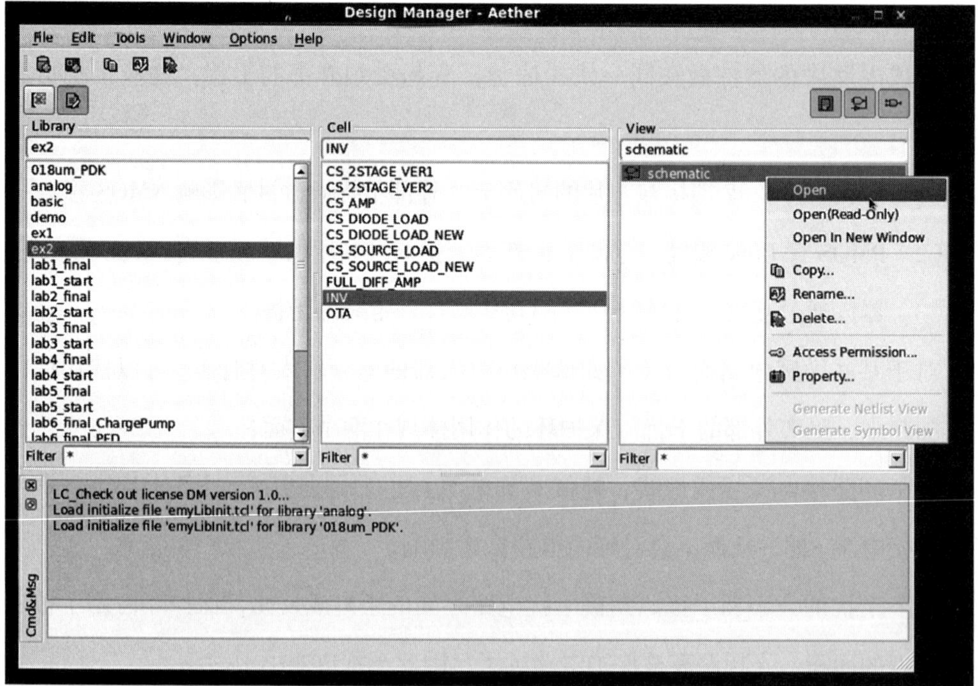

图 3–44　文件的打开

反相器原理图如图 3–45 所示，作为画版图的参考。

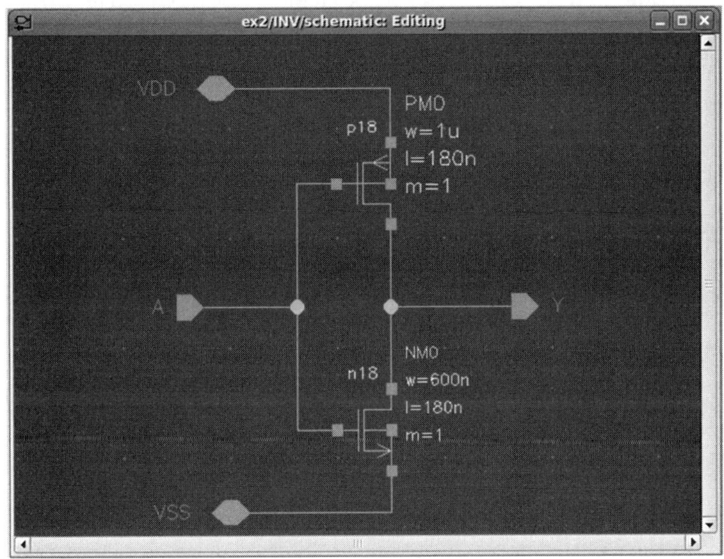

图 3–45　反相器原理图

返回 DM 界面，使用 File → New Cell/View，创建 INV 的版图（Layout）。

在 Aether Layout Editor 界面下，调整 Layout 视图和 Schematic 视图的大小和位置。左侧是空的 Layout 界面，等待布局和布线，右侧是 INV schematic 小图，为 Layout 做参考。使用菜单栏 Windows → LSW，或者快捷键 F4，可以弹出或隐藏 LSW 菜单，如图 3–46 所示。

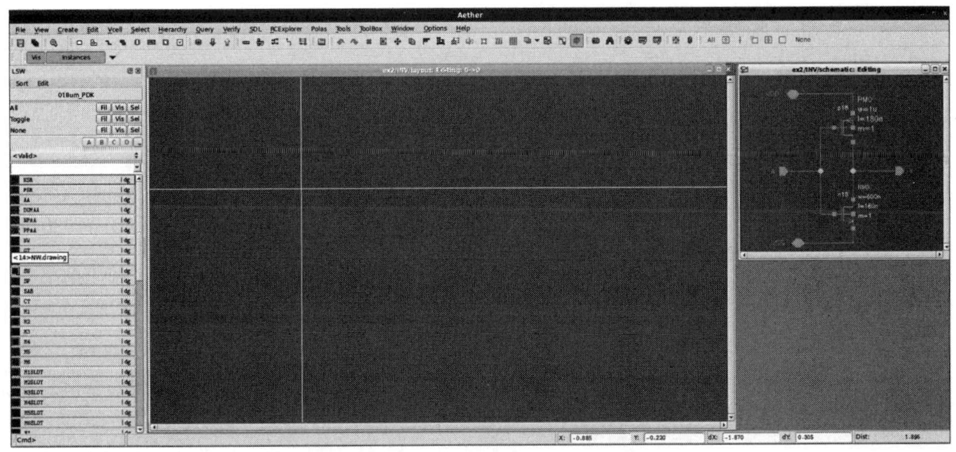

图 3–46　版图绘制界面

（二）器件放置和参数调整

选择菜单 Create → Instance，或者按快捷键 i，调用 018 μm_PDK 中的 MOS 管。注意 Create Instance 中 MOS 管的缺省长度为 length=180 n，缺省宽度为 width=220 n，需要按照原理图中 MOS 管的尺寸修改：

（1）NMOS 管：n18，L=180 n，W=800 n。

（2）PMOS 管：p18，L=180 n，W=1 u。

在空的版图中放置 NMOS 管和 PMOS 管，根据反相器的原理图描述，将 PMOS 管放置在上方，NMOS 管放置在下方，两个 MOS 管随意放置，并未对齐。

在放置器件后，如果需要修改其参数，可以在器件红框内点击鼠标左键，选中该器件，然后使用菜单 Edit → Property 功能，或者按快捷键 Q，弹出编辑器件参数的界面，如图 3-47 所示。

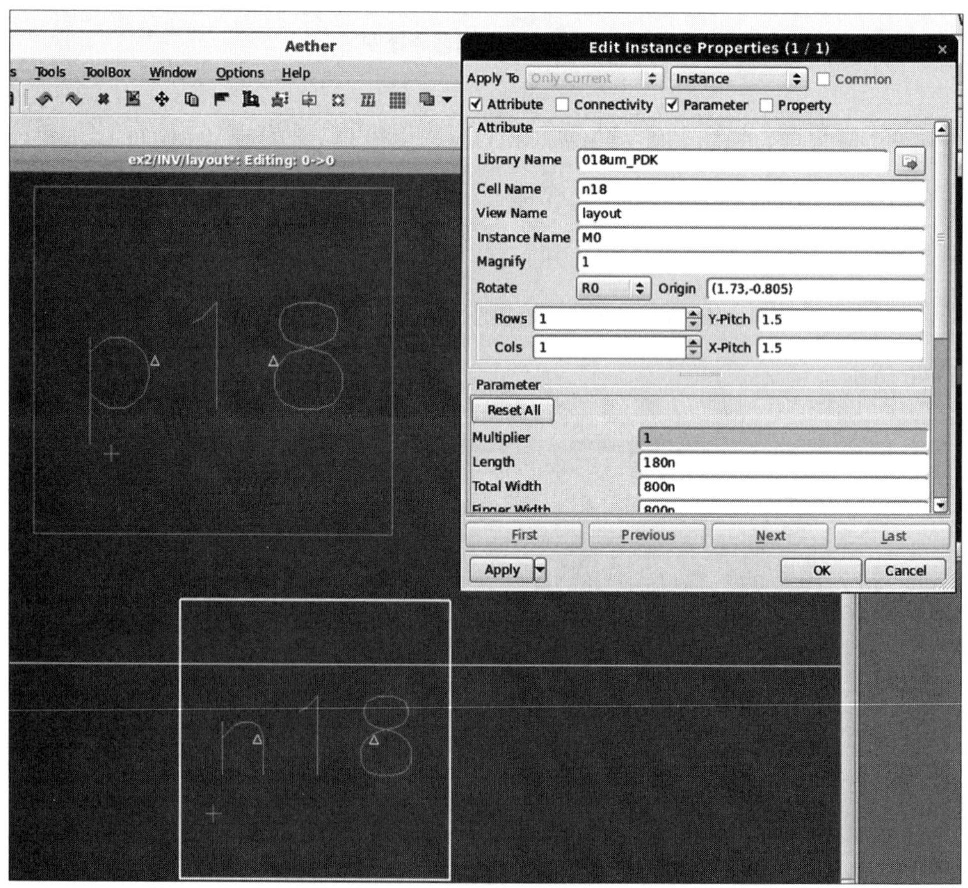

图 3-47　属性的调整

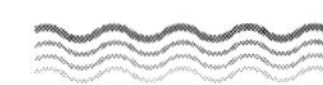

（三）器件的操作方法

器件放置好后就需要对其进行调整操作，这些操作可以通过菜单完成，但更多时候使用快捷键更方便，本节主要介绍 View、Edit 菜单的功能。

1. View 菜单

View 的功能是查看视图，但不会对视图做修改，View 菜单给出了多种看视图的方法，如图 3–48 所示。

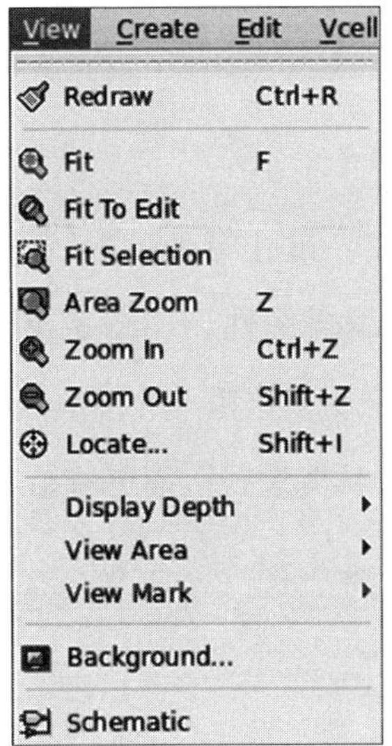

图 3–48　View 菜单

请查阅 Aether 文档中 IV Layout Editor–View，其中有详细的说明，表 3–3 对菜单功能进行了简单总结。

表 3–3　View 菜单功能说明

名称	功能	说明
Redraw	重画视图	出于多种原因可能影响版图的显示，Redraw 后显示清晰版图
Fit 系列	在界面内显示选定部分	看到选定部分的整体视图，比 Zoom 功能快，但 Zoom 更灵活
Zoom 系列（包括 Locate）	放大、缩小	由于界面大小有限，但版图面积很大，需要缩放以适应查看局部版图
Display Depth	层次化电路显示设置	对于多层电路，可以自顶至下显示各层电路，直到显示所有层电路

续表

名称	功能	说明
View Area	局部层次化电路显示设置	Display Depth 是对整体电路一层层显示的设置，View Area 可以只对局部电路层次化显示进行设置
View Mark	对版图进行标记	相当于 Snap Shot，存储选定视图，可以调用和切换
Background	把某个版图作为背景	一种编辑版图的方法，把电路设置成 background，就不会对其误操作
Schematic	切换到原理图编辑界面	方便在版图、原理图编辑之间进行切换，点击版图界面即回到版图菜单

2. Edit 菜单

Edit 菜单可以对器件、走线、过孔等各种形状进行编辑，前面用过的功能主要是 Edit → Property（快捷键 Q）编辑属性，如图 3–49 所示。请查阅 Aether 文档中 IV Layout Editor–Edit，其中有详细说明，这里先介绍部分常用功能，其他功能在后续实验中说明，表 3–4 对 Edit 菜单部分功能进行了简单总结。

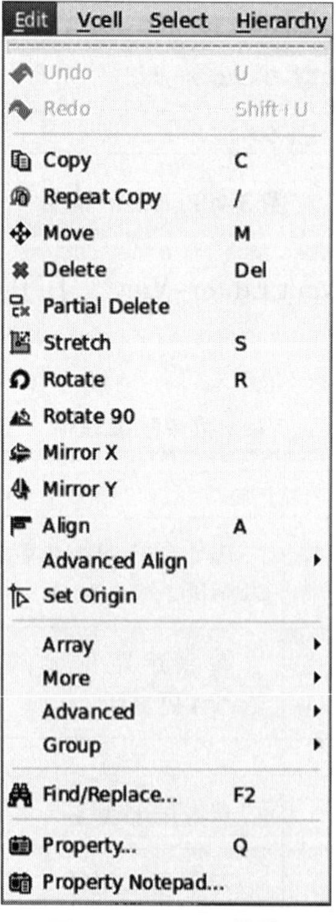

图 3–49　Edit 菜单

表 3-4　**Edit 菜单功能说明**

名称	功能	说明
Undo/ Redo	撤销 / 重复	撤销 / 重复操作
Copy/ Repeat Copy	拷贝 / 重复拷贝	在 Copy 过程中，可以对选中对象进行翻转、镜像、阵列拷贝等多种操作
Move	移动	在 Move 过程中，可以对选中对象进行翻转、镜像等多种操作
Delete/ Partial Delete	删除 / 部分删除	对于不可分割的整体（例如器件）无法使用 Partial Delete 功能
Stretch	拉伸	通常用于对走线进行拉伸
Rotate/Mirror 系列	翻转 / 镜像	在放置、复制、移动对象过程中，按 F3 键弹出菜单，进行 Rotate、Mirror 的设置
Align/ Advanced Align 系列	对齐的各种操作	菜单提供了多种对齐方法，请注意 Align、Distributed Align 的操作方法
Set Origin	设置版图原点	版图中横竖两条线的交点即为原点，可以通过该命令改变原点的位置
Array	阵列操作	暂不说明
More	更多操作	暂不说明
Advanced	高级操作	暂不说明
Group	成组操作	暂不说明
Find/Replace	查找 / 替换	暂不说明
Property	属性	对对象属性进行编辑
Property Notepad	属性显示	文本方式显示对象属性

3. 调整反相器中 MOS 管

如果 MOS 管显示的只是外面红框，使用快捷键 Ctrl+F 显示所有层，顺便使用快捷键 Shift+F 又可以切换为红框，如图 3-50 所示。

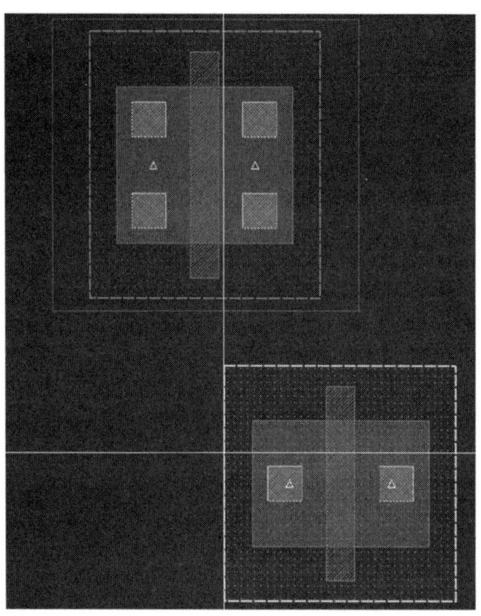

图 3–50　图层的显示

选中两个 MOS 管，使用 Edit → Align 命令将两个 MOS 管栅极对齐，这时它们的源极 / 漏极金属线也是对齐的，如图 3–51 所示。

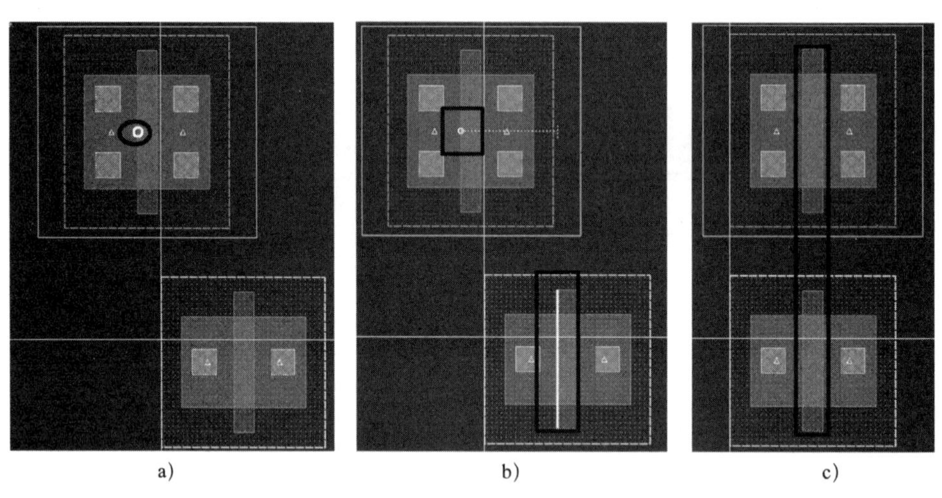

图 3–51　MOS 管的对齐操作

a）对齐起始点　b）对齐终点　c）完成对齐

一种简便的查看器件是否对齐的方式是使用 Query 菜单中 Ruler 功能，其快捷键是 K。如图 3–52 所示，在图形中某处点击鼠标左键，拖动鼠标出现标尺线，在想停止的位置双击左键，结束标尺。该功能的主要目的是测量两点之间的距离，但也可以

利用标尺的直线特性查看图形边缘是否对齐，如果看不清楚还可以用 Zoom 方法查看。不需要该标尺时可以通过菜单 Query → Clear Ruler 去除选定标尺。通常也可以用快捷键 Shift+K 去掉所有标尺。

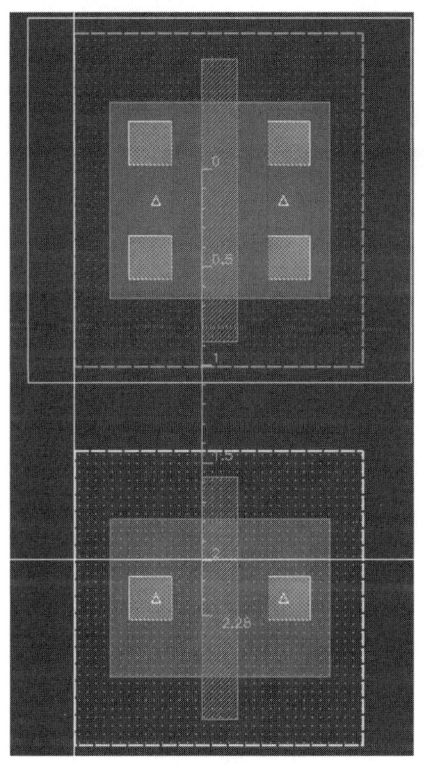

图 3-52　使用标尺查看对齐情况

（四）走线绘制和参数调整

例 3-2 中讲述了单独放置走线的操作，这里的操作基本是一样的，就是用走线把器件连接起来，形成完整的电路版图。绘制走线或者其他图形需要考虑的事情包括：使用哪一层、选择哪种形状、设置什么参数、绘制什么图形、如何连接各层及怎样进行修改。

下面举例说明各项操作，先看反相器的栅极如何连接。

（1）两个 MOS 管的栅极已经对齐，可以使用栅这一层连接，所以在 LSW 中选择 GT 层。

（2）使用线段连接两个 MOS 管的栅极，使用 Create-Wire、Create-Path（快捷键 P）、Create-Rectangle（快捷键 B）都可以画线，如图 3-53 所示。

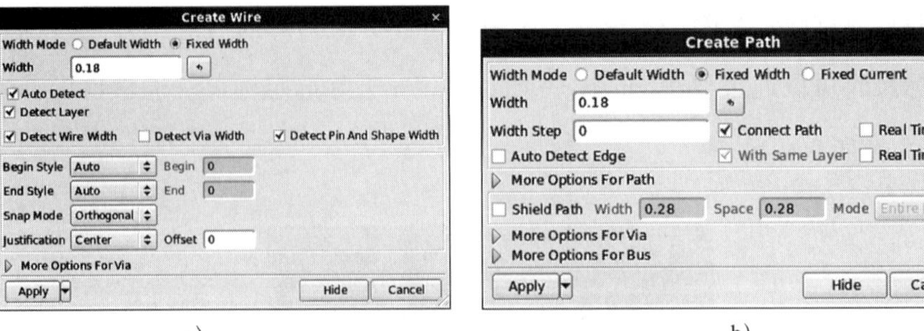

a)　　　　b)

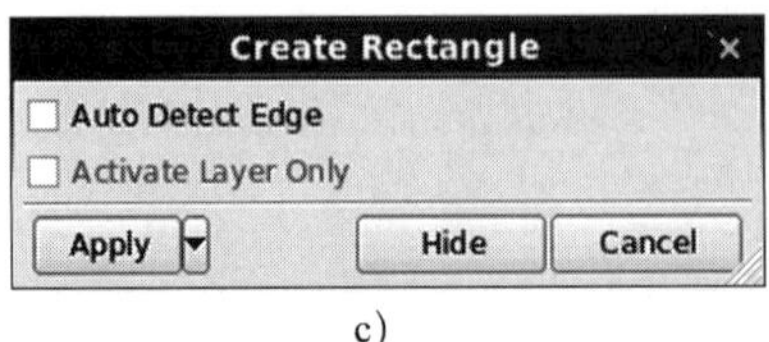

c)

图 3-53　走线的创建方式

a）Wire 的创建　b）Path 的创建　c）图形的创建

（3）选择画线方式之后，别忘了按快捷键 F3，弹出参数设置界面，至少需要设置线段的宽度。根据原理图的设计，栅极的宽度是 0.18 μm，为了让连线宽度也等于栅极宽度，需要把线宽设置为 0.18。

（4）版图中 NMOS 管在下，PMOS 管在上，栅极都是垂直的，因此，只需要绘制一条垂直线段，把它们连接起来即可。别忘了，画完一条线段后，还可以继续画其他线段，退出画线需要按 ESC 键，如图 3-54 所示。

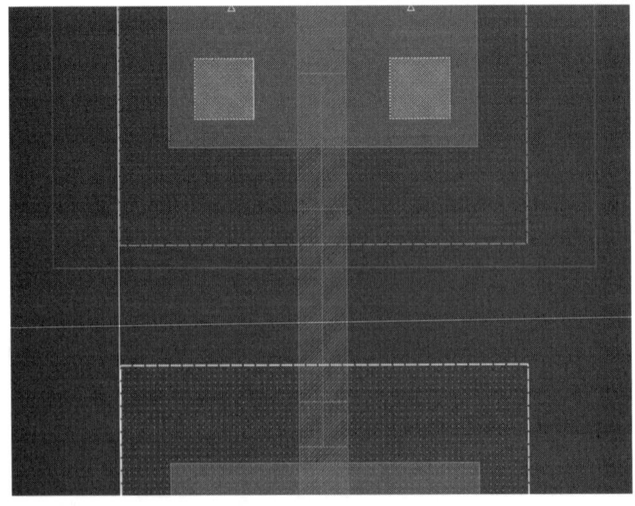

图 3-54　栅极的连接

（5）虽然两个 MOS 管的栅极连接在一起，但无法和其他电路连接，必须把栅极通过 M1 金属线引出来，在水平方向画一条 M1 金属线，并手动在栅极和 M1 两条线的交叠处放置一个接触孔（contact），把它们连接起来。

两条线有交叠，但不表示已经连接在一起，必须画上接触孔（contact）才行，各层金属之间则必须画上对应的过孔（via），使用 Create-Via（快捷键是 Shift+V）创建接触孔，如图 3-55、图 3-56 所示。

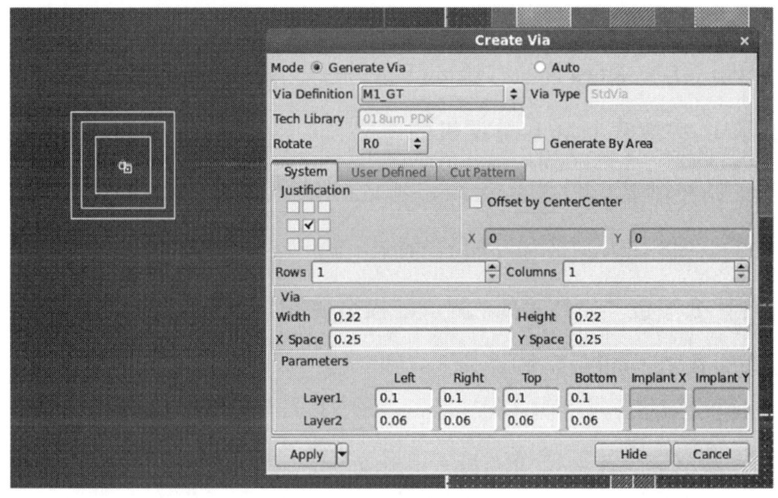

图 3-55　接触孔的添加

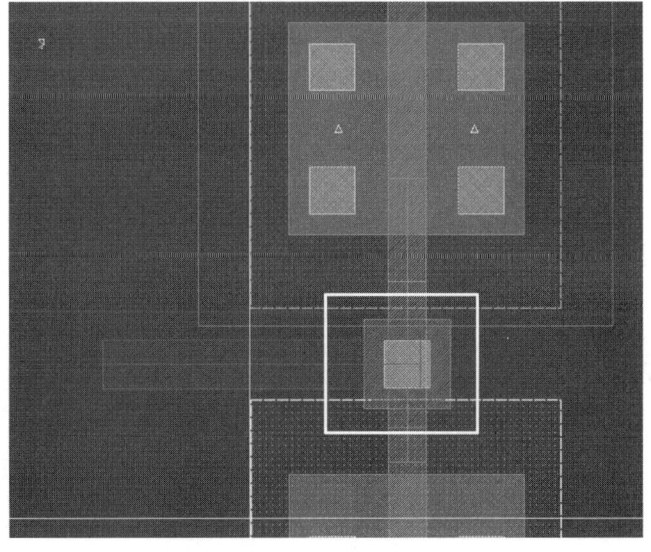

图 3-56　反相器栅极引出

（6）对已画好的版图可以使用 View、Edit 菜单上的功能进行多种操作，包括：

1）调整查看方式，便于编辑。

2）之前在画线中编辑参数，这里可以再次编辑修改参数。

3）进行复制、移动、删除、调整方向等多种操作。

至此完成了引出反相器栅极输入端的工作。

再看看反相器的输出端，漏极怎样连接。由于操作基本相同，所以这里仅简单说明：

（1）使用哪一层。MOS 管的有源区已经通过金属 M1 和接触孔连出来，那么应该继续使用金属 M1 完成两个 MOS 管漏极的连接。

（2）选择哪种形状。显然是走线，考虑到输入放在 MOS 管的左侧，应该选择 MOS 管右侧的有源区作为漏极和反相器的输出端。

（3）设置什么参数。使用 Ruler 测量漏极金属 M1 的宽度为 0.23 μm，那么连线宽度也应该设置为 0.23，如图 3–57 所示。

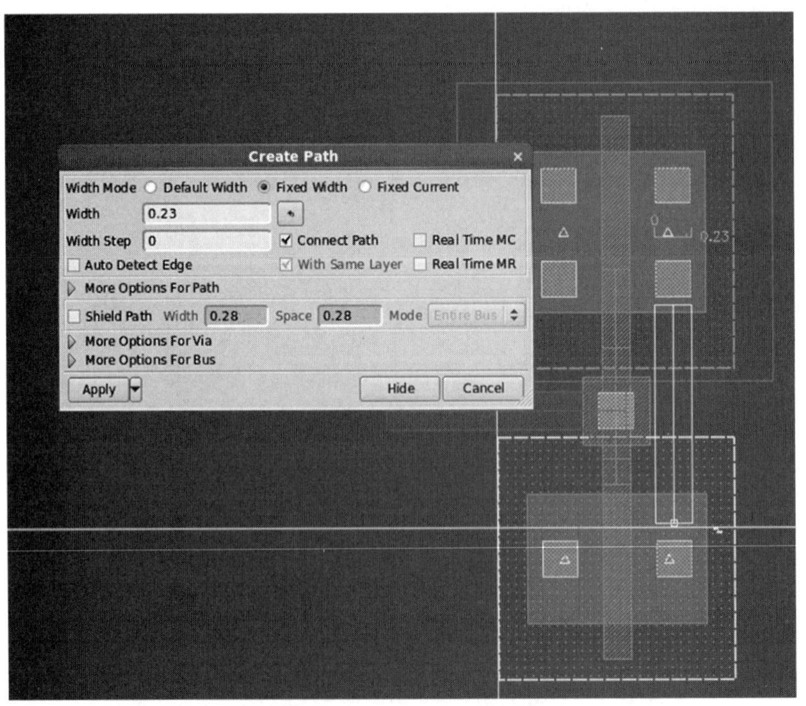

图 3–57　反相器漏极的连接

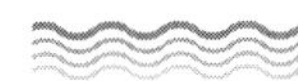

提示：各层走线有缺省的宽度，例如栅极 GT 是 0.18 μm，金属 M1 是 0.23 μm，金属 M2–M5 是 0.28 μm，金属 M6 是 0.44 μm，这一数值和版图设计规则相关。

（4）绘制什么图形。显然应该是走线。

（5）如何连接各层。M1 垂直走线完成上下两个 MOS 管漏极的连接，继续使用 M2 水平走线把反相器的输出端横向引出来，注意 M1 和 M2 之间应该有过孔 via1，如图 3–58 所示。

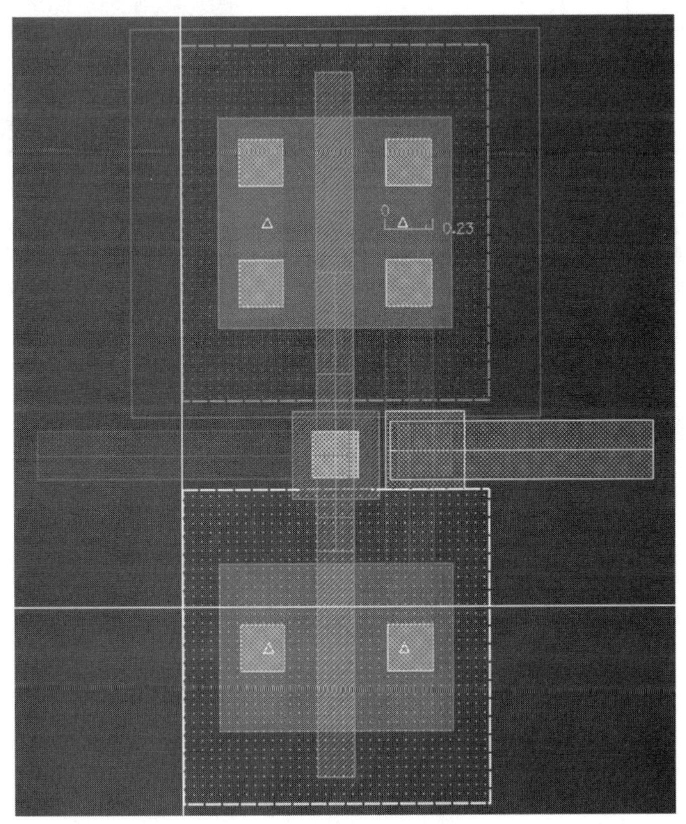

图 3–58　反相器输出端引出

（6）怎样进行修改。对走线 / 图形的编辑方法同上，可以看到垂直方向走线都是 M1，水平方向走线既有 M1 也有 M2，修改输入端走线，从 M1 换为 M2。选中输入端走线 M1，并按快捷键 Q，弹出编辑界面，如图 3–59 所示。

点击 M1 ldg 位置，弹出所有可选层，将其换为 M2 ldg，同时 Width 也改为 0.28，如图 3–60 所示。

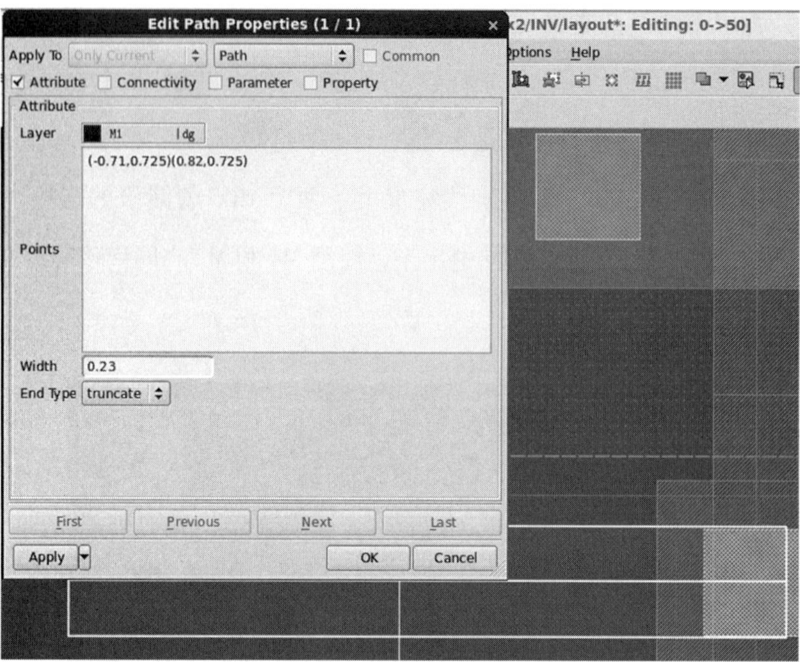

图 3–59　属性的修改

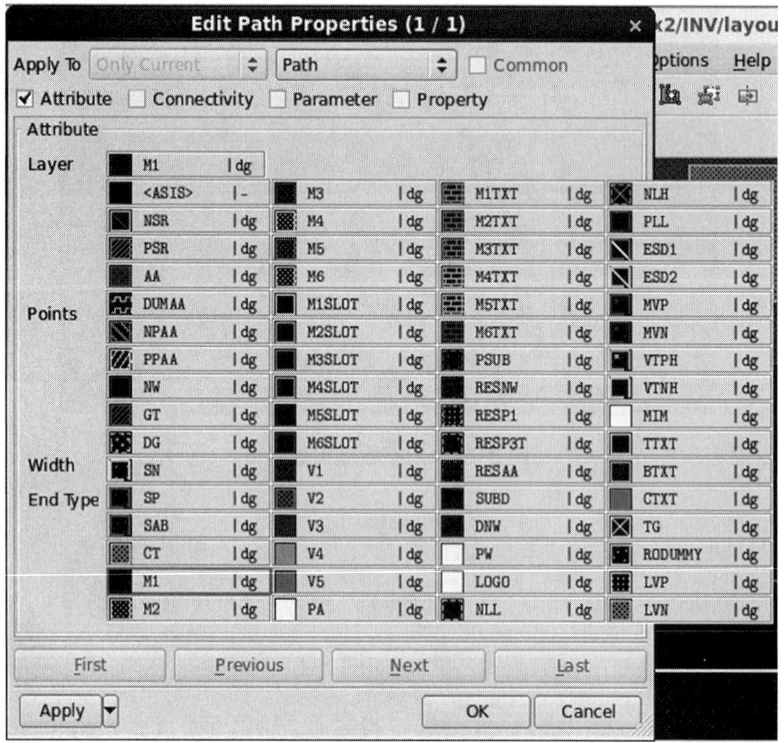

图 3–60　更换金属层

改完后的图形如图 3–61 所示，但此时栅极通过接触孔连接到 M1，而 M1 和 M2 之间还没有过孔，所以此时输入线 M2 和栅极是断开的。

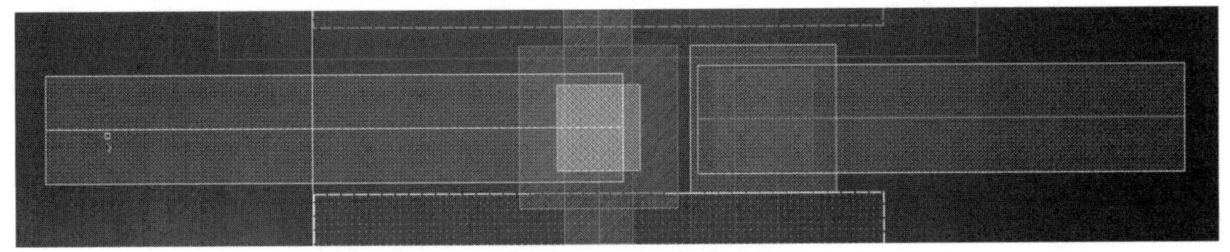

图 3–61　金属层的修改结果

（五）反相器版图的生成

补上 NMOS 管和 PMOS 管源极走线，调整 MOS 管、走线、接触孔和过孔的位置，得到图 3–62 所示反相器的初步版图。该版图存在明显错误，将在后续设计规则检查（DRC）中加以改正。

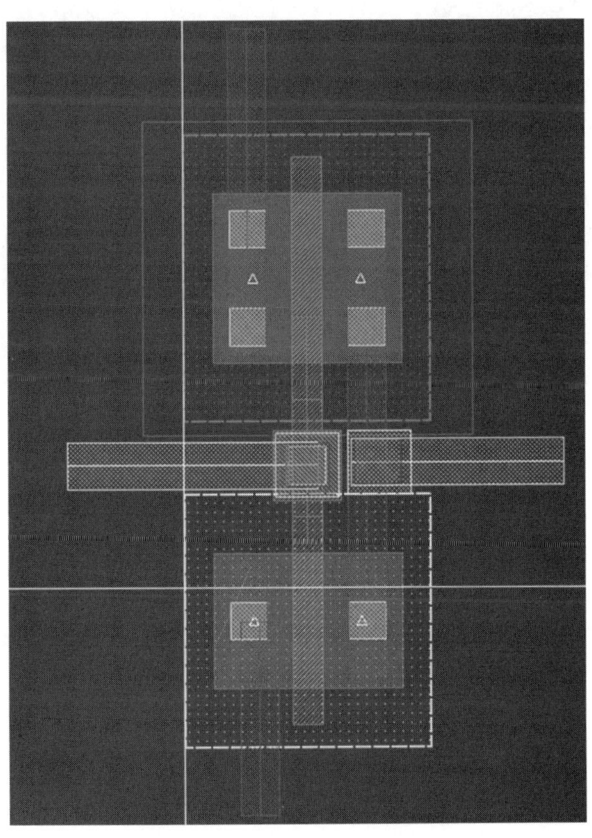

图 3–62　反相器的初步版图

五、单级放大器版图设计和优化方法

（一）放大器的版图布局

单级放大器原理图如图 3-63 所示，NMOS 管 NM1 和 MN2 为差分输入对管，NM0 为偏置电流源管，PMOS 管 PM0 和 PM1 构成电流镜，实现差分输入单端输出功能，负载电容为 CL。

在 Design Manager（DM）中创建该放大器的版图，如图 3-64 所示。

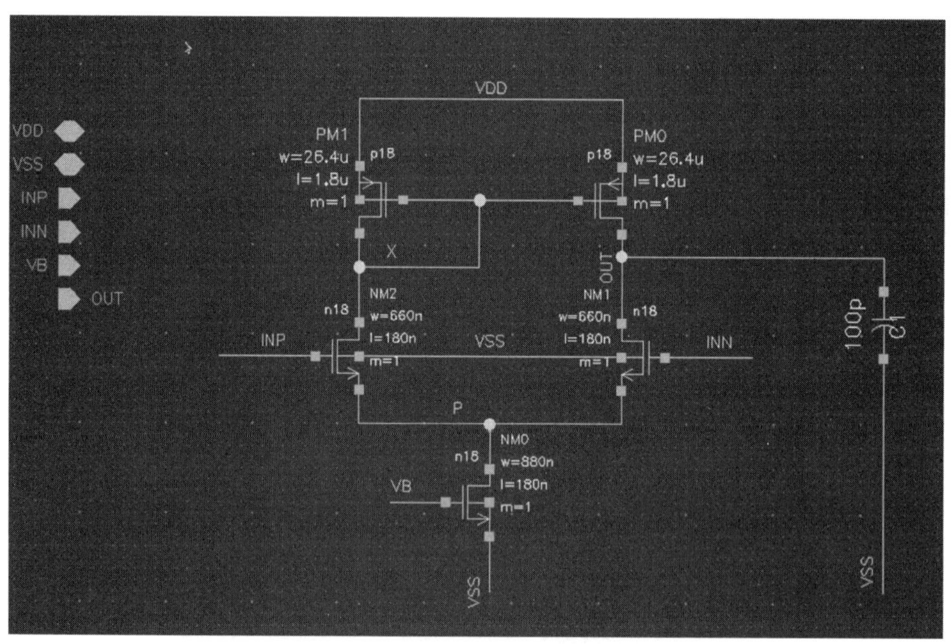

图 3-63　单级放大器原理图

参考原理图中各器件的位置，将其作为版图中对应器件的位置，把所有器件调整好尺寸并放在版图上，如图 3-65 所示。请注意图中 MIM 电容的大小仅为 606.875 fF，但已经占据了版图绝大部分面积，如果按照原理图在片上实现 100 pF 几乎是不可能的，为更好地展示绘制过程，后续版图将暂时不包括电容。

仅包含 5 个 MOS 管的放大器版图布局如图 3-66 所示，由于 PMOS 管的长和宽都远大于 NMOS 管的长和宽，因此版图看起来上大下小，缺少对称性。这从一个侧面表明电路在设计阶段最好考虑版图的实现，器件尺寸差距过大会影响匹配性能。

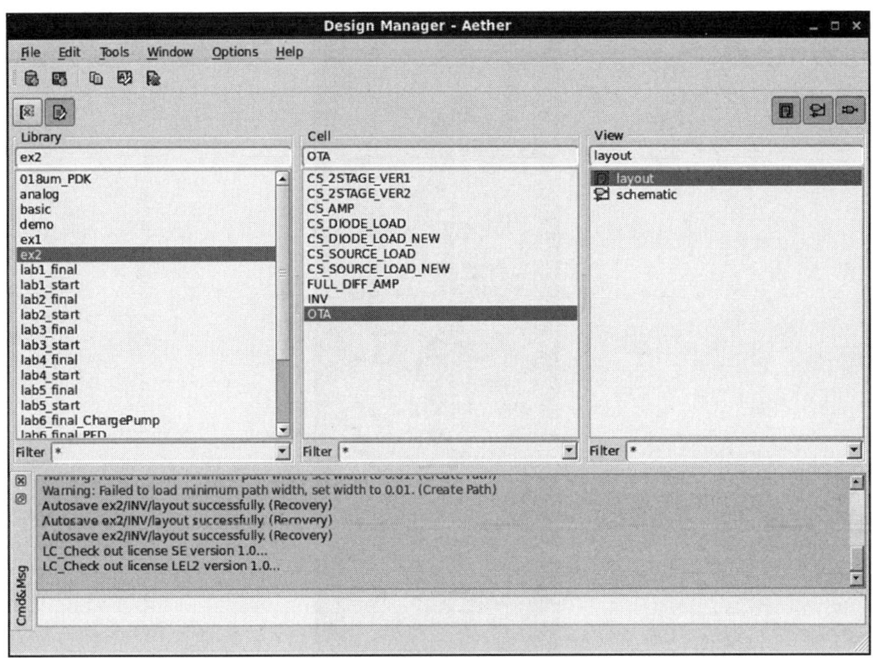

图 3–64　创建版图文件

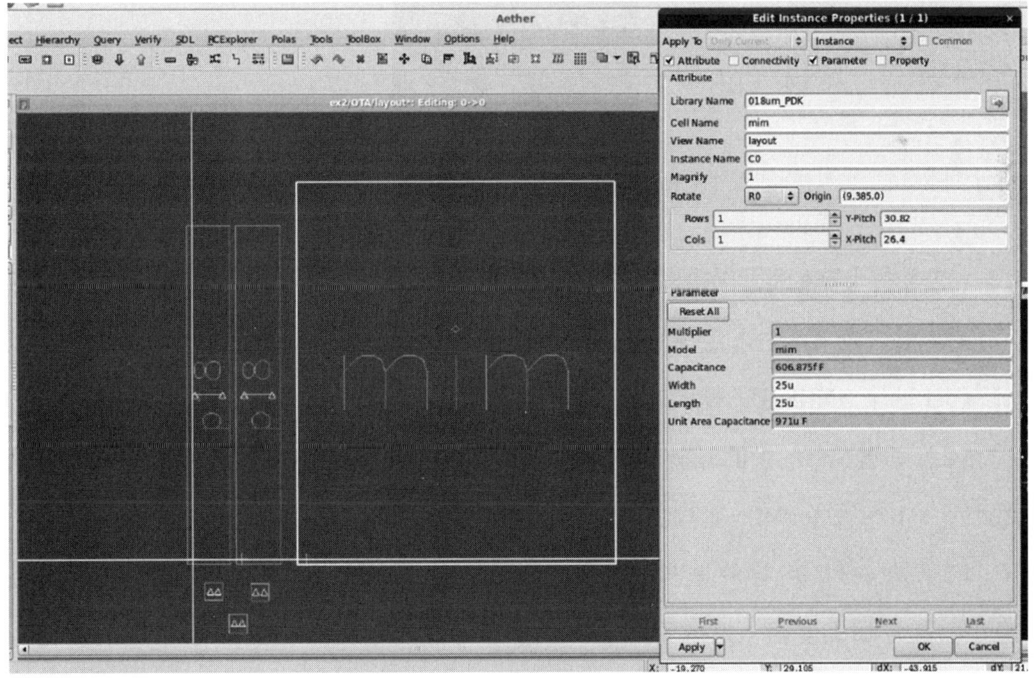

图 3–65　放大器版图的预布局

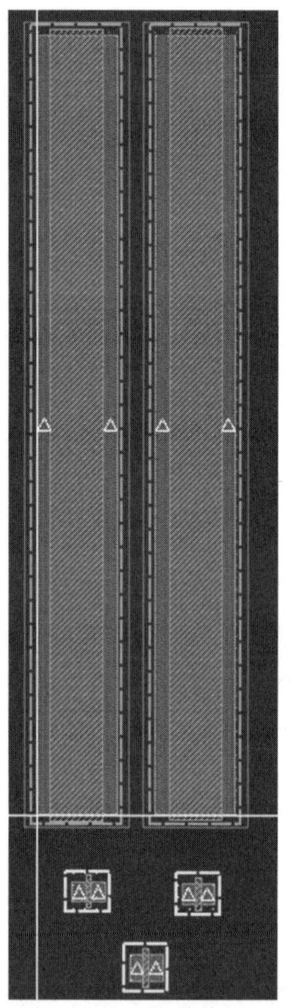

图 3-66　放大器 MOS 管的布局

（二）放大器的版图布线

在布线之前考虑一下走线的位置和方向：

（1）两个 NMOS 管的栅极连接差分输入线，从左侧进入。

（2）右侧 NMOS 管的漏极和右侧 PMOS 管的漏极连接单端输出线，从右侧连出，因此该 NMOS 管和 PMOS 管栅极右侧的有源区作为漏极比较合适。

（3）两个 PMOS 管的栅极，左侧 PMOS 管的漏极和左侧 NMOS 管的漏极都连接在一起，那么左侧 NMOS 管和 PMOS 管，其栅极左侧的有源区也作为漏极比较合适。

（4）左侧 NMOS 管的右侧有源区和右侧 NMOS 管的左侧有源区作为源极，正好连

接下面偏置 NMOS 管的漏极。

（5）左侧 PMOS 管的右侧有源区和右侧 PMOS 管的左侧有源区作为源极，正好挨在一起，方便连线。

（6）栅极输入线从 NMOS 管的下方引出，电流镜的连线从 NMOS 管上方引出，这样方便水平方向布线。

根据以上的分析，得到初步布线规划，如图 3-67 所示。

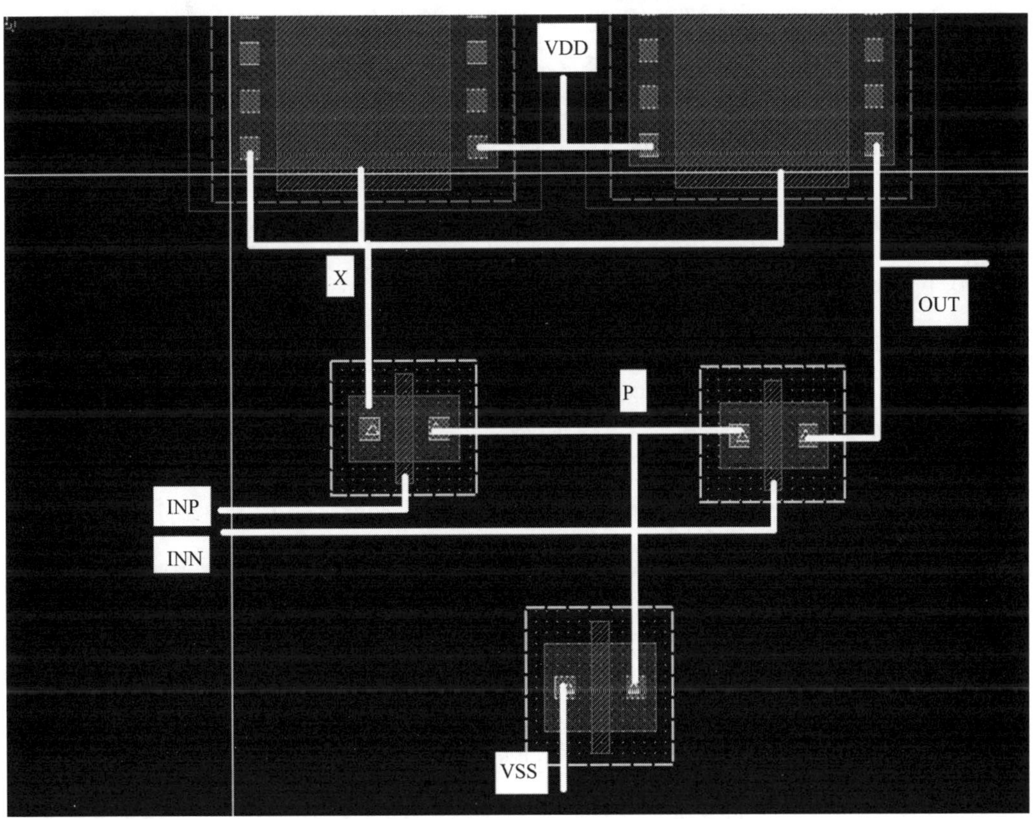

图 3-67　放大器的初步布线规划

（三）放大器保护环的绘制

保护环的作用在绘制反相器的时候已经明确，这里给 NMOS 差分对管增加 PGR 保护环，给 PMOS 电流镜增加 NWGR 保护环。

使用 Create-Guard Ring 产生保护环，选择保护环类型为 NWGR，Type 为 Polygon，如图 3-68 所示。

图 3–68　保护环的创建

在 Polygon 设置下，点击鼠标左键确定保护环起始点，沿一个方向（水平或者垂直方向）拖动鼠标，改变该方向上保护环的长度，确定长度后再点击一下鼠标左键；接着向另外一个方向拖动鼠标，改变该方向上保护环的长度，确定长度后，双击鼠标得到完整的保护环。

画完 PMOS 管和 NMOS 管保护环后的版图如图 3–69 所示，保护环和管子之间留有一定空间，用于 MOS 管走线。保护环使用 M1 金属线，环内 MOS 管各极需要使用高层金属引出，最下面作为偏置电流源的 NMOS 管可以用差分对管的保护环作为衬底。

（四）布局布线的优化

遵循一定布局布线的原则，注意器件布局、匹配和隔离，注意走线良好连接和减小寄生等问题后，就能够得到较好的版图。对于不同类型的电路，例如低噪声、高速度、大功率电路等，还有各自的版图实现要求。可以通过提取寄生参数、进行后仿真，对比前后仿真的结果来评价版图的好坏，更多优化布局布线的考虑请见后续实验。

（五）单级放大器版图的生成

单级放大器的初步版图如图 3–70 所示，该版图也存在一些 DRC 错误，以供后面版图规则检查实验使用。

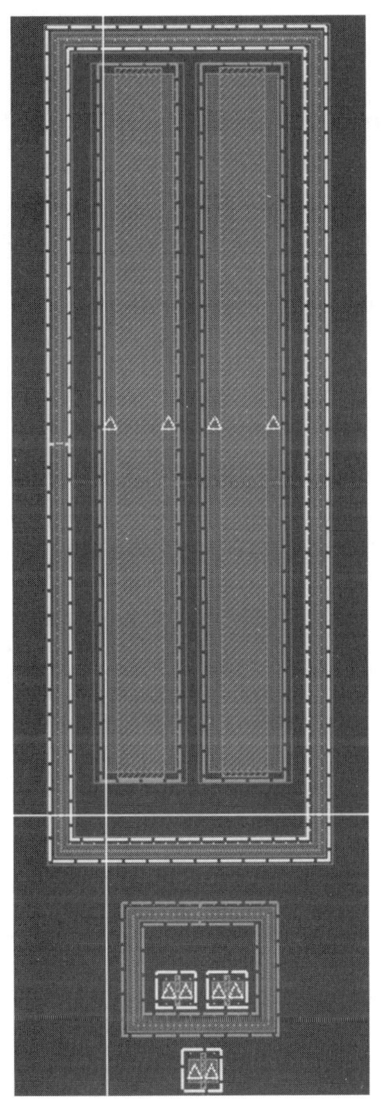

图 3-69　保护环

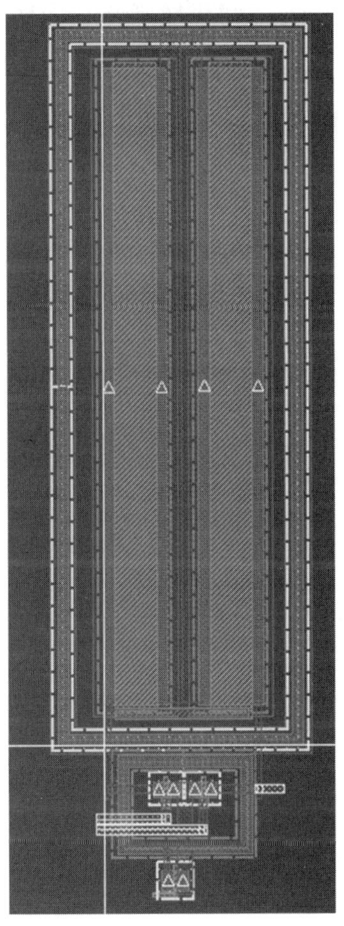

图 3-70　单级放大器的初步版图

小结

经过本节的学习，需要掌握以下内容：

（1）了解版图布局、布线的过程和基本原则。

（2）能够使用 Aether 软件的基本功能。

（3）能够完成简单电路的版图。

思考题

（1）版图进行布局、布线需要遵循哪些原则？

（2）版图绘制的基本操作都有哪些？

（3）如何绘制其他电路的版图，如共源放大器、源极跟随器、Cascode 放大器、差分放大器？

第四章 模拟与射频集成电路版图检查和验证

完成模拟与射频集成电路的版图设计之后最重要的步骤是进行检查，确认设计的版图是否符合制造厂工艺要求，验证设计的版图和原理图是否一致。这项工作主要依靠 EDA 工具自动完成，但也需要版图设计者了解检查规则，从而能够合理、准确、高效地完成错误修改和版图优化工作。设计者还应充分发挥高阶工具的版图自动生成功能，结合对工艺规则和电路原理的理解，绘制符合设计要求的版图。

- **职业功能：** 模拟与射频集成电路设计。
- **工作内容：** 模拟与射频集成电路版图设计。
- **专业能力要求：** 能根据工艺设计规则，使用设计工具，完成简单版图设计；能根据工艺设计规则，使用检查工具，完成版图的设计规则检查、电路版图间的匹配检查及寄生参数提取。
- **相关知识要求：** 工艺流程基础知识；版图设计工具基本操作知识；器件版图结构知识。

第一节　版图设计规则和检查方法

考核知识点及能力要求：

- 了解版图设计规则内容，理解 DRC 各规则的定义。
- 了解模拟和射频集成电路版图设计必需的工艺信息。
- 会使用工具配置和运行 DRC 检查。
- 会使用工具查看 DRC 错误，根据检查结果修正错误，完成 DRC 检查。

一、版图设计规则的组成和使用

本节在第三章完成简单电路（反相器、单级放大器）版图的基础上，对版图进行规则检查（design rule check，DRC）。通过了解版图设计规则文件的内容，完成在 Layout Editor 下进行 DRC 校验的过程。

版图是用于制造集成电路的图纸，它必须满足生产厂的制造规则，这些规则以条目的形式写在版图设计规则文件中。举一些简单例子：

（1）某形状（例如长方形）的尺寸不能太小。

（2）线段不能太细。

（3）线段不能太宽。

（4）同一层两条线的距离不能太近。

（5）金属对过孔的包围不能太少。

这些要求会被翻译成指定语言存在于设计规则文件中，大量完整的要求就形成了规则文件，画版图前应掌握这些版图设计规则文件的内容。本实验使用的规则文件名为“Aether_Reference_0.18 μm_1P6M_Salicide_design_rule.pdf”，可在云平台桌面看到，下面详细介绍该文件的内容。规则文件目录如图 4–1 所示，包含两个部分，一个是版图中关于层的定义，另一个就是规则说明。

Content

Part I Description and Definition of Layers
1.1 Description of Process Layer
1.2 Definition of the Layout Layers
Part II LAYOUT RULE DESCRIPTION
2.1 N-Well
2.2 N-Well Resistor
2.3 AA (Active Area)
2.4 DG (Dual Gate)
2.5 Poly
2.6 Poly Resistor
2.7 NLL (1.8V NLDD Implantation)
2.8 PLL (1.8V PLDD Implantation)
2.9 SN (S/D Implantation)
2.10 SP (S/D Implantation)
2.11 SAB (Salicide Block)
2.12 CT (Contact)
2.13 Metal 1
2.14 Via 1
2.15 Metal n (n=2,3,4,5)
2.16 Via n (n=2,3,4)
2.17 Via 5
2.18 Metal 6（Top Metal）
2.19 Recommended metal slot rules

图 4–1　规则文件目录

（一）版图中的层

第三章在 Technology Manager 中介绍了层（Layer）的概念，这里再回顾一下。TM 中从第一个 0M 层到最后一个 LVN 层，共有上百个层，这其中有实际制造过程需要的层，也有作为辅助设计的层。版图设计规则文件则只列出实际制造过程需要的层，共有 32 个层，也就是说 TM 中的层包含了设计规则文件中的层，如图 4–2 所示。

Part I Description and Definition of Layers

1.1Description of Process Layer

Process Name	GDS No.	Description
AA	10	Active Area/SDG Must
AR	11	AA Oxide Define Reverse
PW	20	P-Well/P-Tub Must
NW	14	N-Well/N-Tub Must
DG	29	Dual Gate Must
GT	30	Poly Gate/Poly-1/ONO Gate Must
NLL	35	NMOS LDD Implant for Low VDD Must
PLL	38	PMOS LDD Implant for Low VDD Must
PLH	37	PMOS LDD Implant for
NLH	36	NMOS LDD Implant for
SN	40	N+S/D Implant Must
SP	43	P+S/D Implant Must
ESD1	41	ESD Implant for 1 Optional
SAB	48	Resist Protect Oxide / Salicide Block Must
CT	50	Contact Hole (Metal to Si/Poly)Must
M1	61	Metal-1 Must
V1	70	Via-1 Hole Must
M2	62	Metal-2 Must
V2	71	Via-2 Hole Must
M3	63	Metal-3 Must
V3	72	Via-3 Hole Must
M4	64	Metal-4 Must
V4	73	Via-4 Hole Must
M5	65	Metal-5 Must
V5	74	Via-5 Hole Must
M6	66	Metal-6 Must
PA	80	Passivation /Pad Must
PI	82	Polymide (Negative Resistor) Optional
AADUM	10	AA Dummy Layer(For dummy AA insertion)
PSUB	85	Psub area (NN)
RESAA	97	Dummy Pattern for AA Resistor
RESP1	96	Dummy Pattern for Poly-1 Resistor

图 4-2　设计规则文件包含的层

各层上都可以绘制一些形状，常见的形状为长方形或者正方形，这些形状叠加组合起来就形成了器件或走线。以 NMOS 管为例，用到以下几层，如图 4-3 所示。

（1）AA：Active Area/SDG Must，有源区，哑铃型。

（2）GT：Poly Gate / Poly-1 / ONO Gate Must，栅极，长方形。

（3）SN：N+ S/D Implant Must，N 型注入，长方形。

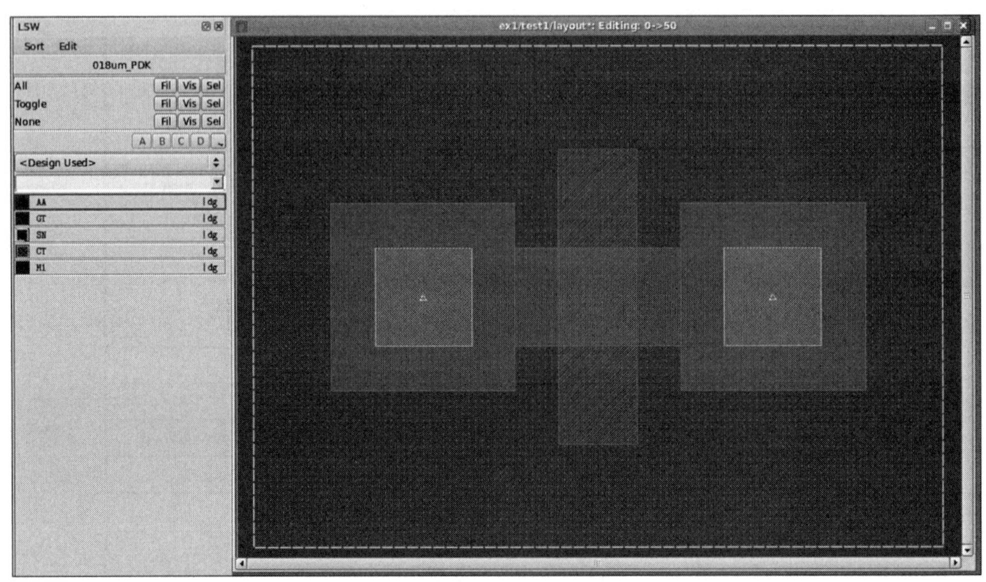

图 4-3　NMOS 管用到的层

（4）CT：Contact Hole（Metal to Si/Poly）Must，接触孔，正方形。

（5）M1：Metal-1 Must，金属 1，长方形。

各层的各种形状之间需要满足一定的规则，为了便于描述它们之间的关系，文件给出了五种定义，如图 4-4 所示。

（1）Width：宽度，单个形状某条边的尺寸。

（2）Space/Separation：距离，一个形状和另一个形状之间的尺寸。

（3）Extension：延伸，一个形状探出另一个形状的长度。

（4）Enclosure：包围，一个形状包围另一个形状

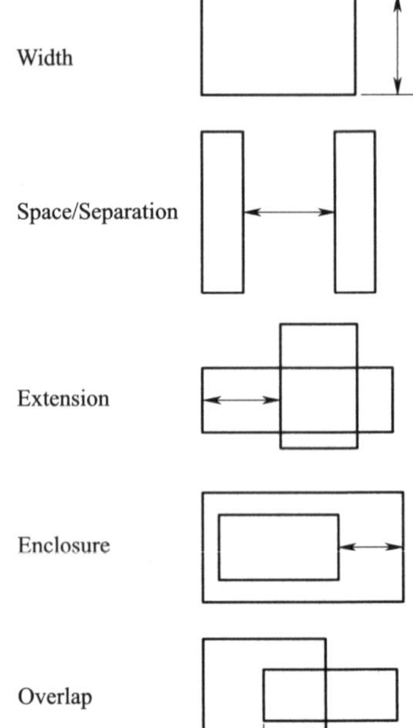

图 4-4　尺寸的描述

时边缘之间的距离。

（5）Overlap：覆盖，一个形状和另一个形状覆盖部分的长度。

以上的定义不是长度就是距离，两个形状可以来源于同一层（Space），也可以来源于两个不同的层（Space、Extension、Enclosure、Overlap），版图规则就是对这些长度和距离的约束。

（二）设计规则描述

设计规则文件第二部分——Layout Rule Description，共给出了 19 项规则，每项规则下又有很多条，重点讲解其中几项，其他内容学员可举一反三。

1. N-Well（N 阱）

所有的规则条目都是表格加图的方式，三列表格中，第一列是规则编号，该编号同样出现在图中；第二列是该条规则的描述，图中给出对应的形状，注意该要求有的是最小值，有的是最大值；第三列是大小，单位为 μm，如图 4-5 所示。

（1）NW.1：N 阱的最小宽度，0.86 μm。

（2）NW.2a：两个具有相同电位的 N 阱最小间距是 0.60 μm，如果小于 0.6 μm，则需要合并为一个 N 阱。

（3）NW.2b：两个具有不同电位的 N 阱最小间距是 1.40 μm。

（4）NW.3：没有连接到最高电位的 N 阱，其最小宽度是 2.1 μm；将 N 阱电阻放在有源区（AA）内以最小化工艺变化对 N 阱电阻的影响。

RULE NO.	DESCRIPTION	LAYOUT RULE(Unit in μm)
NW.1	Minimum width of an NW region	0.86
NW.2a	Minimum space between two NW regions with the same potential Merge if space is less than 0.6 μm	0.60
NW.2b	Minimum space between two NW with different potential	1.40
NW.3	Minimum dimension of an NW region not connected to the most positive power supply Put an NW resistor in the AA region to minimize the influence of process variation on NW resistance	2.10

a)

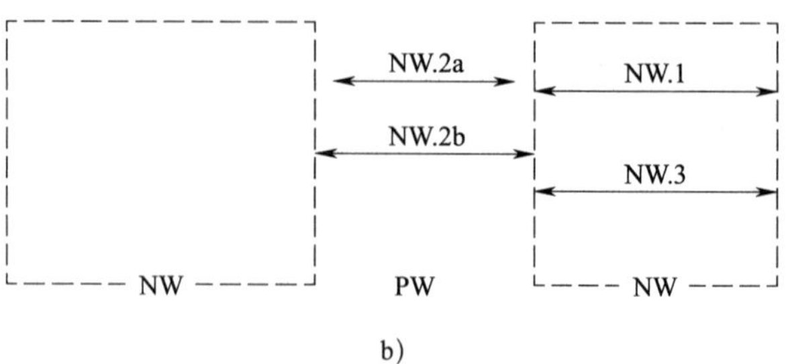

b）

图 4–5　N 阱工艺规则

a）规则要求　b）图形示意

图中相同的位置似乎有不同的条目，例如 NW.1 和 NW.3，NW.2a 和 NW.2b，其实代表了不同的情况。

2. Poly（多晶硅）

多晶硅主要用于做 MOS 管的栅极，还有多晶硅电阻，图 4–6 给出了作为 MOS 管栅极时的要求。和 N 阱规则相比，Poly 的规则多了很多，涉及和其他各层之间的关系。

RULE NO.	DESCRIPTION	LAYOUT RULE(Unit in μm)
GT.1	Minimum width of a GT region for interconnects	0.18
GT.2	Minimum width of a GT region for channel length of 1.8 V PMOS/NMOS	0.18
GT.3	Minimum space between two GT regions on AA with no contact	0.25
GT.4	Minimum space between two GT regions on field oxide area	0.25
GT.5	Extension beyond diffusion to form poly end cap	0.22
GT.6	Minimum extension from AA region to GT	0.32
GT.7	Minimum space between field interconnect poly and AA	0.10
GT.8	Minimum width of a GT region for 3.3 V PMOS	0.30
GT.9	Minimum width of a GT region for 3.3 V NMOS	0.35
GT.10a	Maximum length of salicide poly on STI between two contacts when poly width 0.24 μm	50
GT.10b	Maximum length of salicide poly on STI between one contact and poly line end when poly width 0.24 μm	50
GT.11a	90° bends on active area are not allowed	
GT.11b	GT must enter AA region perpendicularly	
GT.12	Minimum GT density must be greater than or equal to 14%	
GT.13	Minimum space between two GT's with CT on active area	0.375
GT.14	Minimum channel length of 1.8 V device poly gate on AA with 45° bent	0.21

a）

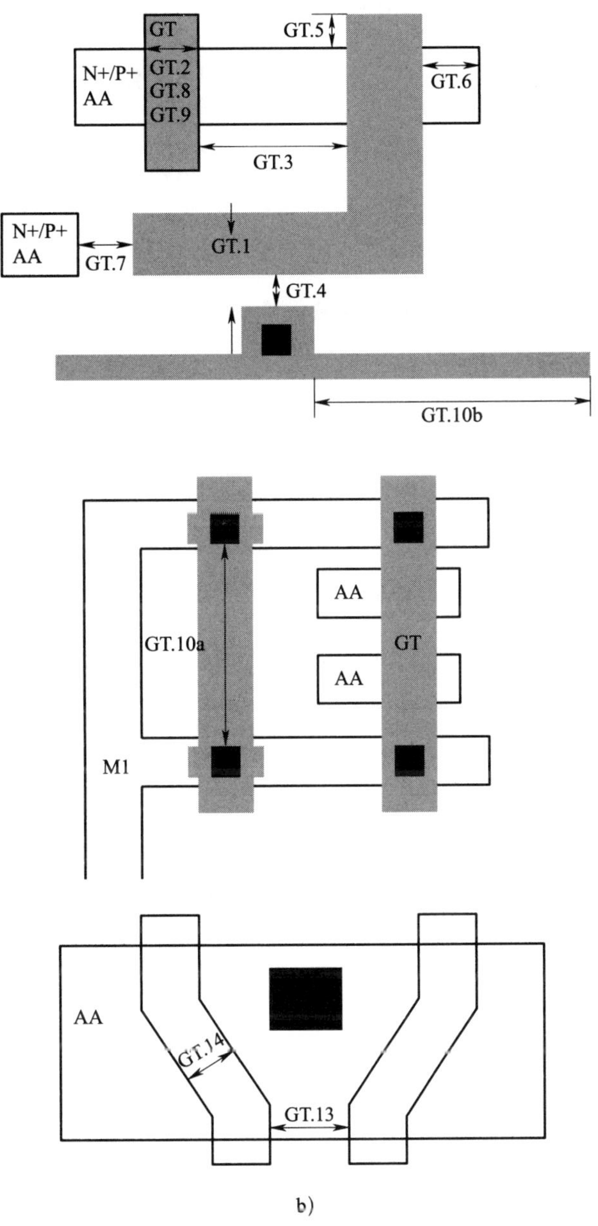

b)

图 4-6　多晶硅工艺规则

a）规则要求　b）图形示意

观察 Poly 的各项要求，可以这样分类：

（1）最小 Width、Length，最小 Space，最小 Extension，最大 length，这些都是在不同情况下尺寸上的要求。

（2）GT.11a、GT.11b 是禁止项（或者说必须遵守项）。

（3）GT.12 是密度要求，后续再介绍。

从规则涉及的层来看，包括 Poly（多晶硅）、AA（有源区）、diffusion（扩散区）、contact（接触孔）等。

3. Metal 1

本实验使用的 018 μm 工艺提供 6 层金属，不同层金属有不同的设计规则，可以划分为 Metal1（底层金属）、Metal2–Metal5（中间层金属）和 Metal6（顶层金属）。Metal1 的规则如下，详细内容如图 4–7 所示。

（1）建议记住金属线的关键数据，如最小宽度是 0.23 μm，两条 Metal1 金属线的最小间距也是 0.23 μm。

（2）有些规则，例如 Metal1 对接触孔（CT）的包围要求，只要从 PDK 中调用就不会出错。

（3）金属密度和 dummy metal pattern 也放在后面说明。

RULE NO.	DESCRIPTION	LAYOUT RULE(Unit in μm)
M1.1	Minimum width of M1 region	0.23
M1.2	Minimum space between two M1 regions	0.23
M1.3	Minimum enclosure of M1 region over CT region	0.005
M1.4	Minimum enclosure of M1 line end region beyond CT region For CT at 90 degrees corner, one side of metal enclosure must be considered as line end region	0.06
M1.5	Minimum space between M1 lines with one or both metal line width and length are greater than 10 μm; the minimum space must be maintained between a metal line and a small piece of metal (<10 μm) that is connected to the wide metal within 1.0 μm range from the wide metal	0.60
M1.6	Minimum area of M1 region	0.20 μm^2
M1.7	Minimum density of M1 area Density is calculated as [total metal layout area]/[chip area] Dummy pattern is required for those with M1 density less than 30%	30%
M1.8	For dummy metal pattern, please check SMIC dummy rule	

a)

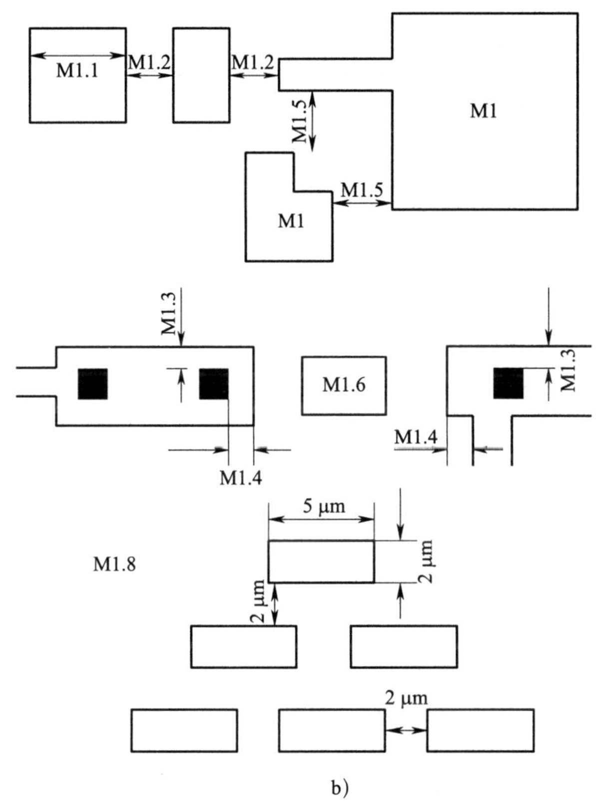

b)

图 4–7　M1 工艺规则

a）规则要求　b）图形示意

4. Via1

过孔 1（Via1）用于 Metal1 和 Metal2 之间的连接，详细规则如图 4–8 所示。

（1）如果调用 PDK 提供的过孔，那么其大小符合要求，是 0.26 μm × 0.26 μm 的方块。

（2）需要记住过孔之间的最小距离也是 0.26 μm。

（3）过孔规则 V1.4 和金属 1 规则 M1.4 对应。

（4）金属 1 和金属 2 之间通过 via1 连接，金属 2 和金属 3 之间通过 via2 连接，依次类推，该工艺提供 via1–via5 共五种过孔。

（5）V1.5 说明这些过孔可以叠在一起。

RULE NO.	DESCRIPTION	LAYOUT RULE(Unit in μm)
V1.1	Minimum/maximum size of a V1	0.26
V1.2	Minimum space between two V1	0.26
V1.3	Minimum metal 1 enclosure for a V1	0.01
V1.4	If Metal 1 line end beyond V1 For V1 located at the 90 degree corner, one side of metal extension must be treated as end-of -line and the other side follows V1.3	0.06
V1.5	Stacked Via's and contacts are allowed	

a)

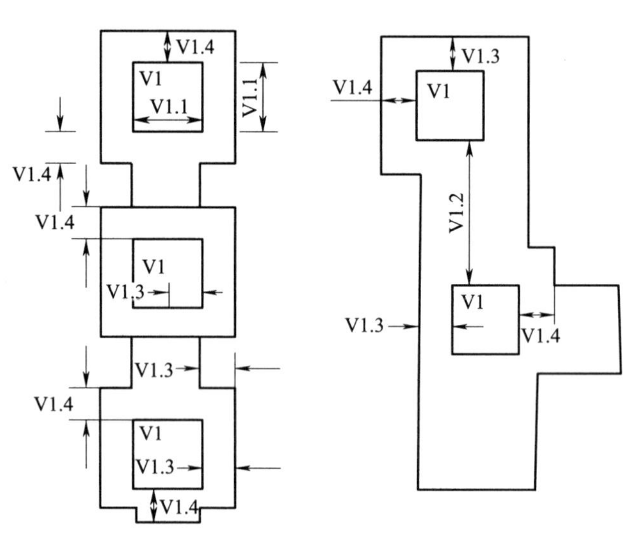

b)

图 4-8　Via1 工艺规则

a）规则要求　b）图形示意

（三）版图规则的使用

对于先进工艺而言，规则数量达到几百到几千条，版图人员不太可能记住全部的规则，为了尽量减少版图错误，建议参考一下经验：

（1）调用工艺提供的参数化单元，也就是直接调用 PDK 提供的器件版图，这些版图是预先做好的，满足规则要求。

（2）熟记一些常用规则，例如 N 阱、有源区、poly、金属的大部分规则。当然记住的规则越多，版图画得越熟练，出现的错误越少。

（3）使用软件提供的实时 DRC 功能。

（4）版图规则大部分给的是最小值要求，不建议卡着规定的尺寸画，最好留有一些余地，一旦出错方便改正。

此外，如果对规则说明不是很清楚，往往在实际 DRC 过程中出现该错误时，可以结合具体版图分析理解。

提示：

（1）对完成的版图进行 DRC 校验，寻找及改正错误是困难而烦琐的工作。最好在画版图的时候就能避免错误，以减少 DRC 的工作量。

（2）上面介绍的是版图设计规则文件，这个文件是给版图人员阅读和学习的，在运行 DRC 过程中，要给软件提供 DRC 规则文件，它主要是给软件使用的，两者用途不同，请注意它们的区别。

二、版图设计规则检查流程和修改方法

（一）DRC 的检查流程

即使完全依照规则画版图，由于毕竟人力有限，也难免在版图中出现各种错误，这就需要使用 EDA 工具提供的设计规则检查（design rule check，DRC）功能查找及改正错误，DRC 的主要工作流程可以分为六个阶段，如图 4–9 所示。

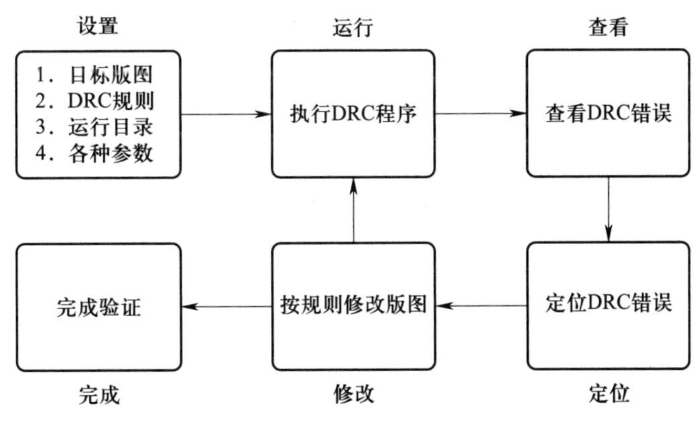

图 4–9　DRC 检查流程

设置阶段需要明确要检查的版图和 DRC 规则文件，指定运行目录并配置各种参数。然后就可以执行 DRC 程序，执行完后查看执行过程情况，并显示结果及改错。这个过程中工作量最大的地方在于：

（1）查看 DRC 错误，寻找违反了哪条规则。

（2）定位 DRC 错误，出现在版图什么位置。

（3）修改 DRC 错误，按规则修改版图。

DRC 是一个迭代的过程，运行复杂电路的 DRC 检查需要较长时间，建议在一次 DRC 后尽可能多地修改错误，从而减少迭代时间。

（二）工具的使用

本实验画版图使用的工具为 Aether，版图规则检查（DRC）和版图原理图比较（LVS）使用的软件为 Argus。合适的设计规则检查（DRC）工具需要具有但不限于以下功能：

（1）能够完成距离、图形关系、密度、天线等多种 DRC 规则检查，支持扁平化（flat）的 DRC 检查和层次化（hierarchical）的高效 DRC 检查。

（2）也可应用于 dummy fill、logic operation 等版图处理。

（3）能够处理图形、边及角度等类型数据的高精度检查。

（4）交互式特定区域，或特定单元（cell）的局部检查，提高验证效率。

（5）返标间距检查结果的最小间距。

（6）DRC 结果排序，过滤，自动生成 Report 功能。

版图规则检查工具 Argus 详细说明可参考“Argus_User_Manual.pdf”。

三、反相器版图设计规则检查实例解析

（一）DRC 的设置方法

首先，打开反相器版图，在 Layout Editor 界面下运行 DRC 程序，如图 4–10 所示。

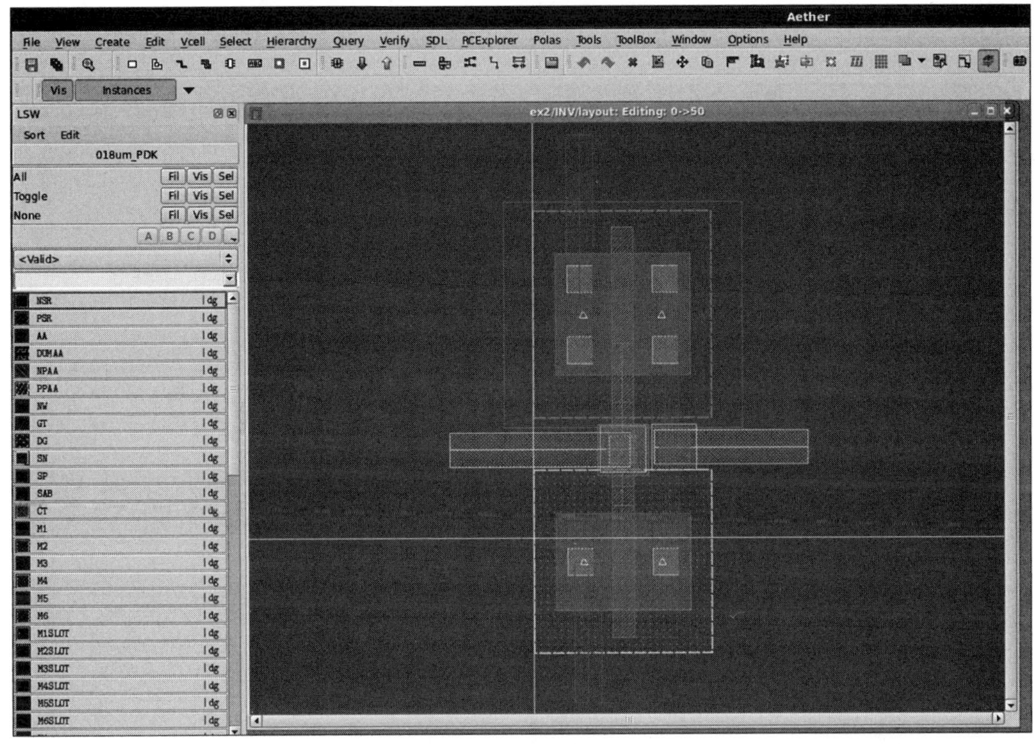

图 4-10　反相器版图

然后，通过菜单 Verify → Argus → Run Argus DRC，打开 DRC 程序，如图 4-11 所示。

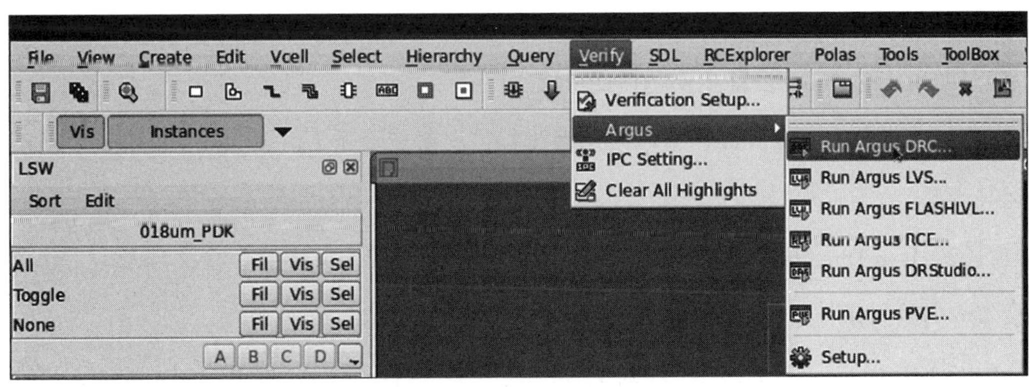

图 4-11　启动 DRC 程序

在出现的界面中开始 DRC 设置，左侧设置项，包括 Rules、Inputs、Outputs、Options、Term 等项，右侧是对应该项的设置内容，如图 4-12 所示。

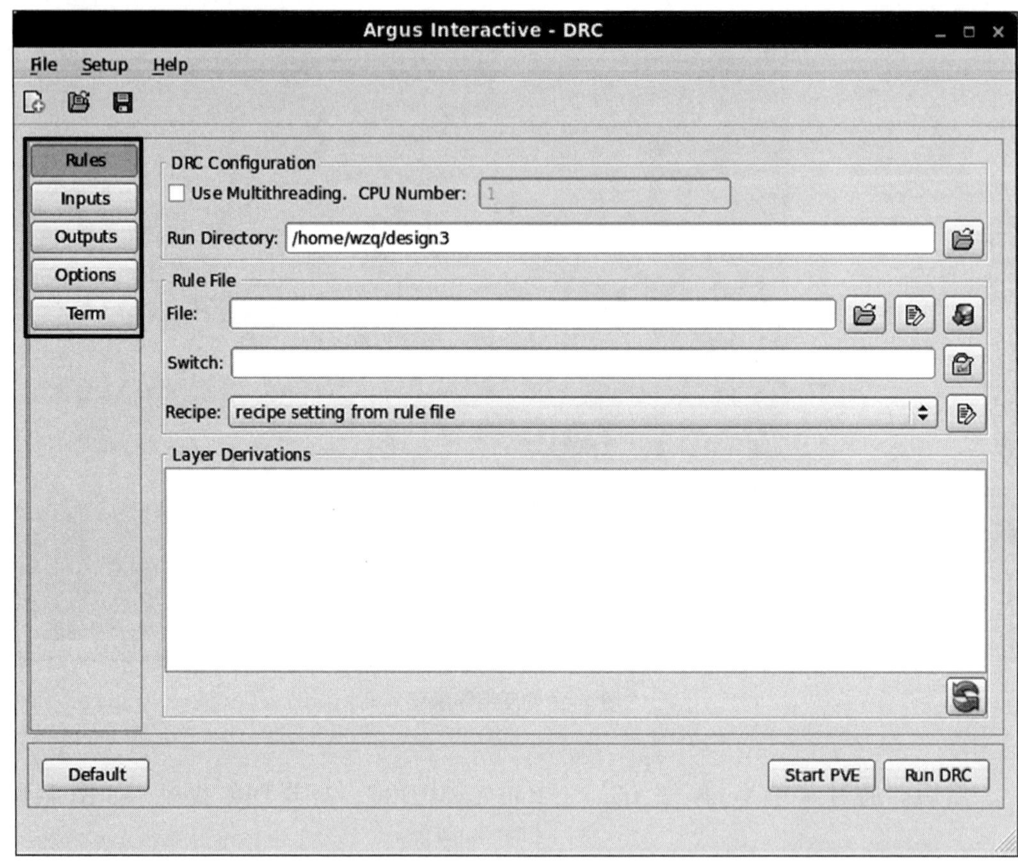

图 4–12　DRC 的设置

1. DRC 的 Rules 设置主要包括四方面：

（1）DRC Configuration，可以使用多线程，这里先不选 Use Multithreading，以节约运算资源。

（2）Run Directory，用于设置 DRC 运行目录，运行结果将保存在该目录下。建议设置专门的目录，避免和其他文件混淆，如图 4–13 所示。

（3）Rule File，用于选择规则文件。点击文件打开图标，如图 4–14 所示，选择 DRC 规则检查文件，名称是 drc.rul。点击文件编辑图标，如图 4–15 所示，则弹出图 4–16 所示的界面，显示 drc.rul 的内容，文件的内容与之前所讲的规则内容是对应的。

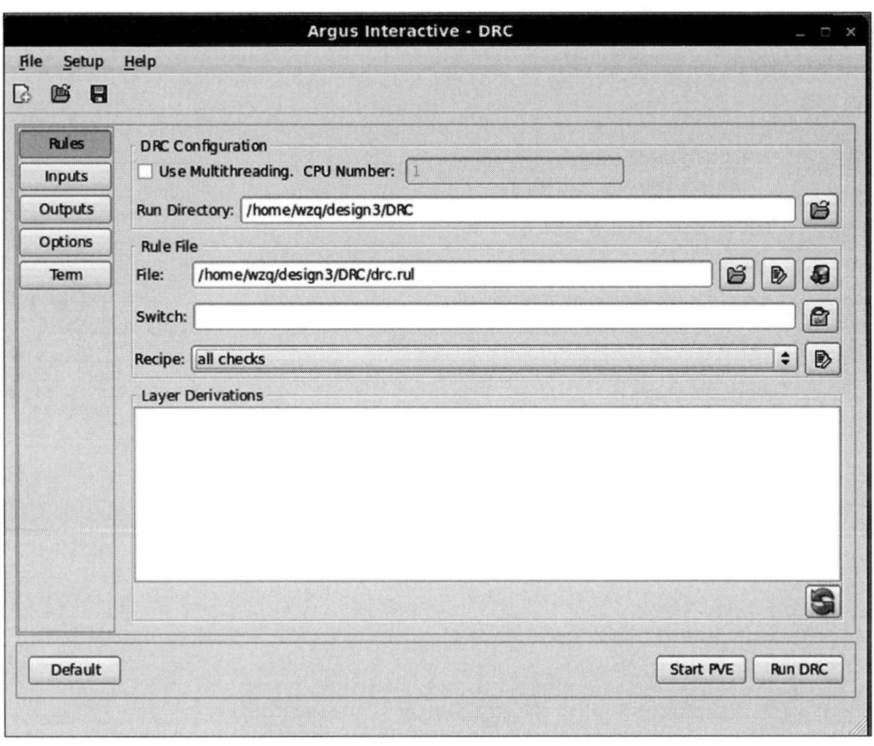

图 4–13　运行目录的设置

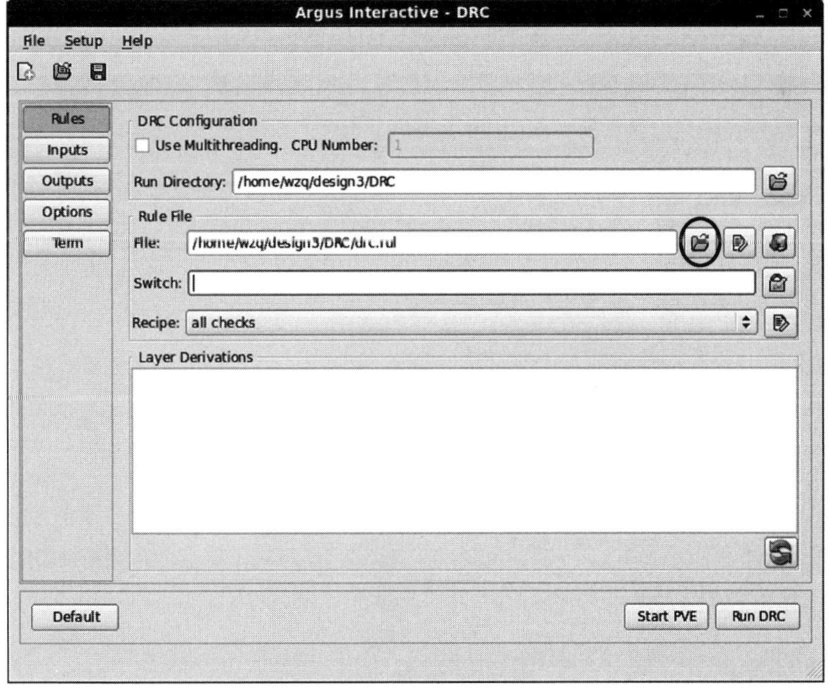

图 4–14　规则文件的打开

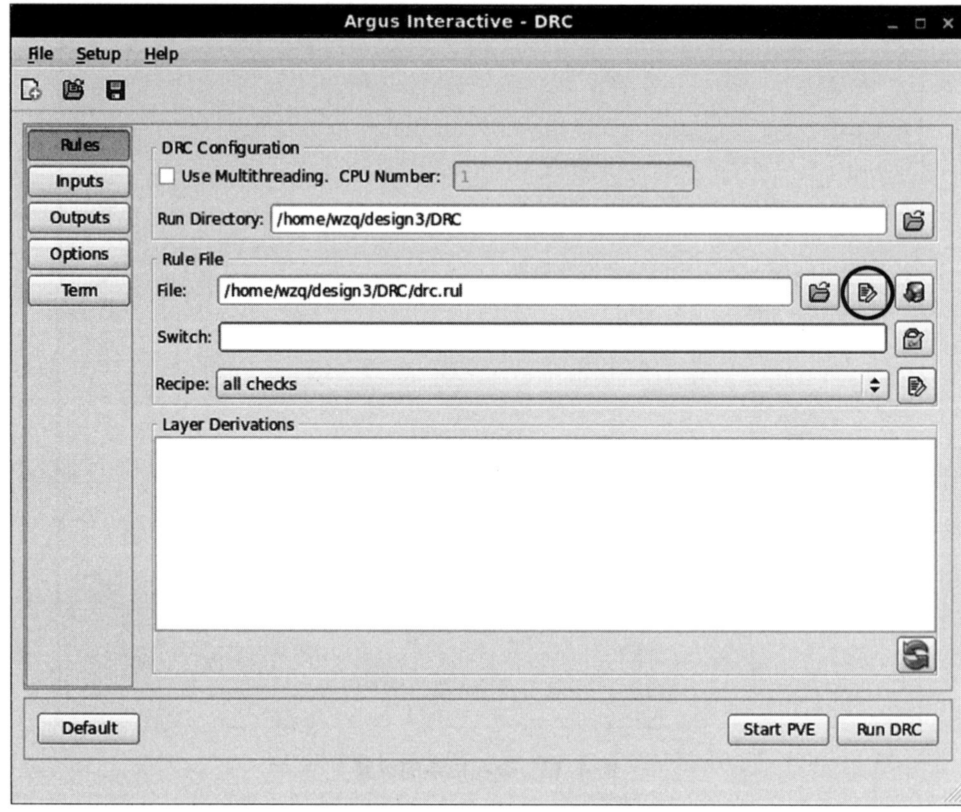

图 4–15　规则文件的编辑

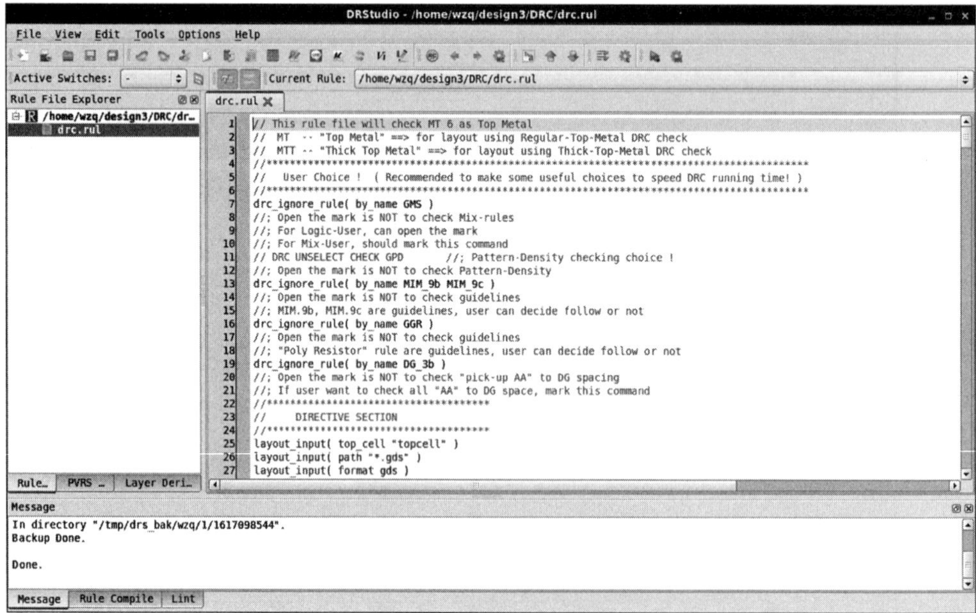

图 4–16　规则文件的内容

（4）Recipe，用于选择规则，DRC有多条规则，此处可以选择检查全部规则还是部分规则。版图只有通过全部规则检查才正确，但在迭代检查过程中，可以只检查部分规则以加快速度。本实验选择all checks，点击后面的编辑图标，弹出Recipe界面，如图4-17所示。

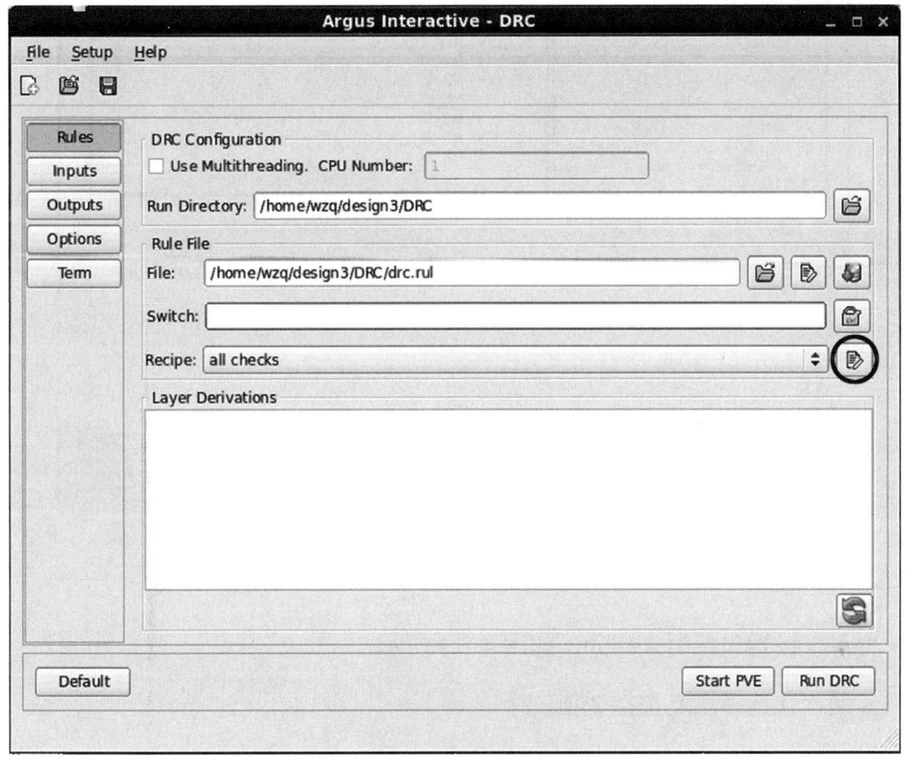

图4-17　检查条日设置的打开方式

左侧选择检查的方式，包括：

1）来源于DRC文件（drc.rul）自身的设置。

2）当前选择检查全部规则。

3）不检查。

右侧选择条目，需要检查的打钩，不需要检查的去掉钩，如图4-18所示。

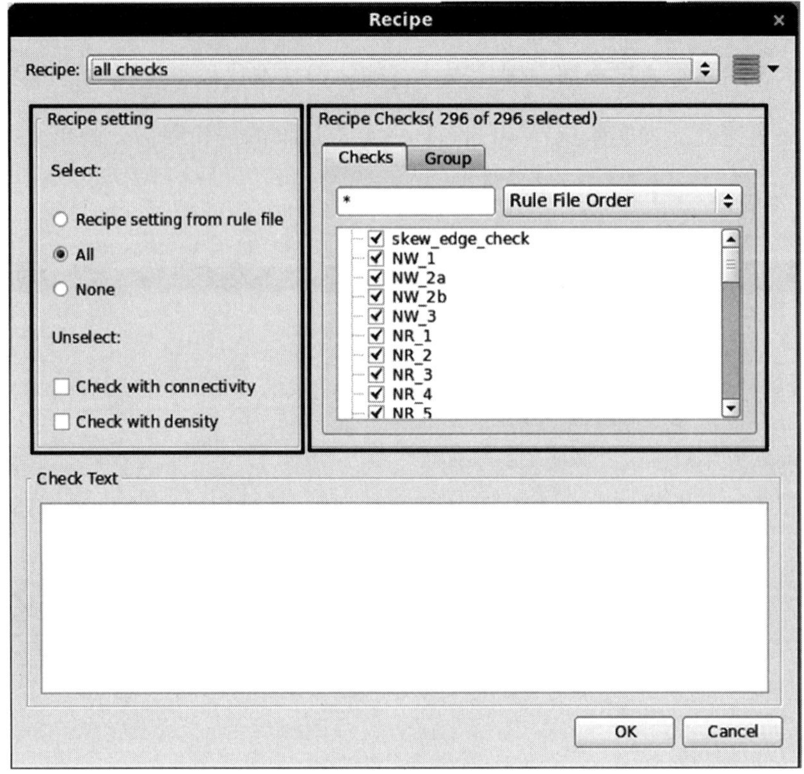

图 4–18　检查条目的设置

2. Inputs 设置包括两大部分，如图 4–19 所示。

（1）层次化选择主要包括 2 项。

1）Hierarchical：当电路包含多个层次时，上层可能多次调用下层同一个单元，在做 DRC 检查的时候，选择 Hierarchical 表示版图也按层次化处理，被多次调用的同一个单元在 DRC 中只检查一次，这样版图检查的时间会缩短。

2）Flat：和 Hierarchical 相反，版图被展平为一层，出现在不同地方的相同单元版图都会被检查。

本实验电路规模很小，所以选择 Flat。

（2）Layout 的来源用于选择版图从哪里得到。图 4–19 所示界面勾选了 Export from layout viewer，即选择当前 Layout 界面中的版图，图中列出了该版图的 Library — TopCell — View 的信息，通常这些都不用修改。有时候版图数据也会来源于 GDSII 文件，但这种情况很少。

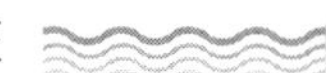

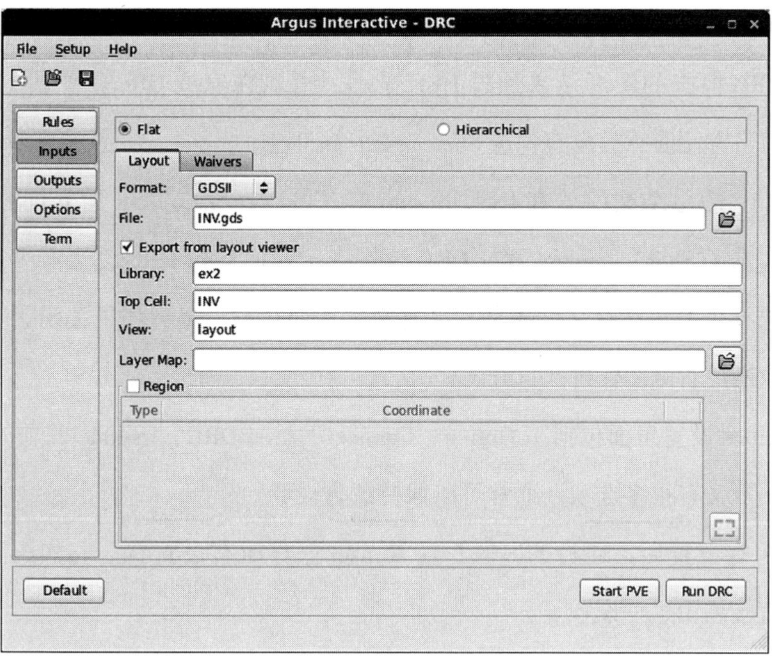

图 4–19　版图来源的选择

3. Outputs 设置主要包括三个部分，如图 4–20 所示。

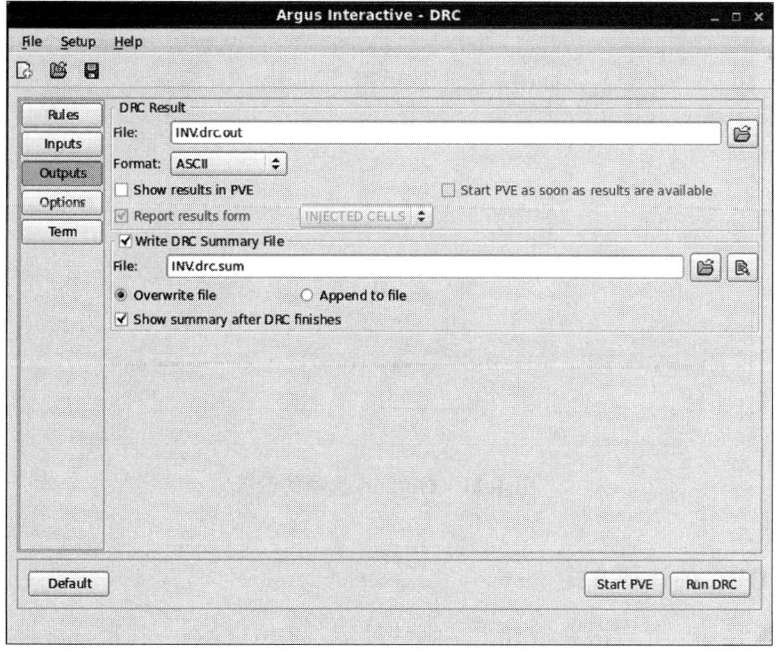

图 4–20　输出选项的设置

（1）DRC 检查的文本结果放在哪里，如 INV.drc.out 中。

（2）DRC 检查的图形结果通过 PVE 显示，可以在完成 DRC 后立即打开 PVE 查看。这里为了方便演示，没有勾选 Show results in PVE。

（3）DRC 的总结文件放在 INV.drc.sum 中，可以在完成 DRC 后立即打开 PVE 查看，这里勾选了 Show summary after DRC finishes。每次运行 DRC 都会产生 summary 文件，可以选择是覆盖已有文件还是在已有文件后面续写，最后如果关闭了 summary 文件，还可以通过右侧图标再次打开。

4. Options 设置里面包括了 Output、Connect、Area DRC、Include 四项，如图 4–21 所示，每项下又有很多选项，通常可以保持缺省设置。

做好所有设置后，通过 File → Save Runset 保存所有设置状态，如图 4–22 所示，下次可以直接调用这一设置。

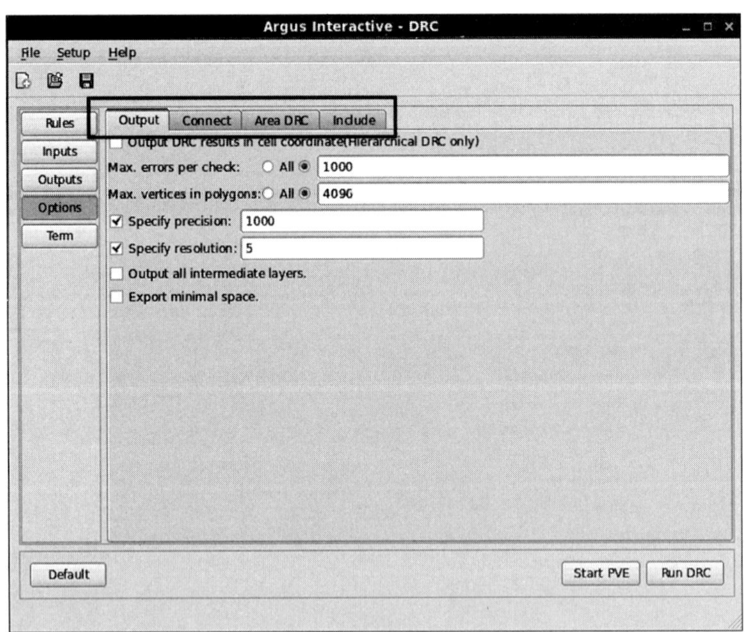

图 4–21　Options 选项的设置

（二）DRC 的运行方式

切换到 Term，并点击 Run DRC，则软件运行 DRC 检查，其运行过程将在右侧空白处显示，如图 4–23 所示。

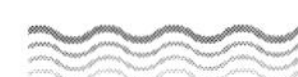

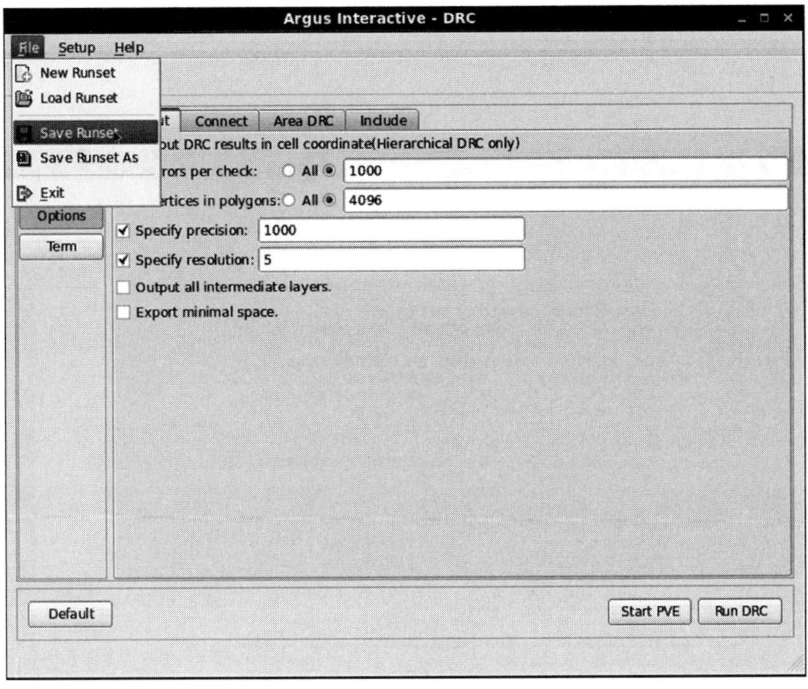

图 4–22 保存设置状态

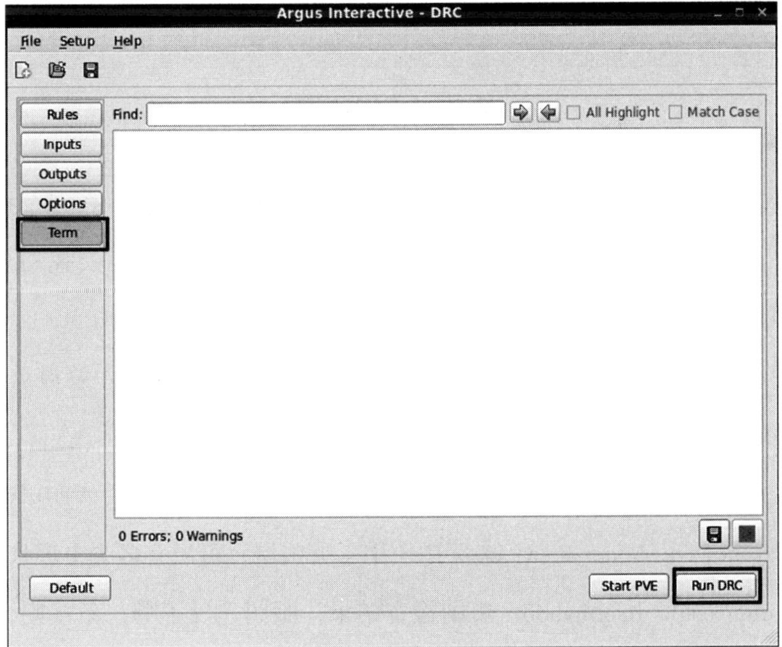

图 4–23 DRC 的运行

Term 中显示的内容如图 4-24 所示，由于内容很多，只显示了最后的部分。需要往回看全部输出。

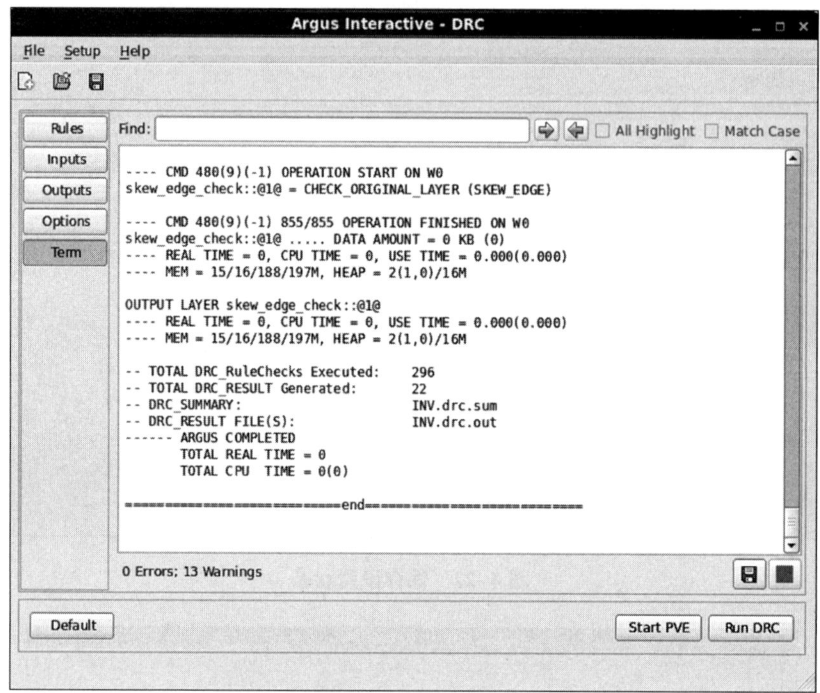

图 4-24　运行结果

在左下角显示“0 Errors；13 Warnings”，往上翻输出内容找到 warning 说明，这里 warning 可以忽略，如果提示有 error，则说明 DRC 运行不成功，需要找到并改正程序运行中出现的问题，如图 4-25 所示。

DRC 运行完之后，还会弹出 summary 文件，如图 4-26 所示，主要提示包括：

（1）DRC Flat Summary Report：运行 DRC 的基本信息。

（2）Runtime Warnings Information：警告提示，电路中没有 VCC、VDD 等电源标注。

（3）Layout Layer Information：电路中使用了哪些层，每层有多少个形状。

（4）Rule Results Information：规则检查结果，版图违反了哪一条规则，对应的错误数量是多少。例如 Rule Name NW_3，错了 1 个。

（5）Summary：其中 All DRC Results 显示版图共有 21 个错误。

提示：DRC 检查给出的错误数量是按照规则条目分别计算，求和得出的，版图中

的一个错误可能在 DRC 中报为几个错误，因此有时只改正部分错误后重跑 DRC，错误数量可能大大减少。

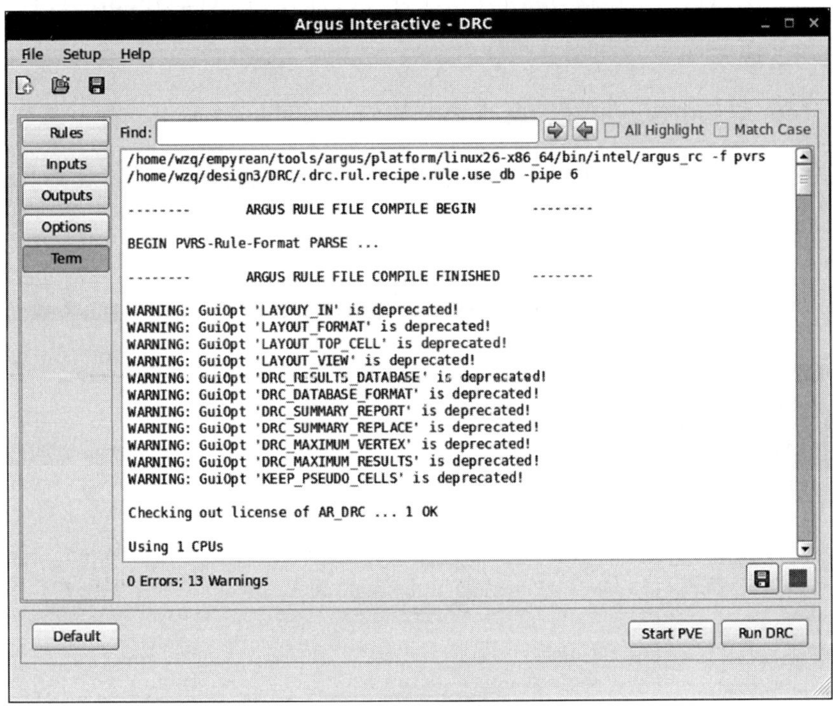

图 4-25　结果信息

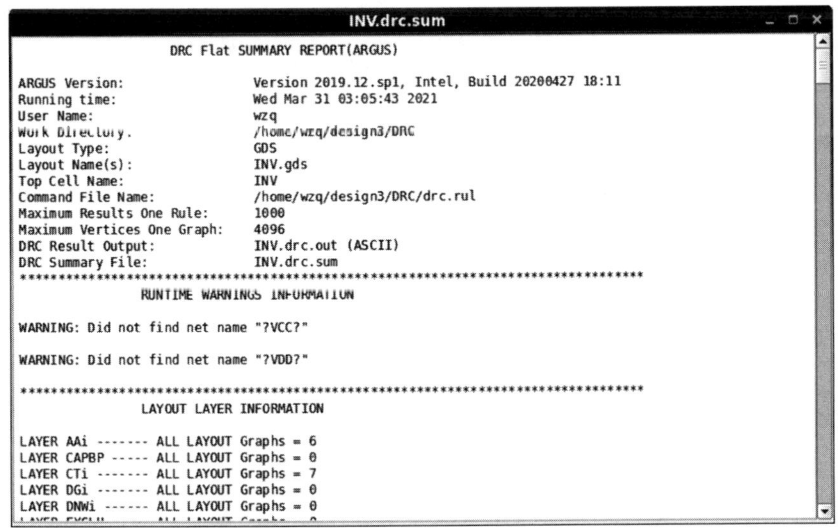

图 4-26　信息汇总表

（三）DRC 的查错技巧

查错环节是 DRC 的关键步骤，由于 DRC 错误种类繁多，每人画版图出错的地方不一定一样，所以这一节以修改反相器版图错误为例，重点说明改错的过程，同时整理容易出错的地方。

点击 DRC 界面中 Start PVE，启动 PVE 界面，如图 4–27 所示。首先熟悉一下界面结构，在最上方有 File 等菜单对 PVE 进行设置、操作，其部分功能将在本实验和后续实验中介绍。

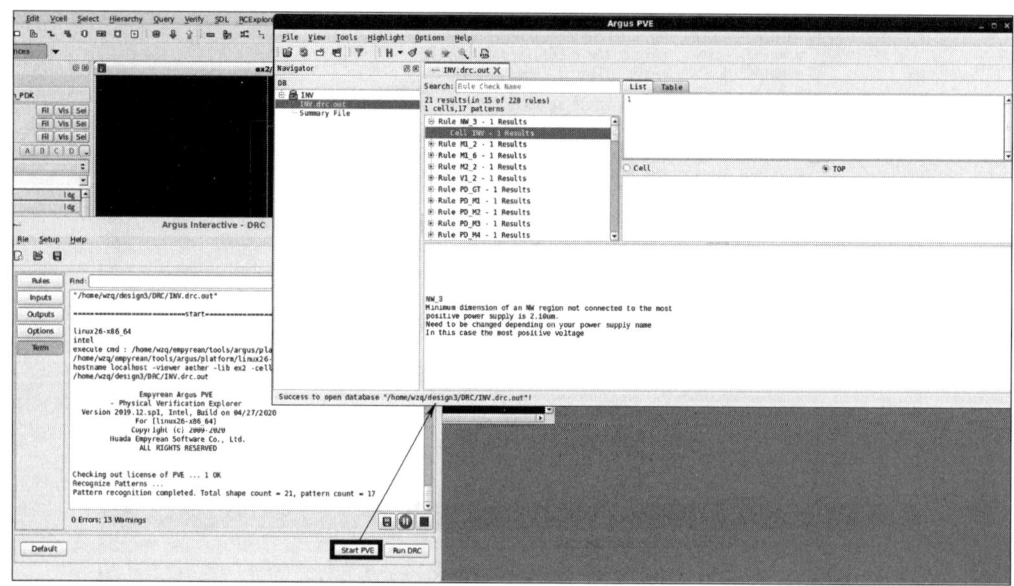

图 4–27　Argus PVE 界面

如图 4–28 所示，左侧 INV 表示是反相器版图检查结果，下面 INV.drc.out 是 PVE 使用的数据库，数据库的内容在右侧显示。如果双击 Summary File，则右侧出现 Summary File 的内容，这里通过 INV.drc.out 查错和改错。

中间部分给出了错误数量共 21 个，和 summary 的汇报相同。共违反了 15 条规则，出现在 1 个 cell 和 17 个 pattern（形状）中。

向下看给出的 15 条规则列表，第一条是 Rule NW_3，如图 4–30 所示。

（1）该规则的说明显示在下方方框中。

（2）该规则的错误数量是 1 个（1 Results）。

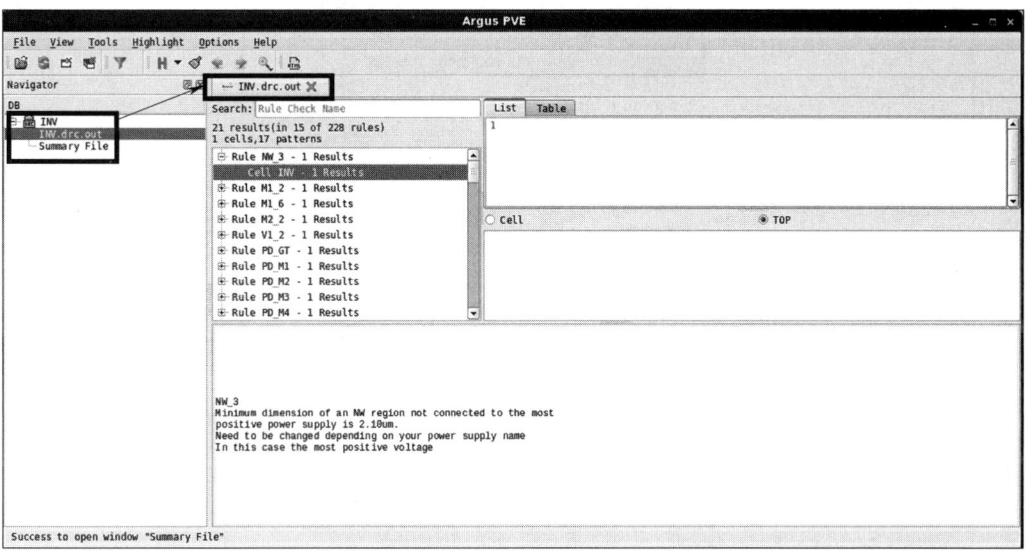

图 4–28　PVE 的结构

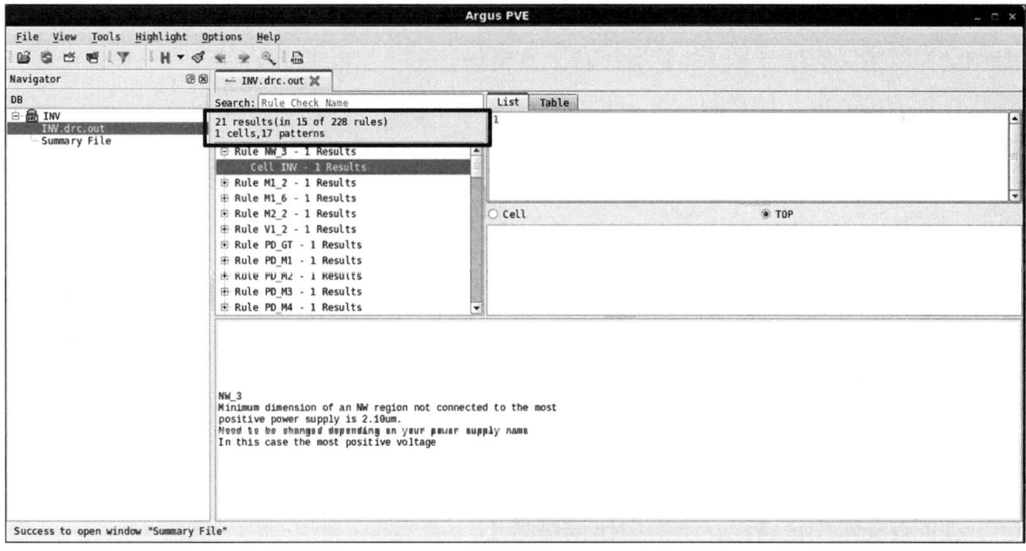

图 4–29　错误数量的查看

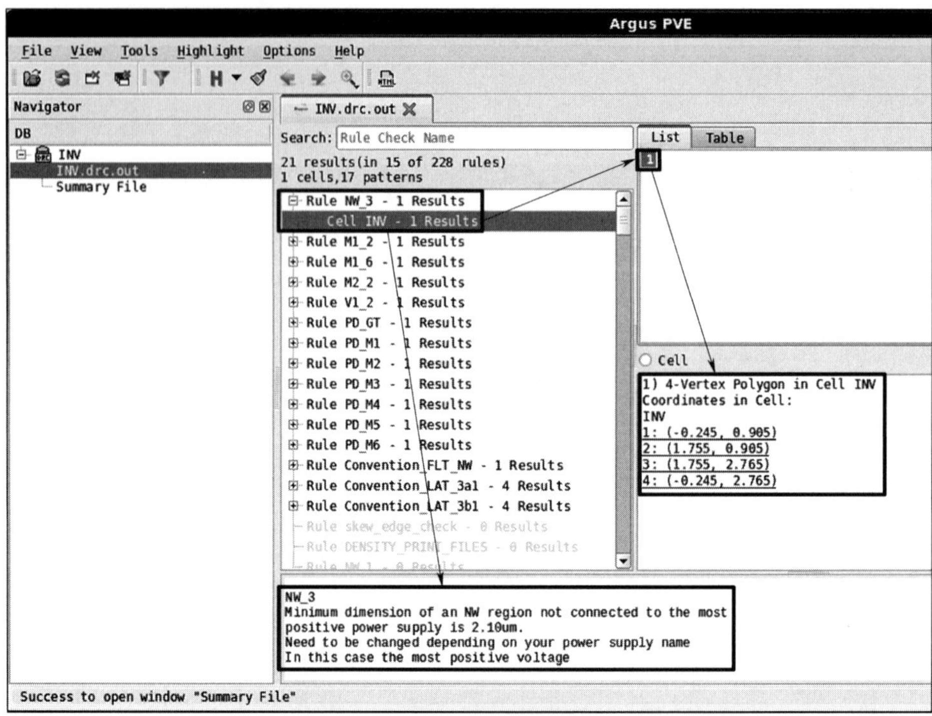

图 4-30　错误信息的位置

（3）该错误的序号是 1，显示在右上方框中。

（4）该错误发生的位置（坐标）显示在右下方框中。

提示：在 LSW 中从 valid（可用层）切换为 Design Used（版图使用的层），这样下方只出现用过的层，数量大大减少，如图 4-31 所示。另外可以通过鼠标拖拉调整版图窗口的位置和大小，使用 zoom 等功能调整窗口中电路版图的位置和大小，这些都是为了便于定位错误、修改错误。修改版图的过程其实也是编辑的过程，请熟练使用 View、Create、Edit 等菜单的功能。

下面看如何处理第一个错误，如图 4-32 所示。

（1）首先选中该错误，下图中错误序号 1。

（2）点击菜单上的图标 H，表示高亮显示该错误。

（3）版图中 N 阱高亮，且中间出现 NW_3 字样，表示规则编号。

（4）到“Aether_Reference_0.18 μm_1P6M_Salicide_design_rule.pdf”文件中查看该条规则为“NW.3，Minimum dimension of an NW region not connected to the most positive power supply，2.1 μm”。

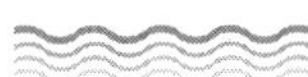

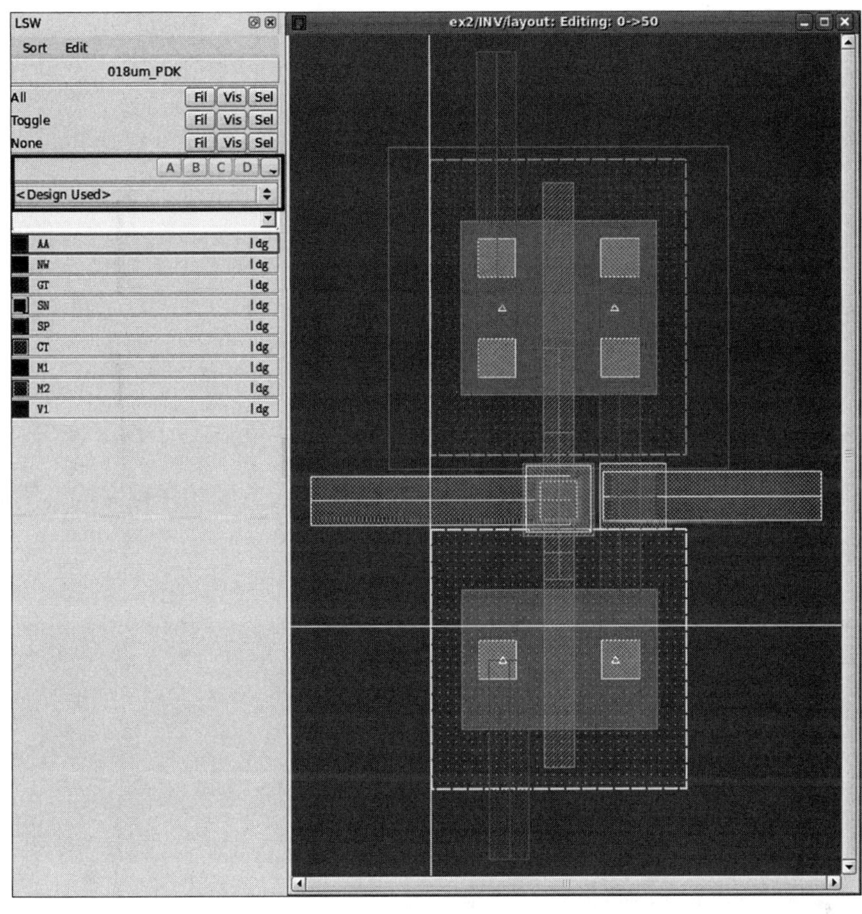

图 4–31　修改显示层

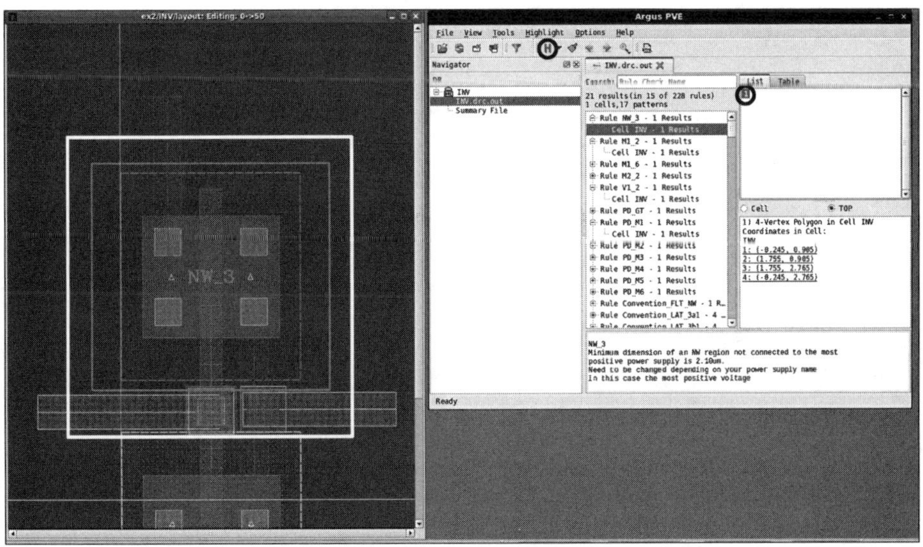

图 4–32　错误的高亮显示

（5）从规则上看，是 PMOS 管的 N 阱没有接到最高电位，其边长小于 2.1 μm。使用菜单 Query → Ruler 命令（快捷键 K），测量 N 阱宽为 2 μm，高为 1.86 μm，确实不满足要求，但在扩大 N 阱面积前仔细想想，PMOS 管只有 3 端，没有画 Bulk 端，而 N 阱的电位应该和 Bulk 端电位相同，都接电源电压，所以该错误的原因是 PMOS 管少画了衬底，同时电路没有标注最高电位 VDD。同理，NMOS 管也少了衬底，电路也没有标注最低电位 VSS。

使用 Shift+K 去掉标尺，在图中增加 PMOS 管和 NMOS 管的衬底。PMOS 管衬底用保护环 NWGR 实现，不用画成环状，只要是一条即可，注意这时 Type 选为 Line。在合适的位置点击鼠标左键开始画保护环，在结束位置双击鼠标左键完成，使用 move 等命令调整其位置，如图 4–33 所示。

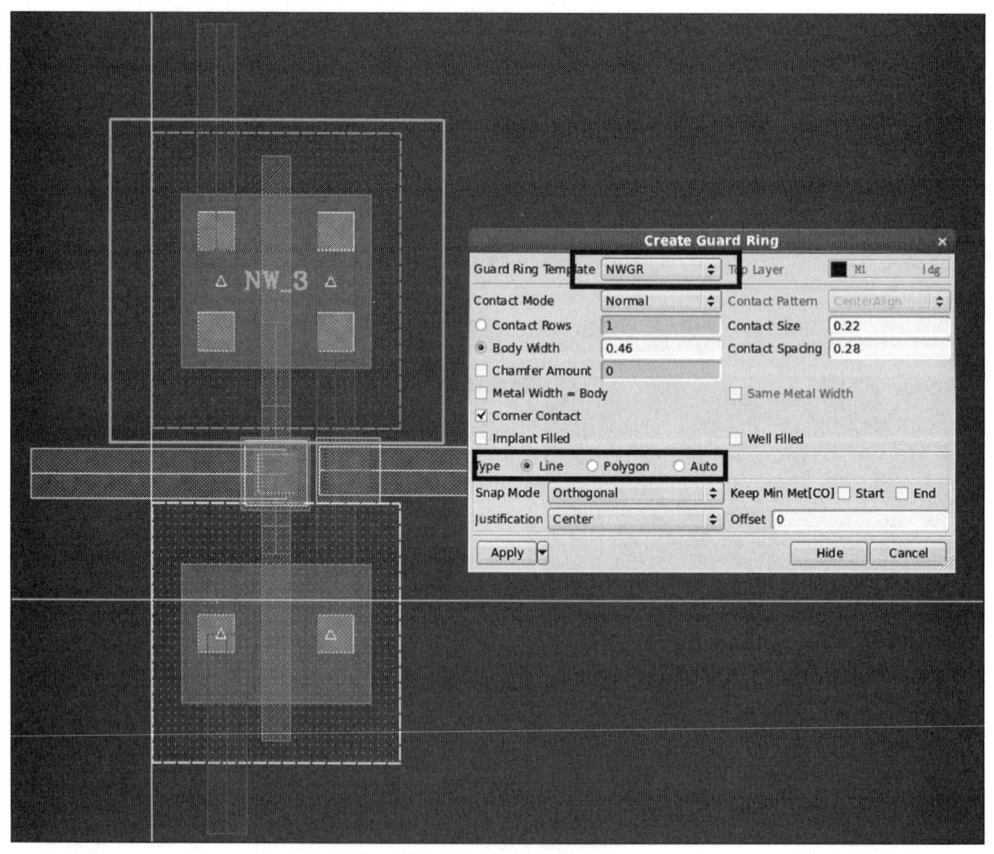

图 4–33　增加衬底

保护环的 N 阱和 PMOS 管的 N 阱是分开的，学员可以尝试下这么做的后果，并思考为什么不正确，如图 4–34 所示。

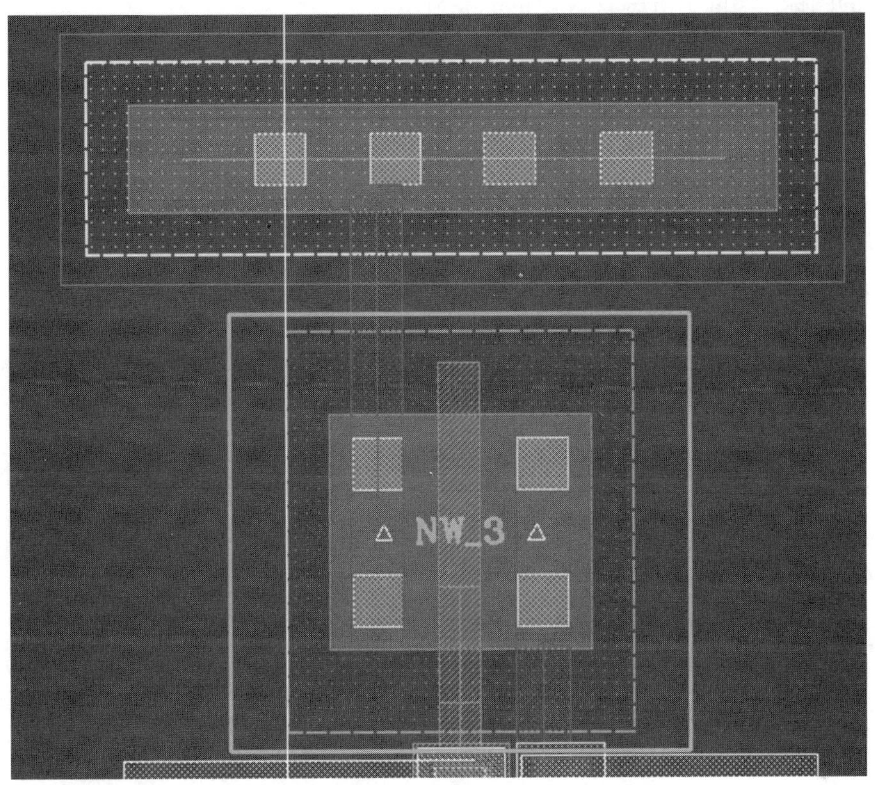

图 4–34 添加 N 阱

继续调整保护环位置，让保护环的 N 阱和 PMOS 管的 N 阱恰好接触，如图 4–35 所示。

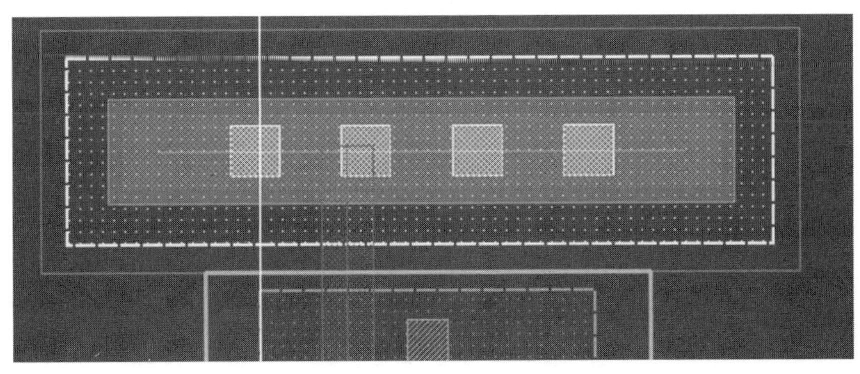

图 4–35 修改 N 阱位置

如果想单独查看 N 阱图形的形状，可以按照如下步骤操作：

（1）在 PVE 菜单中选择 Highlight → Clear All Highlight（快捷键 C），或者使用 PVE 上的图标，清除 PMOS 管 N 阱的高亮显示。

（2）在 LSW 中单击鼠标左键选择 NW，然后再单击鼠标中键（或者滚轮），则 NW 变为灰色，同时注意版图中 NW 层不见了。

（3）点击 LSW 中 Toggle 一行里的 vis 按钮，表示反过来显示，即原来不可见的层变为可见，可见的层变为隐藏。这时，版图中其他层都隐藏了，只看到 NW 层，如图 4–36 所示。

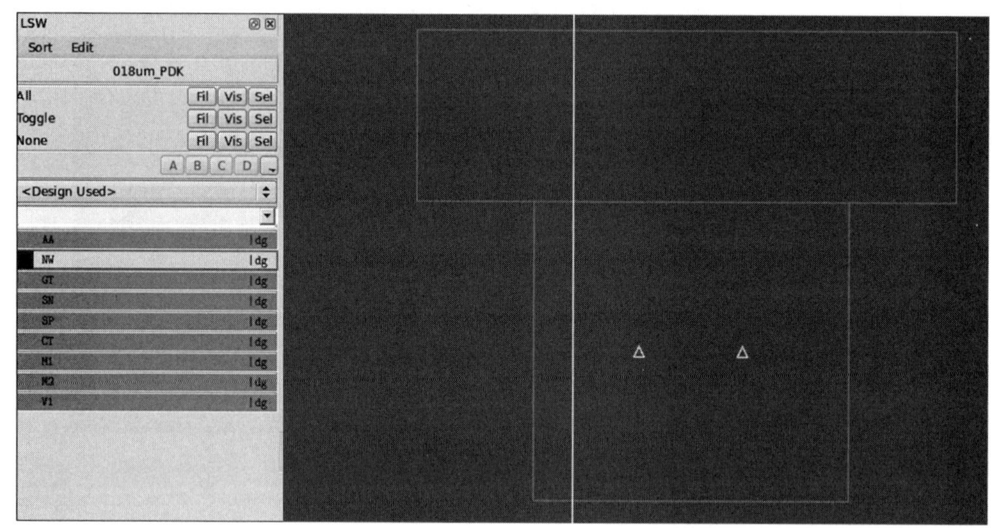

图 4–36　反转显示 N 阱

（4）如果想恢复原样，可以用鼠标左键再单击 Toggle 中 vis 按钮，再用鼠标中键单击 NW 层，则所有层都变为可见，LSW 对层（Layer）的操作方法见表 4–1。

同样，把 NMOS 管的衬底用 PGR 加上，如图 4–37 所示。

表 4–1　　LSW 选项释义

	Fil	Vis	Sel
All	所有层填充	所有层可见	所有层可选中
Toggle	填充的层变为不填充 不填充的层变为填充	可见的层变为不可见 不可见的层变为可见	选中的层变为不可选 不可选的层变为可选
None	所有层都不填充	所有层都不可见	所有层都不能被选中

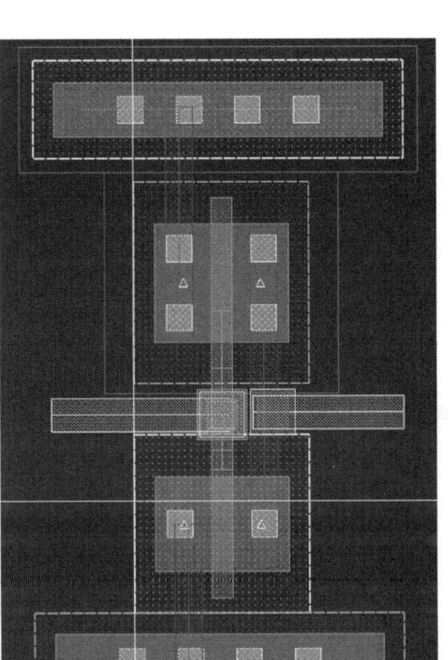

图 4-37　增加衬底接触

上面版图中 MOS 管的 4 端都画好了，接下来参考原理图给电源（VDD）、地（VSS）、输入（A）、输出（Y）打上标号（Label）：

（1）先将 LSW 中 Design Used 改为 Valid，因为 Label 需要使用新层（Layer），不在已有层中，如图 4-38 所示。

（2）通常把 Label 打在金属上，Label 标号使用的层和金属层的对应关系为：M1（dg）层使用 M1TXT（dg）层打 Label，M2（dg）层使用 M2TXT（dg）层打 Label，依次类推。这里特别提醒，在 M1 层上用其他 MxTXT 层打 Label 会出问题，软件认为 Label 没有打到 M1 上。

（3）电源线上有金属 M1，因此先在 LSW 中选择 M1TXT，准备用该层把 Label VDD 打到电源线的 M1 层上。

（4）点击菜单 Create → Label（快捷键 L）弹出界面，在 Label 行中输入 VDD，并调整 Height 为 0.1（也可以设置为其他值，该项用于调整字体大小），如图 4-39 所示，点击 Hide 后，在电源线的 M1 金属层打上 Label VDD，如图 4-40 所示。如果用错了层，可以选中 Label，并按 Q 键进行编辑。再次强调 M1TXT 只能打在 M1 金属层上，其他位置是无效的。

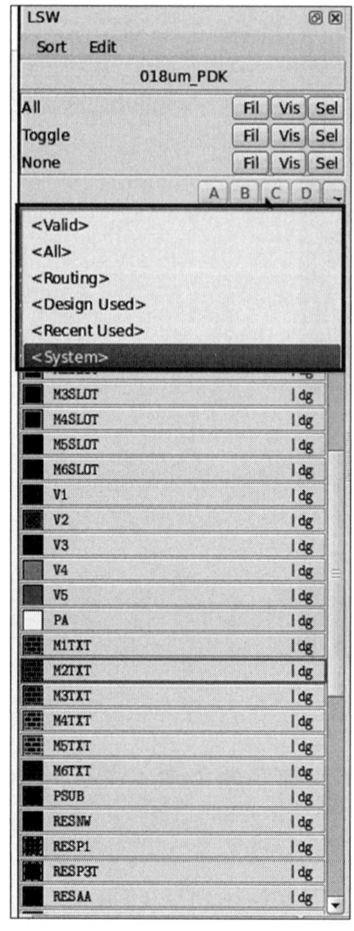

图 4–38　标签层的选择

图 4–39　标签选项

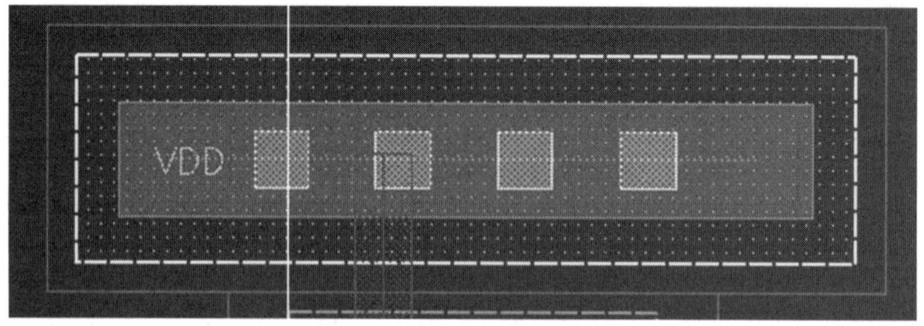

图 4–40　电源标签的制作

（5）依照以上步骤，给地线 M1 上用 M1TXT 层打 Label VSS，输入线 M2 上用 M2TXT 层打 Label A，输出线 M2 上用 M2TXT 层打 Label Y，这样画完了一个较为完整的反相器版图，如图 4–41 所示。

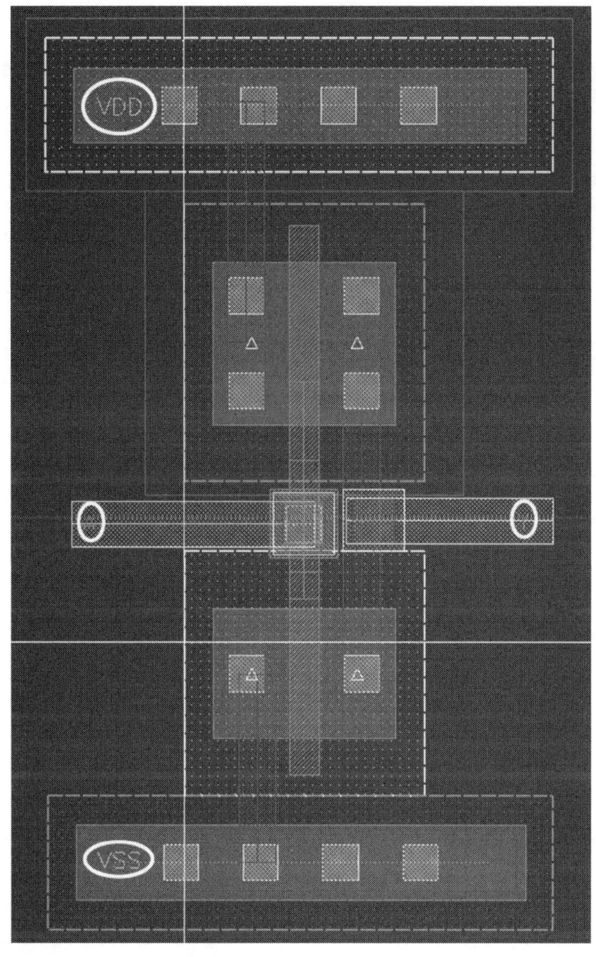

图 4-41　反相器完整版图

改完第一个错误后，再运行一次 DRC，建议多改几个错误再重跑。由于新修改了版图，需要选择 yes，替代老的 GDSII 文件，如图 4-42 所示。

打开 PVE 可见，错误由 15 个变为了 11 个，如图 4-43 所示。

继续查看下一个错误，规则为 Rule M1_2，两条 M1 走线的最小距离是 0.23 μm，使用 Highlight 高亮显示该错误，发现是输入端和输出端之间 M1 的线距不够。输入端的 M1 来源于接触孔和 Via1，输出端的 M1 来源于 Via1，因此需要调整接触孔和过孔的位置，才能让 M1 保持足够的距离，如图 4-44 所示。

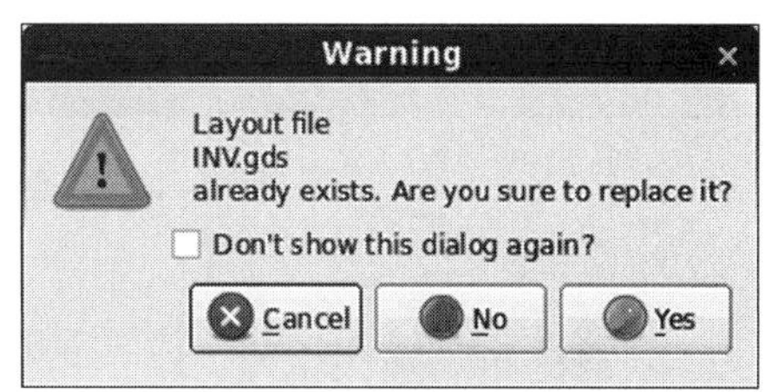

图 4-42　覆盖旧版图

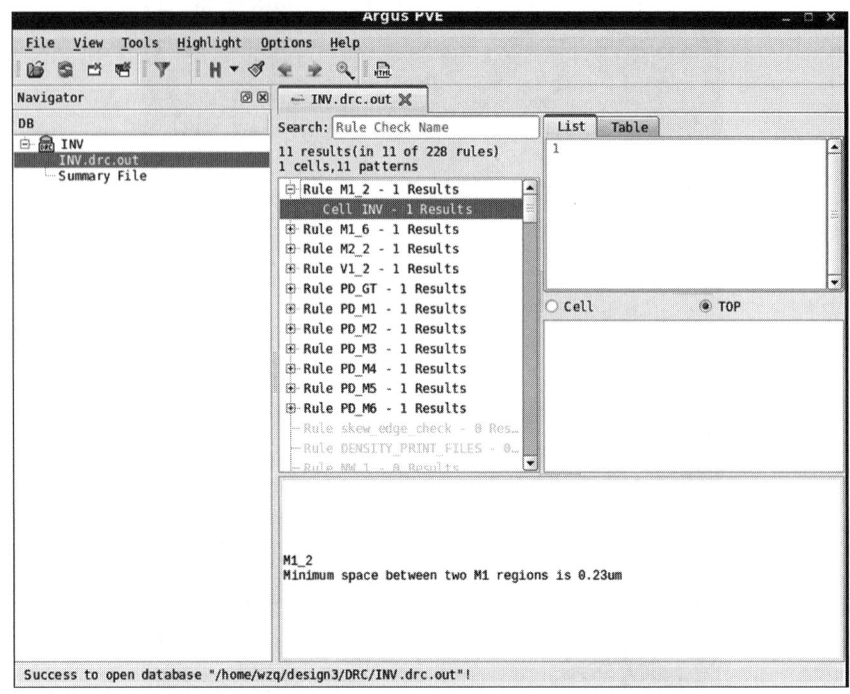

图 4–43　修改一个错误后的提示

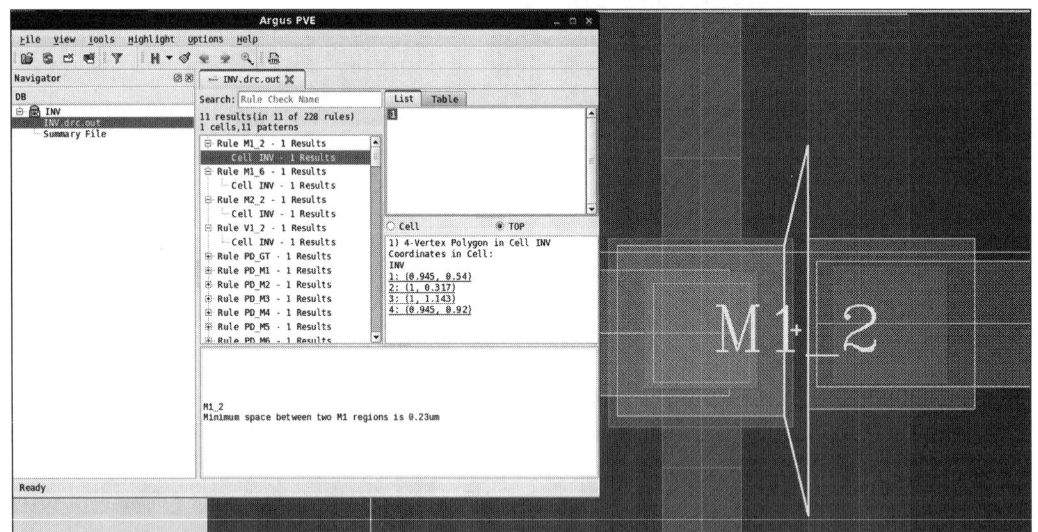

图 4–44　接触孔和过孔距离太近导致的错误

在修改这个错误之前，应再看看这部分电路是否还有其他错误，然后继续查看下一个错误，规则为 Rule M1_6，M1 的最小面积是 0.2 μm^2，如图 4–45 所示。

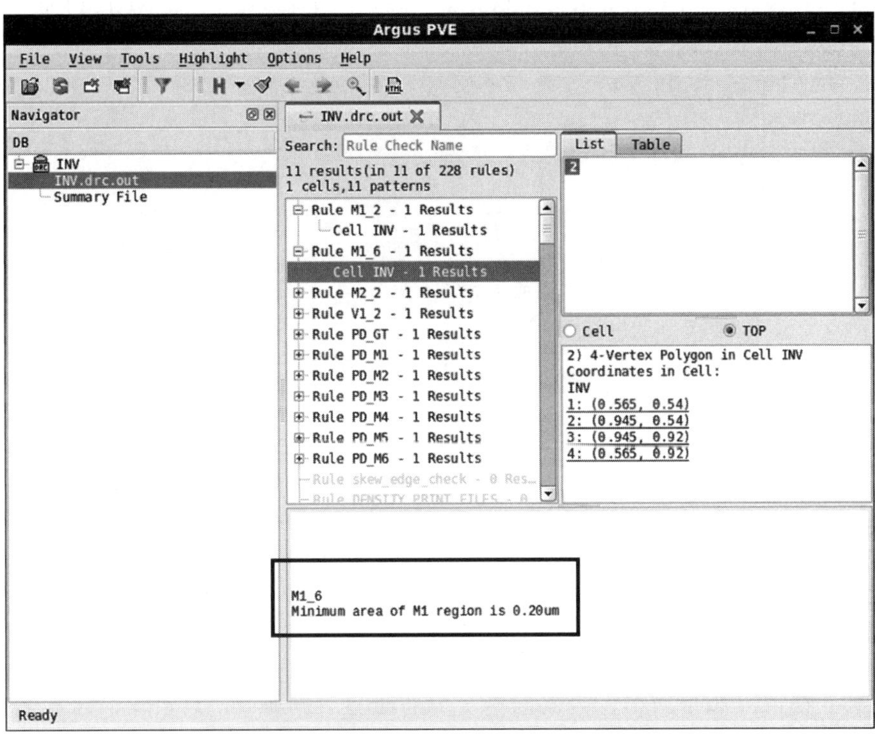

图 4–45　违反最小面积规则引起的错误

点击图标 H，在版图上放大并高亮显示该错误，该错误出现在反相器的输入端，如图 4–46 所示。

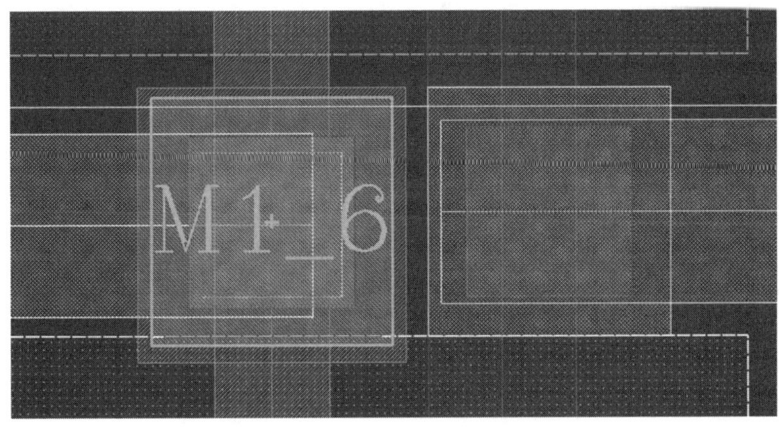

图 4–46　高亮显示错误位置

为了方便查看，把 LSW 重新设置为 Design Used，并只打开 M1 层。用 Ruler 测量，尺寸是 0.38 μm × 0.38 μm=0.144 44 μm^2，确实小于 0.2 μm^2，如图 4–47 所示。

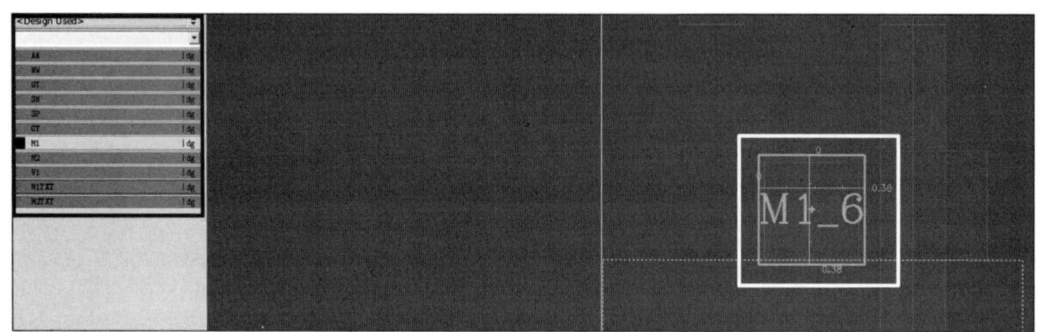

图 4–47　尺寸确认

由于此处的 M1 是多晶硅栅极通过接触孔连接到 M1，然后再通过过孔 Via1 连接到 M2，因此，M1 只在接触孔（contact）和过孔（Via1）中出现，面积太小。如果不太确定的话，可以打开 GT（多晶硅栅）、CT（接触孔）、Via1（过孔 1）、M2（金属 2）等层查看。修改方法很简单，只要沿水平或者垂直方向画 M1 金属线，让其面积足够大就行，如图 4–48 所示。

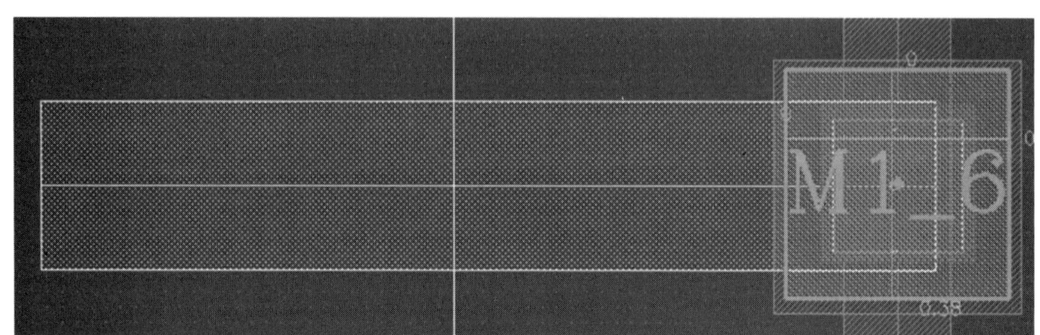

图 4–48　金属面积过小的修改方法

继续查看下一个错误，规则为 Rule M2_2，两条 M2 走线的最小距离是 0.28 μm。选中该错误并高亮显示后，发现是输入 M2 走线和输出 M2 走线的距离太近了，如图 4–49 所示。

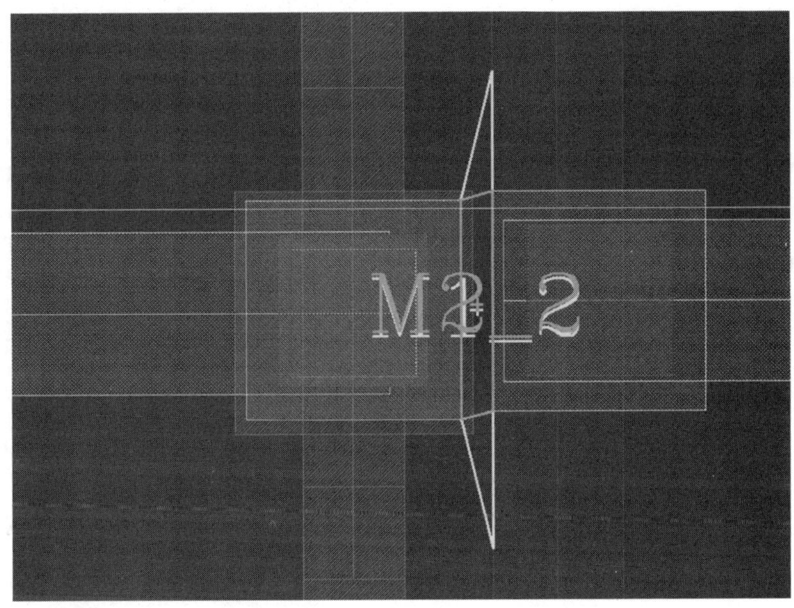

图 4-49　违反线间距规则引起的错误

继续查看下一个错误，规则为 Rule V1_2，两个过孔 V1 的最小距离是 0.26 μm。选中该错误并高亮显示后，发现是输入过孔和输出过孔的距离太近了，这样看来，在输入输出走线位置，版图同时违反了 M1_2、M2_2、V1_2 等多个最小距离的要求，可以一次性地修改，如图 4-50 所示。

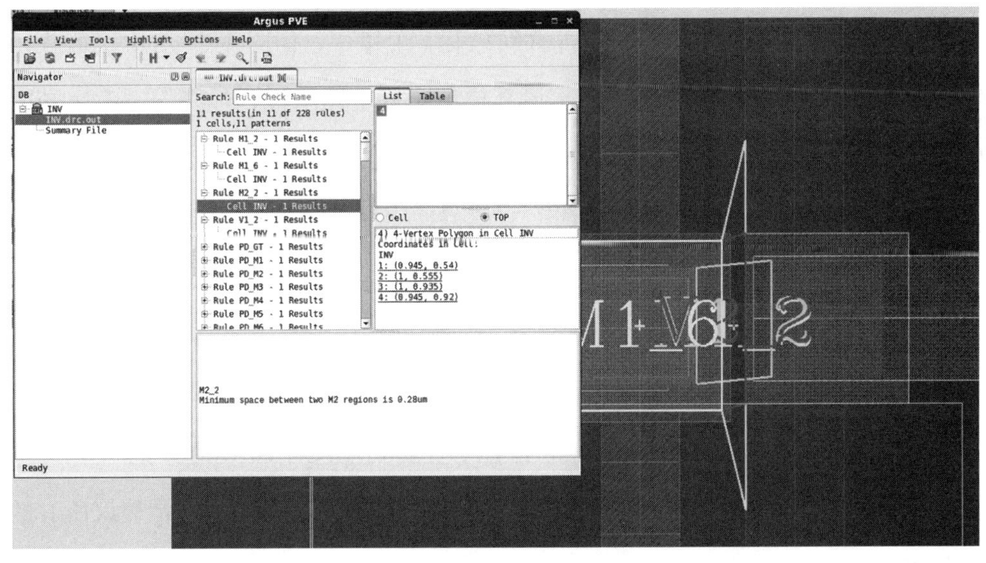

图 4-50　同时修改多个错误

M1_2、M1_6、M2_2、V1_2 规则对应的错误基本在一个地方，点击图 4–51 中红框中向前和向后的箭头，可以显示前一个或后一个错误。

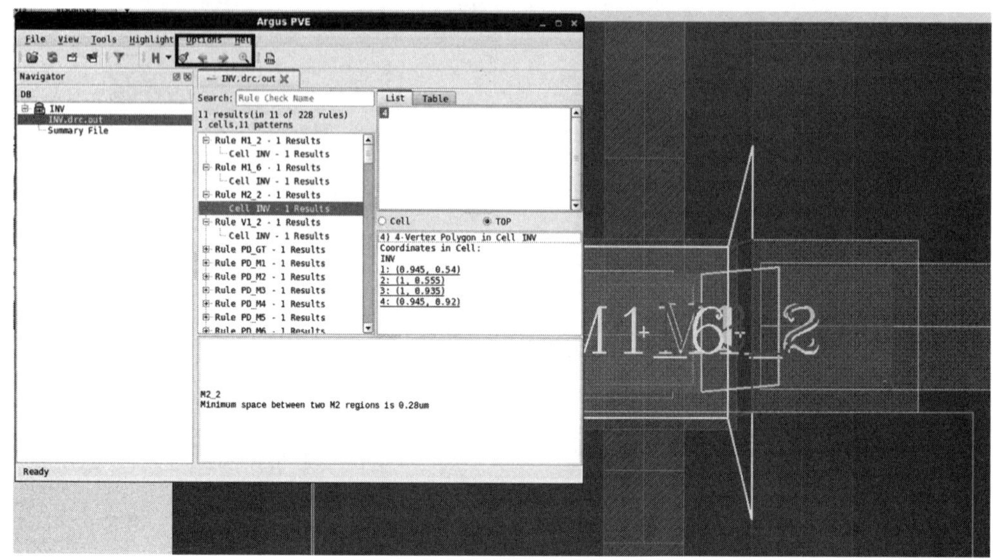

图 4–51　错误的交替显示

在 PVE 下选择菜单 Highlight → Clear All Highlight（快捷键 C），去掉所有高亮显示，然后修改版图。统一修改这些错误的方法很简单，输入线和过孔左移，输出线和过孔右移，并注意输入使用较长的 M1 走线，得到新的版图。

再重新运行 DRC，并打开 PVE，看到只有 7 个错误，如图 4–52 所示，这些错误是 Poly、M1–M6 的 density 问题，对于局部模拟集成电路来说，可以先不考虑密度问题。因此反相器的版图已经完成，并通过了 DRC 校验。

如果不想检查 density 规则，在 DRC 设置界面中可以做如下操作：

（1）选择 Rules。

（2）点选 Recipe 右侧的按钮，弹出 Recipe 界面。

（3）在 Recipe 界面中 Unselect 项里勾选 Check with density，如图 4–53 所示。

这样再运行 DRC，在 Summary File 和 PVE 中都显示没有 DRC 错误了。

提示：只有在非常确定没问题的情况下才能不检查某些规则，通常建议所有的规则都要检查。

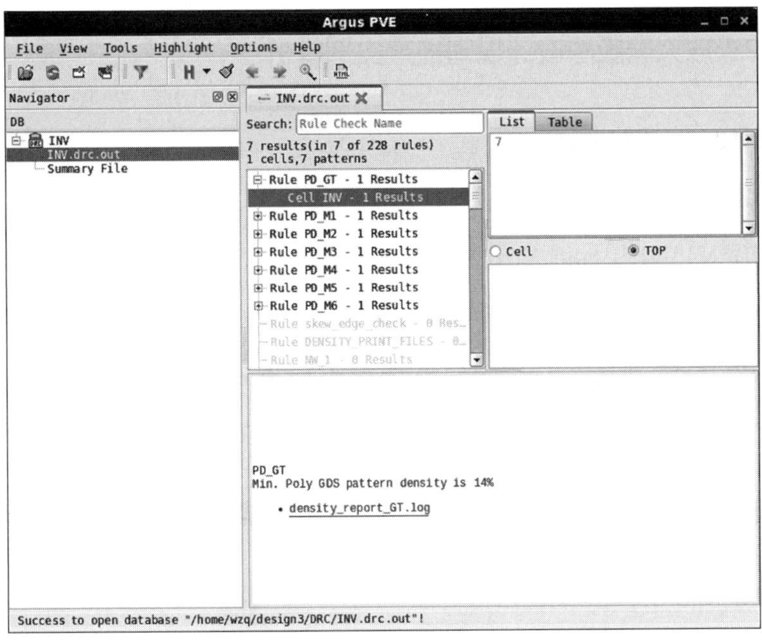

图 4-52　重新运行后的 PVE

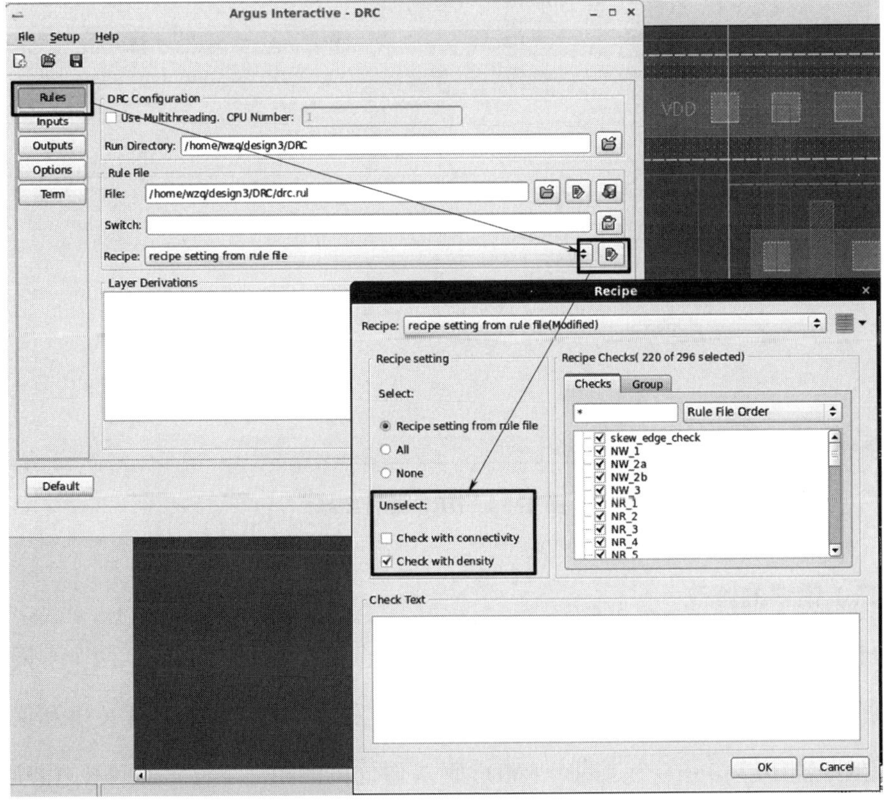

图 4-53　不检查金属密度规则

四、单级放大器版图设计规则检查实例解析

（一）DRC 检查的运行

在做 DRC 之前，先把各端打上 label。

（1）使用 M1TXT 层标记 VDD 和 VSS。

（2）使用 M2TXT 层标记输入和输出：INP、INN、OUT、VB。

做好 DRC 设置并运行 DRC，这里选择不检查 density，运行 DRC 后直接打开 PVE。运行结果如图 4–54 所示，共违反了 8 条规则，有 22 个错误。

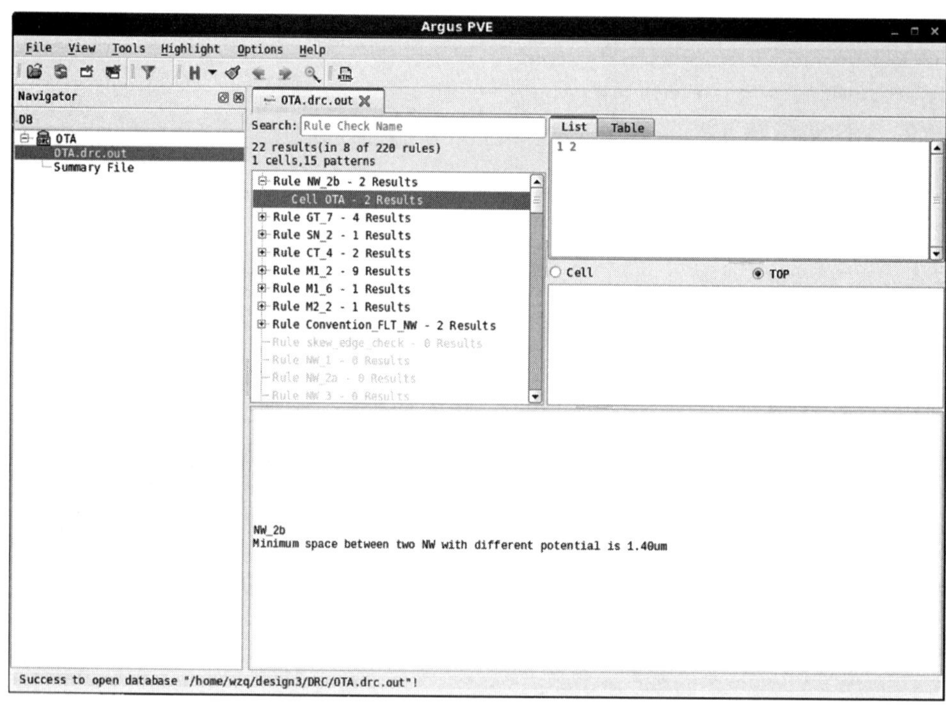

图 4–54　DRC 运行结果

（二）错误的修改

分析错误的方法与反相器类似，首先看第一个错误 Rule NW_2b，两个不同电位 N 阱之间的距离是 1.4 μm。高亮显示这两个错误，发现一个是 PMOS 管 N 阱和保护环 N 阱之间的距离不够，另一个是两个 PMOS 管 N 阱之间的距离不够。但回看电路原理图，如图 4–55 所示，两个 PMOS 管的衬底都接到电源 VDD 上，它们的衬底具有相同电位。

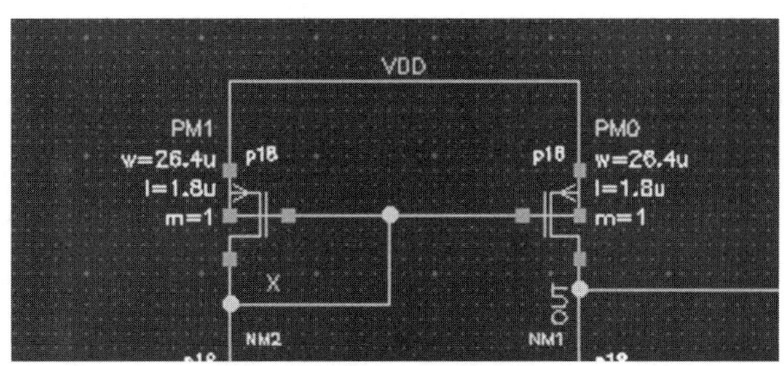

图 4–55　电路图确认

去掉高亮显示，只打开 N 阱这一层，看到保护环 N 阱、两个 PMOS 管的 N 阱确实没有连在一起，如图 4–56 标记的 1、2、3 这三块 N 阱。

一种简便的修改方法是画一个大的长方形，把三块N阱连在一起。使用 Create → Rectangle（快捷键 B），在 N 阱这一层画一个大方块，图 4–57 中箭头所指就是新加的 N 阱长方形。

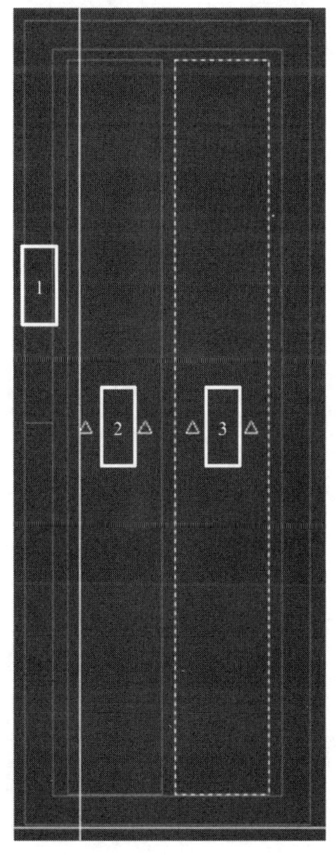

图 4–56　N 阱间距过窄错误

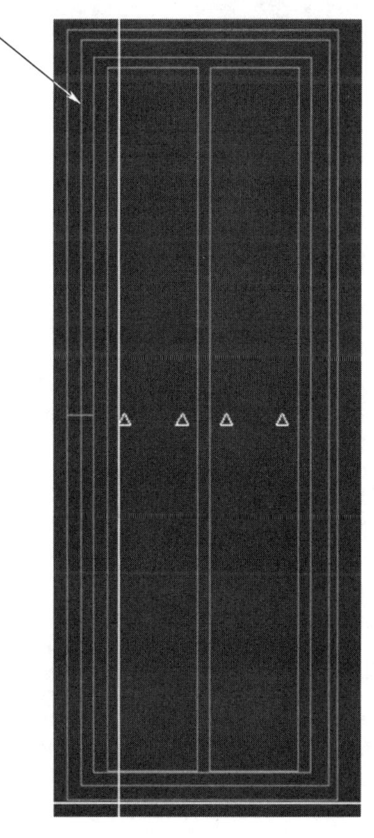
图 4–57　新增加 N 阱

再运行 DRC，违反 6 条规则，错误减少为 18 个。继续查看下一个错误，这是一个新的错误类型，Rule GT_7，多晶硅栅（GT）和有源区（AA）之间的最小距离是 0.1 μm。

高亮显示 3–6 号错误，发现它们都出现在 NMOS 管栅极，如图 4–58 所示，显然图中红色的 GT 和绿色的 AA 之间没有缝隙，这样是不行的。

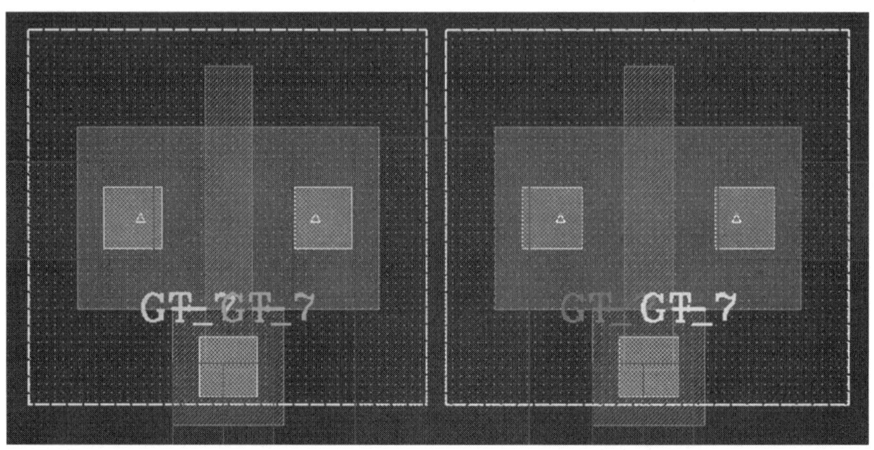

图 4–58　栅极和有源区距离太近的错误

借助 Ruler 标出 0.1 μm 的距离，然后使用 move 命令，将 NMOS 管栅极下移。其实移动的是接触孔，如图 4–59 所示。

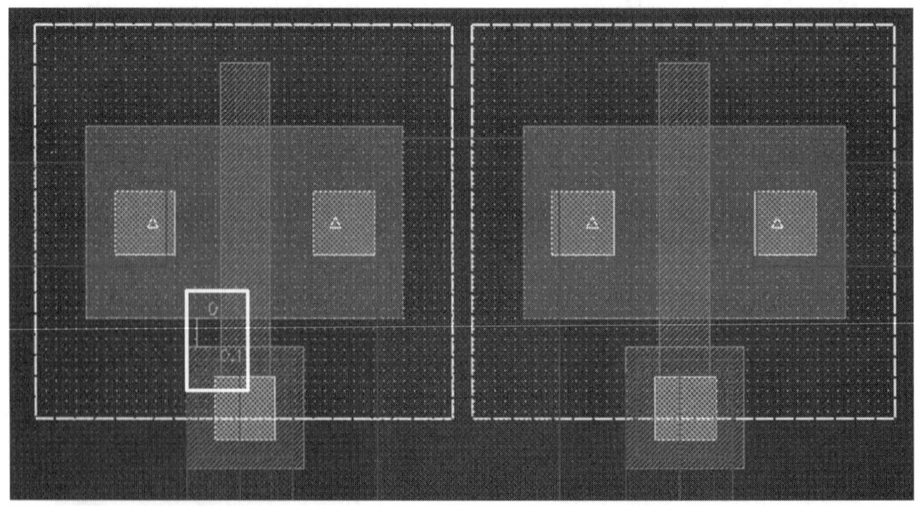

图 4–59　栅极和有源区距离错误的修改

再运行 DRC，违反 4 条规则，错误减少为 12 个。再查看下一个错误，Rule SN_2，两个 SN 区域的最小间隔应该是 0.44 μm，对照上面 Rule NW_2b，可见它们是同一类问题。两个本来应该放在一起的 MOS 管分开放置，产生了错误，这里需要注意的是类似差分输入对管、电流镜管这种相关性很强的多个 MOS 管，最好把它们的衬底（N 阱或者 SN）画成一个。修改后的版图如图 4-60 所示，重新运行 DRC 后，违反 3 条规则，错误减少为 11 个。

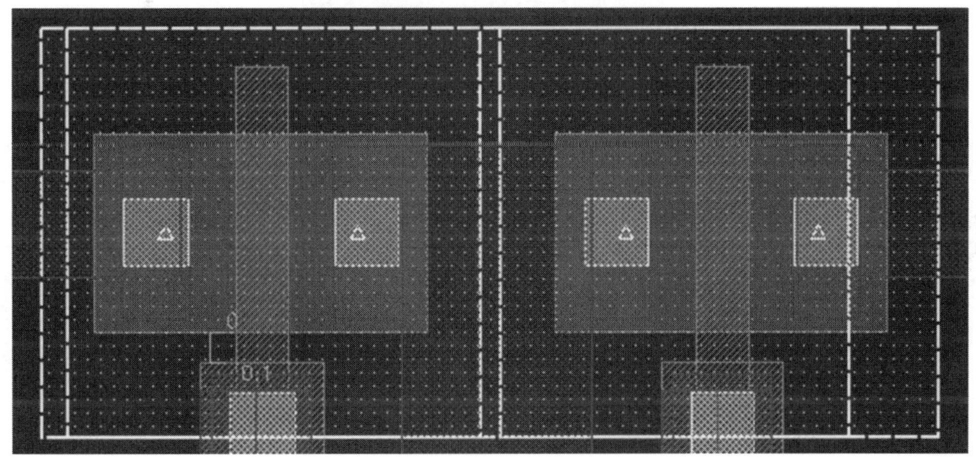

图 4-60　修改后的版图

查看下一个错误，这是以前出现过的错误，Rule M1_2，两条 M1 金属线之间的最小距离为 0.23 μm。只是这次出现的错误较多，一共有 9 处。先浏览一下出错的地方，发现虽然都是违反了同一条规则，但出错的形式不同。这 9 个错误中大致有如下几种情况：

（1）正对距离不够。在图 4-61 中 PMOS 管有源区下方接触孔上的 M1 金属离连接栅极的 M1 金属太近了，但栅极连线没法再向下移动（否则离 NWGR 太近），那么只能把两个 PMOS 管上移。由此可见一个小错误可能要在版图上做大的修改，如图 4-62 所示，再次建议版图中要留有适当的空间，这样可避免出现无法修改版图的问题。

（2）斜向距离不够。如图 4-63 所示，或者调整 M1 长度，或者将接触孔下移。

（3）没有连接上。如图 4-64 所示，多亏 DRC 报错，否则这样一个连接错误，会影响 LVS 的结果。

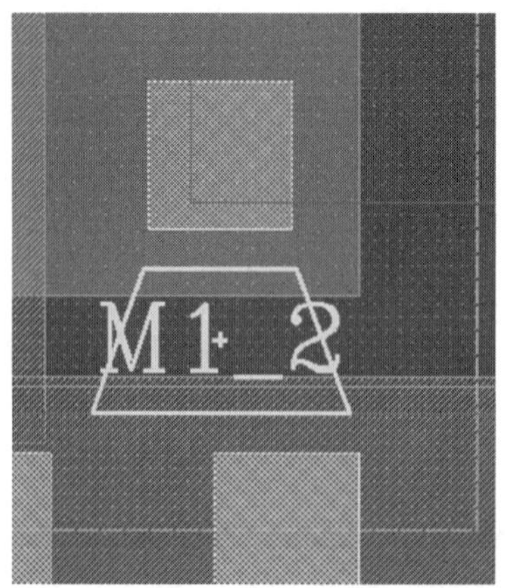

图 4–61　正对距离不够的情况

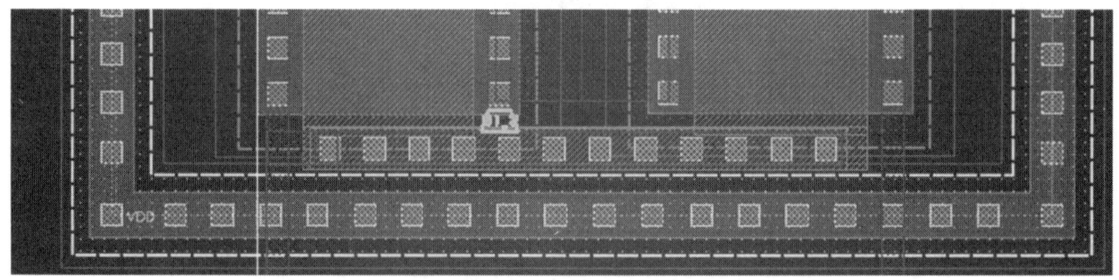

图 4–62　距离错误的修改

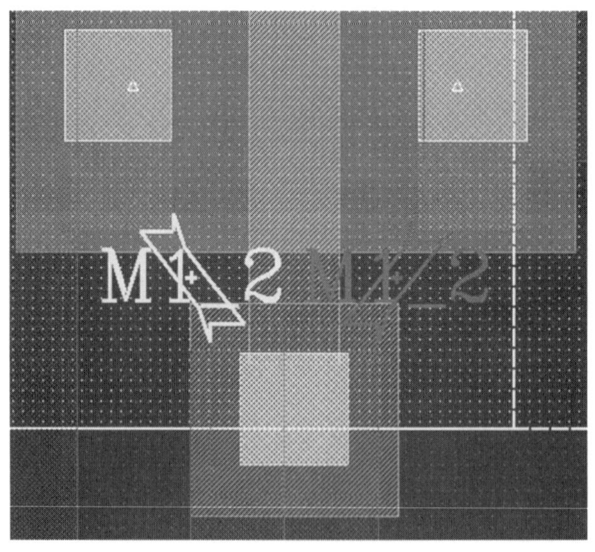

图 4–63　斜向距离过近的错误

（4）Via1 中的金属 1 和走线金属 1 之间距离不够，如图 4–65 所示。由于版图比较随意，因此出现这种小错误，只要调整 via1 的位置就可以避免。

图 4–64　没有连接的错误

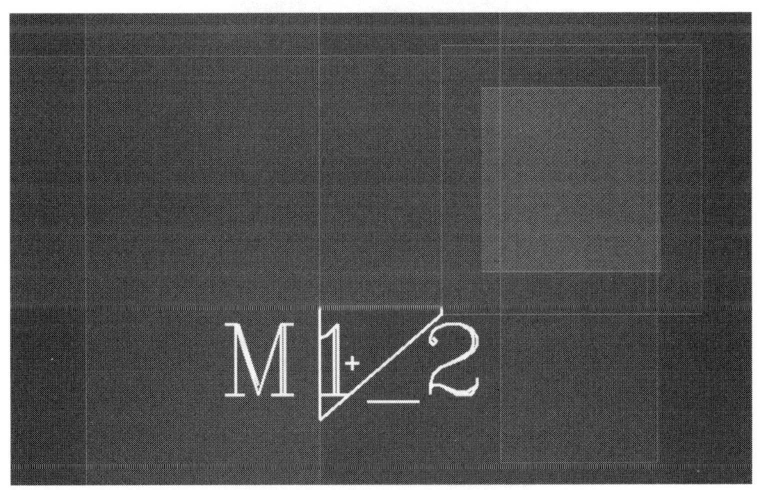

图 4–65　Via 金属线距离错误

请利用第三章中所学版图操作知识，自行修改这些错误，修改的方法不一定一样，重新运行 DRC 后，违反 2 条规则，错误减少为 2 个。继续查看图 4–66 所示的错误，Rule GT_4，两个栅之间的距离最小为 0.25 μm。回看最开始的错误列表，没有这个错误，高亮显示错误后发现，原来是把 PMOS 管上移后，PMOS 管的栅极和下方的接触孔断开了，这说明修改版图时一定要注意，改了旧错误，可能引入新错误。用 GT 层画 rectangle，把断开的地方连接起来。

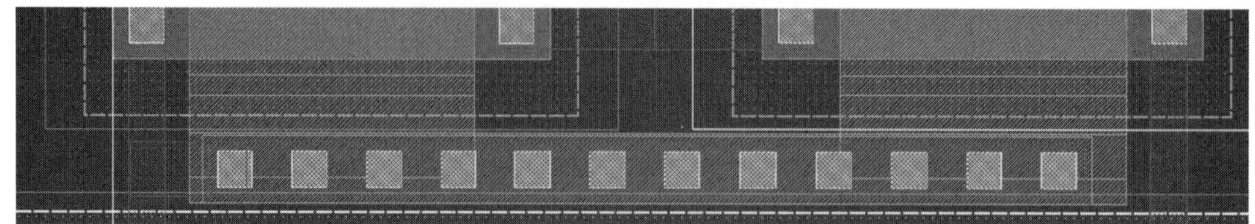

图 4–66　器件移动引起的错误

最后一个错误是 Rule M2_2，两条 M2 金属线之间的距离最小为 0.28 μm，请自行修改，最终版图如图 4–67 所示。

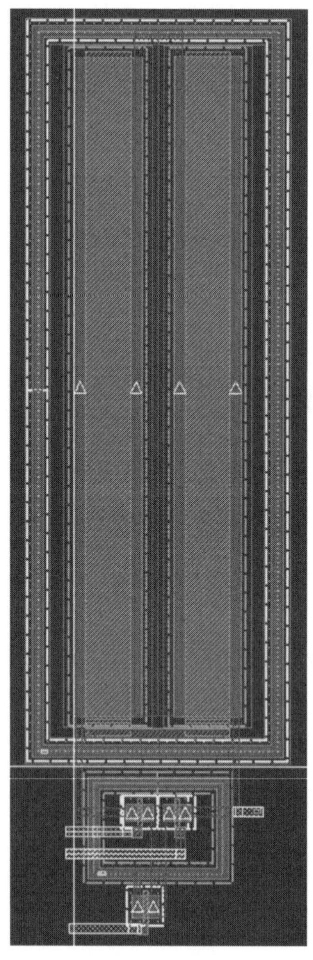

图 4–67　最终版图

小结

经过本节的学习，需要掌握以下内容：

（1）熟悉模拟和射频电路版图设计的规则。

（2）能够设置并运行 DRC，完成设计规则的检查。

（3）能够查找并改正 DRC 错误。

思考题

（1）请整理版图中 DRC 容易出错的地方并逐步补充，有助于提高画版图的水平。

（2）对第三章所画版图（共源放大器、源极跟随器、cascode 放大器、差分放大器等）进行 DRC 校验。

第二节　电路原理图和版图一致性验证方法

考核知识点及能力要求：

- 了解电路原理图和版图比对验证（LVS）的意义及 LVS 规则文件的内容。
- 了解模拟和射频集成电路版图设计必需的工艺信息。
- 会使用工具配置和运行 LVS 校验。
- 会使用工具查看 LVS 错误，根据校验结果修正错误，完成 LVS 校验。

一、原理图和版图比对流程和内容

（一）LVS 校验流程

设计规则检查（DRC）保证版图可以顺利流片生产，但不能保证电路版图的结构和原理图的结构完全一致。因此在 DRC 之后还要进行电路原理图和版图比对（Layout vs Schematic，LVS）验证，其过程和 DRC 相比是类似的，如图 4-68 所示。

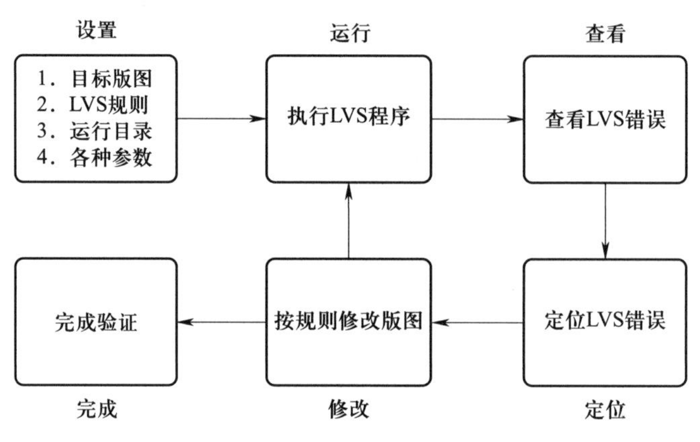

图 4-68　LVS 运行流程

1. 参数的设置

在运行 LVS 验证程序之前，首先要完成四方面的工具设置：第一方面是要设置进行比对的版图和原理图的路径，准确地指向比对的文件；第二方面是设置 LVS 规则，指向对应工艺的 LVS 文件；第三方面是设置运行的目录，通常选用新目录防止数据冲突；第四方面是设置运行过程中的各种参数。

2. 运行

完成设置后就可以执行 LVS 程序，工具会自动执行，不需要过多人工参与，只需要关注执行过程情况即可。

3. 结果显示及改错

查看 LVS 错误，这里和 DRC 不同。DRC 明确提示版图违反了哪条设计规则，可以说有据可依；LVS 则给出版图和原理图的不同之处，但并不清楚产生该错误的原因。

4. 定位 LVS 错误

DRC 可以直接定位在版图什么位置发生了错误，通常表现为局部错误；而 LVS 由于连接关系发生的错误，很有可能造成定位困难。例如电源线和地线短接，那么整体电路的电源网络都会报错，这种错误找起来是很麻烦的，需要不断地修改试错。

5. 修改 LVS 错误

DRC 只要按设计规则修改版图即可，LVS 的难点则在于定位错误，找到原因反而容易修改。LVS 同样是一个迭代的过程，运行复杂电路的 LVS 检查也需要很长时间，建议在一次 LVS 后尽可能多地修改错误，从而减少迭代时间。对于大规模、层次化的电路，一定先完成所有下层电路单独的 LVS，再进行上层电路整体的 LVS，这样如果出错，通常发生在各子电路连接的位置。

（二）LVS 比对内容

通过版图和原理图的比对，可以验证电路结构是否一致，那具体到文件形式上，比较的是哪些内容呢？

从版图的输入文件来看，主要分为三类：

（1）版图文件。Layout Viewer 界面下的电路版图是 LVS 的输入之一。

（2）GDSII 文件。GDSII 文件是一种通用版图输出文件，代表了电路的版图，也可以作为 LVS 的版图输入。

（3）版图或者 GDSII 产生的网表。特别注意这个网表不是原理图生成的网表，是在运行 LVS 的过程中，由版图生成的文件。

从原理图的输入文件来看，主要分为两类：

（1）Schematic Viewer 界面下的电路原理图。

（2）原理图产生的网表。这个网表是由原理图生成的，例如运行 LVS 的过程中，由原理图生成的文件。

版图编辑界面或者 GDSII 文件可以提取出版图网表，原理图编辑界面可以提取出原理图网表，归根到底，版图和原理图的比对是两者产生的网表的比较，因此，在 LVS 输入设置中学员可以根据需要而选择不同来源，不必拘泥于本文演示的流程。

（三）LVS 工具应具备的功能

本实验画版图使用的 EDA 工具为 Aether，版图规则检查（DRC）、版图原理图比较（LVS）使用的 EDA 工具为 Argus。

版图原理图比较（LVS）工具应具有以下功能：

（1）能够完成连接关系错误、器件类型错误、器件参数错误等多种 LVS 规则检查，支持扁平化（Flat）LVS 检查和层次化（Hierarchical）的高效 LVS 检查。

（2）具体分为版图网表提取（Netlist Extraction）和网表与网表比对（SVS）两步骤，两步骤可以单独执行。

（3）能够处理图形，边及角度等类型数据的高精度检查。

（4）交互式特定区域，或特定单元（cell）的局部检查，提高验证效率。

（5）可以同时返标到版图和原理图，让用户进行直观的对照修正。

（6）LVS 结果自动分组、排序、过滤等功能。

版图规则检查 Argus DRC 详细说明可参考“Argus_User_Manual.pdf”。

二、反相器原理图和版图一致性验证实例解析

（一）比对文件准备

在 Design Manager 界面下，选好 Library（ex2）→ Cell（INV）→ View（Schematic），右键弹出菜单，左键点击 open，打开反相器的原理图。同样方法，在 DM 界面下选择 layout_lvs_start，打开反相器的版图。

提示：

（1）View 的打开方式由创建该文件时选择的 View Type 决定，和 View Name 无关。举个极端的例子，View Type 选择 schematic，View Name 改为 layout，这样的 Cell View 仍然是原理图。

（2）画版图是长时间的工作，可以存储多个不同阶段的版图，或者用于不同目的的版图。在本实验中包括了 layout_drc_start、layout_drc_end、layout_lvs_start 三个不同实验阶段的版图。

（3）LVS 对指定 View Name 的原理图和版图进行比较，本实验原理图的 View Name 是 schematic，版图的 View Name 是 layout_lvs_start，如图 4–69 所示。

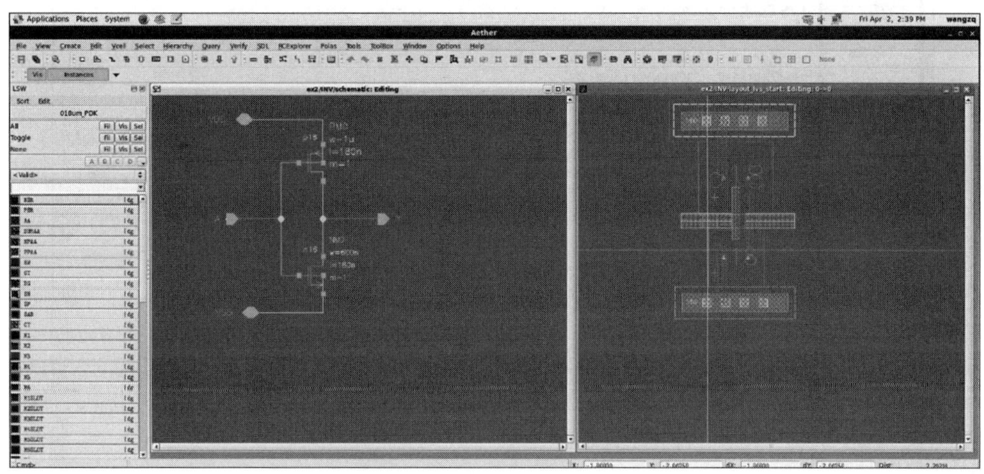

图 4–69　LVS 比对的原理图和版图

（二）参数设置

首先，通过菜单 Verify → Argus → Run Argus LVS，打开 LVS 程序，其后的设置步骤和 DRC 非常相似，如图 4–70 所示。

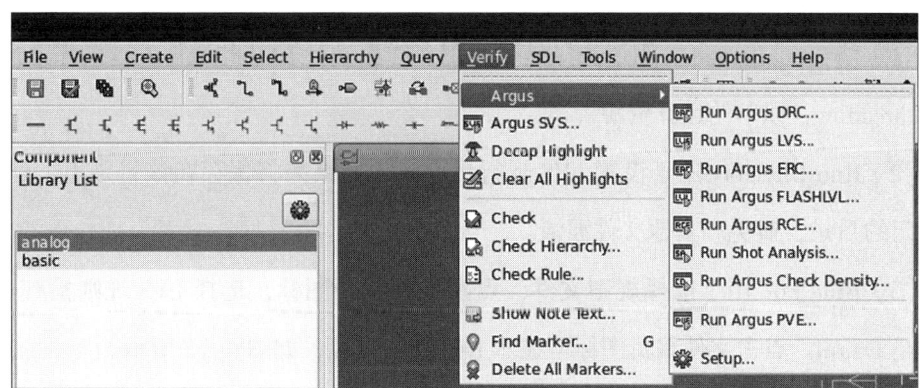

图 4–70　LVS 工具的打开

然后，在出现的界面中开始 LVS 设置，左侧设置项，包括 Rules、Inputs、Outputs、Options、Term 等项，右侧是对应该项的设置内容，这和 DRC 界面相同，如图 4–71 所示。

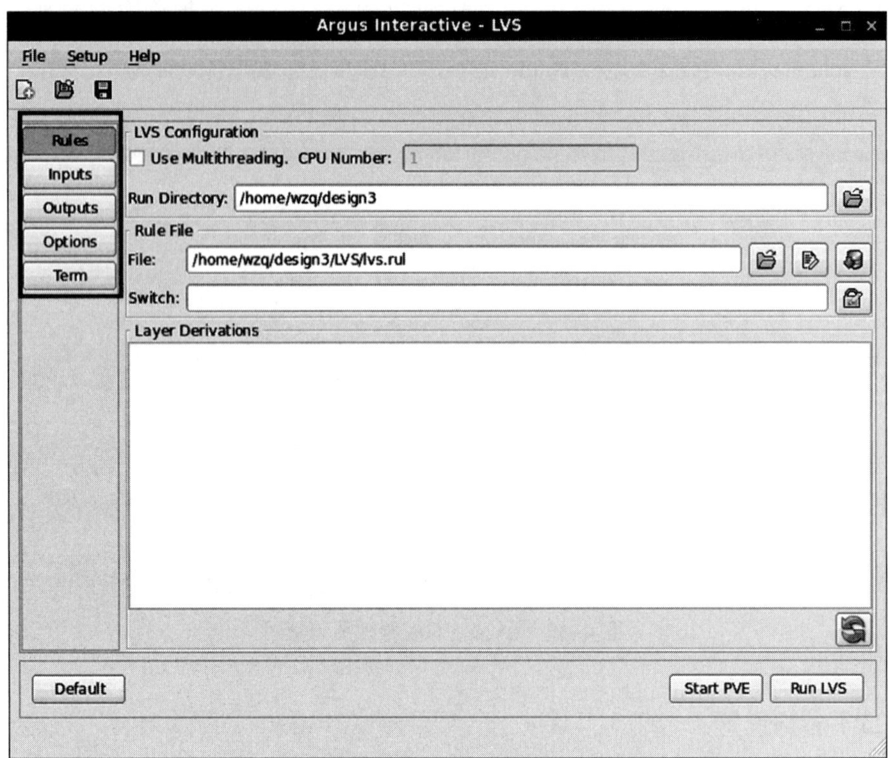

图 4–71　LVS 的设置项

Rules 设置主要包括三部分：

（1）LVS Configuration 用于选择是否使用多线程进行 LVS 的运行，这里先不选 Use Multithreading，以节约运算资源。

（2）Run Directory 用于设置 LVS 运行目录，运行结果将保存在该目录下，建议设置专门的目录，避免和其他文件混淆。

（3）Rule File 用于选择规则文件，点击文件打开图标，选择 LVS 规则检查文件，名称是 lvs.rul。点击文件编辑图标可显示 lvs.rul 的内容，如图 4–72 所示。

Inputs 设置用于选择原理图和版图文件，主要包括两部分：

（1）层次化选择的设置。Flat 和 Hierarchical 的含义和 DRC 相同，对于包含多层的电路建议使用 Hierarchical 的方法，本电路只有一层，选择 Flat。

（2）比对内容的设置用于在 inputs 中选择版图网表和原理图网表的来源，包括 Layout、Netlist、H–Cells 三项内容，如图 4–73 所示。

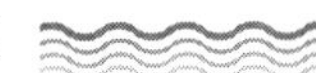

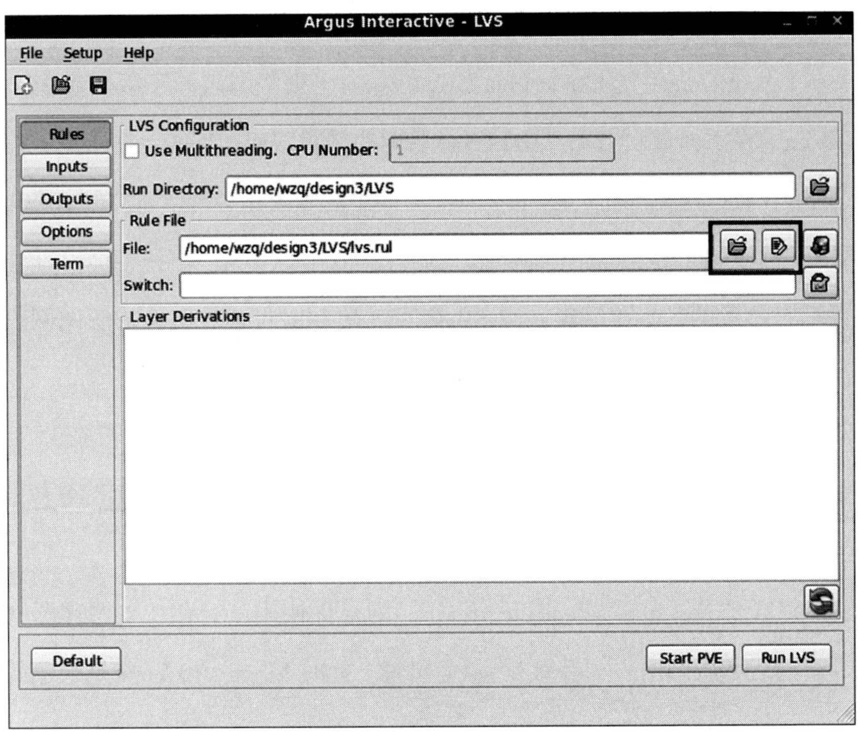

图 4–72　规则文件的选择

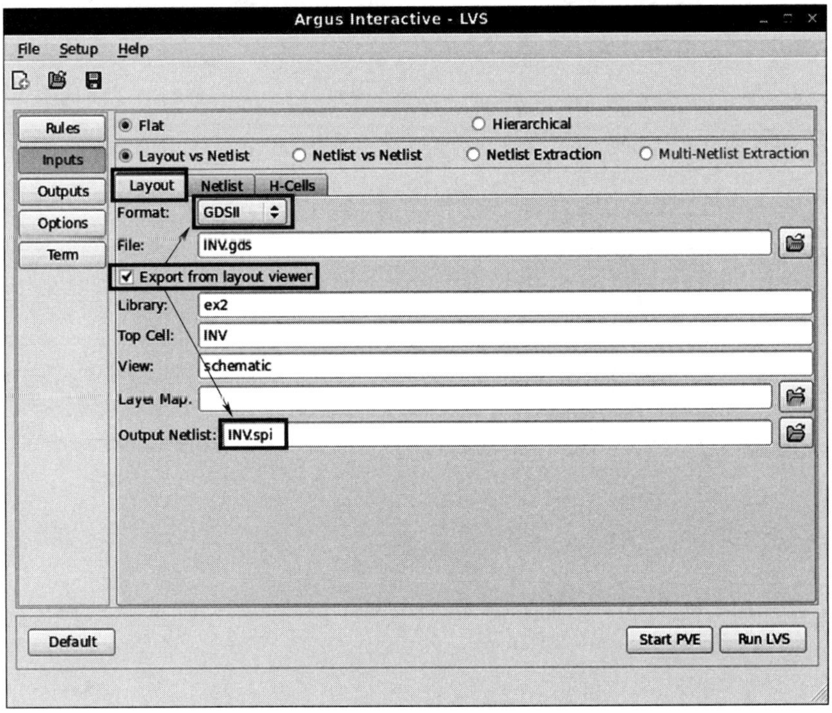

图 4–73　Inputs 选项中版图来源的设置

如果使用版图和原理图进行比对，则选择“Layout vs Netlist”。

如果在 Layout 界面勾选 Export from layout viewer，则版图来源于版图界面，Library、Top Cell 和 View 在下面显示出来，在 LVS 比较时先转换成版图网表（后缀是 spi），然后和原理图网表比较，与此同时，layout viewer 界面中的版图还会产生对应的 GDSII 文件。

如果不勾选 Export from layout viewer，则版图来源于 GDSII 文件，注意下面 Library、View 等行都是灰色的，不可编辑。GDSII 在 LVS 比较时也是先转换成版图网表（后缀是 spi），然后和原理图网表比较，如图 4–74 所示。

如果在 Netlist 界面中勾选 Export from schematic viewer，则原理图来源于原理图界面，Library 和 View 在右侧显示出来。在 LVS 比较时先转换成原理图网表（后缀是 cdl），然后和版图网表（后缀是 spi）进行比较，如图 4–75 所示。

如果不勾选 Export from schematic viewer，则直接使用已经存在的原理图网表（后缀是 cdl），然后和版图网表（后缀是 spi）比较。此时 Library 和 View 是灰色的，不可编辑。

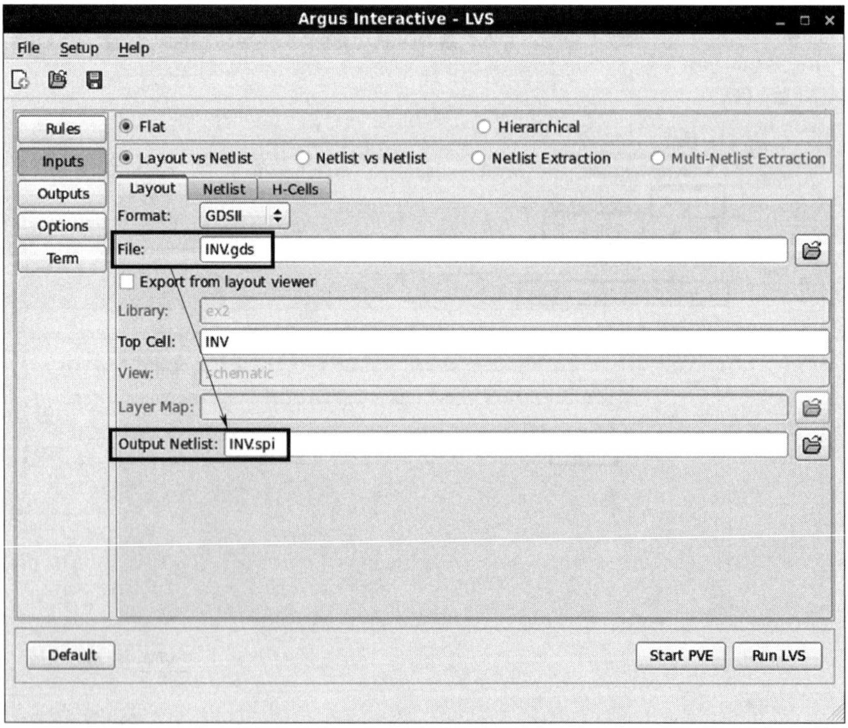

图 4–74　从 GDSII 文件中提取网表

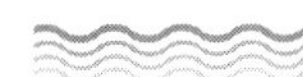

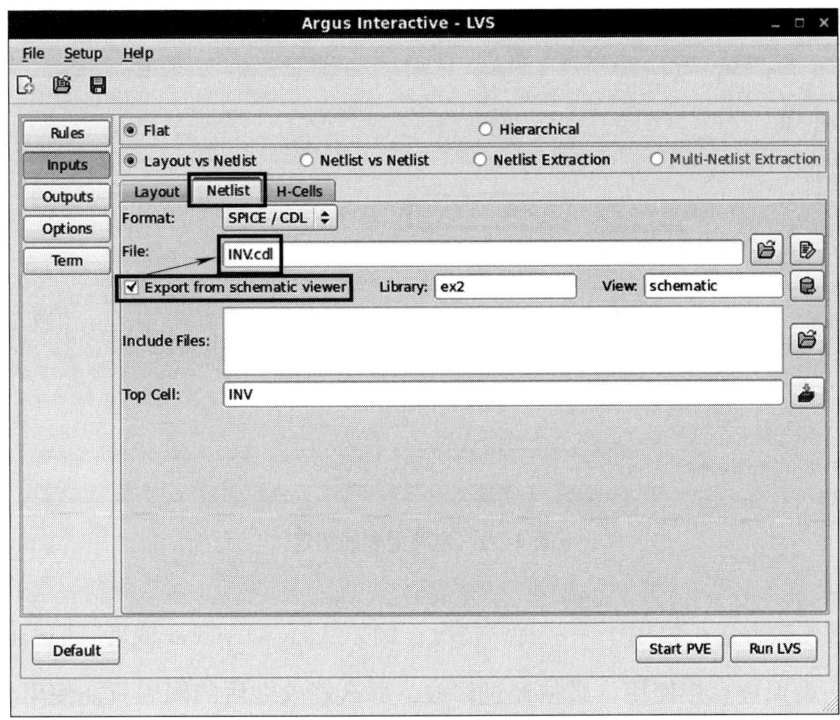

图 4–75　电路图输入的选择

综上所述，版图有界面输入或者 GDSII 输入两种来源，原理图有界面输入或者网表输入两种来源。

H–Cells 界面属于层次化电路做 LVS 时的高级设置，这里暂时不讲。

前文提到版图还可以直接使用网表，那么版图和原理图都使用网表时，设置如图 4–76 所示，选择“Netlist vs Netlist”，原理图网表下还提供了从 schematic viewer 产生网表的选项，如图 4–77 所示。

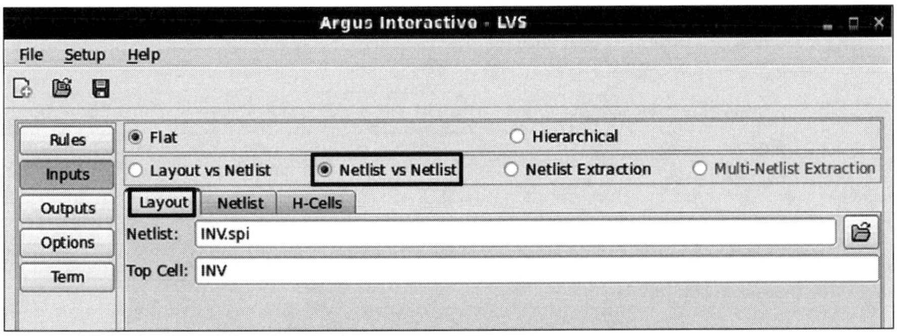

图 4–76　网表与网表的比较方法

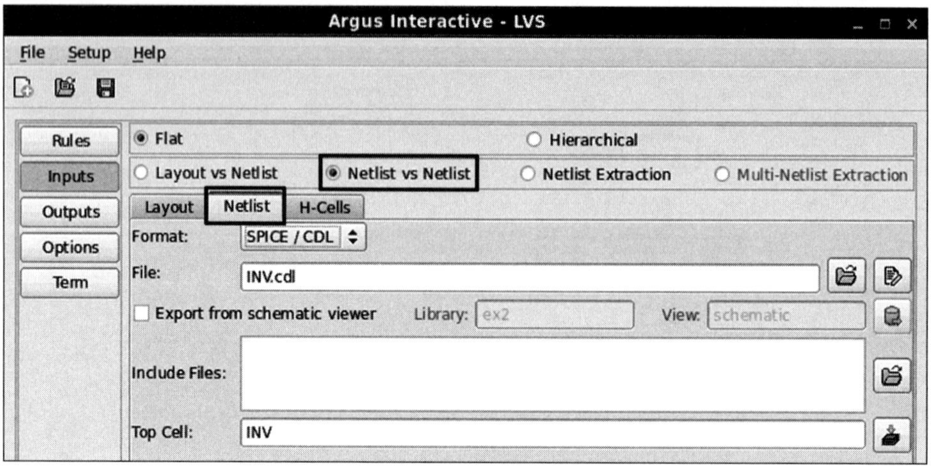

图 4-77　电路网表的指定

这种比较方法可以用于一些特殊情况。例如从 layout viewer 或者 schematic viewer 产生的网表无法直接使用，必须经过修改，那么修改之后的网表只能使用 Netlist vs Netlist 的方法比较。

“Layout vs Netlist”和“Netlist vs Netlist”两项都是进行比较使用的，而“Netlist Extraction”的功能是产生网表，可以看成是为比较做准备，从图 4-78 和图 4-79 可以看出，这个选项仅用于产生网表。

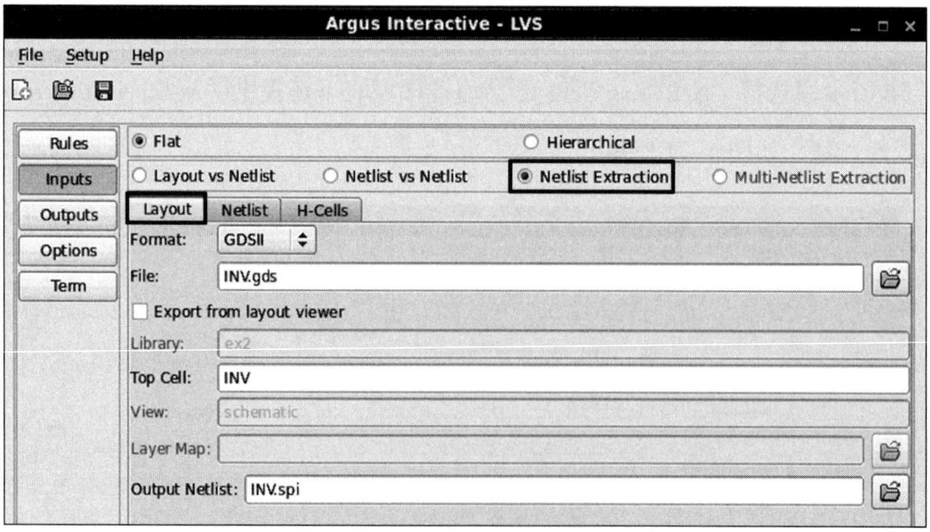

图 4-78　版图网表的提取

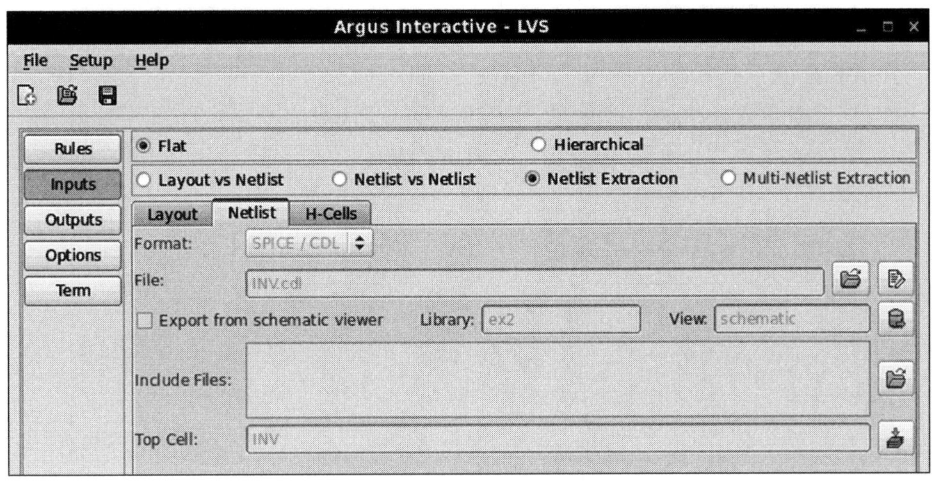

图 4-79　原理图网表的提取

本实验使用 Layout vs Netlist 设置，并选择 Export from layout viewer 和 Export from schematic viewer，其他内容不用改动。

Outputs 设置了 LVS 报告等输出文件的选项：

（1）LVS 检查的文本结果默认放在 INV.lvs.rep 中。

（2）LVS 检查的图形结果可以通过 PVE 显示，勾选"Start PVE after LVS finishes"选项后，可以在完成 LVS 后立即打开 PVE 查看，PVE 使用的数据库后缀名为 pvdb，如图 4-80 所示。

Options 设置中包括了 Output、Supply、Short、ERC、Connect、Transform、Include、Cell 和 Advanced 共九项，功能很多，如图 4-81 所示。这里先保持缺省设置，后面会陆续讲到部分项的设置方法。

做好所有设置后，通过 File → Save Runset 保存，下次可以直接调用这一设置。

（三）验证程序运行

切换到 Term 并点击 Run LVS，则工具开始运行 LVS 检查。若出现如图 4-82 所示的错误，提示 Export Failed，这意味着 layout 的网表还没有生成就出错了。

在 LVS 的运行过程中可能遇到各种各样的问题，解决问题的首要方法是要看错误提示并找到错误说明，这是本实验着重强调的地方。在 LVS 校验过程中可能在不同步骤出现错误：

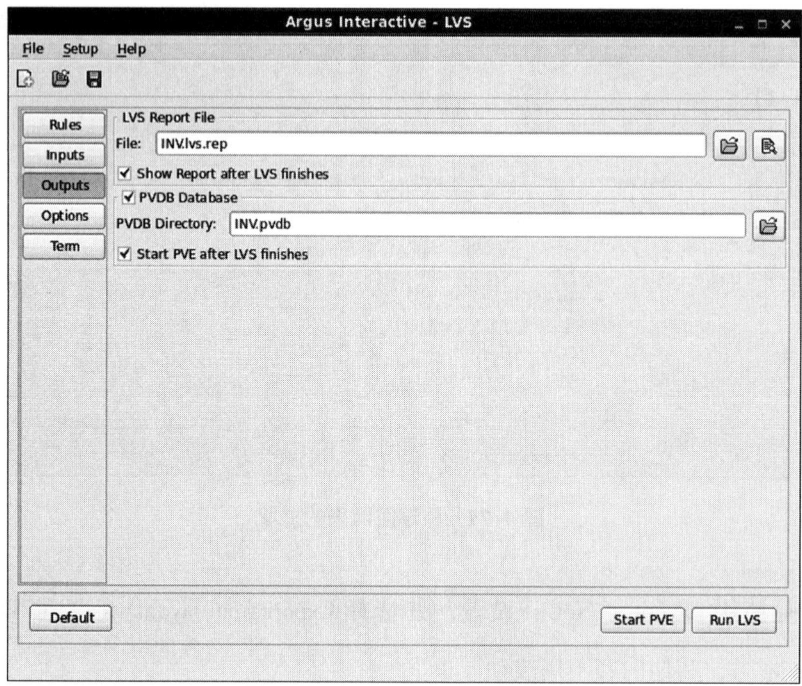

图 4–80　输出文件的设置

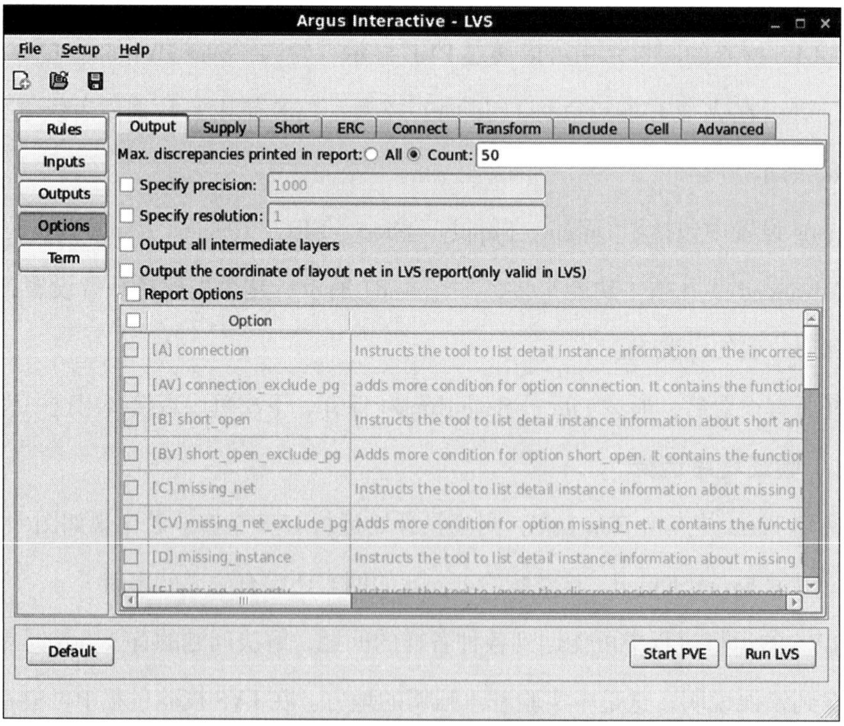

图 4–81　Options 选项的设置

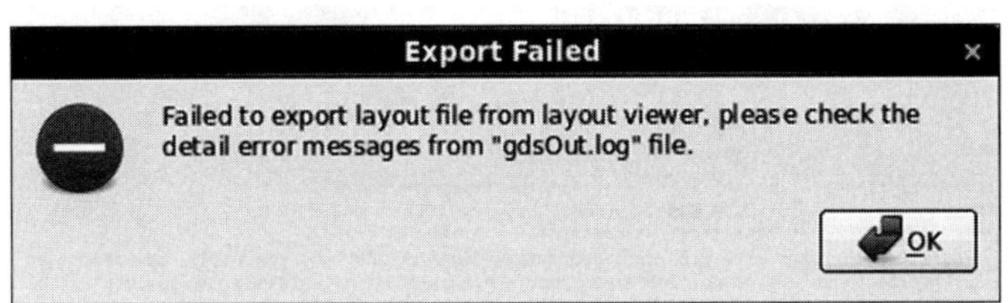

图 4–82　输出错误的提示

（1）若在 LVS 运行过程中出错，需要根据提示查看 gdsOut.log 文件。

（2）若 LVS 运行后提示版图和原理图不对应，则要查看 LVS report 文件和 PVE 界面下的说明。

就图 4–82 出现的错误而言，首先要在 Linux 系统文件夹内找到 gdsOut.log 文件，如图 4–83 所示。

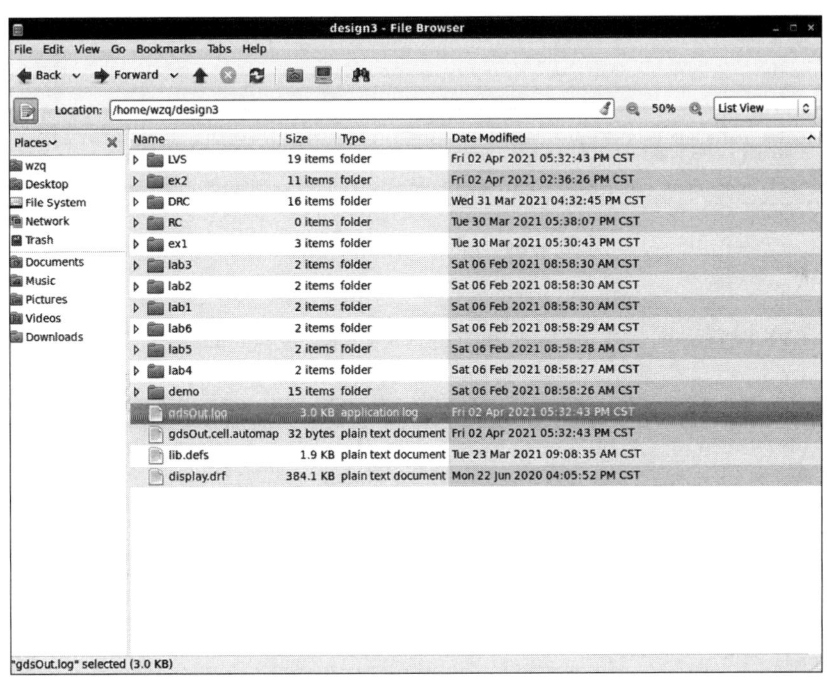

图 4–83　GDSII 输出记录文件

然后，打开该 log 文件查找错误说明，如图 4–84 所示。从文字解释上看是 INV 这个 cell 的 layout 数据不能用 schematic 打开，初步判断是 INV 的 layout 和 schematic 之间出了问题。

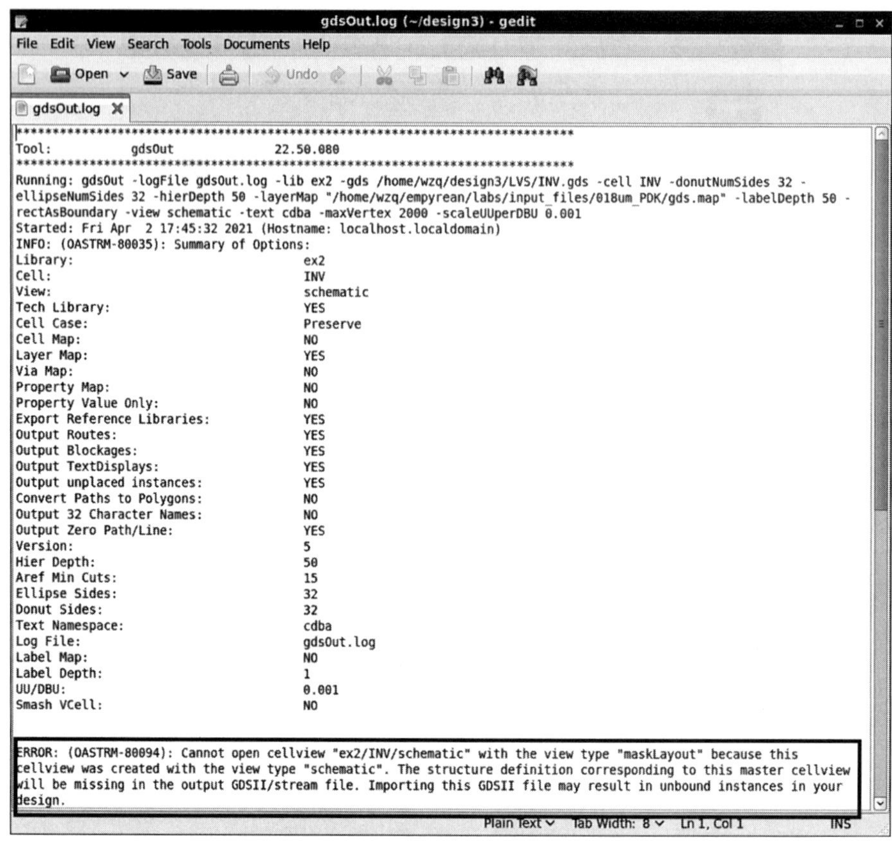

图 4-84 gdsOut.log 的错误提示

回到 LVS 设置界面，发现 Layout 下的 View 确实是 schematic，如图 4-85 所示。

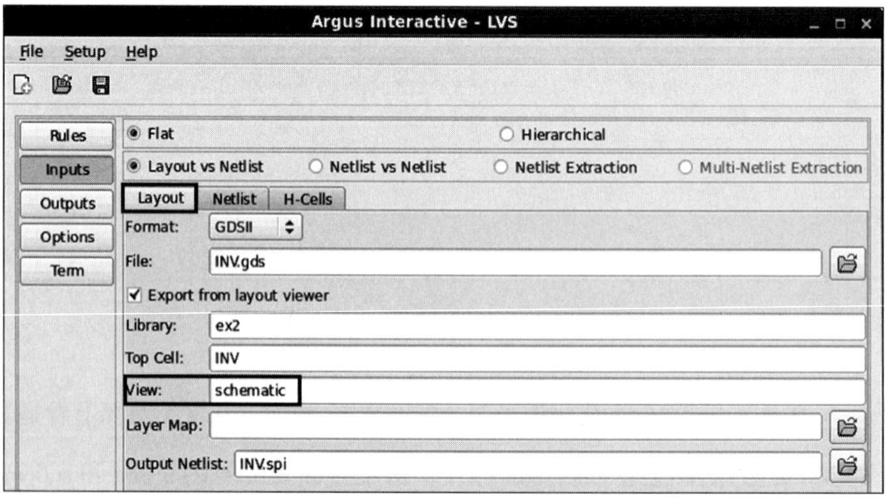

图 4-85 错误的原因

这是由于在 Schematic Viewer 下打开了 LVS，正确的方法是在 Layout Viewer 下打开 LVS，需注意避免这类错误，如图 4-86 所示。

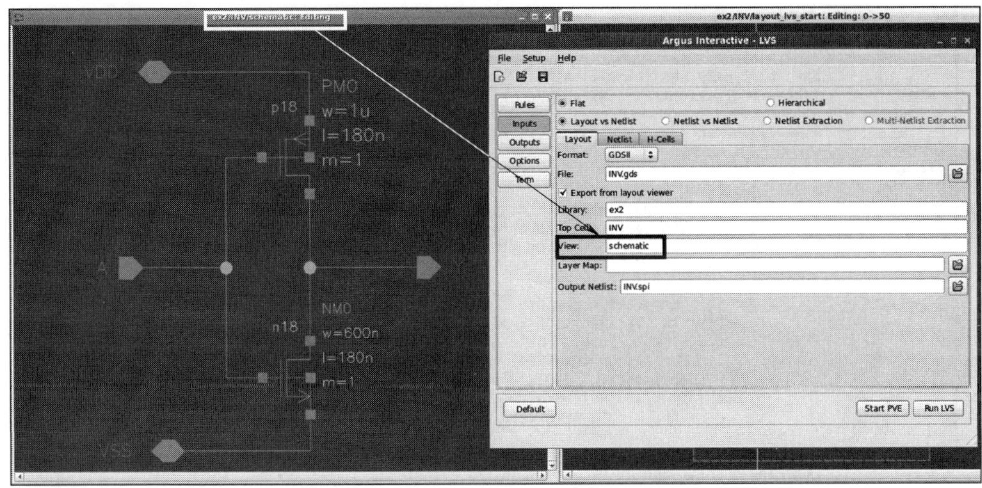

图 4-86　电路图下打开 LVS

正确结果如图 4-87 所示，View 的名称为 layout_lvs_start。

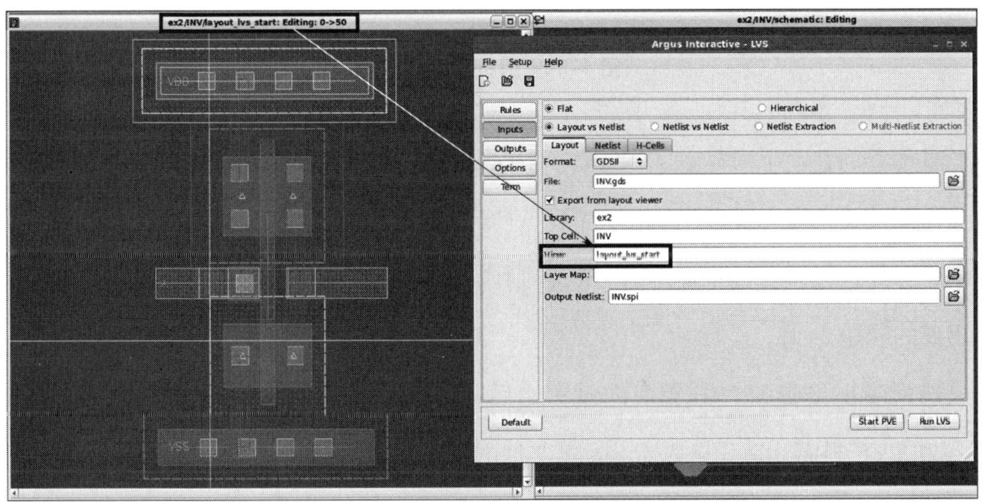

图 4-87　版图下打开 LVS

再次运行 LVS（Run LVS），LVS 运行中会自动切换到 Term 这项，其运行过程将在右侧空白处显示，Term 中显示的内容很多，LVS 完成后只显示了最后的部分，需要往回看全部输出，如图 4-88 所示。

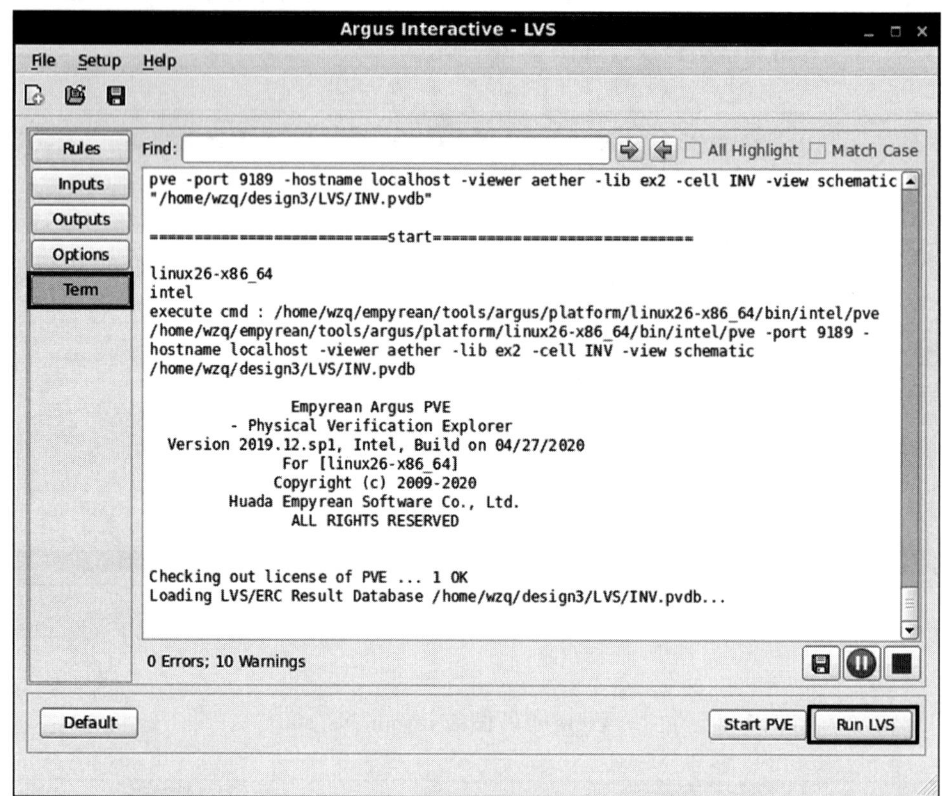

图 4-88　运行结果的显示

显示界面在左下角显示“0 errors；10 warnings”，向上输出内容找到 warning 说明，这里需要注意的是电路没有命名电源“VCC”和地“GND”，如图 4-89 所示，后面再详细解释如何设置。如果提示有 error，则说明 LVS 运行不成功，需要找到并改正运行中出现的问题。

选择弹出报告和 PVE 界面的设置之后，LVS 运行完会弹出了报告文件（INV.lvs.rep）和 PVE 界面。首先来先看 report 文件的内容：

（1）ARGUS LVS REPORT 部分描述了运行的基本情况，再提示一下，版图提取出来的网表名称是 INV.spi，原理图提取出来的网表名称是 INV.cdl，如果做网表直接比较的话，请注意写对网表的名称，如图 4-90 所示。

（2）TOTAL RESULTS 部分描述了运行的总结果，目前是 FAIL，表示有错，LVS 运行完后首先关注的就是这个结果，如图 4-91 所示。

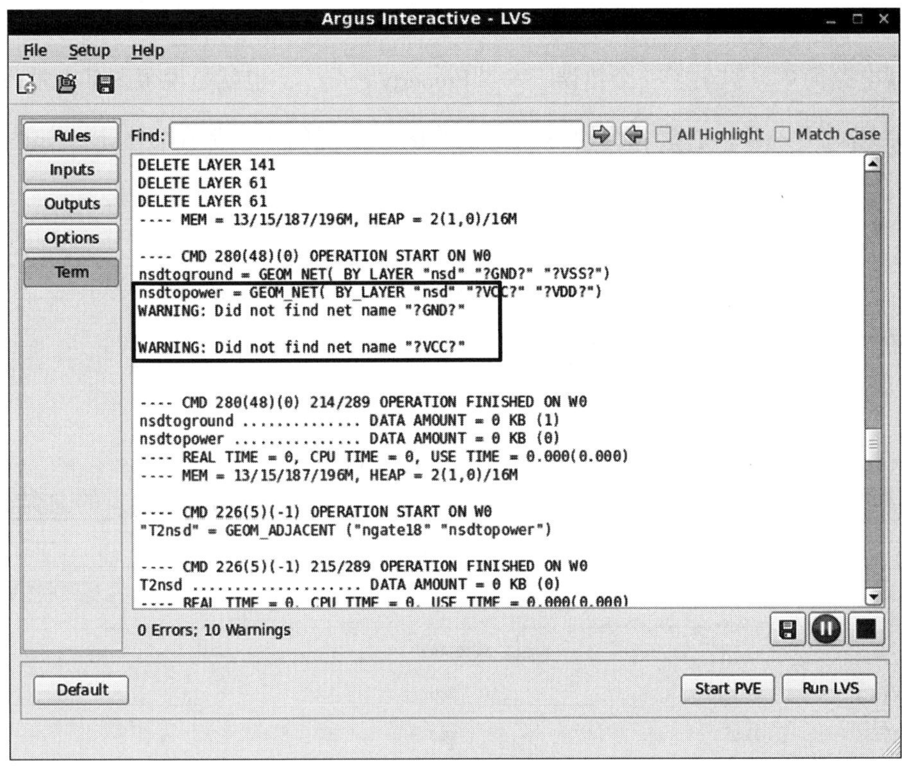

图 4–89　警告的显示

```
###########################   A R G U S   L V S   R E P O R T   ###########################
ARGUS LVS VERSION     :    2019.12.spl
USER NAME             :    wzq
CURRENT DIRECTORY     :    /home/wzq/design3/LVS
REPORT FILE NAME      :    INV.lvs.rep
LAYOUT NAME           :    INV.spi ('INV')
SOURCE NAME           :    INV.cdl ('INV')
RULE FILE             :    /home/wzq/design3/LVS/lvs.rul
HCELL FILE            :
CREATION TIME         :    Fri Apr  2 19:45:44 2021
```

图 4–90　报告的基础信息

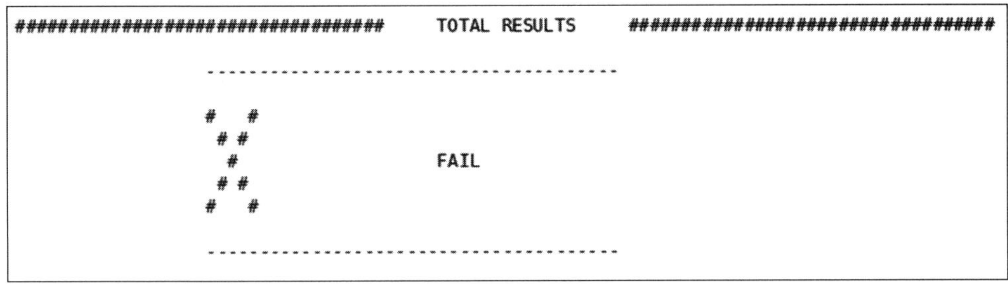

```
######################################     TOTAL RESULTS     ######################################

                    ---------------------------------------

                    #   #
                     # #
                      #             FAIL
                     # #
                    #   #

                    ---------------------------------------
```

图 4–91　报告的结果部分

（3）TOTAL ERRORS AND WARNINGS 部分描述了运行所有的错误和警告，由于反相器电路简单，只出了一个错误——“Property erros”，也就是说版图某个器件的参数和原理图不一样，通常认为原理图是正确的，出现的错误都在版图上，如图 4–92 所示。

```
---------------------- TOTAL ERRORS AND WARNINGS ----------------------------------------

  Error:    Property errors.
```

图 4–92　报告的具体错误描述

（4）HCELL SUMMARY 部分描述了层次化单元（hierarchical cell）的总结情况，反相器只有一层电路，Hcell 就是 INV 自己，如图 4–93 所示。

```
----------------------------------- HCELL SUMMARY --------------------------------------

  Result        Layout                      Source
  -----------   -----------                 --------------
  FAIL          INV                         INV



#######################################     HCELL     #######################################


------------------------- CELL COMPARISON RESULTS ( TOP LEVEL ) --------------------------

                  ---------------------------------------

                  #   #
                   # #
                    #               FAIL
                   # #
                  #   #

                  ---------------------------------------

LAYOUT CELL NAME=INV
SOURCE CELL NAME=INV

--------------------- HCELL ERRORS AND WARNINGS ------------------------------------------

  Error:    Property errors.
```

图 4–93　报告中 HCELL 部分

（5）Number of Objects Statistic 部分描述了运行对象的数量统计，包括端口、网络（可以认为是连线）、器件等。LVS 会对它们进行转换、合并等操作。一般来说，如果

Layout 列和 Source 列中对应项的数目不同，那么意味着该项出现了错误。LVS 让人头疼的一个问题就是这些项彼此关联、相互影响，只能大致判断哪里出错了，如图 4–94 所示。

```
====================== Number of Objects Statistic =====================================

o Before Transform
-----------------

                Layout    Source          Component Type
                ------    ------          --------------
 Ports:              4         4

 Nets:               4         4

 Instances:          1         1          MN (4 pins): g (s d) b
                     1         1          MP (4 pins): g (s d) b
                ------    ------
 Total Inst:         2         2

o After Transform
----------------

                Layout    Source          Component Type
                ------    ------          --------------
 Ports:              4         4

 Nets:               4         4

 Instances:          1         1          INV (2 pins)
                ------    ------
 Total Inst:         1         1
```

图 4–94　报告中对象数量统计

（6）在本实验中，版图（Layout）和原理图（Source）的数量完全相同，但版图仍有错误，报告列出了 PROPERTY ERRORS，属性错误。可见版图中 M1 管的 w=0.8 μm，而原理图中 M1 管的 w=0.6 μm，两者不同，如图 4–95 所示。

```
================================= PROPERTY ERRORS ==================================
      LAYOUT NAME                                          SOURCE NAME
====================================================================================


1     M1(0.665,-0.595) MN(N18)                             MNM0 MN(N18)
      w: 0.8 u                                             w: 0.6 u              33.3333%
```

图 4–95　报告中错误的详细比较

（7）INFORMATION AND WARNINGS 部分描述了运行信息和警告，反相器版图没有其他问题，如图 4–96 所示。

```
============================ INFORMATION AND WARNINGS ====================================

                    Matched    Matched    Unmatched    Unmatched    Component
                     Layout     Source       Layout       Source    Type
                    -------    -------    ---------    ---------    ---------
   Ports:                 4          4            0            0

   Nets:                  4          4            0            0

   Instances:             1          1            0            0    INV
                    -------    -------    ---------    ---------
   Total Inst:            1          1            0            0

o Initial Correspondence Points:

   Ports:           VSS A Y VDD
```

图 4–96　报告中信息和警告部分

（8）SUMMARY 部分描述了运行情况的总结，如图 4–97 所示。

```
############################################ SUMMARY ##########################################

Total Real Discrepancy Count: 1
Comparison Memory : 234/234
Total CPU Time    : 0 sec
Total Real Time   : 0 sec
```

图 4–97　运行情况总结

总结报告中最重要的部分是看 LVS 是否有错，有错的话看错误都出现在哪里，但该文本报告太简略，难以从该报告中定位错误，那么就需要在 PVE 里通过交互的方式查找、定位错误，然后修改版图。

（四）错误查找和修改

查错更准确地说是查找 LVS 运行结果显示的错误，需要先熟悉 LVS 的 PVE 界面。INV.pvdb 是 PVE 使用的数据库，左侧窗口显示该数据库中包含 Inputs 和 Outputs，右侧窗口缺省显示了 Outputs 中 Comparison Results 和 Extraction Report，点按窗口标题可以来回切换，如图 4–98 所示。

Inputs 内容包括版图网表、原理图网表、LVS 规则文件等，双击左侧列表，右侧就弹出对应的窗口，窗口内显示相应的内容，如图 4–99 所示。

Outputs 内容包括缺省显示的 Extraction Report、Comparison Results，还有 ERC Results、ERC PATHCHK Results、LVS Report File 等，它们也可以点击打开，如图 4–100 所示。

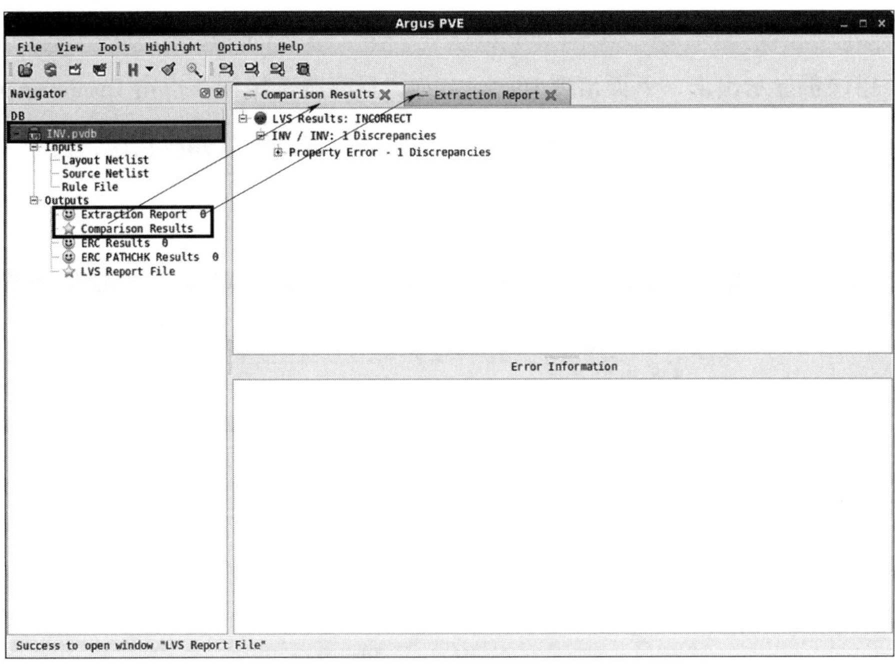

图 4–98　PVE 界面

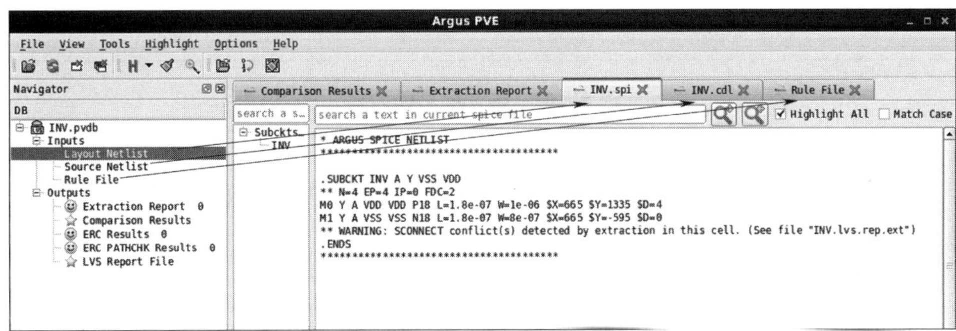

图 4–99　PVE 中 Inputs 的内容

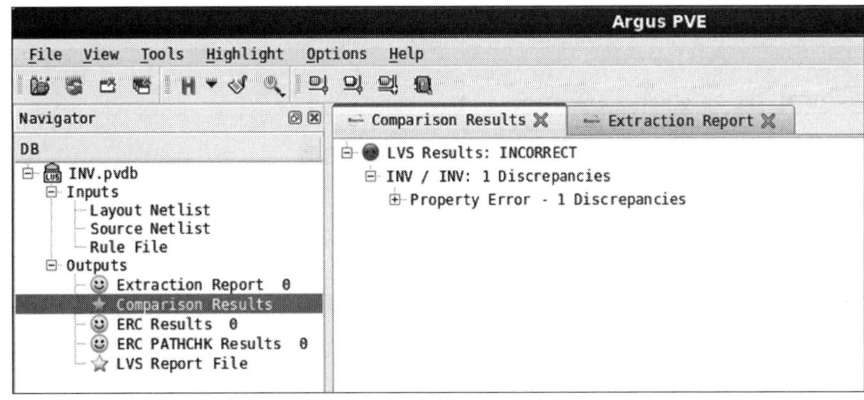

图 4–100　PVE 中 Outputs 的内容

先从 Comparison Results 讲起，点击右侧上方窗口中 Property Error 前的加号，把所有这类错误都显示出来，下面出现 Discrepancy，只有一个错误。点击 Discrepancy，右侧下方窗口给出了说明，如图 4–101 所示。当然，可以现在就修改错误，但为完整起见，先介绍完 Outputs 中其他的内容。

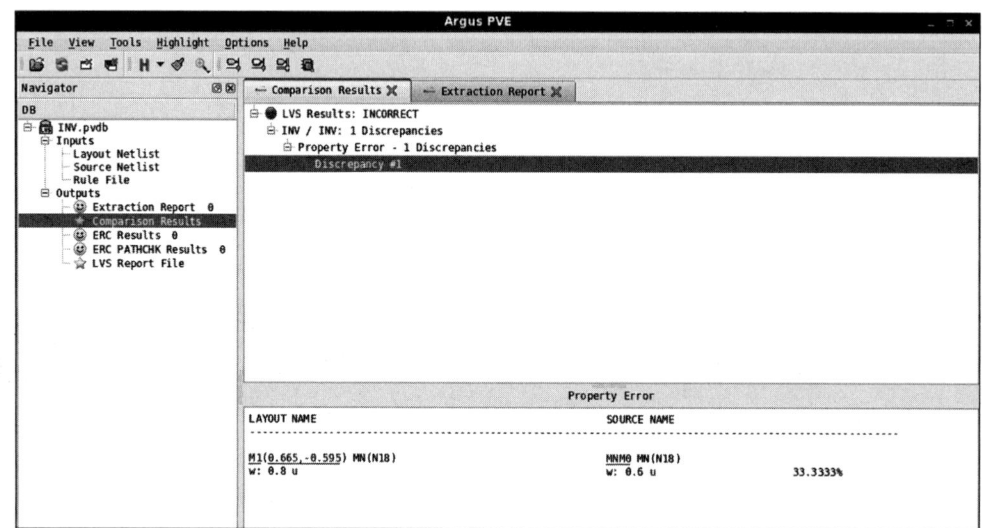

图 4–101　错误的具体内容

Extraction Report 讲了从版图提取网表的过程，提取的结果如图 4–102 所示。

```
******************************** DEVICE STATISTIC ********************************

    DEVICE                   ID        COUNT (FLAT COUNT)
    --------------------     ------    --------------------
    MN (N18)                 $D=0      1 (1)
    MP (P18)                 $D=4      1 (1)
    --------------------     ------    --------------------
    TOTAL                              2 (2)

-- TOTAL ERC_RuleChecks Executed:     4
```

图 4–102　提取报告的结果

PVE 中会显示 ERC 的结果，那什么是 ERC 呢？ ERC 是指 Electrical Rule Check，即电气规则检查，是用于防止电路中出现违反电气要求的错误连接方式。lvs.rul 中定义了四条 ERC 检查规则：

（1）ptd_to_power，即 Pwell pick–up layer ptd texted with power net，P 阱被标为电源。

芯片的衬底上做 P 阱，P 阱应该接电路最低电位，所以不能被标为电源。

（2）ntd_to_ground，即 Nwell pick-up layer ntd texted with power net，N 阱被标为地。PMOS 管做在 N 阱中，为了保证 PMOS 管有源区和衬底（即 N 阱）反偏，N 阱电位应该是 PMOS 管 4 端中的最高电位，因此不能被标为地。

（3）mntopg，即 NMOS connect to both Power and Ground，NMOS 管的源漏极同时接电源和地。此时电源和地之间相当于连接了一个非线性的 NMOS 管电阻，通常不会这样使用。

（4）mptopg，即 PMOS connect to both Power and Ground，PMOS 管的源漏极同时接电源和地，和上一条类似。

在做完 LVS 比对后，除了要关注 Comparison Results 外，也需要看一下 ERC 检测结果，如图 4-103 所示。

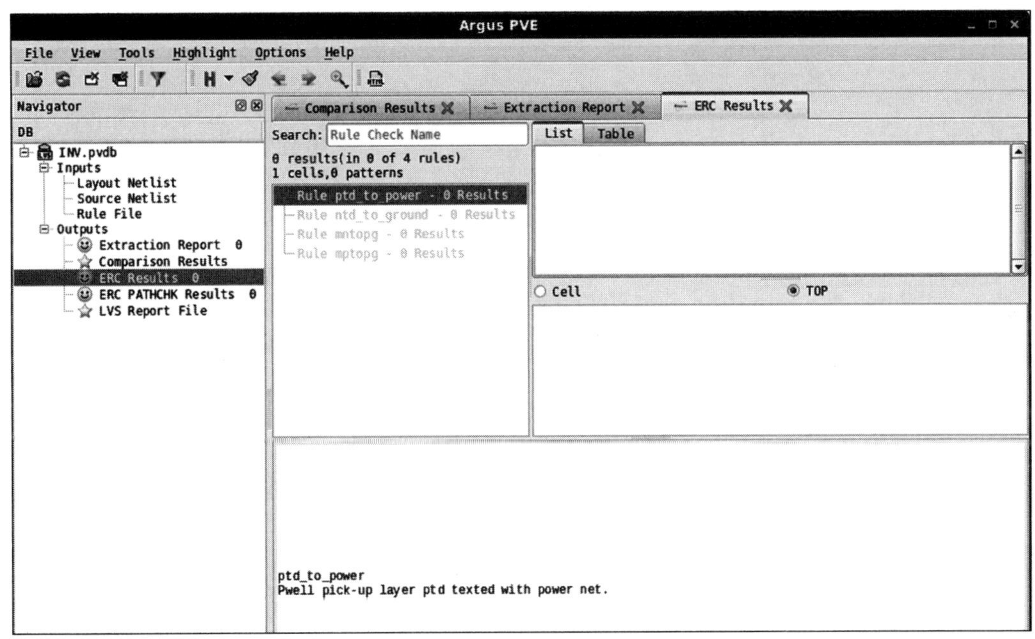

图 4-103　ERC 检测结果

PVE 中还显示了 ERC PATHCHK Results，即 ERC 路径检查的结果。lvs.rul 中定义了四条不同于 ERC 规则的 ERC 路径检查规则：

（1）ERC PATHCHK GROUND && ! POWER NOFLOAT，即管子有到 GROUND 的通路，同时（&&）没有（!）到 POWER 的通路，不能悬空。

（2）ERC PATHCHK POWER && ! GROUND NOFLOAT，即管子有到 POWER 的通路，同时（&&）没有（!）到 GROUND 的通路，不能悬空。

（3）ERC PATHCHK ! POWER && ! GROUND NOFLOAT，即管子既没有到 POWER 的通路，同时（&&）也没有到 GROUND 的通路，不能悬空。

（4）ERC PATHCHK ! LABELED NOFLOAT，即缺少 label，不能悬空。

和 ERC 不同，ERC PATHCHK 中的前三类错误可能只是伪错误，例如电路中存在 CMOS 传输门，其中的 NMOS 管和 PMOS 管两端可能都没有到电源和地的通路，该电路设计是没有问题的，但 ERC PATHCHK 会报错。因此这里的错误需要对照电路设计情况进行甄别，最后一个 label 的错误当然需要修改，如图 4-104 所示。

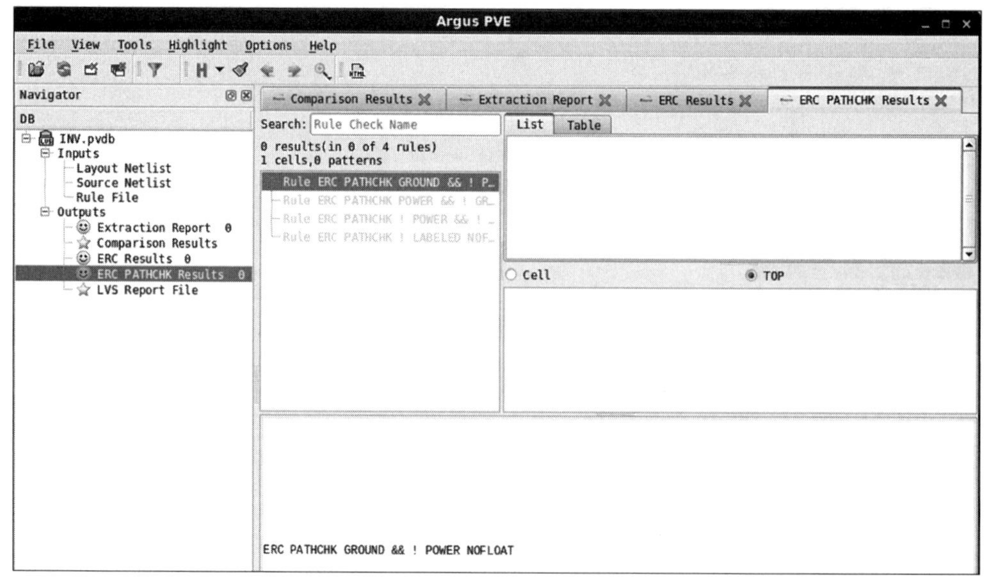

图 4-104　ERC 路径检查规则

最后看一下怎么修改 LVS 给出的 Property Error。选中需要修改的 NMOS 管，使用快捷键 Q 弹出 Edit Instance Properties 菜单，将 Width 修改为 600 n，如图 4-105 所示。

放大看局部版图，发现修改 NMOS 管宽度后，栅极和漏极连线都断开了，需要重新修改版图，如图 4-106 所示。

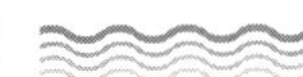

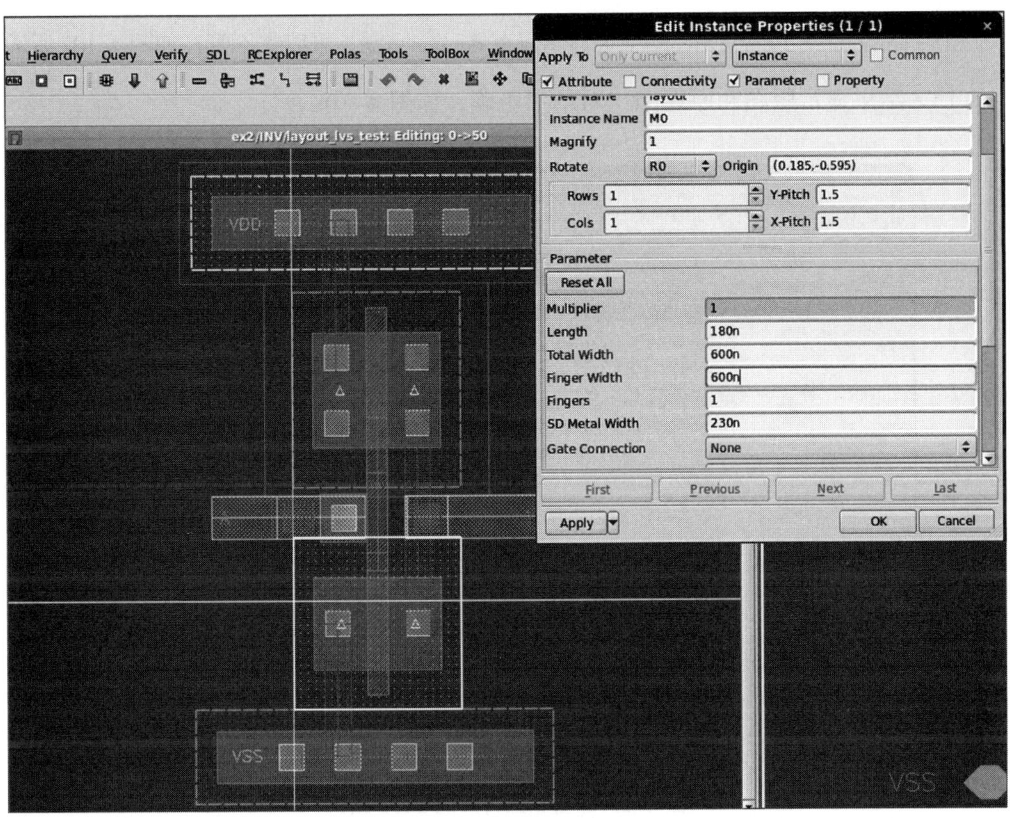

图 4–105　属性错误的修改

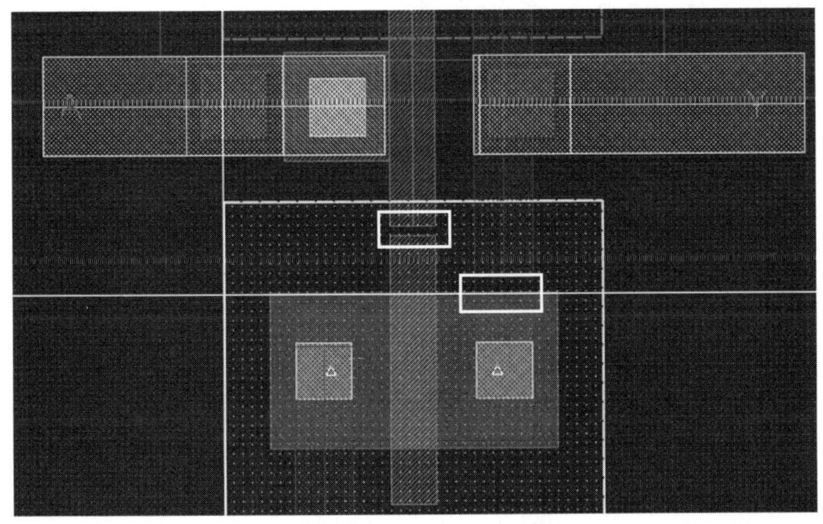

图 4–106　属性修改后版图的变化

修改版图之后需要先重新运行 DRC，没有错误后再运行 LVS。运行校验程序时可以调入原来存储的 runset 设置。DRC 的结果显示只有 density 问题，可以先不管，如图 4–107 所示。

LVS 结果显示版图和原理图比对结果正确，如图 4–108 所示。

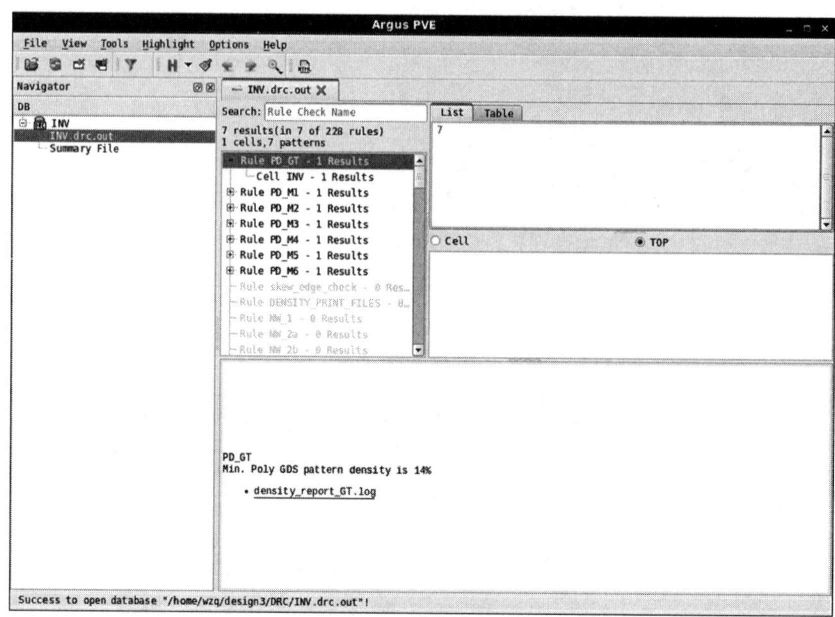

图 4–107　重新运行后的 DRC 结果

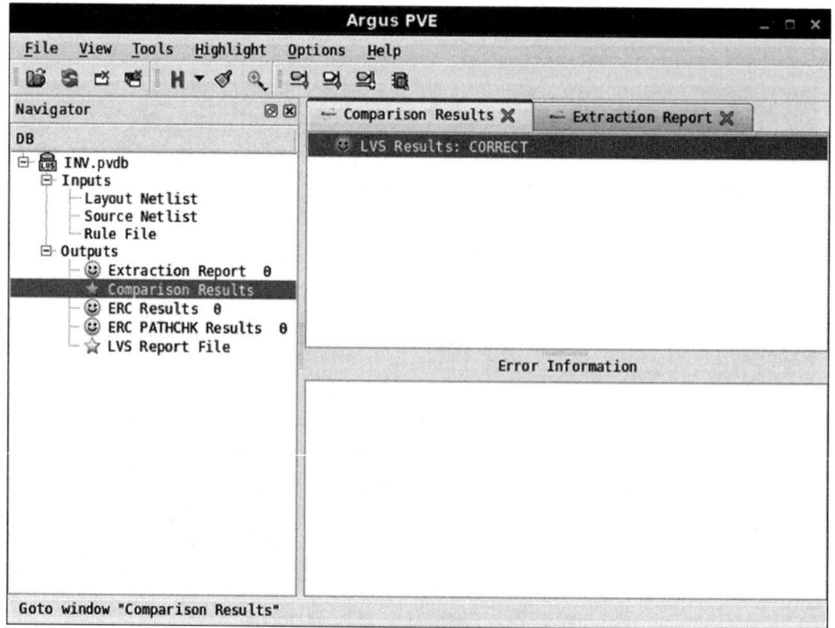

图 4–108　重新运行后的 LVS 结果

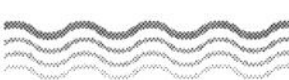

三、单级放大器原理图和版图一致性验证实例解析

（一）错误的分析

单级放大器做 LVS 检查同样包含设置、运行、修改错误等步骤。LVS 的运行结果如下，LVS 出现了严重的问题，Comparison Results 显示无法进行比较，如图 4–109 所示。

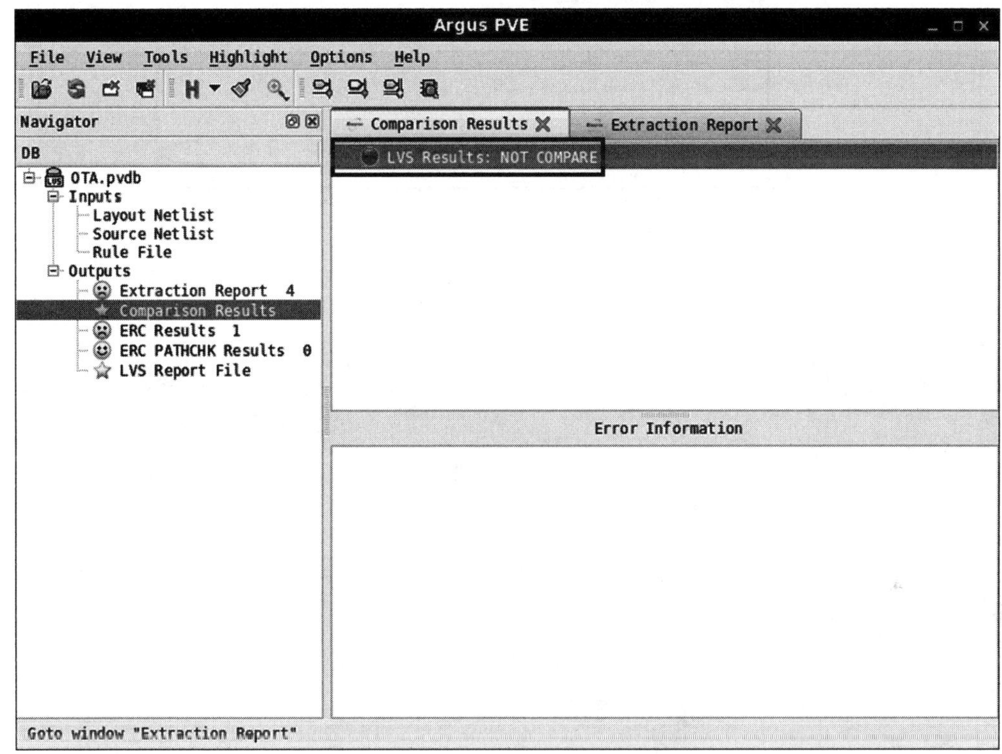

图 4–109　没有比较结果的情况

那这个错误从哪里去找原因呢？查看 Extraction Report，版图中存在短路。相关的 Label 包括 VDD、VSS、OUT，还有一个没有 label 的走线，如图 4–110 所示。

先找出 VDD、VSS、OUT 分别包含哪些线段，图 4–111 中红色为 VDD 走线，粉色为 VSS 走线，黄色为 OUT 走线，且这三种走线都使用了金属 1 层。显然问题出在这里，本该不同的走线由于使用相同金属层而相交了。和 OUT 相对的地方也有一条相同问题的走线，这是放大器的镜像节点走线，该节点没有打 label，称为内部节点，经过分析定位了错误发生在图 4–111 的 4 个圆圈中。

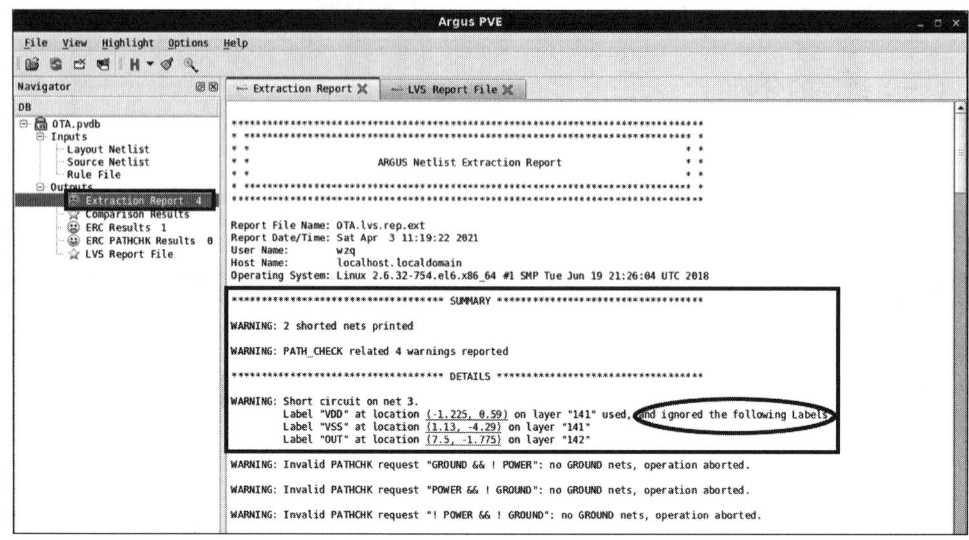

图 4–110　从提取报告中寻找原因

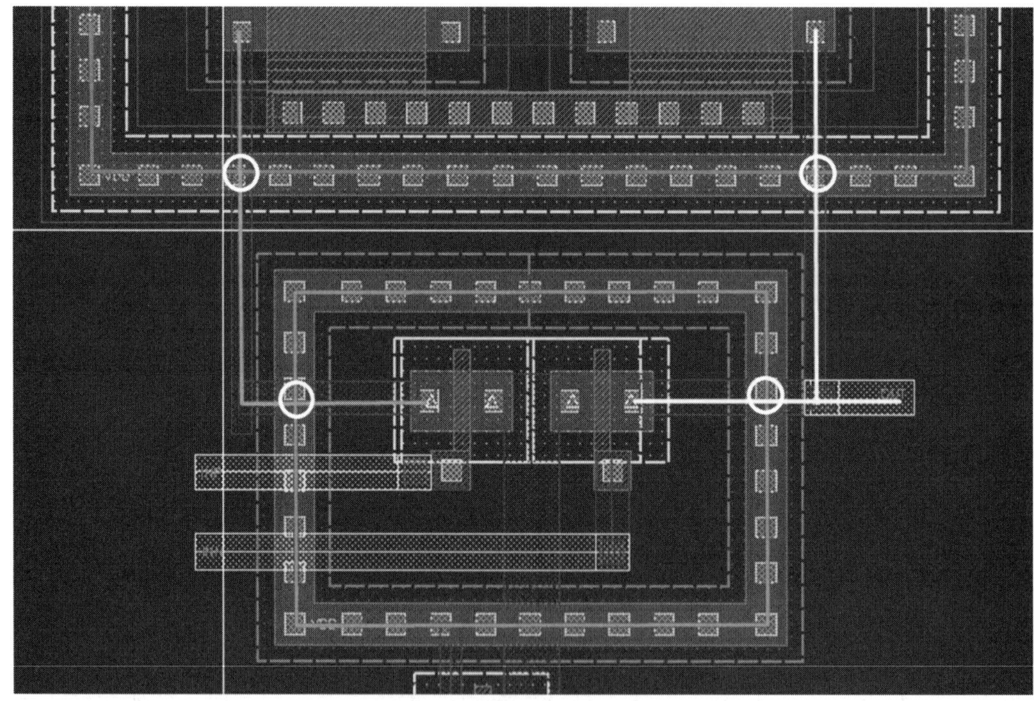

图 4–111　保护环短路案例

提示：对于使用了保护环的电路而言，凡是环内向外走线，都需要换到 M2 或更高层金属。

（二）错误的修改

找到原因后修改电路，将 OUT 走线都换成 M2 金属层，如果考虑 M2 仅用于水平走线的话，垂直方向需要从 M1 层换为 M3 层，修改后的版图如图 4–112 所示。

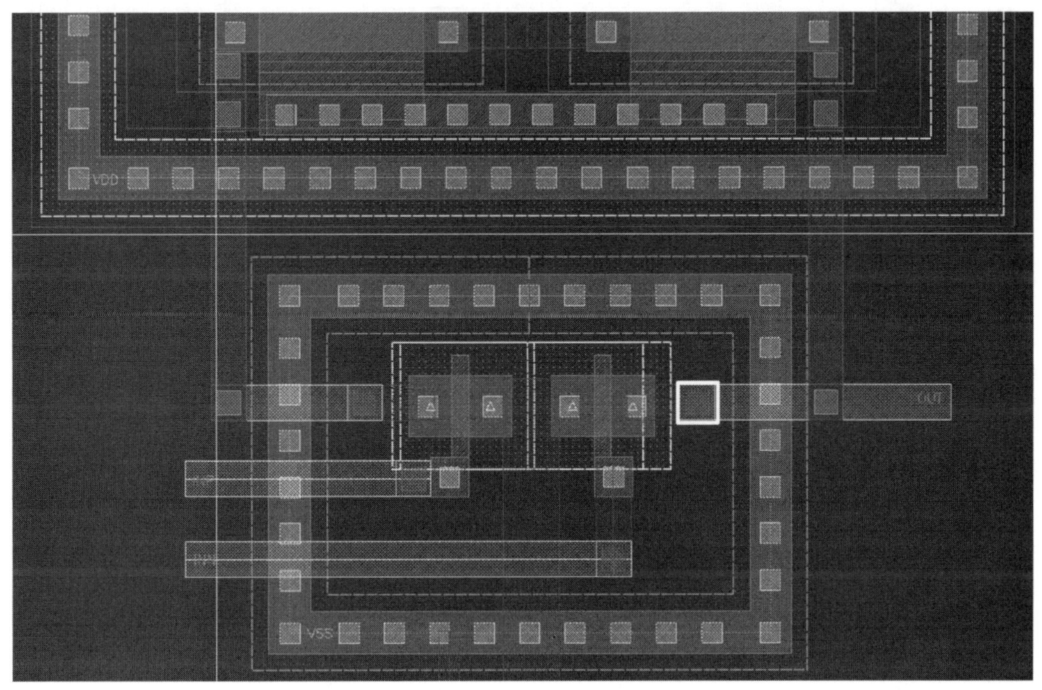

图 4–112　修改后的版图

（1）水平方向将 Via1 放在 NMOS 管保护环内，M1 层换为 M2 层，水平走线出保护环。

（2）垂直方向将 Via1 和 Via2 叠放在 PMOS 管保护环内，M1 层通过 2 个 Via 换为 M3 层，垂直走线出保护环。

（3）M3 垂直走线和 M2 水平走线相交处用 Via2 连接。

（4）镜像节点走线的修改方法相同，不再重复说明。

提示： M1 到 M3 换层包含 2 个 via1 和 2 个 via2。一方面只有一个 via 的话，M2 的金属面积小于 0.2 μm^2，不满足 DRC 要求；另一方面，换层时使用 2 个或 2 个以上的 via 可以加强连接的可靠性。

先对修改后的版图做 DRC，保证没有 DRC 错误，如图 4–113 所示。

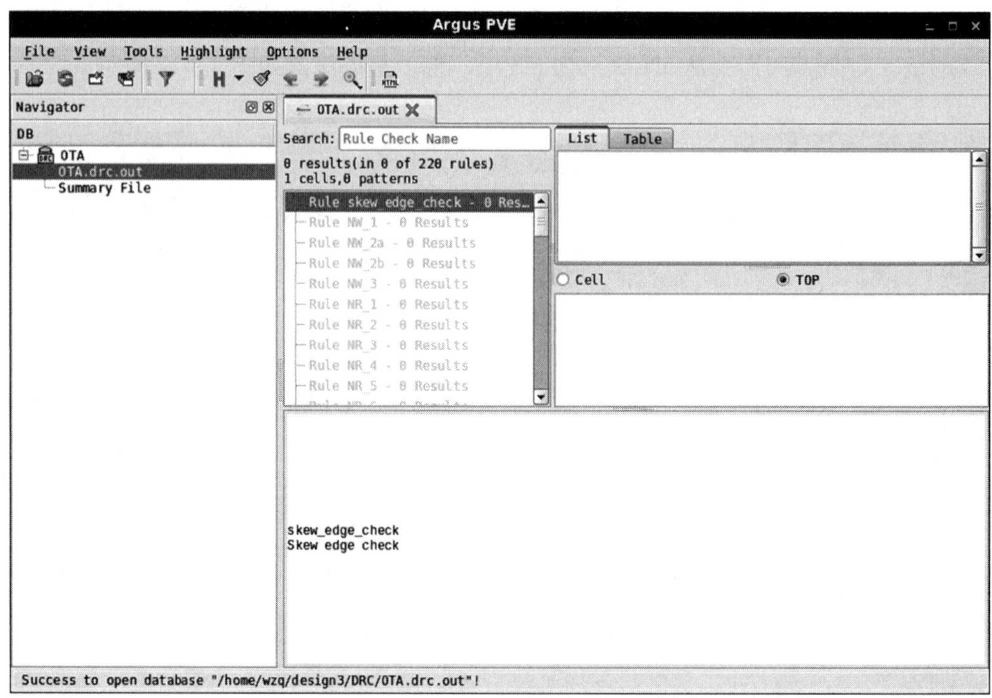

图 4–113　修改后的版图的 DRC 运行结果

再进行 LVS 校验，这次 Extraction Report 是对的，但在 Comparison Results 中仍有 1 个错误。点击 Incorrect Net 前的加号，展开对错误的详细说明。右下方框中给出了很多描述，仔细观察，第一个说明是错误的根源。在原理图（source）中，有 VSS 和 P 两个网络，但在版图（layout）中只有 VSS 一个网络，如图 4–114 所示。

寻找错误既可以从原理图侧入手也可以从版图侧入手，对于这个错误首先查看网络 P 是什么位置。使用左键双击 P，原理图上高亮标出该网络，原来是偏置 NMOS 管的漏极和差分输入对管的源极连接的网络，如图 4–115 所示。

对照版图发现仍然是走线和 NMOS 管保护环相交造成的。这里 LVS 之所以能运行，是因为没有造成电源和地线的短路。

修改方法不再说明，改完后的版图如图 4–116 所示，经过 DRC 和 LVS 检查，版图是正确的。

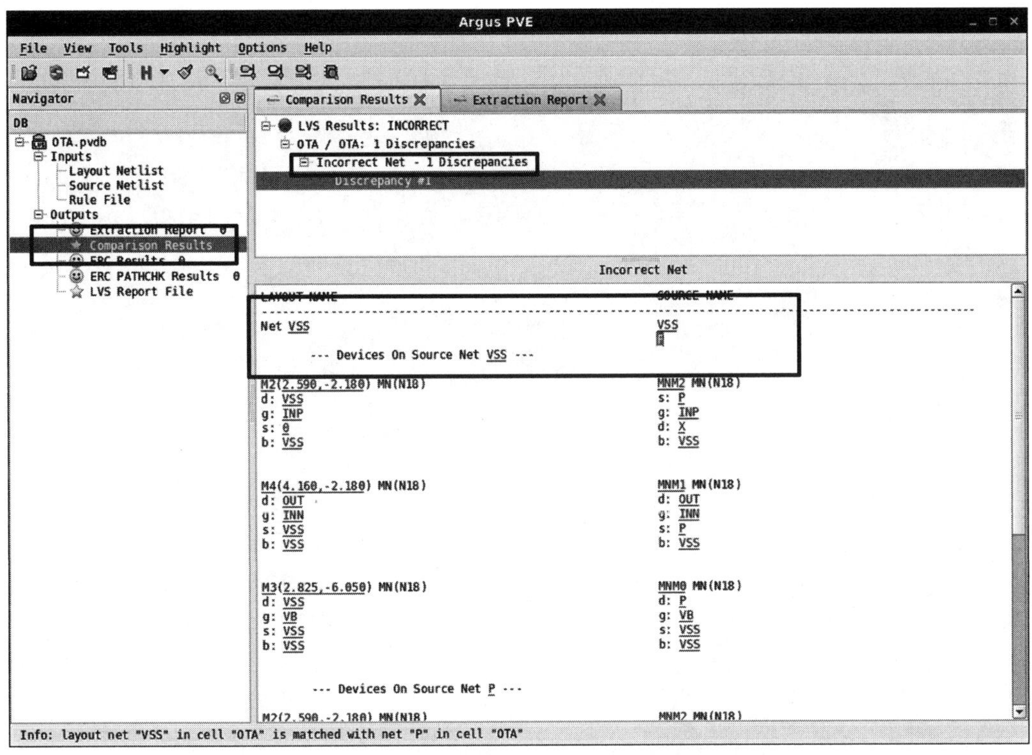

图 4–114　修改后的版图的 LVS 结果

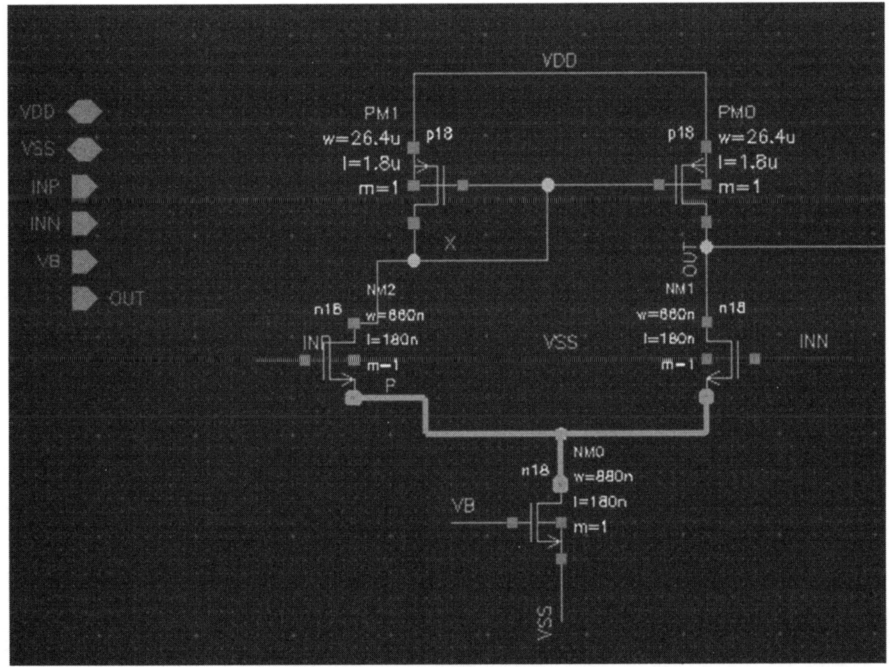

图 4–115　错误位置的高亮显示

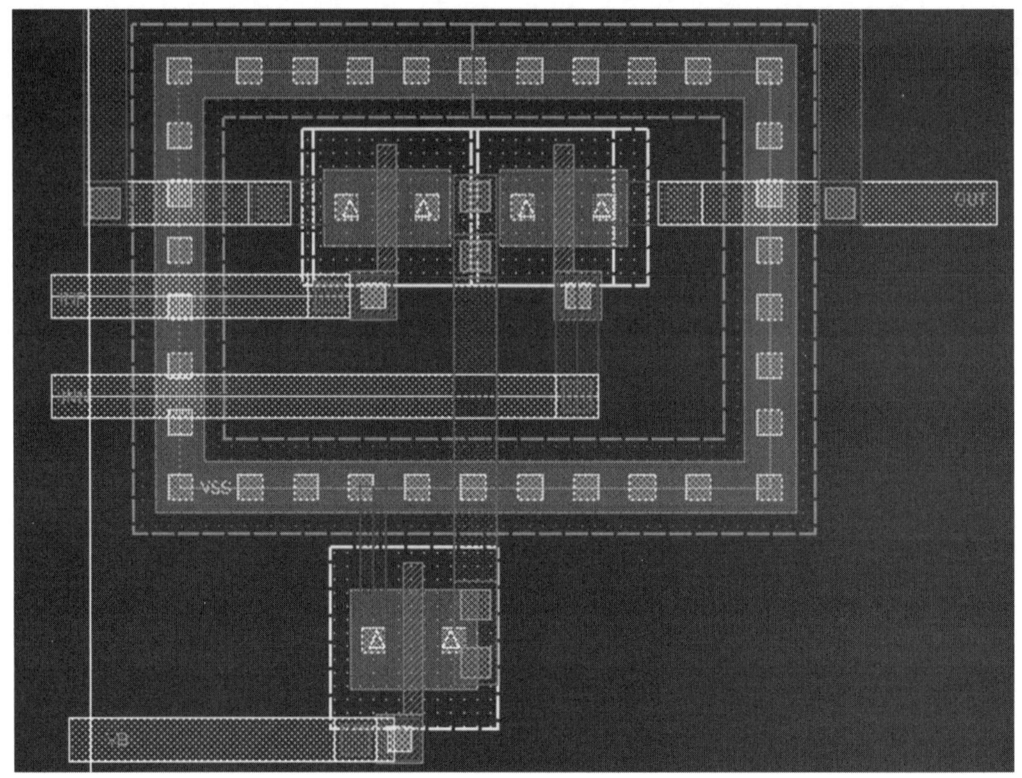

图 4-116　完全修改后的版图

四、验证过程常见问题分析和总结

（一）LVS 检查中常见的错误

以上对反相器和单管放大器进行了 LVS 检查，由于电路比较简单，所以没有太多的错误，但从实验过程可以看到各阶段可能出现各种各样的问题，常见的错误包括：

（1）LVS 没有运行完出错。LVS 首先对版图和原理图提取网表，这也称为 extract 的过程，如果这个过程出错，需要在 linux 系统下查看 log 文档，看问题所在。

（2）LVS 运行后没有比对。LVS 提取版图和原理图网表后，对这两个网表开始比对，如果网表中存在诸如电源和地短路等问题，LVS 没有比对结果，那么需要查看 Extraction Report，看产生的网表出现了什么问题。

（3）LVS 运行后有错误。LVS 完成网表比对之后，如果存在错误（包括 ERC 错误），会在 Comparison Results 中给出，这时需要查看 PVE 中给出的错误提示，寻找及修改错误，由于错误种类太多，本实验无法覆盖所有情况，因此仅介绍基本的查错流程。

（二）错误使用 Label 引起的错误

引起 LVS 错误的原因很多，其中一部分是由 label 引起的。这个问题看上去很小，但有可能带来较大的影响。下面以单管放大器为例，做一些更多的演示。

（1）没有标 label。图 4–117 显示了没有标信号 INP、INN、OUT 的 label，提示版图上找不到对应端口（port）的情况。

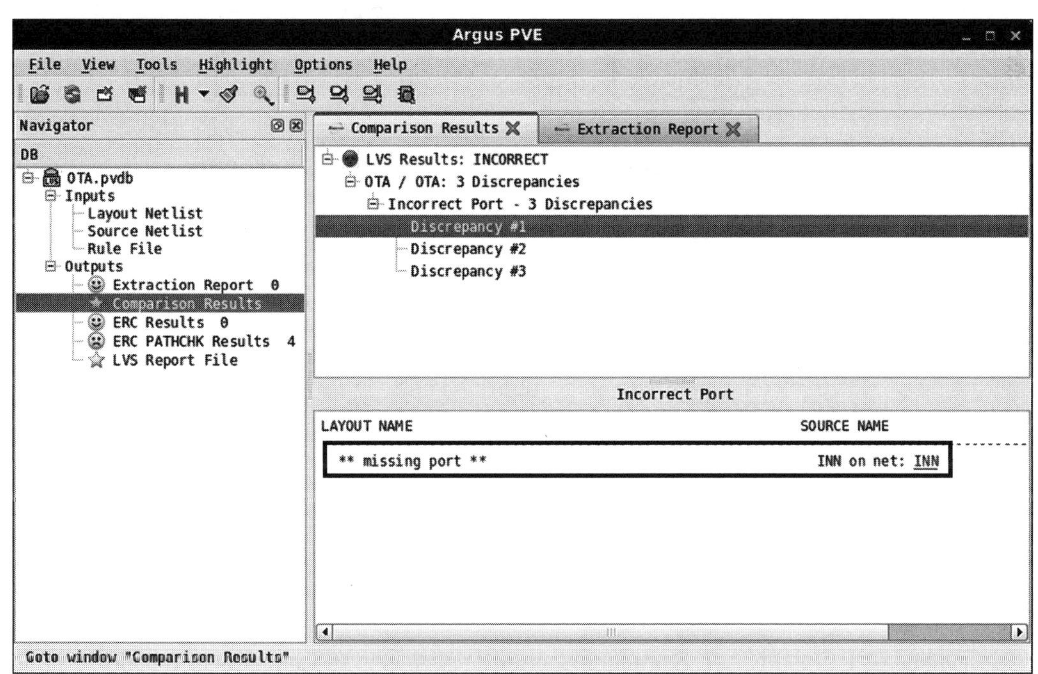

图 4–117　没有标 label 引起的错误

（2）label 标错了。如果电源（VDD）、地（VSS）的 Label 标反了，虽然版图和原理图中都有叫 VSS 的网络，但它们各自连接的器件不同，因此下面产生了大量的关于器件连接关系的说明，如图 4–118 所示。如果差分输入端 INP、INN 的 Label 标反了，也会有类似的结果。

提示：本实验的单管放大器是差分输入——单端输出的非全差分放大器，如果是多级全差分电路级连在一起，一定要注意正确标注各级差分信号的 label，由于电路结构完全对称，这种错误较难查找。

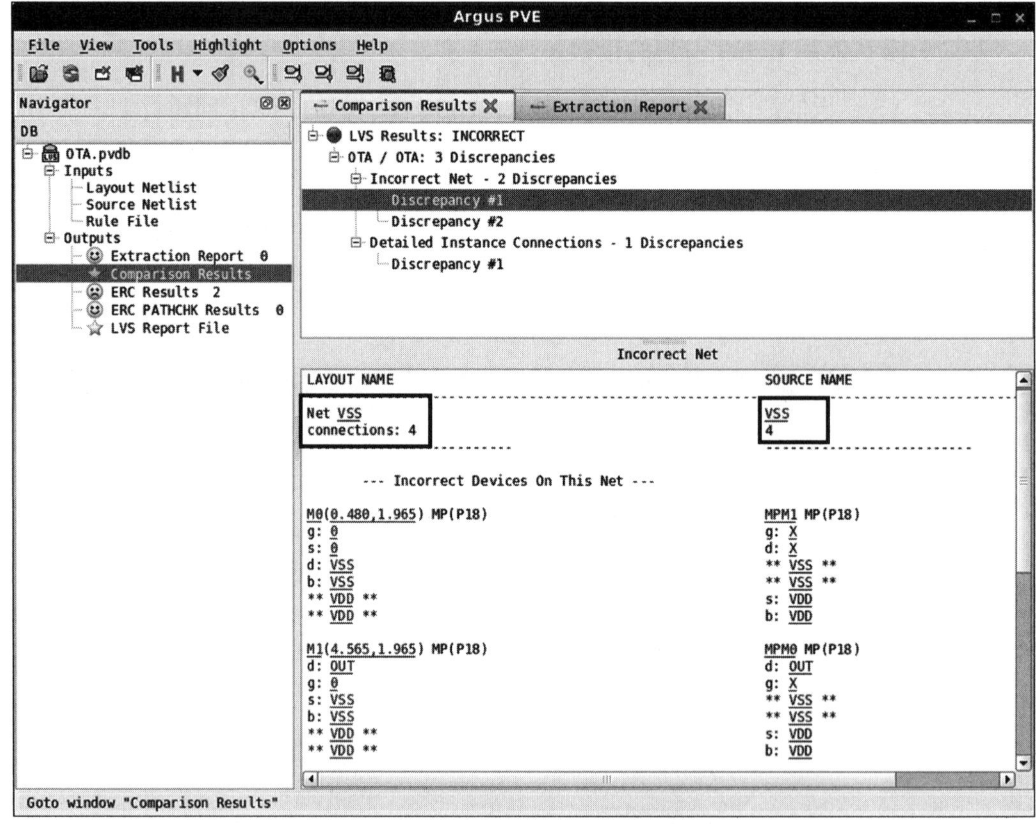

图 4-118　标错 label 引起的错误

（3）label 没有标在金属上。如图 4-119 所示，Label OUT 没有标注在 M2 金属层上，而是标在了空白处，在 Extraction Report 中有说明，在 Comparison Results 中也会提示缺少端口。

（4）对电路内部节点打 label。为了方便 LVS 比对，或者仿真查看节点波形，有时设计者希望引出内部节点，那么就需要在原理图和版图上都要做相应的修改。在原理图上需要给内部节点打上 pin，例如单管放大器中想引出节点 X，就需要在原理图增加 inout 类型的 pin X，如图 4-120 所示。

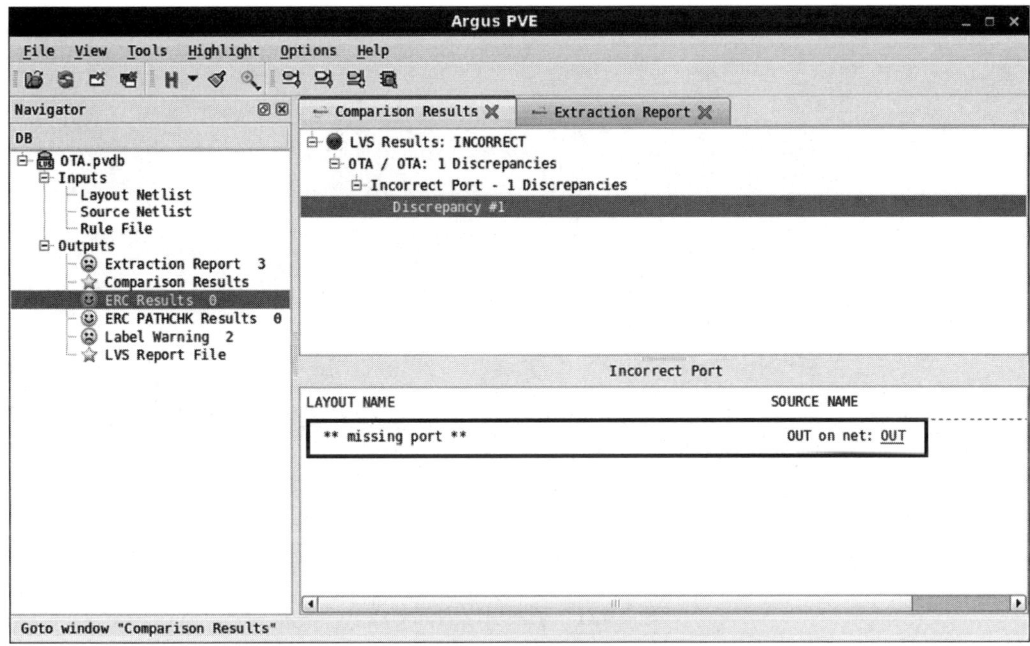

图 4–119　label 没有标注在正确的地方引起的错误

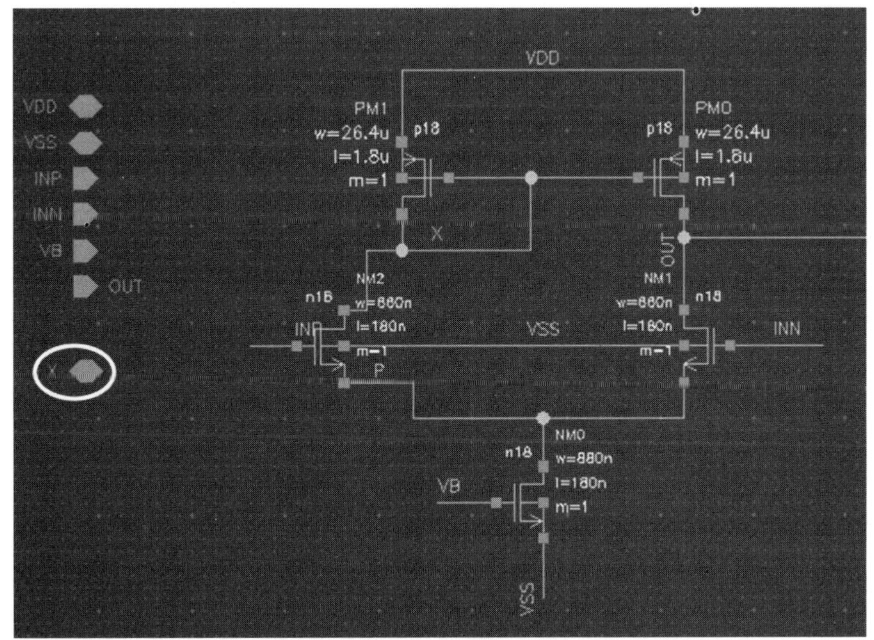

图 4–120　原理图引出内部节点

在版图上对应的位置打上 label，如图 4–121 所示。

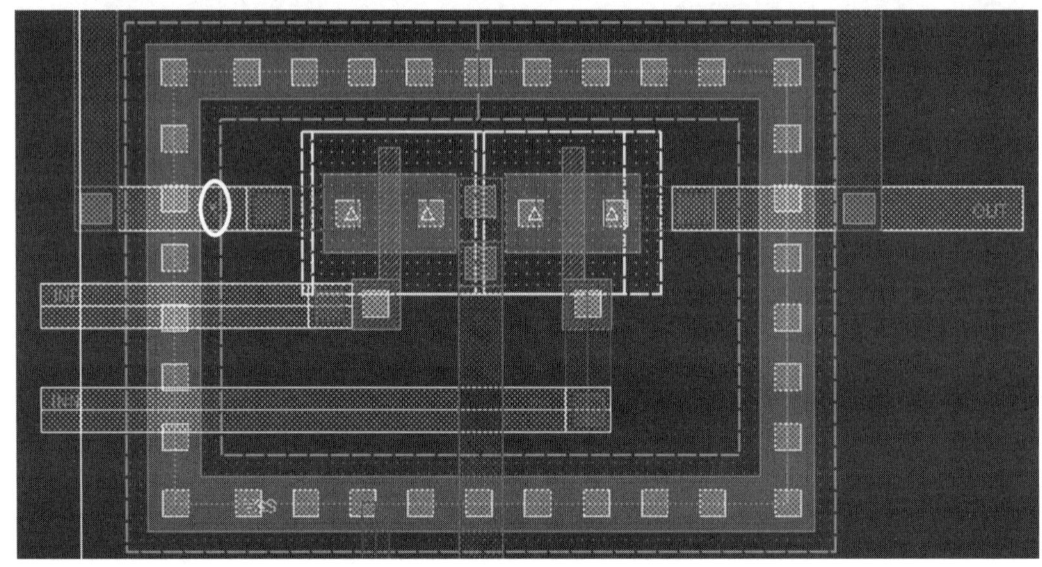

图 4–121　版图引出内部节点

小结

经过本节的学习，需要掌握以下内容：

（1）了解 LVS 设置、运行和查错的过程。

（2）能够设置和运行 LVS 程序。

（3）能够查找并改正 LVS 错误。

思考题

（1）请整理自己在实验中出现的 LVS 错误，并逐步补充。

（2）尝试对更有难度的电路（共源放大器、源极跟随器、cascode 放大器、差分放大器等）进行 LVS 校验。

第五章 数字集成电路前端设计与验证

- **职业功能：** 数字集成电路设计。
- **工作内容：** 数字集成电路前端设计、数字集成电路验证。
- **专业能力要求：** 能根据硬件描述语言代码分析数字电路基础逻辑功能的设计原理；能根据功能规范，使用硬件描述语言进行数字电路基础功能模块的设计开发；能使用仿真工具对代码进行仿真、编译和调试，完成功能仿真；能根据数字电路设计方案，提取验证功能点，撰写简单数字电路验证文档；能使用计算机高级编程语言与脚本解释程序，开发简单的模块级数字电路验证环境，并正确分析数字电路的逻辑时序；能使用数字电路电子设计自动化工具，进行模块级数字电路测试及覆盖率分析。
- **相关知识要求：** 数字逻辑电路基础知识；硬件描述语言基础知识；数字集成电路设计及验证基础知识；计算机高级编程语言、硬件描述语言、脚本编写语言的基础使用知识；数字电路覆盖率分析基础知识。

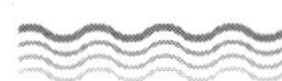

第一节　硬件描述语言概述

考核知识点及能力要求：

- 掌握 Verilog HDL 的电路描述方法。
- 掌握 Verilog HDL 中的注释符、间隔符、标识符与关键字。

一、硬件描述语言代码结构与电路描述方法

（一）模块的结构

Verilog HDL 使用模块（module）的概念来代表一个基本的电路功能单元。一个模块可以是一个元件，可以是低层次的模块组合，也可以是一个完整功能复杂电路。常用的方法是使用基本元器件来构建在设计中会经常使用的功能模块，以便进行代码复用。图 5–1 展示了一个 Verilog HDL 模块的基本构成。

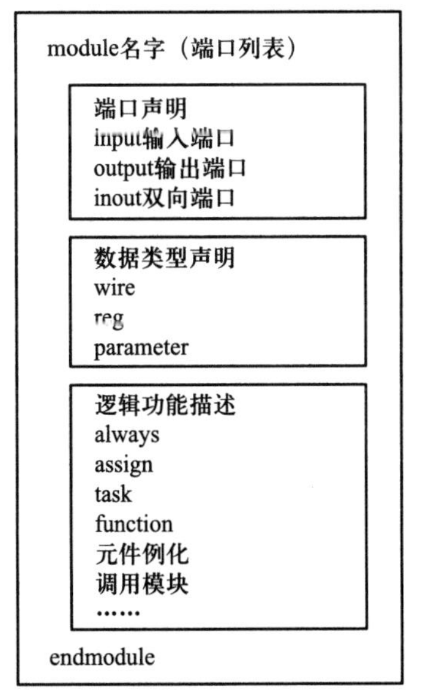

图 5–1　Verilog HDL 模块的基本构成

所有 Verilog 电路描述必须写在关键词“module”和“endmodule”标记的结构中，module 的后面是模块名称，可由用户自行定义，由它唯一地标识这个模块。模块内部由端口列表与端口声明、变量声明和逻辑功能描述三部分组成。

模块名后面的括号中描述的是模块端口列表，

是该模块与其他模块的数据接口。Verilog 端口类似于物理电路上的输入、输出和双向端口。接下来是端口声明部分，端口列表中的每个端口都需要被指定输入或输出方向，根据电路功能指定为 input、output 或 inout。模块通过端口被调用，但隐藏了内部的实现细节。这样做的好处是，设计者可以方便地对某个模块进行修改，而不影响使用者对它的调用。根据端口列表调用内置门级元件或用户编写的电路模块是进行层次化电路设计的重要方法，调用一个已有的电路模块通常又被称为对该模块的实例化、例化或实例引用（instantiation）。

然后是数据类型声明，进一步描述端口类型以及内部导线的数据类型，常用的数据类型包括 wire、reg 和 parameter。Verilog HDL 的数据类型将在第四节详细描述。

最后是最重要的电路逻辑功能描述部分，使用前面定义的端口、声明的变量以及 Verilog HDL 支持的语法实现目标电路。常见的电路功能描述方法包括结构级描述、数据流描述和行为级描述，三种描述可以以任意顺序进行任意组合。根据 Verilog HDL 语法规则，除 endmodule 语句外，其他语句均需要以分号（；）结尾。

Verilog HDL 存在 IEEE–1995 和 IEEE–2001 两个标准。相较于前者，IEEE–2001 在语法支持成熟度方面存在很大提升，同时在模块结构方面二者也存在一定区别。Verilog HDL IEEE–2001 标准允许将端口声明和数据类型声明放在同一条语句中，同时增加了 ANSIC 风格的端口声明，可以用于模块、任务和函数。

【例 5–1】

Verilog HDL 模块声明方法。

① IEEE–1995 标准的模块声明

```
module example (out, a, b);           // 以关键字 module 开始
    output out;                       // 输出端口声明
    input a, b;                       // 输入端口声明

    reg out;                          // 端口数据类型声明
    wire a1, b1;                      // 变量数据类型声明
```

```
    ......                              // 电路描述
endmodule                               // 以关键字 endmodule 结束
```

② IEEE–2001 标准的模块声明

```
module example (out, a, b);             // 以关键字 module 开始
    output reg out;                     // 输出端口声明以及数据类型声明
    input a, b;                         // 输入端口声明

    wire a1, b1;                        // 变量数据类型声明

    ......                              // 电路描述
endmodule                               // 以关键字 endmodule 结束
```

③ IEEE–2001 标准下 ANSIC 风格的模块声明

```
module example                          // 以关键字 module 开始
    (
    output reg out,                     // 输出端口声明以及数据类型声明
    input a,                            // 输入端口声明
    input b                             // 输入端口声明
    );

    wire a1, b1;                        // 变量数据类型声明

    ......                              // 电路描述

endmodule                               // 以关键字 endmodule 结束
```

在编写 Verilog HDL 代码时，推荐使用 ANSIC 代码风格。模块名、端口名、变量名使用小写字符，每一个端口占用一行，以方便在后面添加注释。对于功能简单、端口数较少的模块，可以根据输入、输出类型进行分类，当模块功能复杂、端口数较多时，建议根据功能进行分组，每一个功能组内再按照输入、输出类型进行分类。

（二）电路功能描述方法

1. 结构级描述方式

结构级描述是指根据逻辑电路的基本结构，比如电路原理图，实例化 Verilog HDL 中内置的门级元件、用户定义的元件或功能模块，来描述电路结构图中的元件以及元件之间的连接关系。虽然只用门级元件来设计数字电路在很大程度上违背了 HDL 设计的初衷，但是 Verilog HDL 确实可以只用门级元件来设计任何数字电路。在门级层次上，电路是使用表示门的原语来表示的，比如与门、非门。Verilog HDL 的描述与电路原理图之间存在着一一对应的关系。Verilog HDL 内置 12 种门级元件模型，见表 5–1。

表 5–1 Verilog HDL 内置门级元件

类别	关键字	符号示意图	门名称
多输入门	and		与门
	nand		与非门
	or		或门
	nor		或非门
	xor		异或门
	xnor		同或门
多输出门	not		非门
	buf		缓冲器
三态门	bufif1		高电平使能三态缓冲器
	bufif0		低电平使能三态缓冲器

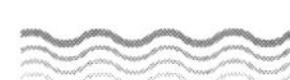

续表

类别	关键字	符号示意图	门名称
三态门	notif1		高电平使能三态非门
	notif0		低电平使能三态非门

表 5-1 中，AND、NAND、OR、NOR、XOR、XNOR 和 NOT 分别表示标准逻辑运算与、与非、或、或非、异或、同或、非，其逻辑真值表已在第一节数理逻辑中描述。buf 表示缓冲器。bufif0、bufif1、notif0、notif1 分别表示三态缓冲器，其逻辑功能见表 5-2。

表 5-2　　三态缓冲器逻辑功能表

关键词	当控制信号为 0 时	当控制信号为 1 时
bufif0	输出 = 输入	输出为高阻态
bufif1	输出高阻抗	输出等于输入
notif0	输出为输入取反	输出高阻态
notif1	输出高阻态	输出为输入取反

Verilog HDL 内置门级元件的行为特性必须与数字电路中的逻辑门保持一致，因此非门和缓冲器有且只能有一个输入，可以有多个输出，而其他门有且只能有一个输出，可以有多个输入。

【例 5-2】

根据图 5-2 所示电路原理图，使用结构级描述方法对二选一多路选择器进行建模。

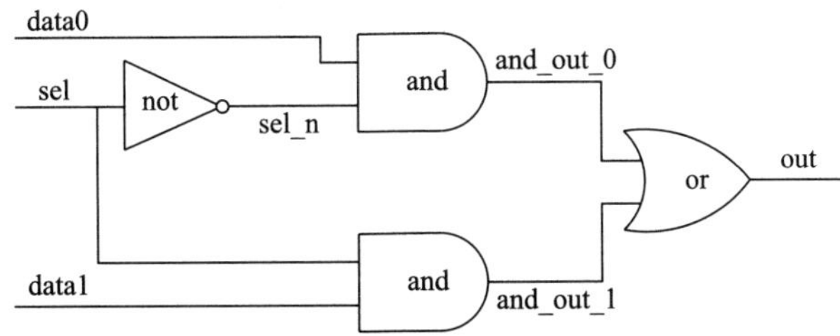

图 5-2　二选一多路选择器电路原理图

```
module mux_2_1                          // 模块名为 mux_2_1
    (
    output out,                         // 输出端口声明以及数据类型声明
    input data0,                        // 输入端口声明
    input data1,                        // 输入端口声明
    input sel                           // 输入端口声明
    );

    wire sel_n, and_out_0, and_out_1;   // 变量数据类型声明

    not U1 (sel_n, sel ) ;              // 电路描述，例化非门
    and U2 (and_out_0, data0, sel_n);   // 电路描述，例化与门
    and U3 (and_out_1, data1, sel);     // 电路描述，例化与门
    or U4 (out, and_out_0, and_out_1);  // 电路描述，例化或门
endmodule                               // 以关键字 endmodule 结束
```

从电路原理图可以看出，该电路包含 3 个输入和 1 个输出，由 2 个与门、1 个非门和 1 个或门组成。Verilog HDL 代码以关键词 module 开始，并以关键词 endmodule 结束。mux_2_1 为该电路的模块名，随后在该电路的端口列表中描述了 4 个端口。端口声明中指明了列表中的符号哪些为输出端口，哪些为输入端口。在该例中，out 为输出端口，而 data0、data1 和 sel 为输入端口。为方便描述电路功能，该代码声明了 3 个 wire 型变量 sel_n、and_out_0 和 and_out_1。在电路描述部分，该代码共实例化了 4 个内置门元件。以两输入或门为例，or 是一个指定实例类型的 Verilog HDL 关键字，根据 Verilog HDL 关键字要求，它必须用小写字符编写。U4 是实例的名称，实例名称可以使用也可以不使用。为了方便理解电路以及对电路进行调试，建议显式给出实例名称。括号中是连接到该实例的 wire 变量，第一个是输出 out，之后是两个输入 and_out_0 和 and_out_1，而二者分别是两个与门的输出。

即使在电路设计时使用门级元件，使用 Verilog HDL 进行电路设计修改和维护也很容易。现在考虑改变多路复用器，在其中添加第三个与门，这将防止在输出上出现开关故障。

【例 5–3】

根据图 5–3 所示电路原理图，使用结构级描述方法对改进的二选一多路选择器进行建模。

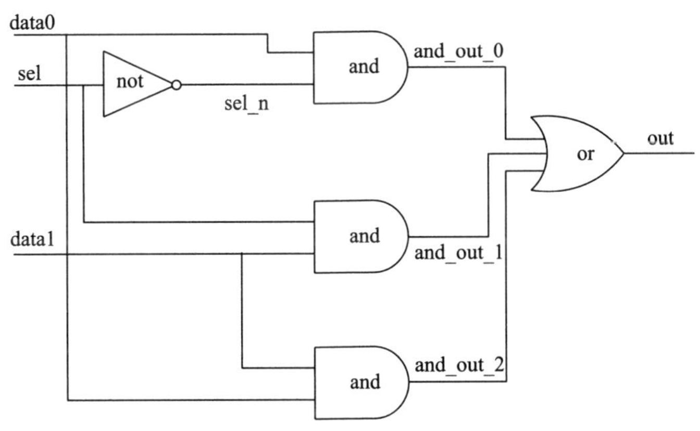

图 5–3　二选一多路选择器

```
module mux_2_1                              // 模块名为 mux_2_1
    (
    output out,                             // 输出端口声明
    input data0,                            // 输入端口声明
    input data1,                            // 输入端口声明
    input sel                               // 输入端口声明
    );

    wire sel_n, and_out_0, and_out_1,       // 变量数据类型声明
         and_out_2;

    not U1 (sel_n, sel);                    // 电路描述，例化非门
```

```
    and U2 (and_out_0, data0, sel_n);          // 电路描述，例化与门
    and U3 (and_out_1, data1, sel);            // 电路描述，例化与门
    and U4 (and_out_2, data0, data1);          // 电路描述，例化与门
    or U5 (out, and_out_0, and_out_1,          // 电路描述，例化三输入或门
            and_out_2);
endmodule                                      // 以关键字 endmodule 结束
```

用电路原理图对其进行建模时需要更换一些组件并重新布线。但是对于 Verilog，做出的改变只是一个很小的编辑工作。相比于例 5-2 所示的代码，例 5-3 仅仅是多了一个与门，然后将两输入或门改成三输入或门。

通过以上两个例子可以看出，Verilog HDL 可以很便捷地对电路进行建模，但是结构级描述方法要求设计人员掌握电路的原理图，具有逻辑电路原理图相关知识，设计门槛较高。另外，当电路功能复杂，规模变大时，电路中包含的逻辑门数量会非常多，使用结构级描述不但烦琐并且容易出错，会导致设计效率大幅降低。此时，设计者应将重点放在电路功能的实现上，从更高的抽象层次入手，这样不仅可以减少烦琐的工作，还可以增加电路的易读性，大大提高设计效率。

2. 数据流描述

数据流的描述方式就是基于电路原理图、逻辑表达式或者行为特性，通过描述数据流在电路中的具体行为对电路功能进行建模，而不需要专注于电路结构的实现细节。该方法最基本的机制就是使用连续赋值语句，由关键词 assign 开始，后面跟着由操作数和运算符组成的逻辑表达式。在连续赋值语句中，某个值被赋给某个线网变量（信号）。其语法如下：

```
assign [ 延时 ] 变量名 = 表达式 ;
```

数据流描述方法以连续赋值语句关键词 assign 开始，描述输出与输出之间的逻辑关系。延时为该语法的可选项，时延大小与电路具体实现形式有关，若没有延时选项，则表示延时为 0。连续赋值语句中赋值号（=）左端的变量只能是 wire 型变量或者 wire

型端口，赋值号右端的表达式可使用 Verilog HDL 内置的逻辑运算符。

【例 5–4】

根据图 5–2 所示电路原理图，使用数据流描述方法对二选一多路选择器进行建模。

```
module mux_2_1                                   // 模块名为 mux_2_1
    (
    output out,                                  // 输出端口声明
    input data0,                                 // 输入端口声明
    input data1,                                 // 输入端口声明
    input sel                                    // 输入端口声明
    );

    wire sel_n, and_out_0, and_out_1;            // 变量数据类型声明

    assign sel_n =  ~ sel;                       // 采用数据流描述方法
    assign and_out_0 = data0 & sel_n;            // 对电路进行建模
    assign and_out_1 = data1 & sel;
    assign out = and_out_0 | and_out_1;
endmodule
```

代码中的 4 条 assign 语句分别对应图 5–2 所示电路中的 4 个逻辑门所执行的逻辑运算。

assign 语句的赋值号右端支持 Verilog HDL 所有的内置运算符（见第五节），比如关系运算符、条件运算符。例 5–4 中，4 条电路描述语句可使用下面的条件运算符代替：

```
assign out = sel ? data0 : data1;
```

上述语句表示如果 sel 为 1，那么 out 的值是 data1；否则 out 的值是 data0。该语句实现的电路功能与图 5-2 所示电路具有相同的功能。

除了根据电路原理图进行电路建模，数据流描述方法也支持根据逻辑表达式对电路进行建模。

【例 5-5】

根据译码器的逻辑表达式，使用数据流建模方式设计一个低电平有效 2 线 -4 线译码器。

译码器逻辑表达式：

$$y_0=\overline{\overline{a_1}\cdot\overline{a_0}\cdot\overline{en}}$$

$$y_1=\overline{\overline{a_1}\cdot a_0\cdot\overline{en}}$$

$$y_2=\overline{a_1\cdot\overline{a_0}\cdot\overline{en}}$$

$$y_3=\overline{a_1\cdot a_0\cdot\overline{en}}$$

```
module decoder                              // 模块名为 decoder
    (
    output [3: 0] y,                        // 声明位宽为 4 的输出端口
    input a0,                               // 输入端口声明
    input a1,                               // 输入端口声明
    input en                                // 输入端口声明
    );

    assign y[0] = ~ ( ~ a1 & ~ a0 & ~ en);  /// 采用数据流描述方法
    assign y[1] = ~ ( ~ a1 & a0 & ~ en);    // 对电路进行建模
    assign y[2] = ~ (a1 & ~ a0 & ~ en);
    assign y[3] = ~ (a1 & a0 & ~ en);
endmodule
```

其中 a0 和 a1 是 2 线输入信号，en 是使能信号，低电平有效，y 是一个位宽为 4

的输出信号。4 条 assign 语句分别对应 2 线 –4 线译码器 4 条逻辑表达式。

相比于结构级描述，数据流描述不仅可以根据电路原理图建模，还可以根据逻辑表达式或电路实际行为进行建模，描述语句更加简洁、直观、易于理解。但是数据流建模 assign 赋值语句的左端变量必须为 wire 类型，仅适合对组合逻辑电路进行描述，不能描述时序逻辑电路。

3. 行为级描述

行为级描述方式是指通过描述电路的高层次行为对电路功能进行建模，通过引入一些软件编程语言（如 C 语言）中一些结构控制语句，支持设计者从算法的角度，即从电路的本征行为对其进行描述。行为级描述的语法结构如下：

```
always @ ( 敏感信号列表 )
    begin
        行为语句 1;
        行为语句 2;
        ......
        行为语句 n;
    end
或者
initial
    begin
        行为语句 1;
        行为语句 2;
        ......
        行为语句 n;
    end
```

通过行为级描述对电路功能进行建模，电路功能语句一定是包含在关键词 always 或关键词 initial 构成的语句块中，其中 initial 语句块多用于面向电路仿真的功能。关键词 always 后面的符号 @ 被称为事件控制运算符，敏感信号列表中一般是一些输入端口信号。敏感信号列表的作用是，当列表中给出的信号发生变化时，便会触发执行后续由 be-gin–end 限定的语句块中的语句 1~ 语句 n。如果 begin–end 只限定了一条描述语句，则可以省略 begin–end。如果 always 语句块中不包含敏感信号列表，则表示该电路会无限循环地执行。与数据流描述方式不同，always 和 initial 块中，行为语句的左端变量的数据类型必须是 reg，而不能是 wire。Verilog HDL 的数据类型将会在第四节进行详细介绍。

【例 5–6】

使用行为级描述方式对二选一多路选择器进行建模，使其具有如下功能：当 sel 信号为高电平时，输出信号 data1；否则输出信号 data0。

```
module mux_2_1                              // 模块名为 mux_2_1
    (
    output reg out,                         // 输出端口 out 声明为 reg 型变量
    input data0,                            // 输入端口声明
    input data1,                            // 输入端口声明
    input sel                               // 输入端口声明
    );

    always @ (data0, data1, sel)            // 采用行为级描述方法
    begin                                   // 对电路进行建模
        if (sel)
            out = data1;
        else
            out = data0;
    end
endmodule
```

在行为级描述代码中，模块声明、端口列表和端口声明与数据流描述基本一致。由于输出端口 out 是 always 语句块赋值语句的左端变量，因此其数据类型应是 reg 型。在 always 语句块中，data1、data0 和 sel 为敏感信号列表，是一种电平敏感信号列表。其中任何一个信号电平发生变化时（比如信号 data1 从高电平变成低电平）均会触发语句块内 if-else 语句的执行。当 if-else 语句执行完毕后，整个电路会被挂起，输出保持不变，直至敏感信号列表中有信号发生变化，会再次触发 if-else 语句的执行。

always 语句块除了支持 if-else 语法外，还支持所有的 Verilog HDL 内置运算符运算（比如逻辑运算、算术运算、拼接运算）、分支语句（case）、循环语句（for/while）等。

【例 5-7】

使用行为级描述方式对 D 触发器（DFF）进行建模，使其能够在时钟信号上升沿更新寄存器内的数据。

```
module dff                                  // 模块名为 dff
    (
    output reg out,                         // 输出端口 out 声明为 reg 型变量
    input clk,                              // 输入端口声明，时钟信号 clk
    input data_in                           // 输入端口声明
    );

    always @ (posedge clk)                  // 采用行为级描述方法对电路进行建模
        out <= data_in;                     // 时钟上升沿触发

endmodule
```

代码中 clk 为时钟信号，data_in 为输入信号，out 为输出信号。由于 out 是 always 块中的左端变量，因此需要将其声明为 reg 型变量。在敏感信号列表中，posedge clk 是一种边沿触发信号，表示当时钟信号 clk 从低电平变成高电平（即 clk 的上升沿）时，always 块内语句会被触发执行，输入信号 data_in 赋值给输出信号 out；而当时钟信号

clk 从高电平变成低电平（即 clk 的下降沿）时，always 块内语句不会被触发执行，输出信号保持不变。当敏感信号列表内是边沿触发时，always 块内语句应当使用非阻塞赋值符号（<=）。

4. 混合描述

为了在设计过程中获得最大的设计灵活性，Verilog HDL 支持上述三种描述方式出现在同一个 module 块中，设计者可以根据电路特点和自身需要选择使用哪种描述方式。当三种描述方式同时存在时，每一个描述都代表整体电路的一个功能组成部分，其作用和位置取决于电路连接方式，而与其在代码中的位置无关。

【例 5-8】

使用 Verilog HDL 描述图 5-4 所示电路。

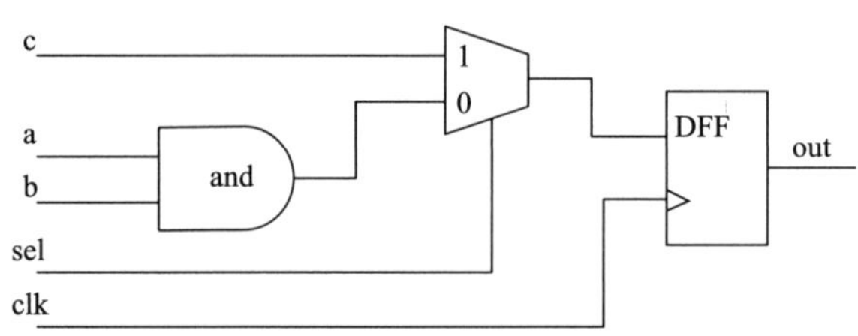

图 5-4　and2-mux21-DFF 电路结构图

```
module hybrid                              // 模块名为 hybrid
    (
    output reg out,                        // 输出端口 out 声明为 reg 型变量
    input clk,                             // 输入端口声明，时钟信号 clk
    input a,                               // 输入端口声明
    input b,
    input c,
    input sel
    );

    wire and_out, mux_out;                 // 变量声明
```

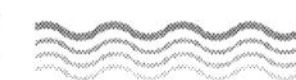

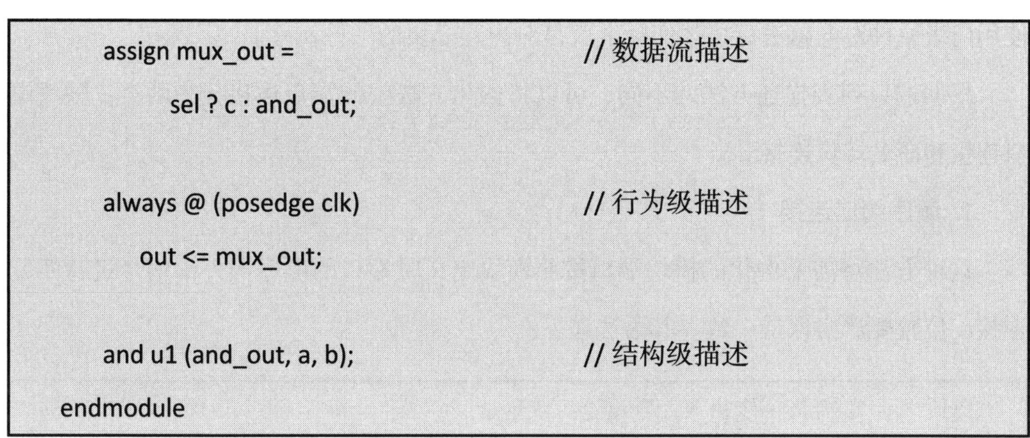

```
    assign mux_out =                          // 数据流描述
        sel ? c : and_out;

    always @ (posedge clk)                    // 行为级描述
       out <= mux_out;

    and u1 (and_out, a, b);                   // 结构级描述
endmodule
```

例 5–8 分别采用三种描述方式对图 5–4 所示电路进行建模，三种描述方式形成的电路是并行的，如果将三者在代码中出现的先后顺序打乱，仍然会得到相同的结果。

（三）模块例化

随着电路规模的不断变大，在一个模块（module）内实现所有电路功能会很烦琐而且容易出错。为高效地实现现代复杂电路的设计，当前都采用自顶向下的设计理念（top-down）。如图 5–5 所示，当使用自顶向下的设计时，第一步是完成顶层设计，包括定义整体功能，以及整个电路的输入和输出，这些可以在确定具体的实现方式之前就定义好。接下来是对电路整体功能进行划分，并确定各子电路的功能，以及子电路与整体电路、子电路与子电路之间的接口。随着设计从上到下的进行，一步一步完成在顶层模块调用子块和底层块的行为级模型。

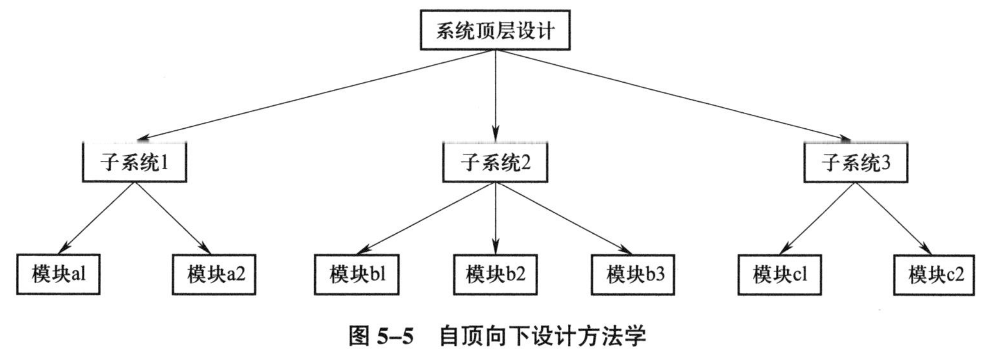

图 5–5　自顶向下设计方法学

在 Verilog HDL 中，在一个模块中引用（或者调用）另一个模块，对其端口进行相关连接，叫作模块例化。模块例化建立了电路描述的层次。在第二节结构级描述中，

使用门级原件对电路进行描述实际上就是对内置模块的一种例化。

根据端口列表描述方法的不同，可以将例化方法中的端口连接分为两类：顺序端口连接和命名端口连接。

1. 顺序端口连接

这种方法将需要例化的模块端口按照模块定义时端口的顺序与外部信号进行匹配连接，位置要严格保持一致。其语法如下：

```
模块名  实例名（变量 1，变量 2，变量 3，…）;
```

变量 1~ 变量 3 分别与待例化模块的前三个端口相连接。

【例 5–9】

采用顺序端口连接的方式，通过例化“例 5–6”所示二选一多路选择器，构造一个四选一多路选择器，其真值表见表 5–3。

表 5–3　四选一多路选择器真值表

sel0	sel1	out
1	1	a
1	0	b
0	1	c
0	0	d

```
module mux_4_1                                    // 模块名为 mux_4_1
    (
    output out,                                   // 输出端口 out 声明
    input a,                                      // 输入端口声明
    input b,
    input c,
    input d,
    input sel0,
```

```
    input sel1
    );

    wire  mux_out1, mux_out2;                              //变量声明

    mux_2_1  u_mux1 (mux_out1, d, b, sel0);                //例化三次 mux_2_1
    mux_2_1  u_mux2 (mux_out2, c, a, sel0);
    mux_2_1  u_mux3
                (out, mux_out1, mux_out1, sel1);
endmodule
```

这种连接方式虽然能完成下层模块与上层模块的端口连接，但是代码可读性低，容易出错，而且不易调试。在一些大型的设计中可能出现很多个端口，端口信号在列表中的顺序甚至都有可能改变，此时再利用顺序端口连接进行模块例化，将会很容易出错。

2. 命名端口连接

这种方法将需要例化的模块端口与外部信号根据端口名字进行连接，对端口信号的顺序不做要求，可以与引用 module 的声明端口顺序不一致，但需要保证端口名字与外部信号匹配。其语法如下：

```
模块名  实例名(.端口1(变量1),.端口2(变量2),.端口3(变量3),…);
```

注意，端口名前面需要加一个英文符号“.”。

由于对端口顺序不做要求，上述例化亦可写成如下方式：

```
模块名  实例名(.端口1(变量1),.端口3(变量3),.端口2(变量2),…);
```

通过这种方法，可以显式地将变量 1~3 与端口 1~3 进行连接。

【例 5–10】

采用命名端口连接的方式，通过例化“例 5–6”所示二选一多路选择器，构造一个四选一多路选择器，其真值表见表 5–3。

```
module mux_4_1                                  // 模块名为 mux_4_1
    (
    output out,                                 // 输出端口 out 声明
    input a,                                    // 输入端口声明
    input b,
    input c,
    input d,
    input sel0,
    input sel1
    );

    wire    mux_out1, mux_out2;                 // 变量声明

    mux_2_1    u_mux1                           // 例化三次 mux_2_1
        (
        .out (mux_out1),                        // 端口顺序可随意调整
        .data0 (d),
        .data1 (b),
        .sel (sel0)
        );
    mux_2_1    u_mux2
        (
        .out (mux_out2),
        .data0 (c),
        .data1 (a),
        .sel (sel0)
        );
    mux_2_1    u_mux3
```

```
        (
        .data0 (mux_out1),
        .data1 (mux_out1),
        .sel (sel1),
        .out (out)
        );
endmodule
```

3. 端口悬空

在模块例化时，如果某些信号不需要与外部电路进行交互，Verilog HDL 允许将其悬空。端口悬空有两种形式，一种是端口例化处保留空白，另一种是直接将端口删除。对于 input 端口，当采用例化处留白的方法时，悬空信号的逻辑功能表现为高阻态（逻辑值 Z），通常不允许删除或缺少某一个输入端口，否则编译器会报错。对于 output 端口，可直接将端口删除。

二、硬件描述语言语法要素

（一）注释语句

Verilog 遵循通用的编程语言约定，允许在代码中的任何地方添加注释。注释是对代码的补充，阐述了开发者的设计思路，对于代码的可读性和可移植性具有非常重要的意义。Verilog HDL 支持两种格式的注释。

第一种是单行注释，以双斜杠开始，格式如下：

```
wire temp; // 定义一个 wire 型变量 temp
```

第二种是多行注释，以一个“/*”开头和“*/”结尾，格式如下：

```
/*
以下为加法运算和比较运算
```

```
sum = a + b;
bigger = a > b ? 1 : 0;
*/
```

在使用多行注释时需要注意，多行注释符号内支持嵌套使用单行注释符，但不支持嵌套使用多行注释符，比如下面这种写法是不符合语法规范的。

```
module comment_module
    (
    output a,
    input b
    );
    /*Comments may
    /*appear anywhere*/
    in a Verilog module*/
endmodule
```

在代码中添加注释时要注意以下几点：

（1）注释内容要与代码内容保持一致，不能让注释与代码产生冲突，否则会严重误导代码维护者甚至开发者本人。

（2）注释内容要写在代码附近，比如代码上方或者代码右方。

（3）建议为模块的端口添加注释，描述每个端口的功能和有效电平。

（4）代码中的注释应采用英文书写。

（二）间隔符

间隔符又称空白符，其主要作用是分隔代码文本，增加代码的可读性，便于代码的阅读和修改，在代码编译和综合过程中，间隔符会被忽略。常见的间隔符有四种：空格符（\b）、制表符（\t）、换行符（\n）、换页符。需要注意的是，在字符串中出现

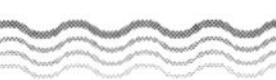

的间隔符是具有特定意义的。

（三）标识符与转义符

在 Verilog HDL 中，标识符（Identifier）是任意一组字母、数字、$ 符号和 _（下划线）符号的组合，用于命名代码中变量名、模块名、结构名、参数名、端口名等。根据其语法，标识符第一个字符必须是字母或者下划线，且区分大小写。

【例 5–11】

以下标识符均是合法的。

```
test
_test
and2
fullAdder
a$b
BEGIN                    // 大写字母 BEGIN 不是关键词，但不建议使用这种标识符
```

【例 5–12】

以下标识符均是非法的。

```
0test                    // 以数字开头，非法
test&test                // 包含 & 符号，非法
%test                    // 包含 % 符号，非法
a+b-c                    // 包含 +/- 符号，非法
and                      // 属于 Verilog HDL 的保留字（关键词），非法
```

在定义标识符时，需要注意以下几点：

（1）命名要通俗易懂、简捷有效，避免含糊不清，避免引入歧义。

（2）当命名超过两个单词时，可使用下划线（蛇形命名法）或大写字符（驼峰命名法）进行分隔，比如 current_state/next_state，或者 CurrentState/NextState。

（3）可使用约定俗成的一些简写，比如将 clock 简写成 clk，将 reset 简写成 rst，将 count 简写成 cnt。

（4）不使用 Verilog HDL 的关键字作为普通标识符使用。

例 5–23 展示了一些非法字符，虽然在代码书写过程中，这些标识符一般不会出现，但可以通过使用转义标识符来合法化这些标识符。转义字符是一个反斜杠“\”，通过添加它可以允许使用一些原本非法的名称。例如，“wire \a+b+c；”便是一个合法的变量声明语句。在上面的每个示例中，转义标识符和表示一行结束的分号之间的空格是必要的（即字母 c 和结尾分号之间的空格），如果没有空格，分号就会被合并进去作为转移标识符的一部分，编译器将不会“看到”所需的行终止分号。使用普通标识符时，这个空格则不是必要的。

（四）关键字

Verilog HDL 关键字又称保留字，属于 Verilog HDL 的专用词，共有上百种，是事先定义并在语言内部已经使用的一些单词，用于组织语言结构。比如每一个代码开头的 module、结构级描述中的 and、数据流描述中的 assign、行为级描述中的 always、表示数据类型的 wire 等都属于 Verilog HDL 的关键词。根据语法定义，所有的关键词都是小写的。因此，always 是关键词，而 Always 不是关键词。表 5–4 列出了 Verilog HDL 语言的所有关键词。

表 5–4　Verilog HDL 关键词

关键词	说明	关键词	说明	关键词	说明
always	语句重复执行	endfunction	函数结束	join	fork-join 语句
and	逻辑与实例	endgenerate	生成结束	large	强度
assign	过程化持续赋值	endmodule	模块结束	liblist	库列表
automatic	递归调用修饰词	endprimitive	原语结束	localparam	本地参数
begin	顺序执行语句组开始	endspecify	—	macromodule	模块
buf	缓冲器	endtable	真值表结束	medium	强度
bufif0	低电平使能缓冲器	endtask	任务结束	module	模块
bufif1	高电平使能缓冲器	event	事件	nand	逻辑与非
case	分支语句	for	for 循环	negedge	下降沿
casex	分支语句	force	过程化持续赋值	nmos	门级 MOS

续表

关键词	说明	关键词	说明	关键词	说明
casez	分支语句	forever	永久执行	nor	逻辑或非
cell		fork	同步执行语句	noshowcancelled	specify 语句
cmos	门级原语	function	函数	not	逻辑非
config	配置	generate	生成	notif0	低电平使能非门
deassign	停止过程化语句赋值	genvar	generate 循环	notif1	高电平使能非门
default	分支语句其他选项	highz0	高阻 0	or	逻辑或
defparam	重写参数值	highz1	高阻 1	output	输出
design	配置	if	if 语句	parameter	参数
disable	中止运行	ifnone	specify 语句	pmos	MOS 原语
edge	边沿	initial	初始化	posedge	上升沿
else	条件语句	inout	双向	primitive	原语
end	begin 语句结束	input	输入	pull0	强度
endcase	分支语句结束	instance	实例	pull1	强度
endconfig	配置结束	integer	整型	pulldown	强度
wand	网络数据类型	showcancelled	specify 语句	signed	类型修饰符
table	真值表	pullup	强度	small	强度
task	任务	pulsestyle_ondetect	specify 语句	specify	—
time	时间类型	pulsestyle_onevent	specify 语句	specparam	指定参数
tran	门级双向通道	rcmos	MOS 原语	strong0	强度
tranif0	门级双向通道带控制	real	实数	strong1	强度
tranif1	门级双向通道带控制	realtime	实数	supply0	强度
tri	网络数据类型	reg	变量	supply1	强度
tri0	网络数据类型	release	force release	weak0	强度
tri1	网络数据类型	repeat	重复	weak1	强度
triand	网络数据类型	rnmos	门级 MOS	while	while 循环
trior	网络数据类型	rpmos	门级 MOS	wire	网络数据类型

续表

关键词	说明	关键词	说明	关键词	说明
trireg	网络数据类型	rtran	门级双向通道	wor	网络数据类型
use	配置语句	rtranif0	门级双向通道	xnor	逻辑同或
vectored	网络数据类型修饰符	rtranif1	门级双向通道	xor	逻辑异或
wait	等待	scalared	类型修饰符	—	—

第二节　常量与变量的声明和使用

考核知识点及能力要求：

- 掌握 Verilog HDL 中常用的常量与变量类型。
- 掌握 Verilog HDL 中常量与变量的声明和使用。

一、常量

常量是指在代码执行过程中值不能被改变的量，Verilog HDL 等硬件描述语言中数值和常量的表示与软件编程语言有较大区别。

1. 数值的表示方法

本小节主要描述 Verilog HDL 中整数常数的定义和使用。

Verilog HDL 是一种四值语言，见表 5–5，支持四种逻辑数字。

其中 x/X 表示不可确定的值，z/Z 表示高阻态。在十进制数中不能使用 x/X 和 z/Z 两种状态，其中 z/Z 亦可用？代替。

Verilog HDL 中整数常量有表 5–6 所示四种进制表示形式。

表 5–5　　四值电平逻辑

状态	含义
0	低电平、逻辑 0、Low、False、Ground、VSS
1	高电平、逻辑 1、High、True、Power、VDD
x/X	不确定状态、Unknown
z/Z	高阻值、HiZ、Disabled Driver

表 5–6　　四种进制形式

符号	进制	取值范围
bIB	二进制	0，1
oIO	八进制	0～7
dID	十进制	0～9
hIH	十六进制	0～9，a～f

Verilog HDL 中，整数常数的语法格式如下：

```
[+/-] [size] [s/S] '[base] <num>
```

（1）[+/–] 是可选项，用于表示常数的符号，默认值是“+”，当数值是正数时可省略符号“+”。负数以二进制的补码形式表示。

（2）[size] 是可选项，用于表示数值的位宽，默认值是 32，需要注意的是，此处的位宽是将数值转换成二进制数后的位宽。

（3）[s/S] 是可选项，用于指定数值是否为无符号数，默认是无符号数。

（4）[base] 是可选项，表示数值所使用的进制，默认是十进制。当指定数值所使用的进制时，需要在进制符号前面使用单引号（′）。只有数值是十进制时才可省略进制，且进制必须与位宽同时省略。

（5）<num> 是必选项，用于指定具体数值，且不能超过相应进制的表示范围。该数值须为一正数，不能带有符号。

（6）如果数字 <num> 转换为二进制数后的位数大于给定的 size，那么将在左端截去多余的位数，只保留低位。

（7）如果数字 <num> 转换为二进制数后的位数小于给定的 size，那么将进行左端补齐。如果数字最左端的位是 0 或 1，左端补 0；如果最左端的位是 x，左端补 x；如果最左端的位是 z，左端补 z。

（8）为增加代码的可读性，可以在数字中间加 _（下划线）分割数字。

根据以上格式，Verilog HDL 中最简单的整数是不指定位宽和进制的无符号十进制数。

【例 5–13】

未指定位宽的常数。

```
203          // 合法的十进制常数
'b1011       // 合法的二进制常数
'o246        // 合法的八进制常数
'h35A        // 合法的十六进制常数
4ae          // 非法，使用了十六进制中的 a e，但未指明进制
'o249        // 非法，9 不是八进制下有效字符
```

【例 5–14】

指定位宽的常数。

```
4'b1101      //4 bit 二进制数
5'd5         //5 bit 十进制数
3'b01x       //3 bit 二进制数，但最后一位未知
12'hx        //12 bit 十六进制数，所有数据均未知
14'h?        //14 bit 十六进制数，所有数据均为高阻值
4'dx         // 非法，十进制表示中不能使用 x/z
```

【例 5–15】

使用符号标识符的常数。

```
8'd-6        // 非法，进制后的数字须为正数
-8'd6        // 合法，表示 - (8'b6)
4'shf        // 合法，表示 - (4'h1)
-4'sd15      // 合法，表示 - (-(4'h1))
```

根据 Verilog HDL 语法，有符号数将以其二进制补码的形式出现。对于 –8′d6，由于存在负号，因此该数为一有符号数，数值 6 的二进制为 0110，其原码亦是 0110，因此 –8′d6 表示十进制数 –6。对于 4′shf，s 表示该数为一有符号数，数字 f 的二进制表示为 1111，其原码为 1001，表示十进制数 –1（最高位的 1 表示负号）。因此，4′shf 表示 –4′h1。同样的方法可计算出 –4′sd15 的值为 1。

【例 5–16】

左端补齐与截断。

```
2'd13                  // 实际数值为 1
12'hx                  // 实际数值为 xxx
12'h3x                 // 实际数值为 03x
12'hz3                 // 实际数值为 zz3
```

2. 参数型常量

在 Verilog HDL 中，可以用关键词 parameter 定义一个标识符来表示一个常量，当代码中出现该标识符时均代表这一常量。其语法格式如下：

```
parameter 参数名 = 常数 ;
parameter 参数名 = 常数表达式 ;
```

需要注意的是声明参数型常量时，右端项必须是某一常量或者常量表达式，常量表达式直至包含常量或者已定义的参数型常量，不能含有可赋值的变量。为了与其他普通常量与变量进行有效区分，参数型常量的标识符通常使用大写字母。

【例 5–17】

参数型常量的声明。

```
parameter WIDTH = 4'd8;            // 声明一个实数型参数，默认值为 8
parameter LENGTH = 3*4;            // 使用常量表达式进行赋值
parameter A = 16, B = 4;           // 声明两个实数型参数
parameter AREA = A * B;            // 使用已声明的参数常量进行赋值
```

参数型常量经常用于定义变量的位宽或者信号的延时等，可以在模块例化时对参数进行重定义，对于提高代码的可扩展性和可维护性具有重要作用。

【例 5–18】

模块例化时进行参数覆盖。

```
module calculator
    # (parameter OP = 1'd1,                    // 参数 OP，1 时表示加法，0 表示减法
    parameter WIDTH = 4                        // 参数 WIDTH，表示位宽
    )
    (
    output reg [WIDTH -1: 0] res,
    input  [WIDTH -1: 0] a,
    input  [WIDTH -1: 0] b
    );
    always @ (*) begin
        if (OP)                                //if-else 与 C 语言中的语法一致
            res = a + b;
        else
            res = a – b;
    end

endmodule
```

假设 a1 = 4′d10，b1 = 4′d2；a2 = 32′d2022，b2 = 32′1990，可以在不修改模块代码的情况下使用下面两条语句例化模块 calculator 获得 a1 与 b1 的差 res1，以及 a2 与 b2 的差 res2。

```
module tb;
reg [3: 0] res1, a1, b1;
calculator
```

```
        # (
            .OP (0),                    // 用 0 覆盖参数 OP 的默认值 1，模块执行减法
        )                               // 参数 WIDTH 保持默认值 4

        inst1 (                         // 输出端信号 res1 的位宽为 4
            .res (res1),
            .a (a1),
            .b (b1)
        );

    endmodule
```

```
module tb;
parameter WIDTH = 32;
reg [WIDTH-1: 0] res2, a2, b2;
calculator
    # (
        .OP (0),                    // 用 0 覆盖参数 OP 的默认值 1，模块执行减法
        .WIDTH (WIDTH)              // 用 32 覆盖参数 WIDTH 的默认值 4

    )
    inst1 (                         // 输出端信号 res2 的位宽为 32
        .res (res2),
        .a (a2),
        .b (b2)
    );

endmodule
```

二、变量

Verilog HDL 支持常见的编程语言数据类型，如整数变量、实变量和字符串变量，还包括一些对描述硬件行为有用的数据类型。

在标准的 Verilog HDL 中，变量类型被分为两类：线网型和寄存器型。这些名称存在一定误导性，寄存器类型中的变量，包括“reg”类型，不一定要连接到寄存器的输出端口，也不一定会综合成触发器。在结构正确的硬件描述代码中，reg 变量可以是组合门、触发器或锁存器的输出。相反，线网型也可以连接到触发器输出。Verilog HDL 起初是一种验证语言，这种命名方式是用来区分在两次更新之间需要保持状态不变的变量和需要持续驱动的变量。当其被用于硬件描述之后，这种命名规则一直被沿用，并没有做出改变。

更进一步的区别是，线网型可以有多个驱动信号，也就是生成三态门，而使用寄存器变量不能生成三态门。

最常用的线网型变量类型是 wire，最常用的寄存器型变量类型是 reg。只使用这两种类型的变量几乎可以完成所有数字电路的设计，但是其他的变量类型也有一定的作用。三态 net 型变量声明为“tri”类型，它与 wire 类型的变量效果相同。

1. 线网型变量

线网（net）相当于硬件电路中的各种物理连接（导线和节点），用来实现各个电路模块（包括逻辑门、功能模块）之间的连接，其特点是输出值根据输入值的变化而变化，没有电荷保持作用（trireg 除外）。Verilog HDL 语法支持的线网类型变量见表 5–7。

表 5–7　Verilog HDL 线网类型变量

关键字	功能
wire	线网类型变量
tri	多驱动线网类型变量
wand	线与逻辑
triand	与 wand 具有相同功能

续表

关键字	功能
wor	线或逻辑
trior	与 wor 具有相同功能
trireg	具有数据保持能力的线网类型
tri0	带有下拉电阻的线网
tri1	带有上拉电阻的线网

wire 与 tri 具有相同的逻辑功能与语法，wire 通常用于连续赋值的驱动或者门级元件的驱动，而 tri 多用于多驱动线网。

wand、triand、wor、trior 被称为线逻辑类型的线网，用于解决多个前置电路驱动同一个线网时出现的逻辑冲突。

trireg 是具有数据保持能力的线网类型，当前置电路没有驱动信号时，该数据将保持原有的驱动值。

tri0 和 tri1 分别表示带有下拉电阻和上拉电阻的线网。当没有前置电路驱动 tri0 线网时，其值为 0；当没有前置电路驱动 tri1 线网时，其值为 1。

线网类型变量的声明语法如下：

```
<net_type> [range] [delay] < list_of_net_name>;
```

（1）net_type 表示网络型数据的类型，可以是表 5-7 中的任一个。

（2）range 用来指定数据的位宽。该项为可选项，若没有显式指定则默认为 1；反之，由该项指定数据的位宽。

（3）delay 用来指定信号延迟时间，多用于仿真过程。延迟时间默认值为 0。

（4）list_of_net_name 表示变量名称，一次可定义多个 net，用逗号分开，比如 net1，net2，net3。

【例 5-19】

线网类型数据的声明。

```
wire clk;                    // 位宽为 1 的 wire 型变量 clk
wand and_wire;               // 位宽为 1 的线与变量 and_wire
tri [15: 0] bus;             // 16 位三态总线
wire [31: 0] w1, w2;         // 两个 32 位 wire，MSB 为 bit31
wire [0: 31] w3, w4;         // 两个 32 位 wire，MSB 为 bit0
wire [4: 0] #6 SLOWBUS;      // 具有 6 个时间单位延迟的 5 位总线
```

例中，MSB 表示 Most Significant Bit，表示权重最高的比特位；相应的权重最低的比特位是 LSB，Least Significant Bit。

wire 是最常用的线网类型，其值由驱动电路决定，并随驱动电路的变化而变化，如果没有驱动电路其值为 z。

在 Verilog HDL 中，线网型变量除了数值外还有强度的区分，信号强度参数见表 5–8。信号强度可能与门的实例相联系。在电路综合时驱动强度规格会被忽略掉。

表 5–8　　线网类型信号强度参数

强度等级	强度值
supply1，supply0	7
strong1，strong0	6
pull1，pull0	5
large1，large0	4
weak1，weak0	3
medium1，medium0	2
small1，small0	1
highz1，highz0	0

当逻辑值相同但强度不同时，输出会采用较强驱动的强度。如果强度相同，但逻辑值不同，输出将是不确定的。

2. 寄存器型变量

寄存器变量能够保存信号的数值，直到被前置电路再次修改。寄存器变量在逻辑综合之后并不一定会被综合成寄存器，也有可能是一条物理连线。寄存器类型的赋值规则与 net 类型的赋值规则相反。reg 变量不能用于连接实例，不能作为持续赋值的目标，也不能作为程序块的输出。寄存器类型变量只能在 initial 和 always 块被赋值。Verilog HDL 中常见的寄存器类型变量有五种，见表 5-9。

表 5-9　　　　　　　　　　Verilog HDL 寄存器类型变量

关键字	功能
reg	可变位宽寄存器变量
integer	32 位带符号整数型变量
real	64 位带符号实数型变量
realtime	64 位无符号实数型时间变量
time	64 位无符号整数型时间变量

reg 型变量是最常用的寄存器类型变量，可以声明为无符号变量和有符号变量，变量位宽可由设计者自行定义。默认为无符号的单比特变量。

integer 型变量是 32 位固定位宽的带符号整数型变量，等价于 reg signed [31：0]。

real 和 realtime 型变量是 64 位实数型变量，采用双精度浮点数一般用于测试模板中存储仿真时间，一般与系统函 $realtime 搭配使用。

time 型变量是 64 位无符号整数型时间变量，等价于 reg unsigned [63：0]。该类型常用于跟踪仿真时间。亦可通过声明一个 64 位的 reg 向量来记录仿真时间。

寄存器类型变量的声明语法如下：

```
<reg_type>[signed|unsigned][range]<list_of_net_name>;
```

reg_type、range、list_of_net_name 的含义与线网型变量相似。signedlunsigned 与关键字 reg 一起使用，用于指定变量是否为有符号数。

reg 是最常用的寄存器型变量，默认值是 5。

【例 5-20】

寄存器类型数据的声明。

```
reg a;                          // 单比特无符号寄存器变量
reg [15: 0] b, c;               // 两个 16 比特无符号寄存器变量
reg [0: 31] d;                  // 32 比特无符号寄存器变量，MSB 是 0
reg signed [15: 0] e, f;        // 两个 16 位有符号寄存器变量
integer int_a,int_b;            // 定义了 3 个整数型寄存器
time currtime;                  //currtime 可以存储一个时间值
```

【例 5–21】

无符号 reg 不会自动扩展符号位。

```
reg [3: 0] reg1, reg2;
reg1 = 5;
reg2 = -2;
```

该例声明了两个无符号 reg 型变量，其中 reg 1 的值是 5，reg2 的值是 14（–2 的补码）。

3. 标量、向量与数组

位宽为 1 位的变量称为标量（scalar），如果在变量声明中没有指定位宽，则默认为标量。比如例 5–20 中变量 a。

位宽大于 1 位的变量（包括线网型和寄存器型）称为向量（vector）。向量通过位宽定义语法 [msb：lsb] 指定地址范围。比如例 5–20 的变量 b，int_a。

数组常用来定义存储器。Verilog–2001 对数组的定义和访问做了极大的增强，其声明和使用方法与 C 语言非常相似。数组中的元素可以是标量，也可以是向量，数组可以是任意维度的。

【例 5–22】

数组的定义。

```
reg mem1 [7: 0];                // 维度为 8 的标量数组
reg [7: 0] mem2;                // 维度为 1 的向量数组
reg [7: 0] mem3[7: 0];          // 维度为 8 的向量数组
```

其中，reg meml［7：0］表示 8 个位宽为 1 的寄存器组；reg［7：0］mem2 表示 1 个位宽为 8 的寄存器；reg［7：0］mem3［7：0］表示 8 个位宽为 8 的寄存器组。

对数组赋值时，只能对数组的某一个单元进行赋值，而不能对整个数组进行赋值。

```
reg mem1 [7: 0];                 // 维度为 8 的标量数组
mem1 = 8'b0;                     // 非法的赋值语句
mem1 [1] = 1'b0;                 // 合法的赋值语句
```

为方便代码修改与移植，可使用 parameter 变量定义数组的尺寸。

```
parameter wordsize=16, memorysize=256;
reg [wordsize-1: 0] Amem [memorysize-1: 0];
```

4. 位选择与域选择

Verilog HDL 可以选择一个向量的切片分配给另一个变量。要获取例 5–20 中 16 位寄存器变量 b 的最高位并将其赋值给一个名为 sign_bit 的变量，可以使用以下代码：

```
reg sign_bit;
always @ (b) sign_bit = b [15];
```

同样，可以选择整个高位字节，如下：

```
reg [7: 0] high_byte;
always @ (b) high_byte = b [15: 8];
```

指定向量切片的高位和低位的另一种方法是直接指定若干位。当使用变量来设置索引时，这种不常用的语法可能会很有用。在下面的示例中，两行语句都抓取了第 31 位到第 24 位。

```
always @ (data_bus) high_byte = data_bus [31-: 8];
always @ (data_bus) high_byte = data_bus [24+: 8];
```

以上第一个例子是从 31 位开始向低位取 8 位，而不是从 31 位到 8 位取 24 位。第二个是从第 24 位开始向高位取 8 位。将 + 符号移动到冒号后面，可以表示从 31 位到 8 位取 24 位：

```
always @ (data_bus) three_bytes = data_bus [31: +8];
```

虽然这种语句看起来有些难懂，但在使用索引变量时可能很有用：

```
index = 8;
target = data_bus [ (index*8)-: 8];
```

随着索引 index 的递减，不同的字节会被赋值到 target。像这样的构造通常出现在一个循环中。Verilog 循环将在第六节中介绍。

位选择的一个奇怪特征是，不论位选择的对象和目标是不是有符号的变量，即使选中的是整个向量，位选择也总是无符号的。

当一个较小的有符号变量被分配给一个较大的变量时，预期的结果是将有符号位扩展到较大的变量中。如果单独引用该变量，这种预期的情况就会发生。但是如果使用位选择，即使该选择覆盖了整个向量，符号位也不会被扩展。

```
input signed [7: 0] a;
output reg signed [15: 0] x, y;
always @ (a) begin
    x = a;                                  // 变量 a 会进行符号位扩展
    y = a [7: 0];                           // 变量 a 不会进行符号位扩展
end
```

在上面的代码中，a 扩展出的符号位将会传递给 x，但不会传递给 y。

第三节　硬件描述语言中的表达式

考核知识点及能力要求：

- 掌握 Verilog HDL 中的九类运算符。
- 掌握 Verilog HDL 中操作数的定义和使用。

表达式是编程语言最重要的语法要素，一个表达式由运算符（operator）和操作数（operand）组成，根据运算符的含义和操作数的数值计算出结果。一个单独的合法操作数（不包含操作符）也被认为是一个合法的表达式。本节描述了 Verilog HDL 中可用的运算符和操作数以及如何使用它们来形成表达式。

一、运算符

Verilog HDL 所支持的运算符以及运算符的符号与 C 语言相似。根据功能可将运算符分为九类，分别是算术运算符、逻辑运算符、关系运算符、等式运算符、位运算符、缩位运算符、移位运算符、拼接运算符和条件运算符；根据操作数数目可以分为三类，分别是单目运算符、双目运算符、三目运算符。表 5-10 列出了 Verilog HDL 语法中所有的操作符。

1. 算术运算符

算术运算符用于实现两个操作数的算术运算，Verilog 支持的算术运算符见表 5-11，包括加法、减法、乘法、除法运算以及取模运算和指数运算。其中所有的综合工具均能够将前三种运算符综合出相应的硬件电路，后三种运算则要根据所使用的综合工具确定。

表 5-10　　Verilog HDL 操作符

<table>
<tr><th>操作类型</th><th>操作符</th><th>执行的操作</th><th>操作数的个数</th></tr>
<tr><td rowspan="6">算术</td><td>*</td><td>乘</td><td>2</td></tr>
<tr><td>/</td><td>除</td><td>2</td></tr>
<tr><td>+</td><td>加</td><td>2</td></tr>
<tr><td>-</td><td>减</td><td>2</td></tr>
<tr><td>%</td><td>取模</td><td>2</td></tr>
<tr><td>**</td><td>求幂</td><td>2</td></tr>
<tr><td rowspan="3">逻辑</td><td>!</td><td>逻辑非</td><td>1</td></tr>
<tr><td>&&</td><td>逻辑与</td><td>2</td></tr>
<tr><td>||</td><td>逻辑或</td><td>2</td></tr>
<tr><td rowspan="4">关系</td><td>></td><td>大于</td><td>2</td></tr>
<tr><td><</td><td>小于</td><td>2</td></tr>
<tr><td>>=</td><td>大于或等于</td><td>2</td></tr>
<tr><td><=</td><td>小于或等于</td><td>2</td></tr>
<tr><td rowspan="4">等式</td><td>==</td><td>逻辑相等</td><td>2</td></tr>
<tr><td>!=</td><td>逻辑不等</td><td>2</td></tr>
<tr><td>===</td><td>全等</td><td>2</td></tr>
<tr><td>!==</td><td>不全等</td><td>2</td></tr>
<tr><td rowspan="5">位</td><td>~</td><td>按位取反</td><td>1</td></tr>
<tr><td>&</td><td>按位与</td><td>2</td></tr>
<tr><td>|</td><td>按位或</td><td>2</td></tr>
<tr><td>^</td><td>按位异或</td><td>2</td></tr>
<tr><td>~^or^~</td><td>按位同或</td><td>2</td></tr>
<tr><td rowspan="6">缩位</td><td>&</td><td>缩位与</td><td>1</td></tr>
<tr><td>~&</td><td>缩位与非</td><td>1</td></tr>
<tr><td>|</td><td>缩位或</td><td>1</td></tr>
<tr><td>~|</td><td>缩位或非</td><td>1</td></tr>
<tr><td>^</td><td>缩位异或</td><td>1</td></tr>
<tr><td>~^/^~</td><td>缩位同或</td><td>1</td></tr>
</table>

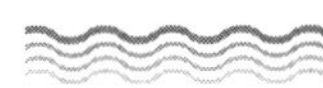

续表

操作类型	操作符	执行的操作	操作数的个数
移位	>>	逻辑右移	2
	<<	逻辑左移	2
	>>>	算术右移	2
	<<<	算数左移	2
拼接	{ }	拼接	任意个数
条件	? :	条件	3

表 5-11　　　　算术运算符

运算符	含义
+	加法运算
–	减法运算
*	乘法运算
/	除法运算
%	取模运算
**	指数运算

所有运算符均可使用有符号或无符号数字。整数除法运算采用向下截断的方式，即舍去小数部分。取模运算符结果的符号取决于第一个操作数的符号。如果指数运算符的任一操作数为实数，则结果类型应为实数。如果第一操作数为零且第二操作数为非正值，或者第一操作数为负值且第二操作数不是整数，则指数运算符的结果是未知的。

【例 5-23】

算术运算符及其计算结果。

```
12/2            //6
11/3            //3，截去小数部分
8%4             //0
```

2. 逻辑运算符

逻辑运算符用于返回真假条件，无论输入操作数有多少位宽，它们只会产生 1 位输出，包括 0、1、x。其中 0 表示 False，1 表示 True，x 表示不确定。当操作数为 0，则等价于逻辑 0；当操作数不为 0，则等价于逻辑 1；当操作数中包含 x/z，则等价于 z。逻辑运算符多用于条件语句和多路分支语句中的条件表达式。Verilog HDL 支持布尔运算符的几种变体，见表 5-12，仅支持 AND、OR 和 NOT 函数，不支持逻辑 XOR 函数。

表 5-12 逻辑运算符

运算符	含义
!	逻辑非
&&	逻辑与
||	逻辑或

【例 5-24】

逻辑运算符及其计算结果。

```
module logic_op;
reg [3: 0] a, b, c;
initial
    begin
        a=6;
        b=0;
        c=4'hx;
        $displayb (a&&b);           // 结果为 0
        $displayb (a||b);           // 结果为 1
        $displayb (!a);             // 结果为 0
        $displayb (a||c);           // 结果为 1
        $displayb (a&&c);           // 结果为 x
```

```
        $displayb (b||c);                    //结果为x
        $displayb (!c);                      //结果为x
    end
endmodule
```

代码中 $displayb 表示以二进制的形式输出结果。

3. 位运算符

位运算符是执行标准布尔操作的运算符，Verilog HDL 支持的位运算符见表 5–31，包括取反（ ~ ）与（&）、或（|）、异或（^）、同或（ ~^/^~ ）。位运算符根据两个操作数中相应的位执行相应的操作。如果一个操作数较短，则它会用 0 扩展高位，匹配较长的操作数的长度。按位操作中，输入 Z 会被视为 X，位运算符不会输出高阻抗状态。表 5–13 ~ 表 5–17 给出了每一个位操作符的真值表。虽然按位取反可以与 XOR 结合形成 XNOR 运算，但是不能类似地形成 NAND 和 NOR 运算符。A& ~ B 是 A 和非 B 的“与”，不是 A 和 B 的“与非”，而 A ~ &B 存在语法错误。NAND 函数可以通过使用括号来完成“ ~ （A&B）”。

表 5–13　　位运算符

运算符	含义
~	按位取反
&	按位与
|	按位或
^	按位异或
~^or^~	按位同或

表 5–14　　按位与运算真值表

&	0	1	x	Z
0	0	0	0	0
1	0	1	x	x
x	0	x	x	x
Z	0	x	x	x

表 5–15　　按位或运算真值表

|	0	1	x	Z
0	0	1	x	x
1	1	1	1	1
x	x	1	x	x
Z	x	1	x	x

表 5–16　　按位异或运算真值表

^	0	1	x	Z
0	0	1	x	x
1	1	0	x	x
x	x	x	x	x
Z	x	x	x	x

表 5–17　　按位取反算真值表

~	Output
0	1
1	0
x	x
Z	x

【例 5–25】

位运算符及其计算结果。

```
module bitwise_op;
reg [4: 0] a;
reg [3: 0] b;
reg [2: 0] c, d;
initial
    begin
        a = 5'b10101;
        b = 4'b010x;
```

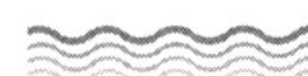

```
        c = 3'b011;
        d = 3'b11z;
        $displayb ( ~ b);            // 结果是 101x
        $displayb (a | b);           // 结果是 10101，b 扩展至 5 比特参与运算
        $displayb (a & b);           // 结果是 0010x，b 扩展至 5 比特参与运算
        $displayb (c ^ d);           // 结果是 10x
        $displayb (b ^ ~ c);         // 结果是 100x，c 扩展至 4 比特参与运算
    end
endmodule
```

4. 等式运算符

等式运算符见表 5–18，包括 ==、!=、===、!== 四种。该运算符用于比较两个操作数，它们根据比较的结果生成一个单比特输出。== 和 != 被称为逻辑相等和逻辑不等。=== 和 !== 被称为全等和不全等。逻辑运算符和等式运算符之间的区别是，当遇到 x 或 Z 时，逻辑运算符会输出 x，而全等运算符会进行所有位的严格比较。因此，== 和 != 的计算结果包括 0、1、x；而 === 和 !== 的计算结果只包括 0、1。

逻辑相等和全等运算符的逻辑真值表见表 5–19 和表 5–20。

表 5–18　　等式运算符

运算符	含义
==	逻辑相等
!=	逻辑不等
===	全等
!==	不全等

表 5–19　　逻辑相等运算符真值表

==	0	1	x	Z
0	1	0	x	x
1	0	1	x	x
x	x	x	x	x
Z	x	x	x	x

表 5–20 全等运算符真值表

===	0	1	x	Z
0	1	0	0	0
1	0	1	0	0
x	0	0	1	1
Z	0	0	1	1

【例 5–26】

等式运算符及其计算结果。

```
module equality_op;
reg [2: 0] a, b, c, d;
integer e, f;
initial
    begin
        a = 3'b11z;
        b = 3'b01x;
        c = 3'b11z;
        d = 3'b011;
        e = 3;
        f = 7;
        $displayb (a == c);              // 结果是 x
        $displayb (a === c);             // 结果是 1
        $displayb (b == d);              // 结果是 x
        $displayb (b=== d);              // 结果是 0
        $displayb (d== e);               // 结果是 1
        $displayb (d == f);              // 结果是 0
    end
endmodule
```

5. 关系运算符

关系运算符（见表5–21），包括大于（>）、小于（<）、大于或等于（>=）、小于或等于（<=）四种，用于比较两个变量的大小，并返回一个反映它们之间大小关系的单比特值。关系运算符的计算逻辑类似于逻辑相等运算符，但当操作数中存在x或Z时，它们不会再比较操作数之间的关系。在任意一个操作数中任意一位存在x或Z，比较结果都是x。

表5–21　关系运算符

符号	含义
>	大于
<	小于
>=	大于或等于
<=	小于或等于

【例5–27】

关系运算符及其计算结果。

```
module relation_op;
integer a, b;
reg [2: 0] c;
reg [1: 0] d;
initial
    begin
        a = 5;
        b = 17;
        c = 3'b11x;
        d = 2'b0z;
        $displayb (a<b);            // 结果是 1
        $displayb (b<=a);           // 结果是 0
```

```
        $displayb (c<b);                  // 结果是 x
        $displayb (d>=a);                 // 结果是 x
    end
endmodule
```

该例中，c 的位宽为 3，其最大值是 7，因此 c 必然小于 b。但由于变量 c 中存在未知变量 x，c<b 的运算结果为 x。

6. 缩位运算符

缩位运算符又称归约运算符，见表 5–22，包括缩位与（&）、缩位与非（~&）、缩位或（|）、缩位或非（~|）、缩位异或（^）、缩位同或（~^/^~）。

缩位运算符是一个单目运算符，只有一个操作数，它对这个操作数按位执行相应操作，最终产生一个单比特输出。缩位运算相当于把运算符插入到操作数所有临位中间，可以简化代码的书写。

表 5–22　缩位运算符

运算符	含义
&	缩位与
~&	缩位与非
|	缩位或
~|	缩位或非
^	缩位异或
~^/^~	缩位同或

【例 5–28】缩位运算符及运算结果见表 5–23。

表 5–23　缩位运算符及运算结果

操作数	&	~&	|	~|	^	~^
4′b0000	0	1	0	1	0	1
4′b1111	1	0	1	0	0	1
4′b0110	0	1	1	0	0	1
4′b1000	0	1	1	0	1	0

7. 移位运算符

移位运算符的作用是将操作数向左或向右移动指定的位数，见表 5–24，包括逻辑左移（<<）、逻辑右移（>>）、算术左移（<<<）、算术右移（>>>）四种。逻辑移位运算符和算术左移运算符把操作数左右移动规定的位数后，在空缺位置补 0。而对于算术右移运算符，把操作数左右移动规定的位数后，如果操作数是无符号数，则在空缺位置补 0，如果操作数是有符号数，则在空缺位置补充符号位。

表 5–24　　移位运算符

运算符	含义
<<	逻辑左移
>>	逻辑右移
<<<	算术左移
>>>	算术右移

【例 5–29】

移位运算符及其计算结果。

```
module shift_op;
reg [3: 0] a;
reg signed [3: 0] b;
initial
    begin
        a = 5;                          //0101
        b = 4'b1000;
        $displayb (a<<2);               // 结果是 0100
        $displayb (a>>>2);              // 结果是 0001
        $displayb (b<<<2);              // 结果是 0000
        $displayb (b>>>2);              // 结果是 1110
    end
endmodule
```

8. 条件运算符

条件运算符是一个三目运算符，即包含三个操作数，其表达式如下：

```
操作数 1 ? 操作数 2 : 操作数 3;
```

其运算规则如下：如果操作数 1 是 1，结果等于操作数 2；如果操作数 1 是 0，结果等于操作数 3；如果操作数 1 是 x 或 Z，结果是 x。

操作数 1~3 既可以是一个常数，也可以是一个表达式。

条件运算符支持嵌套使用。例如：

```
assign y = ctrl1 ? (ctrl0 ? a : b): (ctrl0 ? c : d);
```

条件操作符等价于 if–else 语句，但书写更简洁，并且可以在数据流描述方法中使用。

9. 拼接运算符

拼接运算符的符号是“{}”，两个或多个变量可以使用拼接运算符串在一起，变量之间用逗号分开。使用拼接运算符获得的新变量的位长等于拼接符内所有变量位长的总和。拼接运算符的运算结果是一个无符号数，即使所有连接的变量都是有符号的，它也只是产生一个无符号的量。

【例 5–30】

拼接运算符的使用。

```
module fulladder
    (
    input a,
    input b,
    input cin,
    output sum,
    output cout
```

```
    );
    assign {cout, sum} = a + b + cin;                    // 使用拼接运算符
endmodule
```

该例中，所有信号均是单比特，a+b+cin 有可能产生 2 比特的结果，产生的溢位正好被参与拼接中的 cout 所接收，就起到了简化表达式的作用。

拼接运算符还支持对同一个变量进行多次复制，其语法如下：

```
{n{var}}; //n 表示复制次数 , var 表示待复制变量
```

【例 5–31】

使用拼接运算符进行数据复制。

```
module conc_op;
reg [3: 0] a;
reg signed [3: 0] b;
initial
    begin
        a = 4'b1010;
        b = 4'b1001;
        $displayb ({2{a}});                      // 结果是 10101010
        $displayb ({{2{1'b0}}, a[3: 2]});        // 结果是 0010，相当于无符号
                                                   数算术右移
        $displayb ({{2{b[3]}}, b[3: 2]});        // 结果是 1110，相当于有符号
                                                   数算术右移
    end
endmodule
```

从该例中可以看出，拼接运算符可以执行移位运算符的功能。

10. 操作符的优先级

本节详细讲述了 Verilog HDL 支持的所有运算符，当一个表达式包含多个运算符时，并不能简单地从左至右进行计算，而是要遵从 Verilog HDL 语法中定义的优先级。在表 5-25 中按照优先级从高到低的顺序列出了操作符的优先级水平。表中，优先级高的运算符将先执行运算，同一优先级的运算符按照从左到右的顺序进行求值。在一个复杂的表达式中，建议使用小括号增加代码的可读性。

表 5-25　　操作符的优先级

<table>
<tr><th>操作符</th><th>含义</th><th>优先级</th></tr>
<tr><td>( ) []</td><td>括选，位选择</td><td>高</td></tr>
<tr><td>+ −! ~ & ~& | ~| ^ ~^ ^~</td><td>缩位运算等单目运算符</td><td></td></tr>
<tr><td>**</td><td>指数运算</td><td></td></tr>
<tr><td>* / %</td><td>乘法、除法、取模</td><td></td></tr>
<tr><td>+ −</td><td>加法、减法（双目运算）</td><td></td></tr>
<tr><td><< >> <<< >>></td><td>移位运算符</td><td></td></tr>
<tr><td>< <= > >=</td><td>关系运算符</td><td></td></tr>
<tr><td>== != === !==</td><td>等式运算符</td><td></td></tr>
<tr><td>&</td><td>位运算符（双目运算）</td><td></td></tr>
<tr><td>^ ~^ ^~</td><td>位运算符（双目运算）</td><td></td></tr>
<tr><td>|</td><td>位运算符（双目运算）</td><td></td></tr>
<tr><td>&&</td><td>逻辑与</td><td></td></tr>
<tr><td>||</td><td>逻辑或</td><td></td></tr>
<tr><td>?:</td><td>条件运算符</td><td></td></tr>
<tr><td>{} {{}}</td><td>拼接运算符</td><td>低</td></tr>
</table>

二、操作数

1. 操作数的种类

Verilog HDL 表达式中的操作数主要有以下几种：常数、参数型变量、线网型变

量、寄存器型变量、向量的位选择、向量的域选择、数组变量的元素及其位选择和域选择、拼接运算符返回的值以及函数的返回值。位选择和域选择已在前面介绍，函数返回值将在后续章节介绍。

2. 操作数位长

当进行表达式计算时，操作数的位长会由 Verilog HDL 制定的规则根据操作符、操作数以及上下文进行扩展或截断。位长由操作符和操作数根据表 5–26 所示的规则确定。

以赋值语句为例，表达式的位长既取决于赋值右端项表达式本身，也取决于赋值左端项。例 5–25 中，5 比特的变量 a 与 4 比特的变量 b 进行按位或运算，需要先将 b 扩展至 5 比特参与运算，表达式最终的结果也是一个 5 比特的变量。

表 5–26　　表达式位长规则

表达式	表达式位长	操作数位长
m op n，op 为以下操作符 + − * / % & | ^ ~^ ^~	max（L（m），L（n））	操作数的位长会扩展至 max（L（m），L（n））
op m，op 为以下操作符 + − ~	L（m）	操作数位长不变
m op n，op 为以下操作符 === !== == != > >= < <=	1 bit	操作数的位长会扩展至 max（L（m），L（n））
m op n，op 为以下操作符 && ||	1 bit	操作数位长不变
op m，op 为以下操作符 & ~& | ~| ^ ~^ ^~	1 bit	操作数位长不变
m op n，op 为以下操作符 >> << ** >>> <<<	L（m）	操作数 n 位长不变
cond ? m : n;	max（L（m），L（n））	操作数 cond 位长不变
{K{m, n}}	K*（L（m）+ L（n））	操作数位长不变

三、时延控制与事件控制

Verilog HDL 支持对电路时序的仿真与控制，并提供了两种方法：时延控制和事件控制。

时延控制是指在表达式中通过给定时延进行时序控制，它控制了语句从开始执行到执行完毕之间的时间跨度。时延控制根据其在表达式中出现的位置，可以分为常规时延控制和内嵌时延控制。

常规时延控制是将延时控制放在整条表达式的开头，指对整条语句执行相应延时，即相隔上一条语句执行的延时量，其语法如下：

```
# 延时 变量名 = 表达式 ;
```

内嵌时延控制是将延时控制放在赋值语句之后，指在赋值语句右端表达式得出运算结果后，延后指定时间，然后再将运算结果赋值给左端项。其语法如下：

```
变量名 =# 延时 表达式 ;
```

【例 5–32】

时延控制示例。

```
c1 = a | b;
#10 c2 = a & b;
c3 = #5 a ^ b;
```

假设第一条或运算在时刻 0 执行，那么将在时刻 10 执行与运算并将结果赋值给左端变量 c2。赋值语句执行完毕后执行异或运算，延时 5 个时刻，即在时刻 15 将异或运算结果赋值给左端变量 c3。

事件控制是指代码中某一个变量（线网型或者寄存器型）的值发生了变化。事件控制用符号 @ 表示，在本章第二节程序结构部分出现过 @。事件控制主要有三种形式：信号电平变化、信号上升沿和信号下降沿。

第四节　硬件描述语言中的行为描述

考核知识点及能力要求：

- 掌握 Verilog HDL 中的串行语句块与并行语句块。
- 掌握 Verilog HDL 中的阻塞赋值与非阻塞赋值。
- 掌握 Verilog HDL 中的条件语句。
- 掌握 Verilog HDL 中的循环语句。
- 掌握 Verilog HDL 中的任务和函数的定义与使用。

一、语句块

Verilog HDL 代码是由若干条语句组成的，语句块提供将两条或更多条语句组合成语法结构上相当于一条语句的机制。前面的例子中出现了多次用 begin 和 end 将多条语句合并在一起，这就是语句块。Verilog HDL 支持两类语句块，一是顺序语句块（begin-end），二是并行语句块（fork-join）。二者语法结构如下：

```
// 顺序语句块                        // 并行语句块
begin                                fork
    语句 1;                              语句 1;
    语句 2;                              语句 2;
    语句 3;                              语句 3;
```

```
    ……                                      ……
    语句 n;                                 语句 n;
end                                     join
```

顺序语句块中的语句按给定次序顺序执行，只有前面的语句执行完毕才会执行后面的语句。如果语句中带有延迟控制语句，所指定的延时为相对于上一条语句的延时。

【例 5-33】

顺序语句块延时示例。

```
reg out;
begin
    out = 0;                        // 时刻 0 执行
    #1 out = 1;                     // 时刻 1 执行 1 = 0 + 1，其中，0 表示上
                                       一语句的执行时刻，1 表示本条语句
    #2 out = 1;                        指定的延时
    #3 out = 0;                     // 时刻 3 执行 3 = 1 + 2
    #4 out = 1;                     // 时刻 6 执行 6 = 3 + 3
end                                 // 时刻 10 执行 10 = 6 + 4
```

并行语句块中的语句可以并行执行，语句的执行顺序由各自语句的延迟或事件控制有关，与语句的位置无关。最后一条语句并不一定会最后执行。每一条语句中的延时为相对进入语句块的时间，即绝对时间。

【例 5-34】

并行语句块延时示例。

```
reg out;
fork
    out = 0;                        // 时刻 0 执行
```

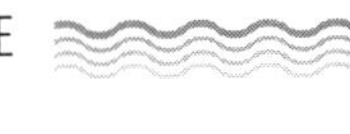

```
        #1 out = 1;                              // 时刻 1 执行
        #2 out = 1;                              // 时刻 2 执行
        #3 out = 0;                              // 时刻 3 执行
    #6 out = 1;                                  // 时刻 6 执行
    #4 out = 1;                                  // 时刻 4 执行
    join
```

一个功能块可以被指定一个名称，如例 5–35 所示。被命名的块可以有局部变量，也可以使用在同一模块中但在块之外声明的变量。如果块有一个与模块变量名称相同的本地变量，块中对该变量名的引用是对本地声明的变量，而不是对模块中声明的变量的引用。通过给块一个名称，创建了一个新的层次结构，因此不会产生冲突。在仿真中，命名的块可以通过名称被禁用，已调度但尚未执行的模拟事件都将从执行队列中删除。这不会涉及硬件方面，禁用一个块可以在验证中完成，但在电路中没有意义。命名块将创建新的层次结构。在例 5–35 中，BLOCK1 内部的局部变量 COUNT 可以通过给出一个指向它的 BLOCK1 的分层路径 BLOCK1.COUNT 在模块中被引用。被命名的块以块名称结束。这样做只是为了澄清代码，不会添加任何功能。以“：块名”结束的方式是可以省略的。命名块必须使用关键字对 begin...end 或 fork...join，即使它们只包含一行语句。

【例 5–35】

命名块示例。

```
module namedblock;
    reg [3: 0] count;                            // 模块变量 count
    always@ (*) begin: BLOCK1
        reg [7: 0] count;                        // 语句块变量 count
    end : BLOCK1
    always@ (*) begin
```

```
        count = 0;                          // 此处修改的是模块变量 count
    end
endmodule
```

二、赋值语句

赋值语句是 Verilog HDL 中最常见也最重要的语句，描述了数据在电路间的流动。赋值语句由三部分组成：左端项、赋值符号、右端项。左端项为可赋值变量，包括线网型变量、寄存器型变量等，但不能是常数型变量。赋值符号包括 = 和 <= 两种。右端项通常是由操作数和操作符组成的表达式。根据赋值语句类型的不同，可以分为连续赋值语句（continuous assignment）和过程赋值语句（procedural assignment）。

1. 连续赋值语句

连续赋值语句已经在前面的章节和代码中出现，该语句以关键词 assign 开头，左端项（即赋值目标）只能是线网型变量，赋值符号为 =。右端项的变化会即时赋值给左端变量，这也是其被称为连续赋值的一个原因。Verilog HDL 允许多条连续赋值语句出现在电路描述中，而且多个语句之间是并行关系，与出现的前后顺序无关。注意，连续赋值语句不能出现在由 initial 和 always 开头的过程块中。使用连续赋值可以构造任意一个组合逻辑电路。

【例 5–36】

使用连续赋值语句构造半加器。

```
module adder
    (
    output [3: 0] sum1,
    output co1,
    input [3: 0] a,
    input [3: 0] b,
    input cin
```

```
    );

    assign {co1, sum1} = a + b + cin;            // 连续赋值信号

endmodule
```

Verilog HDL 支持对一个刚创建的变量进行持续赋值，这时可以不使用关键词“assign”，被称为隐性连续赋值。加法器可以用以下代码实现：

```
input [7: 0] data1, data2;
output wire [8: 0] sum = data1 + data2;
```

在端口声明中嵌入持续赋值语句对仿真性能或者由代码综合成的电路都没有影响。

连续赋值要求右端项的变化即时传递给左端项，仿真器必须在每一刻都重新仿真持续赋值，比起其他编码技术会有更大的功耗。从统计学上来说，任何节点可能只会在不到 5% 的时钟周期内改变状态，因此使用连续分配具有很大的性能损失。由此可见，设计过程中要尽可能避免使用连续赋值语句。

2. 过程赋值语句

过程赋值语句常用在行为级建模里，出现在 initial 块或者 always 块中，用于修改 reg、integer、time 等寄存器变量。过程赋值语句的左端项必须是寄存器变量，这一点是连续赋值语句与过程赋值语句主要的不同点。在经过过程赋值后，左端变量的取值将保持不变，直到另一条过程赋值语句重新对变量赋值为止。

根据 Verilog HDL 语法，有两种过程赋值：阻塞赋值（blocking assignment）和非阻塞赋值（nonblocking assignment）。

阻塞赋值的赋值符号为“=”，语法格式如下：

```
变量 = 表达式；
```

在顺序语句块（begin-end）内，各条阻塞语句以它们在顺序块中的排列先后次序依次得到执行，只有前面的语句执行完毕，才可执行后面的语句。在并行块（fork-join）内，各条阻塞赋值语句则能够同时执行。阻塞赋值语句的执行过程中，首先计算右端赋值表达式的取值，然后立即将计算结果赋值给“=”左端的目标变量。后续表达式的赋值在之前语句中的赋值完成前被“阻塞”。

非阻塞赋值的赋值符号为“<=”，语法格式如下：

```
变量 <= 表达式 ;
```

在过程块语句中，所有非阻塞赋值语句是并行执行的，一条非阻塞赋值语句块的执行不会阻塞下一条语句的执行。在执行赋值的过程中，首先计算右端表达式的值，然后等到当前仿真时间结束时再将该计算结果赋值给被赋值变量，而不是立即向左端项赋值。

由于硬件电路中不允许出现一个信号被多个驱动源驱动，因此不能使用连续赋值语句对同一个变量进行多次赋值，而过程赋值语句允许这种写法。

【例 5–37】

使用阻塞赋值和非阻塞赋值对同一个变量进行多次赋值。

```
// 阻塞赋值                     // 非阻塞赋值
begin                           begin
    q1 = a | b;                     q2 <= a | b;
    q1 = b & c;                     q2 <= b & c;
    q1 = ~c;                        q2 <= ~c;
end                             end
```

左边部分使用了阻塞赋值，右边部分使用了非阻塞赋值。假设，a=2’b10；b = 2’b01；c = 2’b11；对于使用阻塞赋值的变量 q1，其值先后经历了 2’b11、2’b01，最终被赋值为 2’b00（~c）。

对于使用非阻塞赋值的变量 q2，虽然也完成了三条语句右端项的逻辑运算，但并

没有赋值，而是最后将最接近过程结束的右端项赋值给目标变量 q2，即 q2 直接被赋予 2’b00。

【例 5–38】

使用过程赋值语句设计一个移位寄存器。

```
module block_assignment
    (
    input clk,
    input data,
    output reg out
    );
    reg reg1, reg2;
    always @ (posedge clk) begin                  // 时钟上升沿触发
        reg1 = data;                              // 阻塞赋值
        reg2 = reg1;
        out = reg2;
    end
endmodule
```

该例在过程块中使用了阻塞赋值，试图生成一个移位寄存器，将 data 赋值给 reg1，同时将 reg1 赋值给 reg2。然而，这个模块综合出了一个寄存器，out、reg1 和 reg2 都是寄存器的输出。

出现以上问题就是因为执行赋值的顺序，首先这个功能块是由时钟上升沿触发，此时 data 会被赋值给 reg1，然后执行下一条语句。此时，因为 reg1 已经被设置等于 data，reg2 赋值 reg1 相当于将 reg2 也设置为 data，这样的结果就是生成了一个寄存器，out、reg1 和 reg2 都是寄存器的输出，而不是预想中的串行移位寄存器。

若想代码综合出三个串行的寄存器，最简单的方式是将阻塞赋值符号替换成非阻塞赋值。

```
module nonblock_assignment
    (
    input clk,
    input data,
    output reg out
    );
    reg reg1, reg2;
    always @ (posedge clk) begin                    // 时钟上升沿触发
        reg1 <= data;                               // 非阻塞赋值
        reg2 <= reg1;
        out <= reg2;
    end
endmodule
```

修改后的代码中，data、reg1、reg2 的值在同一时刻赋值给 reg1、reg2、out。

此外，还可以通过改变阻塞赋值语句的顺序得到串行移位寄存器。

```
module block_assignment
    (
    input clk,
    input data,
    output reg out
    );
    reg reg1, reg2;
    always @ (posedge clk) begin                    // 时钟上升沿触发
        out = reg2;                                 // 阻塞赋值
        reg2 = reg1;
```

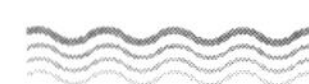

```
        reg1 = data;
    end
endmodule
```

过程赋值语句极大地简化了数字电路设计，为保证电路设计的正确性和规范性，在使用阻塞赋值和非阻塞赋值时应遵循以下原则。

非阻塞赋值不能用在“assign”开始的持续赋值语句中，一般只会出现在“initial”和“always”等过程语句中，对 reg 型变量进行赋值。如“assign out<=a+b；”这样的语句是错误的。

当用“always”过程语句对组合逻辑电路进行设计时，应尽量采用阻塞赋值方式。对时序逻辑电路进行设计时，应尽量采用非阻塞赋值方式。

在同一个“always”过程语句中描述时序和组合逻辑混合电路时，最好采用非阻塞赋值方式。

在同一个过程块中，原则上不要同时用阻塞赋值和非阻塞赋值，虽然同时使用这两种赋值方式在综合时并不一定会出错。

在一个模块内，严禁对同一个变量既进行阻塞赋值，又进行非阻塞赋值，这样会在综合时报错。

不能在两个或两个以上的“always”过程语句中对同一个变量赋值，这样会引起冲突，在综合时会报错。这一点与软件编程语言有较大不同，往往会成为初学者进行电路设计的难点。

三、条件语句

条件语句又称为分支语句，包括两类，一类是 if–else 语句，另一类是 case 语句。条件语句只能在 initial 块和 always 块内使用。它们之间的主要区别是，if–else 语句总是能生成带有优先级的电路，而 case 语句则不能。

if 语句在 Verilog 中非常普遍，它们已经在前面的示例中多次使用过。如果没有这个结构，编写高级代码是不可能且不切实际的。if 语句通常与 else 语句匹配，同时可能有一个或多个 else if 子句。注意，Verilog 使用拼写完全的两个单词，而不是在其他一些语言中使用的“else if”。if 语句有以下三种语法结构：

结构 1：

```
if ( 条件 1)
    begin
        语句 1;
        语句 2;
        ......
    end
```

结构 2：

```
if ( 条件 1)
    begin
        语句 1;
        语句 2;
        ......
    end
else
    begin
        语句 3;
        语句 4;
        ......
    end
```

结构 3：

```
if ( 条件 1)
    begin
```

```
            语句 1;
            语句 2;
            ……
        end
else if ( 条件 2)
        begin
            语句 3;
            语句 4;
            ……
        end
else
        begin
            语句 5;
            语句 6;
            ……
        end
```

当 begin–end 语句块内只有一条语句时，可以省略 begin–end。

if 条件语句中的条件表达式可以是简单的高低电平判断，也可以是很复杂的逻辑表达式，但最终必须能够计算为一个 true 或 false 状态。以下代码都是合法的：

```
if (reset == 1'b0)       //same as if (!reset)
if (reset)               //if reset is 1
if (x > y)
if ((state == 4'b1010 && START == 1'b1)||(state == 4'b0101 && STOP == 1'b1))
```

if...else if...else 结构存在优先级。如果有多个分支为 true，则将执行第一个为 true 的分支，并跳过其他分支。

【例 5-39】

使用 if 语句构造一个四选一多路选择器。

```
module mux_4_1
    (
    output reg out,
    input a,
    input b,
    input c,
    input d,
    input [1: 0] sel
    );
    always@ (*)
        if (sel == 2'b00)                    //if 语句
            out = a;
        else if (sel == 2'b01)
            out = b;
        else if (sel == 2'b10)
            out = c;
        else
            out = d;
endmodule
```

条件语句的第二种方式是使用 case 语句。对于 case 语句，有一个控制变量，并根据该变量的值选择一个分支。其语法结构如下：

```
case ( 控制表达式 / 控制变量 )
    分支表达式 / 分支变量 1:
```

```
        begin
            语句 1;
            语句 2;
            ……
        end
    分支表达式 / 分支变量 2:
        begin
            语句 3;
            语句 4;
            ……
        end
    ……
    default:
        begin
            语句 5;
            语句 6;
            ……
        end
endcase
```

case 语句的控制表达式 / 控制变量可以是任意数，在执行过程中会首先求解控制表达式的值，然后依次与分支表达式的值或者分支变量进行对比，当找到相同的值时执行该分支内的语句，最后的 default 分支用来覆盖没有出现的分支。在 case 语句的分支中，分支表达式的值具有互斥性，要求它们必须是不同的值，否则会出现错误。

【例 5-40】

使用 case 语句构造一个四选一多路选择器。

```
module mux_4_1
    (
    output reg out,
    input a,
    input b,
    input c,
    input d,
    input [1: 0] sel
    );
    always@ (*)
        case (sel)                                //case 语句
            2'b00: out = a;
            2'b01: out = b;
            2'b10: out = c;
            2'b11: out = d;
            default: out = 0;
        endcase
endmodule
```

根据语法中存在的 x/Z 两种数值，Verilog HDL 提供了 case 语句的两个变体 casex 和 casez。casex 用来处理分支变量中存在 x 的情况，casez 用来处理分支变量中存在 x 和 Z 的情况。表 5–27 给出了 case、casex 和 casez 的真值表。

表 5–27　　case、casex 和 casez 真值表

case	0	1	x	z	casez	0	1	x	z	casex	0	1	x	z
0	1	0	0	0	0	1	0	0	1	0	1	0	1	1
1	0	1	0	0	1	0	1	0	1	1	0	1	1	1
x	0	0	1	0	x	0	0	1	1	x	1	1	1	1
Z	0	0	0	1	Z	1	1	1	1	Z	1	1	1	1

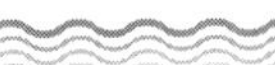

【例 5–41】

casex 的使用。

```
always @ (state)
    casex (state)
        2'b11: next_state = 2'b00;
        2'b10: next_state = 2'b11;
        2'b0x: next_state = 2'b01;
    endcase
```

在该例中，当 state 最高位为 0 时，无论最低位是 1 或 0，都将 2’b01 赋值给 next_state。2’b0x 包括 2’b01 和 2’b00 两种情况。

在 Verilog HDL 代码中，if 语句和 case 语句使用不当，会导致电路综合出的电路中包含锁存器，最终的电路会产生不可预估的结果。为了避免锁存器的产生，Verilog HDL 要求每一个 if 条件都要有一个 else 与其配对，每一个 case 语句都有 default 分支。通过这两种方法实现分支全覆盖。

【例 5–42】

if 语句分支不完全导致综合出锁存器。

```
module dlatch
    (
    output reg q,
    input d,
    input ctrl
    );
    always @ (ctrl or d)
        if (ctrl) q = d;                    // 没有对应的 else 分支
endmodule
```

该例中，显示了一个分支不完整的“if”结构。它明确地说明了如果 ctrl 是逻辑 1 时该怎么做，但它并没有说明 0 时该怎么做。如果进行综合，这个代码将生成一个 D 锁存器。

对于 case 语句，由于 x 值和 Z 值的存在，在没有 default 语句时，即使枚举了所有可能的二进制值，但也不能认为是一个分支完整结构。在例 5–40 中，即使列出了所以可能的二进制表示，还是列出了 default 分支。

四、循环语句

Verilog HDL 支持四种循环语句，分别是 for、while、repeat 和 forever，与条件语句一样，循环语句也只能在 initial 块和 always 块内中使用。Verilog HDL 循环语句的语法与 C 语言类似。

while 循环会计算一个表达式，如果该表达式为 true，则进入该循环。该表达式可以是非常复杂的，但必须能够解析为真状态或假状态。只要这个条件保持正确，循环代码会一直重复执行，一旦它变为假，循环将退出。

while 循环的基本结构只有关键字“while”，后面跟着括号中的条件表达式，其计算结果为真或假。如果当条件表达式为 true 时，执行后续语句；当条件表达式为 false 或者未知状态时跳出循环。要执行的操作包含多个语句，则还需要一个“begin”和“end”。while 语法结构如下所示：

```
while ( 条件表达式 )
    begin
        语句 1;
        语句 2;
    end
```

【例 5–43】

while 循环示例。

```
module while_tb ( );
reg [7: 0] data;
reg [3: 0] ones_count;
reg [3: 0] loop_count;
initial begin
      ones_count = 0;
      loop_count = 0;
      data = _______;
      while (data)
           begin
                #10
                if (data [0]) ones_count = ones_count + 1;
                data = data >> 1;
                loop_count = loop_count + 1;
                $display ("data = %b, ones_count = %d, 1oop_count = %d",
                           data, ones_count, loop_count);
           end
      end
endmodule
```

代码中，data 表示一个 8 位二进制数，ones_count 用于记录 data 中 1 的个数，loop_count 用于记录 while 循环执行的次数。

当 data 在 initial 语句块中赋值为 8’b0 时，while 循环条件表达式为 false，不会进入 while 循环，运行该代码没有任何输出信息。

当 data 在 initial 语句块中赋值为 8’bxxxxxxxx 时，while 循环条件表达式为 x，也不会进入 while 循环，运行该代码没有任何输出信息。

当 data 在 initial 语句块中赋值为 8’b1xxxxxxx 时，while 循环条件表达式为 True，

进入 while 循环，直至 data 在移位运算符的作用下变成 8’b0。运行该代码的输出信息如下：

```
data = 01xxxxxx, ones_count = 0, loop_count = 1
data = 001xxxxx, ones_count = 0, loop_count = 2
data = 0001xxxx, ones_count = 0, loop_count = 3
data = 00001xxx, ones_count = 0, loop_count = 4
data = 000001xx, ones_count = 0, loop_count = 5
data = 0000001x, ones_count = 0, loop_count = 6
data = 00000001, ones_count = 0, loop_count = 7
data = 00000000, ones_count = 1, loop_count = 8
```

当 data 在 initial 语句块中赋值为 8’bxxxx1010 时，while 循环条件表达式为 True，进入 while 循环，执行 4 次 while 循环后，data 在移位运算符的作用下变成 8’b00000xxxx，while 循环条件表达式为 x，跳出循环。运行该代码的输出信息如下：

```
data = 0xxxx101, ones_count = 0, loop_count = 1
data = 00xxxx10, ones_count = 1, loop_count = 2
data = 000xxxx1, ones_count = 1, loop_count = 3
data = 0000xxxx, ones_count = 2, loop_count = 4
```

for 循环与 while 循环具有相似的功能，其语法格式如下：

```
for (initial_assignment; condition; step_assignment)
    begin
        语句 1;
        语句 2;
        ……
    end
```

initial_assignment 指明了循环的初始条件。

 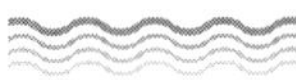

condition 是判断循环是否继续执行的条件表达式，该表达式可以是非常复杂的，但必须能够解析为 False 或 True。只要条件表达式为 True，循环代码会继续执行，一旦它变为假，循环将退出。

step_ assignment 为改变控制变量的过程赋值语句，通常为增加或减少循环变量计数。

相比于 while 循环，for 循环将初始条件、判别表达式和自加操作都放在了一起，语法更加紧凑。

【例 5–44】

for 循环示例。

```
module forloop
    (
    output reg [3: 0] out,
    input [3: 0] a,
    input [3: 0] b
    );
    reg [2: 0] i;
    always @ (a or b)
        begin
            for (I = 0; I <= 3; i = i + 1)
            out[i] = a[i] & b[i];
        end
endmodule
```

对于 while 循环和 for 循环，如果循环的次数是固定的，那么可以利用综合工具生成对应的硬件电路。而如果循环的次数依赖于某一个变量，那么该代码是不可综合的。例 5–44 中的代码指定了循环次数为 4，因此该代码可综合出一个 4 位寄存器，而例 5–43 中的代码的循环次数依赖于 data 的数值，因此该代码无法综合出实际电路。

forever 是 Verilog HDL 支持的另一种循环语句，表示永久循环，其语法结构如下：

```
forever
    begin
        语句 1;
        语句 2;
    end
```

forever 不包含任何条件判断语句，一旦执行便会无限地执行下去，其功能相当于 while（1）。

由于 forever 循环的执行次数不固定，因此它不适用于硬件电路设计，主要用于在测试代码中创建一个重复的信号，如时钟。

【例 5–45】

使用 forever 循环来创建时钟信号。

```
module test;
reg clk;
initial
    begin
        clk = 1'b0;
        forever #1 clk = ~clk;
    end
endmodule
```

repeat 是执行固定次数的一种循环，其语法结构如下：

```
repeat (loop_time)
    begin
        语句 1;
        语句 2;
    end
```

其中 loop_time 指定了循环次数，其可以是一个变量或常量。如果 loop_time 是一个变量，则循环次数是开始执行 repeat 循环时变量的值，即使循环执行过程中变量的值发生变化，循环执行的次数也不变。

【例 5-46】

repeat 循环示例。

```
module top_module ();
    initial
        begin
            int count= 4, loop_count = 0;
            repeat (count) begin
                count++;
                loop_count++;
                $display ("count = %d, loop_count = %d", count, loop_count);
            end
        end
endmodule
```

在进入 repeat 循环时，count 的值为 4，即使在循环里面 count 的值不断发生变化，该循环也只会执行 4 次，其输出信息如下：

```
count = 5, loop_count = 1
count = 6, loop_count = 2
count = 7, loop_count = 3
count = 8, loop_count = 4
```

五、任务和函数

在 Verilog HDL 中，一种常见的设计技术是对常用的组件如计数器、寄存器建立一个可复用的模型，然后根据需要进行实例化或调用。模块的实例化是这种设计技巧的一种体现，除模块实例化之外，Verilog HDL 还提供了任务（task）和函数（function）两种方法。无论是任务、函数还是实例化，使用这些结构中任何一个都可以通过将复杂的过程分解为更小、易于管理和可重用的块来简化设计，使用这些模块化设计思想可以保持模块的简洁和清晰，防止一个大模块变得散漫、混乱、难以理解。

任务和函数都必须在模块内定义，可以在模块内任意位置进行定义，并在模块的任何位置进行引用。

任务的声明格式如下：

```
//Verilog-1995 语法
task   [automatic]   任务名；
    端口声明；// 包含输入端口与输出端口
    变量声明；
    描述语句块；
endtask

//Verilog-2001 语法
task   [automatic]   任务名 ( 端口声明 );
    变量声明；
    描述语句块；
endtask
```

根据 IEEE 语言标准的不同，任务具有两种声明方法，都以关键词 task 开始，以关键字 endtask 结束。task 语法中的任务名、端口声明、变量声明、语句描述块与前文所描述的 module 相似。可选项 automatic 的加入是为了解决任务被多次调用后电路并发执行时存在的内存冲突问题。如果不加入 automatic 选项，任务中声明的参数和变量都是静态分配的，所有并行执行的同一个 task 共享这些变量，这意味着对一个任务或函数的多个并行调用将导致数据损坏。automatic 选项的加入解决了这一问题，在任务的定义中使用 automatic 后，其参数和变量都是动态分配的，每一个并行执行的任务都

有自己独立的参数空间。

函数的声明格式如下：

```
//Verilog-1995 语法
function  [automatic]  [range-1: 0]  函数名；
    端口声明；// 只包含输入端口
    变量声明；
    描述语句块；
endfunction

//Verilog-2001 语法
function  [automatic]  [range-1: 0]  函数名 ( 端口声明 );
    变量声明;
    描述语句块;
endfunction
```

函数的声明与任务的声明语法类似，二者主要区别在于函数的端口声明中只包含输入端口，函数的输出是一个宽度为 range，与函数同名的寄存器变量，函数通过这个变量进行结果传递。由此可见，函数只能有一个输出。表 5–28 列出了函数与任务的区别。

表 5–28　　函数与任务的区别

比较点	函数	任务
输入	函数至少有一个输入，端口声明不能包含 inout 型	任务可以没有或者有多个输入，且端口声明可以为 inout 型
输出	函数没有输出	任务可以没有或者有多个输出
返回值	函数至少有一个返回值	任务没有返回值
仿真时刻	函数总在零时刻就开始执行	任务可以在非零时刻执行

续表

比较点	函数	任务
时序逻辑	函数不能包含任何时序控制逻辑	任务不能出现 always 语句，但可以包含其他时序控制，如延时语句
调用	函数只能调用函数，不能调用任务	任务可以调用函数和任务
书写规范	函数不能单独作为一条语句出现，只能放在赋值语言的右端	任务可以作为一条单独的语句出现在语句块中

第六章 数字集成电路后端设计

数字集成电路后端设计包含了布局规划、详细布局、时钟树综合和详细布线等步骤，在设计之前需要做的准备包括：一是要了解基于电子设计自动化的芯片后端设计方法学及流程；二是要了解标准逻辑单元库、第三方IP和PDK的用途及其构成；三是要了解门级网表的特点和时序分析的基本概念。这三方面内容是从事数字集成电路后端设计的基础。

- **职业功能：** 数字集成电路设计。
- **工作内容：** 数字集成电路后端设计。
- **专业能力要求：** 能根据前端设计要求，编写数字后端流程的脚本文件；能完成基础数字电路后端布局规划、电源规划、时钟树综合、布局布线、ECO等流程；能对数字集成电路版图进行物理验证；能使用工具对数字后端流程的标准单元库进行规范化操作；能使用数字后端电子设计自动化工具进行基本操作。
- **相关知识要求：** 数字后端脚本语言基础知识；时序电路基础知识。

第一节　集成电路的后端设计流程简介

考核知识点及能力要求：

- 了解数字集成电路的设计方法学。
- 了解数字集成电路的前端流程和常用工具软件。
- 了解数字集成电路的后端流程和常用工具软件。

一、数字集成电路设计简介

当前，数字集成电路是采用电子设计自动化（Electronic Design Automation，EDA）工具，在脚本语言的支持下基于标准单元库来进行设计的。数字集成电路的设计流程分为前端和后端两部分，如图 6–1 所示。前端设计也称逻辑设计，包括芯片设计规范、硬件架构设计、寄存器传输级（Register Transfer Level，RTL）代码设计、功能仿真验证、逻辑综合、静态时序分析、形式验证等步骤，实现了从设计规格文档到满足逻辑功能和性能要求的门级网表的转换；后端设计也称物理设计，主要包括物理综合、物理验证、形式验证、寄生参数提取、静态时序分析、延时反标注、后仿真等步骤，实现了门级网表到芯片物理版图的转换。

二、数字集成电路设计前端流程简介

基于 EDA 的数字集成电路前端设计流程包含芯片设计规范、硬件架构设计、RTL 代码设计、功能仿真验证、逻辑综合、静态时序分析、形式验证等步骤。表 6–1 对前端设计流程的主要任务和相关工具进行了总结。

（1）芯片设计规范。根据客户和市场需求，制定芯片设计的功能、性能、功耗、面积和封装等指标的设计规范。为了满足设计规范，前端设计师与后端设计师需要不断对芯片的设计进行优化，使得最终制造出来的芯片能够符合预期的要求。在这一阶段，通常使用 Word 等设计文档工具来描述芯片设计需要满足的指标规格。

（2）硬件架构设计。根据设计规范确定电路硬件结构，确定芯片上有多少模块、模块之间的接口信号、芯片有哪些对外的接口信号等信息。该阶段通常使用 MATLAB、C、C++、SystemC、SystemVerilog 等高级语言来描述硬件各模块的功能及其之间的互连关系，通过仿真来验证硬件架构功能的正确性。

（3）RTL HDL 代码设计。根据确定的硬件架构编写 HDL 代码，对电路结构和功能进行寄存器传输级的描述。良好的代码编写风格可以使得代码更易维护，在功能仿

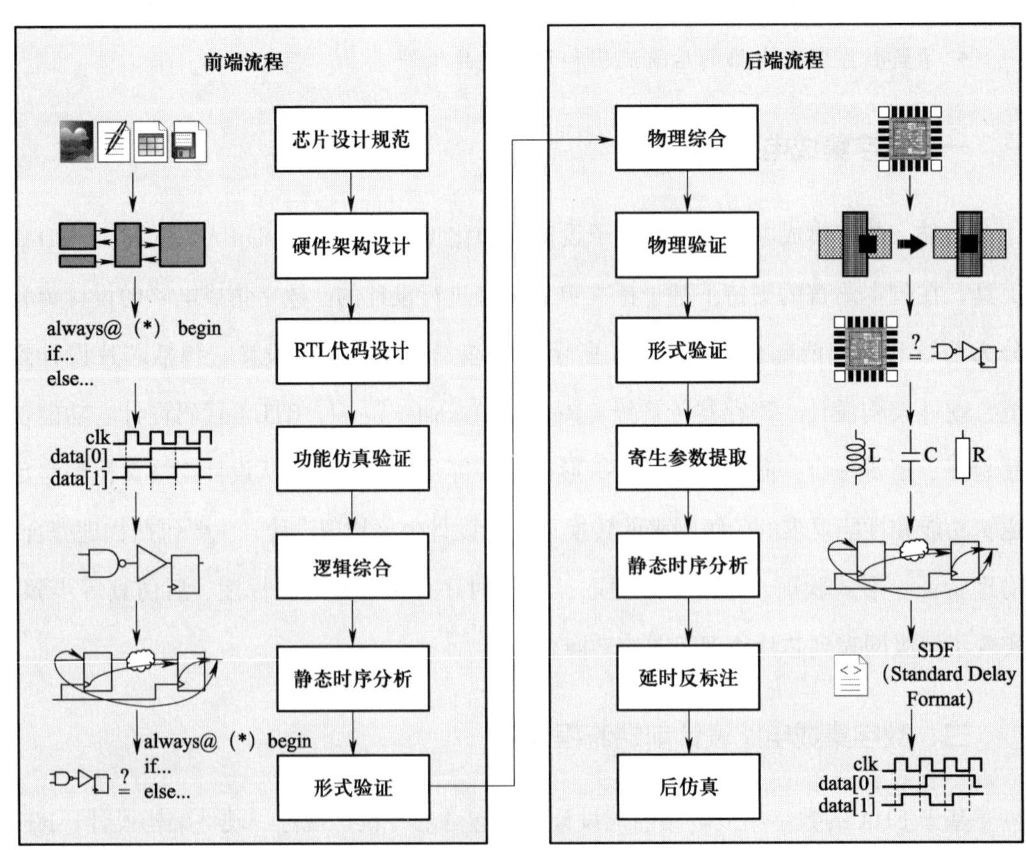

图 6-1　数字集成电路设计流程

真验证阶段更易于调试，在逻辑综合阶段更易于设置综合策略，静态时序分析时更易于路径分析。代码的编写方式需要满足可综合的要求，否则无法综合成门级网表。该阶段可使用 Verilog、VHDL 等硬件描述语言来进行 HDL 代码设计。

（4）功能仿真验证。搭建测试平台（testbench）对 RTL 代码的输入接口添加测试激励并进行仿真，并在仿真过程中观察模块内部变量的值和输出接口信号，以验证 RTL 代码功能的正确性。由于在该仿真过程中不考虑电路中单元和连线的延时，通常也称为前仿真。该阶段可使用 VCS 或 Modelsim 等仿真工具。

（5）逻辑综合。使用逻辑综合工具将电路的 RTL 代码转换成特定工艺库下的门级网表形式。EDA 工具在对 RTL 代码进行转换时会自动对设计进行时序、功耗、面积等指标的优化。在逻辑综合阶段，也可以进行可测性设计（Design For Test，DFT）。该阶段可使用 Synopsys 公司的逻辑综合工具 Design Compiler。

（6）静态时序分析。使用静态时序分析工具对电路的门级网表进行时序验证，在考虑单元延时、时钟偏斜、输入输出延时等因素下检查电路中每条路径是否满足建立时间和保持时间的要求。该阶段可使用 Synopsys 公司的 PrimeTime，国产工具有华大九天的 XTime 和 XTop 等。

（7）形式验证。在逻辑综合过程中，EDA 工具会对 RTL 代码进行优化。在优化的过程中，工具会删去冗余功能的逻辑单元，并对一些单元进行逻辑重组等，这就可能导致逻辑综合前的 RTL 代码和逻辑综合后的门级网表在功能上存在等价性风险。形式验证就是为了检查二者是否等价，该阶段可使用 Synopsys 公司的 Formality 和 Cadence 公司的 Conformal 等工具。

表 6-1　　数字集成电路设计前端流程总结

步骤	主要任务	相关工具或语言
芯片设计规范	根据客户和市场需求，制定芯片功能、性能、功耗、面积、封装等设计规范	Word 等格式的设计文档
硬件架构设计	确定满足设计规范的电路硬件结构，给出电路的数据流组织方式，并使用高级语言仿真验证架构设计的正确性	MATLAB、C、C++、System C、System Verilog 等高级语言

续表

步骤	主要任务	相关工具或语言
RTL 代码设计 always@(*)begin if... else...	使用硬件描述语言对电路结构和功能进行寄存器传输级的描述	Verilog、VHDL 等硬件描述语言
功能仿真验证 clk data[0] data[1]	编写 testbench 和测试激励，验证 RTL 代码功能的正确性	VCS、Modelsim 等
逻辑综合	将电路的 RTL 代码转换成门级网表形式	Design Compiler
静态时序分析	对电路（门级网表形式）进行时序验证，检查电路是否存在建立时间和保持时间的违例情况	PrimeTime、XTime、XTop 等
形式验证 always@（*）begin ? if... = else...	对电路的 RTL 代码和门级网表进行等效性检查，验证逻辑综合前的 RTL 代码和逻辑综合后的门级网表的功能的一致性	Formality、Conformal

三、数字集成电路设计后端流程简介

基于 EDA 的数字集成电路后端设计流程包含物理综合、物理验证、形式验证、寄生参数提取、静态时序分析、延时反标注和后仿真等步骤。表 6–2 对后端设计流程的主要任务和相关工具进行了总结。

表 6–2　　　　数字集成电路设计后端流程总结

步骤	主要任务	相关工具
物理综合	将电路的门级网表转换为物理版图	ICC、Innovus 等

续表

步骤	主要任务	相关工具
物理验证	主要包括设计规则检查和版图原理图一致性检查两部分，前者保证芯片版图的可制造性，后者保证芯片版图和门级电路功能的一致性	Skipper、Calibre 等
形式验证	对电路的门级网表和与物理版图等价的门级网表进行等效性检查，验证物理综合前后的电路功能的一致性	Formality、Conformal 等
寄生参数提取 L　C　R	提取版图上金属互连线的寄生电阻、寄生电容和寄生电感等寄生参数信息	RCExplorer、Star-RC、Calibre XRC、Quantus RC 等
静态时序分析	对物理综合生成的门级网表进行时序验证，检查电路是否存在建立时间和保持时间的违例情况	PrimeTime、XTime、XTop 等
延时反标注 < > SDF (standard delay format)	将延时信息反标注到门级网表	PrimeTime 等
后仿真 clk data[0] data[1]	对基于延时反标注的门级网表文件进行仿真，验证物理设计的正确性	Modelsim、VCS、ALPS 等

（1）物理综合。使用物理综合工具将电路的门级网表转换为物理版图，包括布局规划、电源规划、详细布局、时钟树综合、详细布线、工程改变命令（engineering change order，ECO）和物理验证等步骤。该阶段可使用 Synopsys 公司的物理综合工具 IC Compiler 和 Cadence 公司的物理综合工具 Innovus。

（2）物理验证。主要包括设计规则检查和版图原理图一致性检查两部分。其中，设计规则检查是对芯片版图中的各层图形进行物理层面的规则检查，例如金属间距、宽度等，保证芯片版图的可制造性；版图原理图一致性检查是将版图和电路网表进行比较，保证芯片版图和门级电路功能的一致性。该阶段可使用 Skipper 或 Calibre 等版图验证工具。

（3）形式验证。物理综合的过程涉及对逻辑网表的改变，因此需要在物理综合结束后对电路的门级网表和与物理版图进行等效性检查，以此确保物理综合前后的电路功能的一致性。该阶段通常使用 Synopsys 公司的 Formality 和 Cadence 公司的 Conformal。

（4）寄生参数提取。使用 EDA 工具提取版图上金属互连线的寄生电阻、寄生电容和寄生电感信息。这些寄生参数会影响电路的时序、信号完整性、功耗等指标，因此后续阶段需要利用抽取的寄生参数信息对电路的各个指标做出更加精确的仿真验证。该阶段可使用 Synopsys 公司的 Star-RC、Mentor 公司的 Calibre XRC、Cadence 公司的 Quantus RC 以及国产华大九天的 RCExplorer 等工具。

（5）静态时序分析。将寄生参数提取工具得到的寄生信息反标到门级网表中并进行时序验证，检查电路是否存在建立时间和保持时间的违例情况。因为这一阶段的静态时序分析考虑了时钟树延时、连线寄生延时等非理想因素，所以该阶段的分析结果相比于逻辑综合阶段更加准确。该阶段可使用 Synopsys 公司的 PrimeTime，国产工具有华大九天的 XTime 和 XTop 等工具。

（6）延时反标注。利用静态时序分析工具，将物理寄生参数计算成延时信息，并反标注到门级网表中，使得该门级网表的路径延时更接近实际芯片的工作情况。该阶段可使用 Synopsys 公司的 PrimeTime。

（7）后仿真。对进行了延时反标注的 Verilog 门级网表文件进行动态仿真或者将进行带寄生参数的 SPICE 级仿真，验证物理设计的正确性，通常称为后仿真。该阶段可使用 Modelsim、VCS 和 ALPS 等仿真工具。

第二节　数字集成电路后端设计中的脚本文件

考核知识点及能力要求：

- 了解脚本语言的基本概念和作用。
- 熟悉用于数字集成电路后端设计中的脚本语言。
- 根据要求，能编写数字后端流程的脚本文件。

一、什么是脚本语言

（一）脚本语言与编译型语言

常见的 C、C++ 等高级语言都是编译型语言，其特点是需要先将基于高级语言开发的程序统一编译成计算机可识别的可执行文件（如 .exe），然后才可运行。当该程序再次执行时，只需运行该可执行文件，无须再次编译，但是每次修改源代码后须重新进行编译。计算机运行程序时，只需遵照可执行文件的内容，运行相应的计算机底层指令，最终即可得到正确的结果。在此过程中，计算机的底层操作与源语句并非严格对应，编译器会针对计算机硬件结构进行程序优化，包括调换指令的执行顺序等。

与编译型语言不同，脚本语言是一种解释型语言，即执行前不需要对代码进行整体编译，而是在执行时逐条解释运行。因此，基于脚本语言编写的每条语句都有其相应的功能，脚本程序逐句运行的过程即程序功能逐步实现的过程。脚本语言在执行时，计算机的底层操作与源语句严格对应。计算机严格从上到下执行脚本，每一句被解释器独立地解释为计算机的底层操作，执行顺序不会被调换。

相比于编译型语言，脚本语言有以下的优点：

（1）脚本语言修改后不需要重新编译，因此程序开发时更加方便快捷。

（2）脚本语言是逐条运行的，修改一条语句只需在运行时对其进行不同的解释，不会影响程序其他代码。因此程序方便修改，灵活性较高。

（3）学习门槛低，不需要对语言的整体语法和结构有深入的了解就可以编写，容易上手。

当然，脚本语言也有不足：

（1）程序的执行效率较低，每次执行前都需要现场进行解释，且代码没有进行全局优化。

（2）需要特定的运行环境（解释器）。

（3）不适合用于构建大型的软件工程项目。

（二）数字电路设计中的脚本语言

在数字电路设计中也常采用脚本语言来控制一些固定操作的自动化执行，从而方便电路开发。集成电路设计中的脚本语言本质上是将设计自动化（EDA）工具的执行命令按照顺序写到文件中，工具通过读入该脚本文件即可自动执行其中的命令。

一般来说，可视化界面是最方便设计人员进行操作的，因此后端设计工具大多会开发可视化的操作界面。通过设置可视化界面中的各种选项，用户可以完成逻辑综合、物理综合等设计任务。与此同时，大多数可视化操作都对应着相关的操作命令，通过在命令行输入相应操作指令可以达到与可视化操作相同的效果。图 6–2 给出了逻辑综合工具 DC（design compiler）的可视化界面。以常见的报告关键路径时序为例，若采用可视化窗口，用户可以通过菜单栏 Timing → Report Timing Path 得到时序报告，如图中标号（1）所示。与此同时，该操作对应的命令也显示在了标号（2）所示的命令窗格中。由此可见，界面操作的本质还是命令的执行；用户在标号（3）处的命令行输入相同的命令即可实现与可视化操作相同的效果。为此，人们提出使用脚本语言，将要执行的命令按顺序编写到一个文件中，从而方便电路设计过程中命令的修改、优化和自动化执行。

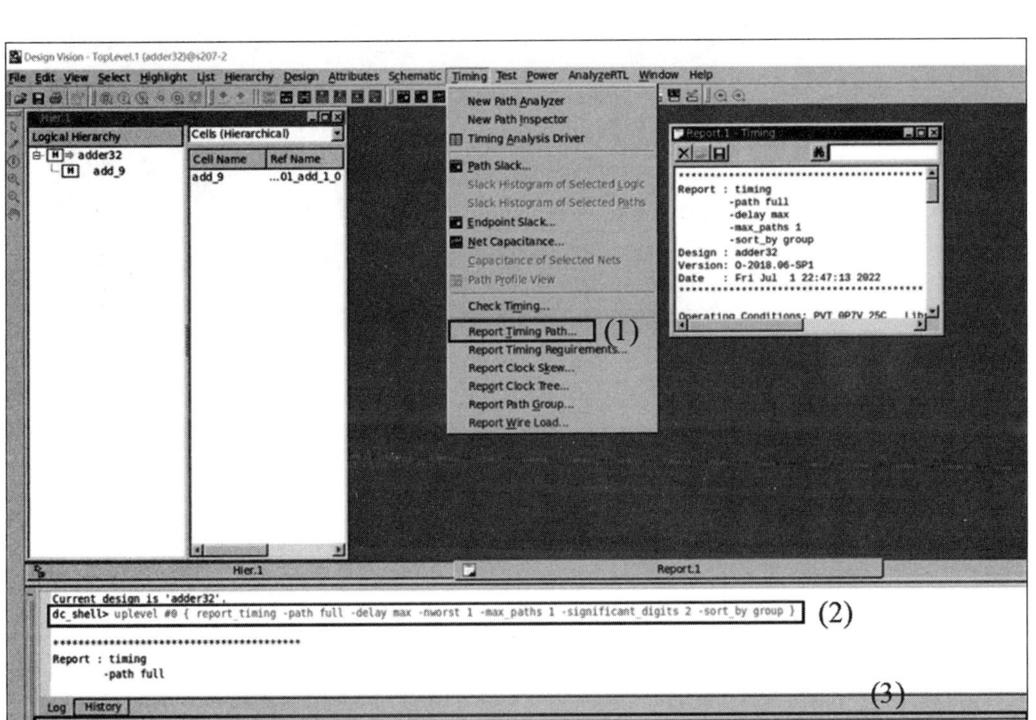

图 6–2　Design Compiler 的可视化界面

（三）为什么使用脚本语言

可视化界面的使用门槛更低，对新用户也更友好，那么使用脚本的意义何在？以逻辑综合工具的环境配置为例，在综合前首先要指定工艺库，这样工具才能找到电路中使用的元件。如果使用可视化界面进行操作，如图 6–3 所示，需要通过 File → Setup 打开对话框，然后依次配置 Search path、Link library、Target library、Symbol library 等几个变量。而且，每次重启工具时都需要进行重新配置。因此，如果使用可视化界面，大量的时间会被浪费在重复性的手动操作上。如果使用脚本语言，可以编写如例 6–1 所示的环境配置命令并保存在脚本文件中，这样在启动工具后直接执行该脚本即可配置好环境，从而简化了操作。

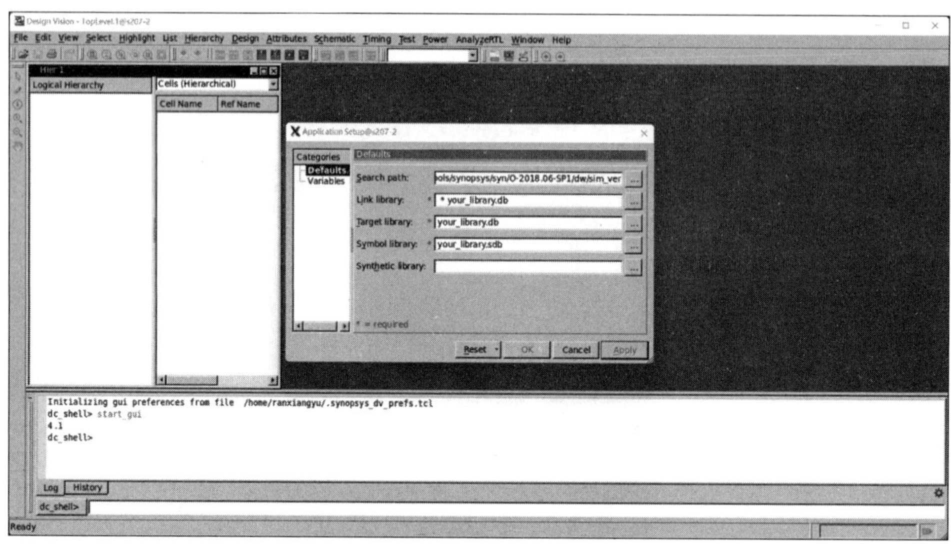

图 6–3　工艺库设置的可视化界面

【例 6–1】 逻辑综合环境配置命令示例。

```
set search_path < 路径列表 >
set target_library < 库文件列表 >
set symbol_library < 库文件列表 >
set link_library < 库文件列表 >
```

在芯片设计中，类似环境配置这样的固定操作还有很多。将这些操作都汇总于某一脚本文件中，并根据需要进行微调，电路设计的效率会显著提高。同时，在脚本中整个设计流程一目了然，不必担心遗漏操作，无须每次操作前仔细核对。因此，大部分芯片设计工具都支持基于 TCL（tool command language）脚本语言的命令执行方式。

二、脚本语言的常用语法

这一节介绍一些基本的脚本语法。

（1）一般将脚本文件后缀命名取为 .tcl，在工具里使用“source < 文件名 >”命令读取并执行该脚本。

（2）echo 命令用于屏幕打印，如 echo Hello，会在屏幕上打印出 Hello。

（3）使用 set 可以创建变量并赋值，如 set clk_period 10，就是创建一个 clk_period 变量，并给它赋值为 10。

（4）引用变量时，须在变量前加上“$”符号。举例来说，在运行 set clk_period 10 后，可以通过 create_clock -period $clk_period 创建一个时钟周期为 10 的时钟，其效果与 create_clock -period 10 相同。

（5）TCL 有一种标准数据格式称为列表，列表中可以包含多个元素。使用 { } 或“ ”可以定义一个列表。如，set cell_list {cell1 cell2 cell3} 或 set cell_list “cell1 cell2 cell3”，其作用为定义列表 cell_list，列表中包含三个元素，cell1、cell2 和 cell3。

（6）{ } 和“ ”的区别在于，{ } 是强引用，而“ ”是弱引用。强引用意味着 { } 内的内容会原封不动按照输入的字符串的样子存入列表。例如，set mylist {$clk_period 1} 会定义一个包含元素 $clk_period 和 1 的列表 mylist，$clk_period 不会被翻译成 clk_period 变量。而如果使用 set mylist “$clk_period 1”，列表的内容是 10 和 1。

（7）命令的嵌套使用 [ ]。若要在命令中使用另外一个命令的运行结果，需要将调用的命令用 [ ] 包裹起来。例如，set clk_div [expr 2*$clk_period]，其作用是将创建一个变量 clk_div，使其值为 clk_period 的两倍，这里就是在 set 命令中嵌套了运算命令 expr。

（8）变量进行运算时，不能直接使用 +、-、*、/ 等运算符，须使用 expr 命令，如上一条所述，expr 2*$clk_period 表示 clk_period 值的两倍。

（9）综合工具中，有一种特殊的数据类型集合（collection），其作用有些类似 C 语言的指针，指向一类数据的合集。集合一般由命令产生，如 set clk_coll [get_clocks] 中，get_clocks 命令输出一个指向所有时钟信号的集合，并将此集合赋予 clk_coll。集合指向的信息不能通过 echo 打印，需要使用命令“query_objects < 集合名 >”。

（10）行头使用“#”可以注释整行。在一行命令的结尾补充注释则需要首先在行尾加入“；”，再插入注释符“#”。

（11）脚本中换行即表示执行本行命令，若要将命令写成多行的形式，须在一行的结尾处加入“\”符号，表示命令尚未结束，下行继续。

（12）在命令后面使用“>”和“>>”，可以将命令的执行结果重定向到指定文件。“>”表示从文件头开始写入，“>>”表示从文件尾开始写入。

三、数字集成电路后端设计中脚本文件实例

例 6–2 展示了一个简单的逻辑综合脚本文件，此脚本可以控制工具运行一次完整的逻辑综合流程。其实现的功能如下：

（1）配置环境：脚本中首先设置了 search_path、link_library、target_library、symbol_library 四个变量。这四个变量为应用保留变量，用于配置搜索路径和库文件路径。

（2）创建变量：脚本中创建了 top_design 变量并赋值为顶层 RTL 模块的名称，方便后续指定顶层模块；用 outdir 变量指定输出目录路径。

（3）读入设计：通过 source 读取 scripts 文件夹下的 read.tcl 脚本，并依次执行该其中的命令，read.tcl 运行结束后再回到顶层脚本；使用 current_design 命令指定当前设计为 top_design 变量中的值，即“adder32”；通过 link 将当前设计与链接库中的引用进行链接。

（4）设置约束：调用约束文件 constraint.tcl 设置约束。

（5）综合设计：随后使用 compile 命令进行综合，调用 naming_rules.tcl 规定命名规则。

（6）输出结果：将综合网表、时序面积报告等写出。

此示例主要用于展示脚本语法，如需具体了解逻辑综合流程，请参考本章第四节。

【例 6–2】 Design Compiler 逻辑综合脚本实例。

```
remove_design -all
##############################(1) 配置环境 ################################
set search_path "$search_path ../rtl ../scripts \
/home1/public_temp/asap7/asap7sc7p5t_28/LIB/NLDM"
set target_library   "asap7sc7p5t_AO_RVT_TT_nldm_211120.db \
asap7sc7p5t_INVBUF_RVT_TT_nldm_211120.db
asap7sc7p5t_OA_RVT_TT_nldm_211120.db \
asap7sc7p5t_SEQ_RVT_TT_nldm_220123.db
asap7sc7p5t_SIMPLE_RVT_TT_nldm_211120.db"
```

```
set symbol_library   "dw_foundation.sldb"
set link_library    "* $target_library $synthetic_library"
############################(2) 创建变量 ####################################
set top_design adder32
set outdir ..

############################(3) 读入设计 ####################################
source ../scripts/read.tcl
current_design $top_design
link
########################### (4) 设置约束 ##################################
source ../scripts/constraint.tcl

############################(5) 综合设计 ##################################
compile
source ../scripts/namingrules.tcl

############################(6) 输出结果 ##################################
write -format verilog -hier -out $outdir/netlists/${top_design}.nl.v
write_sdf $outdir/reports/${top_design}.sdf
write_sdc $outdir/reports/${top_design}.sdc
write -format ddc -hier -o $outdir/netlists/${top_design}.ddc
report_area -hier > $outdir/reports/area_${top_design}.rpt
report_power > $outdir/reports/power_${top_design}.rpt
report_power -hier >> $outdir/reports/power_${top_design}.rpt
report_constraint -all_violators > \
$outdir/reports/violation_${top_design}.rpt
```

```
report_timing -delay max > $outdir/reports/timing_${top_design}.rpt
report_timing -delay min >> $outdir/reports/timing_${top_design}.rpt
report_timing
check_design
```

在某些情况下，设计者出于优化电路等目的，需要手动调整电路结构，如在特定位置插入缓冲器、修改特定单元的尺寸等，这些操作同样可以用脚本语言来进行控制。例 6-3 展示了一个进行电路结构操作的脚本示例。此脚本对电路进行了三个方面的调整：（1）移除设计中所有缓冲器单元。（2）在设计中所有 OAI22 单元的输出引脚处插入一个缓冲器。（3）将设计中所有 INVx1_ASAP7_75t_R 单元替换为尺寸更大的 INVx4_ASAP7_75t_R 单元。

【例 6-3】 在 Design Compiler 中进行电路结构操作的脚本示例。

```
# 移除设计中所有缓冲器单元
set BUF [find -hier reference BUF*]
remove_buffer $BUF

# 在所有 OAI22 单元的输出引脚处插入一个 BUFx4_ASAP7_75t_R 缓冲器
set OAI22 [find -hier reference OAI22*]
foreach_in_collection OAI22_cell $ OAI22 {
        set cell_name [get_object $OAI22_cell]
        set cell_pin "$cell_name/Y"
        insert_buffer $cell_pin \
        asap7sc7p5t_INVBUF_RVT_TT_nldm_211120/BUFx4_ASAP7_75t_R
}
# 将所有 INVx1_ASAP7_75t_R 反相器替换为尺寸不同的 INVx4_ASAP7_75t_R
set INVx1 [find -hier reference INVx1_ASAP7_75t_R]
size_cell $INVx1 INVx4_ASAP7_75t_R
```

图 6-4 展示了在运行此脚本后某一电路路径的变化。可以看到标号（1）所示的缓冲器单元 mult_9/U803 被移除；OAI22 单元 mult_9/U778 后面插入了标号（2）所示的缓冲器单元 mult_9/eco_cell_168_0；两个 INVx1_ASAP7_75t_R 单元被替换为 INVx4_ASAP7_75t_R，如标号（3）所示。

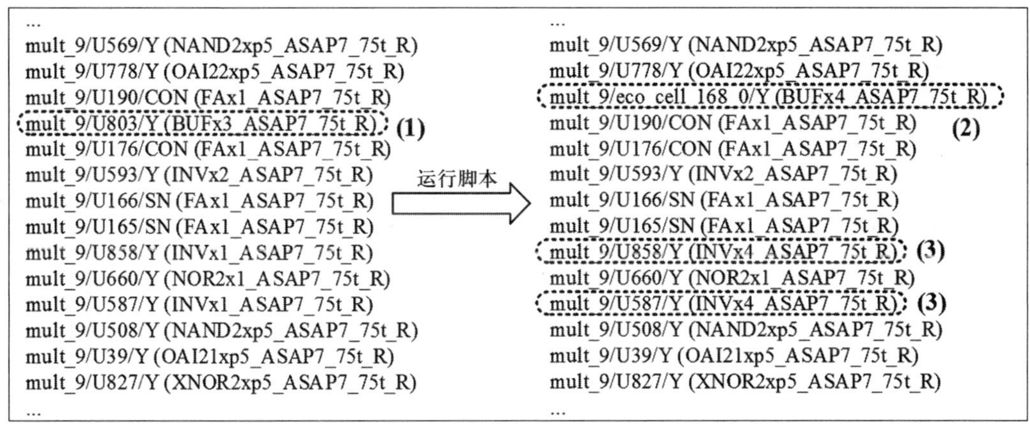

图 6-4　ECO 脚本的作用效果（以某一电路路径为例）

第三节　数字集成电路中的标准单元库

考核知识点及能力要求：

- 了解基于标准单元库的设计方法。
- 熟悉数字集成电路标准单元库的构成。
- 了解标准单元库的基本操作。

一、基于标准单元库的电路设计方法

标准单元库是一系列预先设计，并经过特征化的标准化逻辑门单元的集合，可以方便电路设计者快速进行数字集成电路（integrated circuit）设计。图 6–5 展示了一个标准单元库的示例。从单元种类来说，标准单元库包括逻辑单元和物理单元，它们被统称为标准单元（standard cell）。其中，逻辑单元涵盖了基础、通用的逻辑功能，例如与门、或门、选择器、加法器和寄存器等。这些逻辑的组合能够满足大多数应用的需求，所以电路设计者可以快速地利用这些逻辑单元进行电路的开发。物理单元是一些没有实际逻辑功能，用于满足电路设计规则需求的单元。例如 FILLER 单元常用于填充逻辑单元之间的间隙，以避免出现电路掩模层不连续的问题。标准单元通常由芯片制造商设计，并针对性能、功耗、面积、可靠性、设计规则和可制造性等方面进行了精心优化和充分验证。这些标准单元被设计成具有一致的高度和规整的形状，方便 EDA 工具对电路进行自动化的布局布线。从包含文件类型的角度来说，如图 6–5 所示，标准单元库包括一系列不同的文件用于满足不同设计阶段的 EDA 工具信息需求。

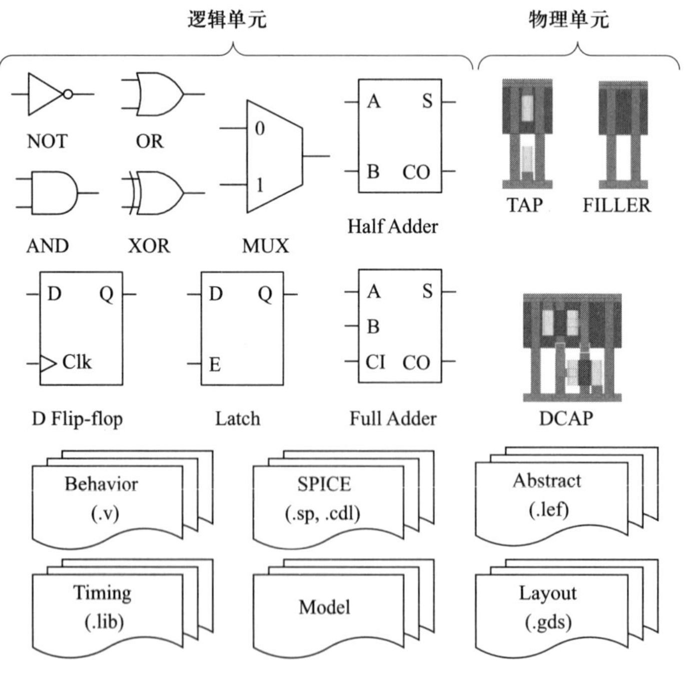

图 6–5　标准单元库示例

例如，包含用于支持功能仿真的 Verilog 模型、用于支持时序分析的时序库文件、提供标准单元版图信息抽象的 LEF 文件等。从而，如图 6–6 所示，电路设计者能够在 EDA 工具的辅助下，将单元库中高度相同、宽度不同的标准单元，以类似“搭积木”的方式，一行行地摆放在电源轨上并完成信号线的连接。这样，电路设计者能方便、快速地完成数字集成电路的版图设计，大大简化了数字集成电路的开发流程。

图 6–6　基于标准单元快速搭建电路版图的设计方法

表 6–3 比较了基于标准单元的半定制电路设计方法和其他两种常见的电路设计方法的差异。

表 6–3　　不同集成电路设计方法的比较

	全定制	半定制	基于可编程器件
电路器件	手工设计器件	标准单元	FPGA、CPLD
布线方式	手工	自动	自动
设计时间	长	中	短
设计成本	高	中	低
性能	高	中	低
功耗	低	中	高
面积	小	中	大
单位面积成本	低	中	高

（1）全定制设计方法。设计者需要按照预期功能和技术指标，设计所有的逻辑单元的电路和版图。在全定制设计中，电路中每个晶体管的位置、尺寸、形状以及金属走线都需要设计者精心设计。因此，全定制设计相比于其他设计方法，电路能具有最高的性能、最低的功耗以及最小的面积开销。然而，同样由于全定制设计的电路、版图等都需要设计者手工完成和优化，因此这类设计方法的自动化程度低、设计时间长、成本高。通常，这类设计方法应用于对性能、功耗和面积具有极高要求的电路中，如高性能处理器中的浮点运算单元等部件的设计，或者应用于军用、航空这类对可靠性有苛刻要求的特殊领域。

（2）半定制设计方法。设计者利用一系列预先设计完成的单元，按照预期功能和技术指标的需求搭建成完整的集成电路。随着集成电路的规模越来越大，全定制设计方法的局限性使得基于全定制的集成电路越来越少，设计者更多地采用定制好的 IP 和逻辑单元进行电路设计。基于标准单元的设计方法是一种典型的半定制化设计方法。标准单元是由芯片制造商（foundry）预先设计的一系列单元，它们具有相同的高度和规则的版图，因此设计者可以很方便地利用 EDA 工具基于标准单元进行快速的集成电路开发。半定制设计方法的自动化程度高、设计时间短、设计成本低，然而半定制电路的性能、功耗和面积相比于全定制集成电路较差。

（3）基于可编程器件的 IC 设计方法。设计者在已经制造完成的逻辑阵列上通过配置可编程的互连线来实现预期的电路功能。全定制电路和半定制电路都需要较长的制造时间（大约为 8 周），同时电路的结构在制造完成后就固定了。然而，基于可编程器件的集成电路在制造完成之后，用户可以通过对互连线的编程来改变电路中逻辑功能块之间的连接方式，从而能够使得电路具有不同的功能。常见的可编程 IC 有现场可编程门阵列（field programmable gate array，FPGA）以及复杂可编程逻辑器件（complex programmable logic device，CPLD）两种。这些可编程 IC 相比全定制电路和半定制电路，具有设计时间最短、开发方便等优点。

二、标准单元库的构成

标准单元库通常是由一系列具有不同功能以及不同属性的标准单元构成的集合。同时，芯片制造商还会设计多个不同的标准单元库，它们之间可以具有不同的标准单元高度、不同阈值电压以及不同沟道长度等差别。这些不同的标准单元库具有各自的特点，为电路设计提供了更多的选择和更高的灵活度。

（一）标准单元库的分类

为了满足不同应用场景的需求，芯片制造商在设计标准单元库时会提供多种不同规格的标准单元库。例如，有的标准单元库中的单元翻转速度较快，可以满足高性能的应用需求；有的标准单元库中的单元面积开销较小，可以满足高集成度的应用需求；有的标准单元库中的单元漏电流较小，可以满足低功耗的应用需求等。这样，电路设计者可以根据待设计电路的指标要求，选择合适的标准单元库，从而在电路的性能、功耗和面积等指标之间取得最优的平衡。

图 6–7 展示了常见的标准单元库的分类依据，标准单元库可以从工艺、标准单元高度、单元阈值电压的大小以及单元沟道长度（channel length）这几个维度进行区分。其中，在电路设计时仅能采用一种工艺下的单元库，如针对高性能的 HP（high performance）工艺或者针对低功耗的 LP（low power）工艺。在同一种工艺下，电路设计者可以混合使用具有不同高度、不同阈值电压和不同沟道长度的标准单元库。

	工艺	高度	阈值电压（VT）	沟道长度（Channel length）
高性能	HP	12T	ULVT	Minimum channel length
			LVT	
		9T	SVT	
			HVT	
低功耗	LP	6T	UHVT	Long channel length

图 6–7　标准单元库的分类依据

标准单元的高度是区分不同标准单元库的重要依据之一。通常用垂直方向上可容纳的第一层金属（Metal 1，M1）的布线通道（track）数量来衡量标准单元的高度。如图 6-8 所示是一个高度为 6T（即可容纳 6 条 M1 布线通道）的反相器版图，其高度主要由以下几部分构成：

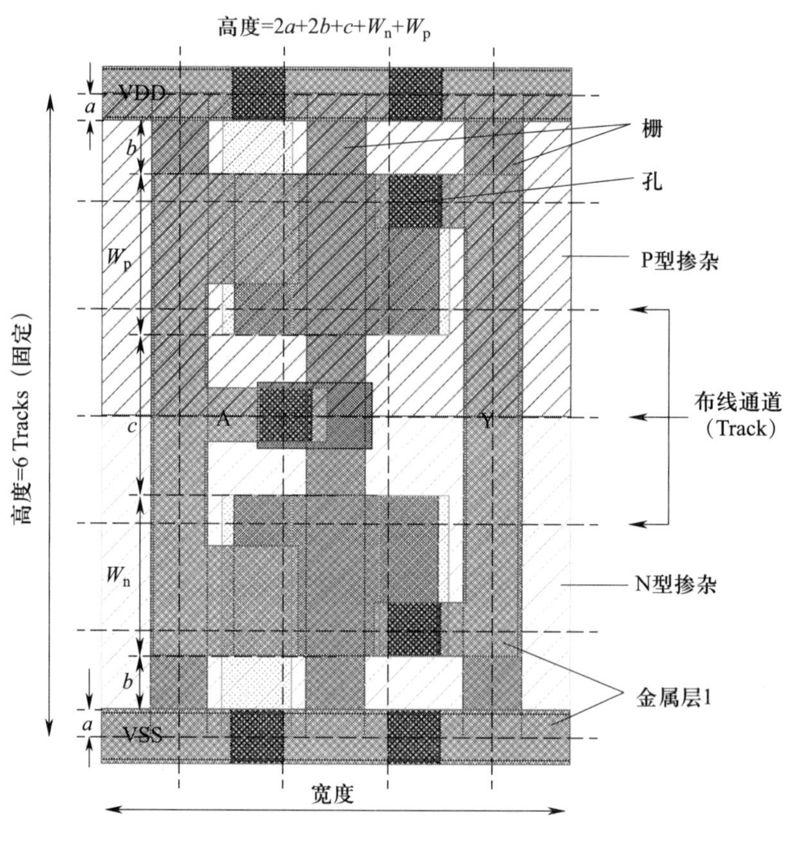

图 6-8　一个高度为 6T 的反相器版图

（1）a：电源（VDD）轨道和地（VSS）轨道的一半高度（由于相邻行标准单元摆放时可以共享 VDD 或者 VSS，因此计算标准单元高度时仅计算 VDD 和 VSS 轨道的一半）。

（2）b：栅伸出的长度。

（3）c：阱和阱之间的最小间距。

（4）W_n：NMOS 的宽度。

（5）W_p：PMOS 的宽度。

由此可知，当标准单元的高度越高时，可利用的布线资源越多，同时标准单元的沟道宽度越宽，因此较高的标准单元能拥有更好的性能；单元高度越低，布线资源越少，标准单元的沟道宽度受限，因此标准单元的版图更紧凑但是性能较差。

为了适应不用应用场景的需求，芯片制造商通常会提供一系列不同高度，如 6T、9T、12T 高度的标准单元库。如图 6-9 所示，随着标准单元高度的增加，标准单元的性能和功耗也随之增加。像 6T、7T 高度的标准单元具有相对较小的面积、功耗和最低的性能，它们通常应用于移动设备、嵌入式微处理器等性能要求不高但有超低功耗需求的应用；像 12T、13T 高度的标准单元具有相对较大的面积、功耗和最高的性能，它们通常应用于高性能计算或者电路中关键模块（如浮点运算单元）等；像 9T、10T 高度的标准单元具有较平衡的面积、功耗和性能，它们具有较好的通用性，可以应用于通用计算的场景中。由于不同高度的标准单元库不能在同一个模块中使用，电路设计者可以根据电路不同模块的性能、功耗和面积的指标，选择合适高度的标准单元库进行模块级的电路优化。

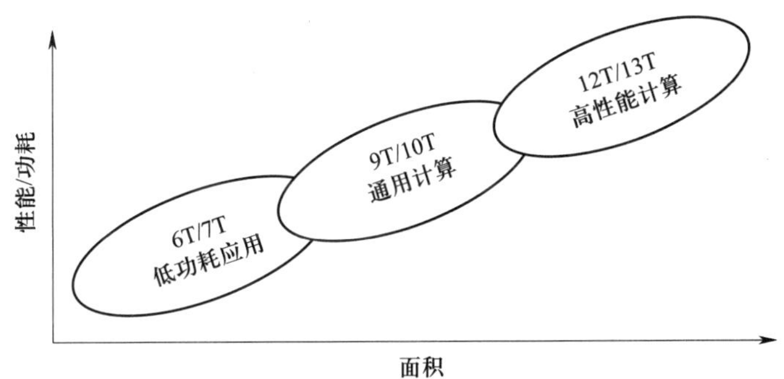

图 6-9　不同高度的标准单元库的特点和应用场景

标准单元的阈值电压（Threshold Voltage，记作 Vth）是区分标准单元库的另一个重要依据。阈值电压指开启晶体管所需要的栅极电压大小，芯片制造商可以通过采用不同的掺杂浓度改变晶体管的阈值电压。按照晶体管阈值电压的高低，标准单元库可以区分为 ULVT（Ultra-low Vth）、LVT（Low Vth）、SVT（Standard Vth）、HVT（High Vth）以及 UHVT（Ultra-high Vth）等不同类型。如图 6-10a 所示，阈值电压越低，晶体管开启时电流越大、速度越快、功耗越高；阈值电压越高，晶体管关闭时漏电流越小、漏电功耗越低。电路设计者可以组合使用不同阈值电压的标准单元库来优化电路指标。如图 6-10b 所示，电路的关键路径（即延时最长的路径）约束了电路的最高性能，那么电路设计者可以在关键路径上采用 LVT 或者 ULVT 的标准单元来降低关键路径延时、提升电路性能；而在电路中的非关键路上，电路的延时对电路的性能没有影响，电路设计者可以采用 HVT 或者 UHVT 的单元来降低路径上单元的漏电功耗。这种基于多阈值电压单元的设计方法（Multi-Vt design）已经得到了广泛应用，电路设计者只需要读入不同阈值电压的单元库并指定相关约束，EDA 工具就可以自动完成基于多阈值电压单元的电路优化。不同阈值电压的单元库具有一致的单元高度，可以在同一模块中混合使用，因此多阈值电压单元库为电路设计提供了更高的灵活性和单元级的优化。

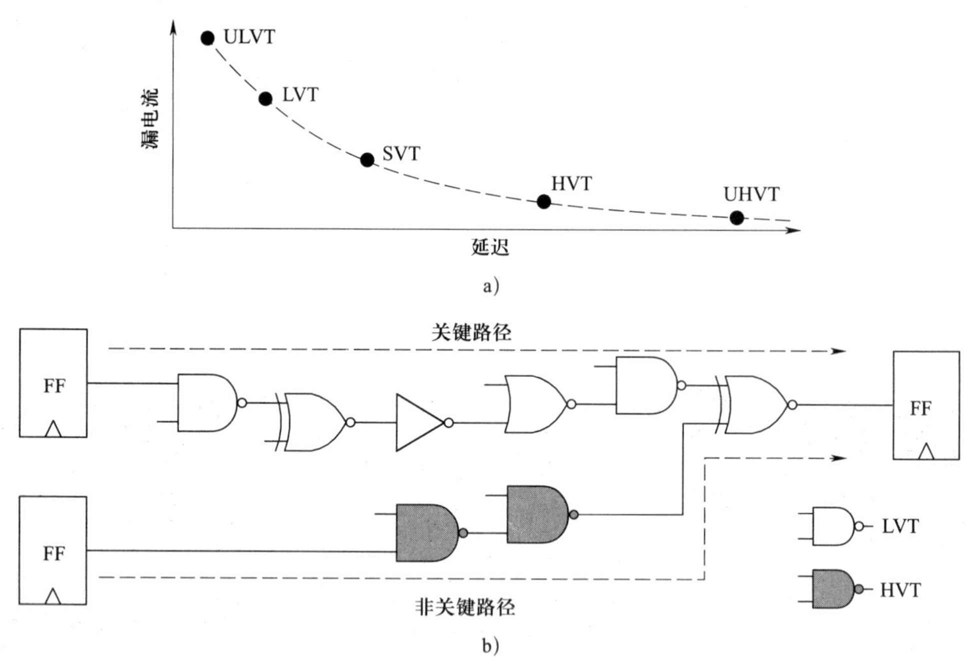

图 6-10　多阈值电压标准单元的差异及电路优化方法

a）不同阈值电压单元的差异　b）基于多阈值电压单元的路径优化

标准单元的沟道长度也是区分不同标准单元库的依据之一。晶体管的沟道长度越长，其速度越慢但漏电流也越小。随着芯片工艺的进步，晶体管的漏电问题成为影响电路功耗的重要原因之一，因此在 40 nm 工艺之后，芯片制造商除了提供不同阈值

电压的单元库外，通常还会提供多种不同沟道长度的标准单元库来进一步优化电路的漏电功耗。图 6-11 展示了 28 nm 工艺下不同沟道长度的标准单元的差异，相比于原始沟道长度的标准单元，通过扩展沟道长度能够使得标准单元的漏电功耗最多降低约 30 倍。

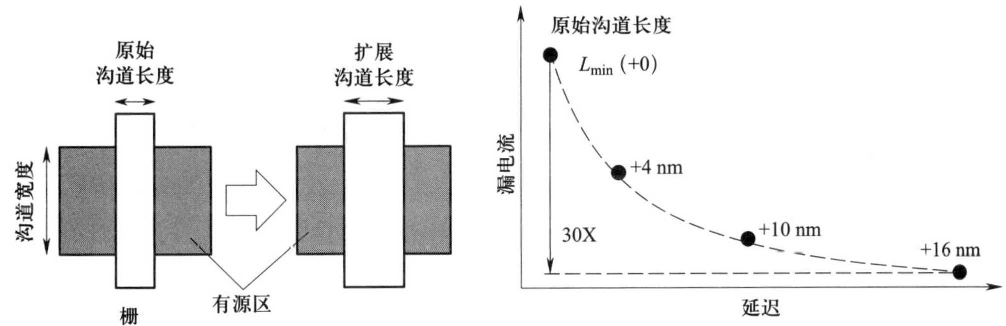

图 6-11　不同沟道长度的 28 nm 标准单元的差异

（二）标准单元库的单元构成

每一个标准单元库由一系列标准单元构成，大致可以分为组合逻辑单元、时序逻辑单元以及物理设计单元。

按照单元的不同用途，组合逻辑单元可以进一步分为：

（1）基本逻辑门用于实现基础布尔逻辑，例如与（AND）门、与非（NAND）门、或（OR）门、或非（NOR）门、异或门（XOR）等。

（2）复杂逻辑门用于实现复杂逻辑，例如选择器（MUX）、与或非（AND-OR-INV，AOI）门、或与非（OR-AND-INV，OAI）门、比较器（Comparator）等。采用这些复杂逻辑门相比于采用基本逻辑门组合出相同逻辑，可以实现更小的延时、功耗和面积。

（3）运算单元用于实现算术计算，例如半加器（Half Adder）、全加器（Full Adder）等。

（4）时钟单元用于保证时钟信号上升延时、下降延时一致。普通的逻辑门的上升延时和下降延时会有所差别，将其用于传播时钟信号时会产生时钟偏斜（Clock skew）。为了使时钟信号在传播时能够有较小的时钟偏斜，标准单元库中还会提供一些上升延时和下降延时平衡的单元，常见的是应用于时钟网络设计的反相器（inverter）或者缓冲器（buffer）。

（5）延时单元用于修复电路中的保持时间违例（路径长度过短）或者用于缓解负载电容过大的问题，常见的如缓冲器。

（6）工程改变命令（engineering change order，ECO）单元用于电路 ECO。ECO 是指在电路设计完成，甚至芯片制造完成之后，对电路或者芯片进行修改。由于芯片制造的时间周期长、成本高，一旦芯片制造完成之后发现错误，重新进行电路设计和芯片制造将付出高昂代价。而芯片如果仅有简单的错误，那么采用 ECO 的方式重制（re-spin）芯片可有效降低成本。芯片重制的原理是在芯片后端设计过程中，预先在芯片内插入一些冗余的备用单元（spare cell），需要修复时通过改变这些备用单元的金属连接方式对电路进行功能修改，这种修复方式也被称作 Metal-Fix。这样，芯片重制时仅需对金属的掩模层（mask）进行修改，而对于晶体管中更复杂、昂贵的底部层（base layer）的掩模层不需要修改，从而能够有效降低成本并节省芯片迭代时间。如图 6-12a 所示，备用单元涵盖了一系列逻辑单元，如反相器、缓冲器、与非门、触发器等。它们插入电路时不具有实际的功能，即它们的输入都被连接到 VDD 或者 VSS 上，而输出悬空。如图 6-12b 所示，在进行 ECO 时，假如电路设计者需要将原始电路中最后一级或非门修改为与非门，那么可以首先断开原或非门的连接，将信号连接到旁边的备用与非门上，从而实现功能修改。

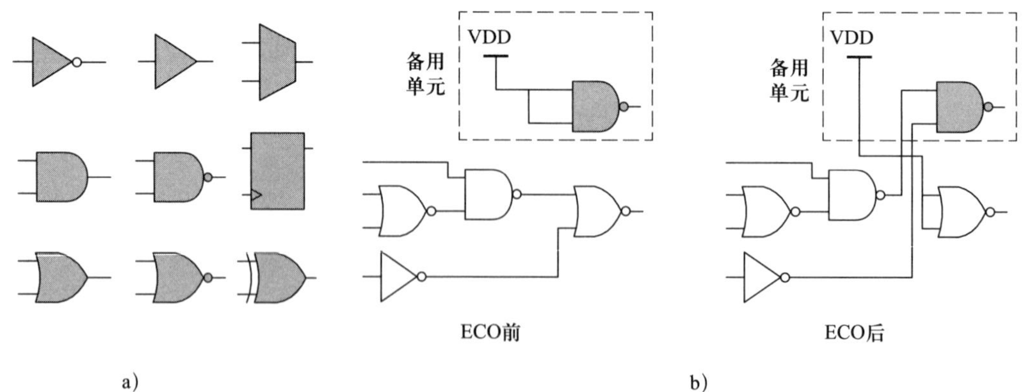

图 6-12　备用单元及其使用

a）备用单元　b）采用备用单元进行 ECO 修改

（7）电平转换单元（Level shifter）用于不同电压域之间信号传输的电平转换。多电压域设计是一种常见的低功耗电路设计方法，电路被划分成若干个电压域，各自工作在不同的电压下。当一个电压域往另一电压域传递信号时，信号必须首先经过电平转换。电平转换单元有高到低电平转换单元和低到高电平转换单元。前者用于高电压域到低电压域的电平转换，避免损坏低电压域晶体管，其仅需一个电压，并和标准单元有相同的高度；后者用于低电压域到高电压域的电平转换，同时需要低电压域电压和高电压域电压，并通常具有两倍标准单元的高度。

按照单元的不同类型，时序逻辑单元通常包括：

（1）D触发器（D Flip–flop）可以在时钟的边沿到来时采样和保存输出端的数据，并维持到下一个时钟边沿的到来。如图6–13a展示了一个简单的D触发器的符号图和时序图，在输入D改变之后，当时钟CLK上升时，D触发器采样D并使输出Q等于D。

（2）锁存器（Latch）与D触发器一样具有采样和锁存的功能。与D触发器在时钟边沿采样不同，锁存器具有电平透明的特点。如图6–13b所示的一个高电平透明的锁存器，在时钟高电平时，输出Q等于D；在时钟低电平时，锁存器处于锁存状态，Q保持不变。

（3）带扫描的触发器（Scannable Flip–flop）用于可测性设计。如图6–13c所示，它在D触发器的输入端加入了一个选择器。当选择器的选择信号SE为0时，它具有正常D触发器的功能；当SE为1时，它将上一级扫描链的结果作为输入SI并将其向后传播。

（4）时钟门控单元（Integrated Clock Gating cell）用于关断时钟信号，如图6–13d所示。它常常应用于低功耗电路设计中，当电路不需要执行时可以通过关闭电路的时钟来节省功耗。

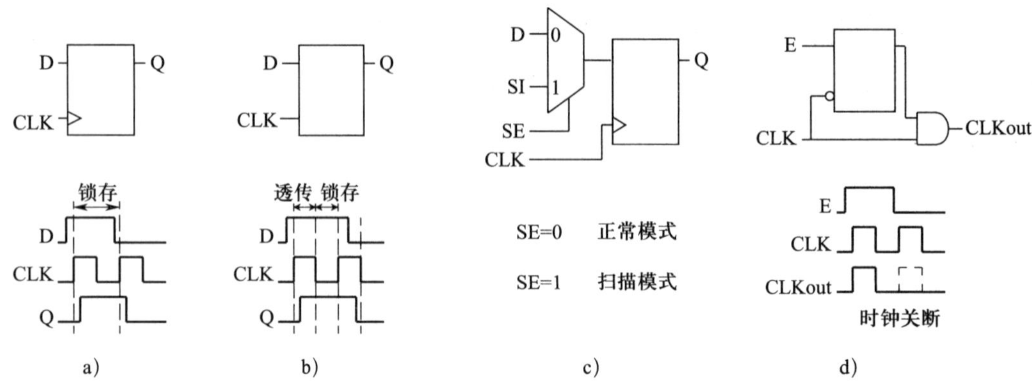

图 6–13 标准单元库中常见的时序逻辑单元

a）D 触发器 b）锁存器 c）带扫描的 D 触发器 d）时钟门控单元

单元库中还包含一系列不具有逻辑功能的物理设计单元，包括：

（1）Filler cell 用于填充标准单元之间的空隙，保证 NWELL 等掩模层连续，保证电路满足密度要求，提供 Dummy Poly 满足 DRC 要求。

（2）Well tap cell 为同一行的标准单元提供阱接触和衬底接触，使 PMOS 和 NMOS 的体端分别偏置到相应的电压。一般说来，PMOS 的体端偏置为 VDD，NMOS 的体端偏置为 VSS。

（3）End cap 用于放置在一行标准单元的边缘，为单元提供保护，防止边缘处的单元在制造时有损坏，用于保证边缘处的 DRC 规则满足，保证模块边缘能有着良好的对齐。在一些标准单元库中，End cap 还起到和 Decap 相同的功能。

（4）Decap，如图 6–14a 所示，其利用电容的电荷存储功能来保证电路的电源网络在有瞬时电流变化时仍能保持电压稳定。

（5）Tie cell，如图 6–14b 所示，其用于提供恒 0（Tie low）或者恒 1（Tie high）信号。

（6）天线效应二极管（Antenna diode）如图 6–14c 所示，其用于避免电路中的天线效应。天线效应指的是，芯片制造过程中电荷会在金属上累积，一旦累积电荷过多会导致金属线连接的栅极被击穿，导致芯片故障。通过在金属线上连上天线效应二极管可以使得累积的电荷经过二极管进行泄放，从而避免天线效应。

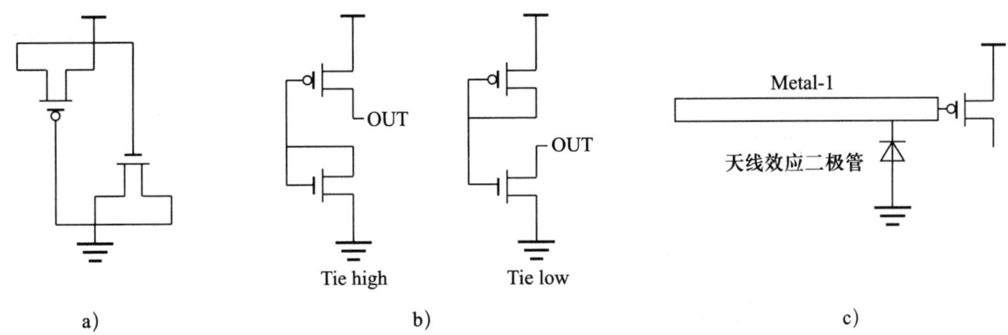

图 6-14　Decap 和 Tie cell 的结构以及天线效应二极管的使用

a）Decap　b）Tie cell　c）天线效应二极管

对于组合逻辑单元和时序逻辑单元，标准单元库中通常还针对不同类型的单元设计了多种不同的尺寸来提供不同的驱动能力。当标准单元中晶体管的尺寸越大时，标准单元具有更强的驱动能力，即能驱动更大的扇出或者驱动更大的负载电容。然而，尺寸增大的同时也导致标准单元的面积、功耗和输入电容增加。通常用 D1、D2、D3 或者 X1、X2、X3 等来表示不同驱动能力大小的标准单元。EDA 工具能够自动识别这些不同驱动能力的单元，并在综合的过程中自动选择最优的驱动能力。

（三）标准单元库的文件构成

标准单元库中包含了一系列不同用途的文件，用于满足不同设计阶段的需求。如图 6-15 所示，在一个典型的设计流程中，当对电路的 RTL 代码进行逻辑综合时，电路设计者需要用到包含标准单元时序、功耗等信息的时序库文件（.lib）。在实际使用过程中，为了加快工具逻辑综合的速度，电路设计者通常需要将时序库文件转换为更方便工具使用的 .db 格式的库文件。在逻辑综合之后，电路设计者需要对得到的门级网表进行仿真，此时需要用到包含标准单元功能模型的 Verilog 文件（.v）。接下来是对门级网表进行物理综合，此时，电路设计者不仅需要使用标准单元的时序库文件，还需要使用包含标准单元物理版图信息抽象的 LEF（Layout Exchange Format）文件来进行电路的布局布线。在物理综合之后，电路设计者需要对得到的电路版图进行物理验证，此时需要结合标准单元的晶体管级网表以及标准单元的版图对电路版图进行检查，以此判断电路版图是否和网表一致以及电路版图是否满足设计规则。最后，电路设计者还要对最终的电路进行仿真，此时同样需要用到标准单元的行为模型（.v）。

在一些时候，电路设计者还希望对电路进行更准确的晶体管级仿真，此时需要用到SPICE 网表以及工艺的 SPICE 模型。

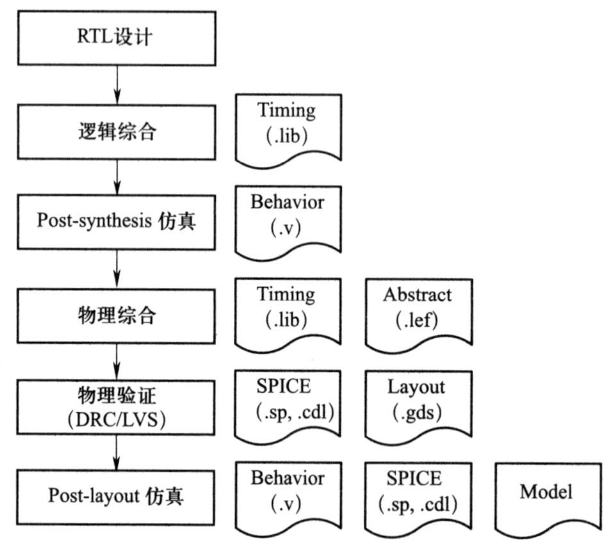

图 6–15　不同设计阶段所需的标准单元库文件

1. 晶体管级网表

标准单元库中采用 SPICE 格式对标准单元进行晶体管级的电路描述。通常标准单元库中会提供两种 SPICE 网表。一种是不带连线寄生参数（Pre–layout）的网表，如图 6–16a 所示。这种网表仅描述了标准单元中的晶体管连接关系、晶体管的尺寸信息以及标准单元的输入、输出端口。它通常用于对芯片版图进行版图与原理图的一致性检查（layout versus schematic，LVS），以确认物理设计过程得到的芯片版图连接关系正确，没有出现例如短路、开路、器件缺失等问题。另外一种是带有连线寄生参数（Post–layout）的网表，如图 6–16b 所示。这种网表在 Pre–layout 网表的基础上加入了标准单元内部金属连线上的寄生参数（线电阻、线电容、线间耦合电容）。利用 Post–layout 网表对标准单元进行仿真，能够得到标准单元最为精确的时序、功耗信息。

2. 物理模型

标准单元库中提供了物理模型用于描述标准单元的形状、大小、内部金属线、晶体管的沟道等物理信息。标准单元库提供 GDSII 格式的文件（.gds）用于描述标准单元最完整的物理信息，以及提供 LEF 文件来提供更抽象、更简化的物理信息。

```
.SUBCKT NAND2x1_ASAP7_6t_L A B VDD VSS Y
MM3 net16 A VSS VSS nmos_lvt w=108.00n l=20n nfin=4
MM2 Y B net16 VSS nmos_lvt w=108.00n l=20n nfin=4
MM1 Y B VDD VDD pmos_lvt w=54.0n l=20n nfin=2
MM0 Y A VDD VDD pmos_lvt w=54.0n l=20n nfin=2
.ENDS
```

a)

```
.subckt NAND2x1_ASAP7_6t_L VSS VDD A B Y
M0 VSS N_M0_g N_M0_s VSS nmos_lvt L=2e-08 W=5.4e-08 nfin=2 $X=0.071 $Y=0.027
M1 VSS N_M1_g N_M1_s VSS nmos_lvt L=2e-08 W=5.4e-08 nfin=2 $X=0.125 $Y=0.027
M2 N_M2_d N_M2_g N_M2_s VSS nmos_lvt L=2e-08 W=5.4e-08 nfin=2 $X=0.179 $Y=0.027
M3 N_M3_d N_M3_g N_M3_s VSS nmos_lvt L=2e-08 W=5.4e-08 nfin=2 $X=0.233 $Y=0.027
M4 VDD N_M4_g N_M4_s VDD pmos_lvt L=2e-08 W=5.4e-08 nfin=2 $X=0.125 $Y=0.135
M5 N_M5_d N_M5_g VDD VDD pmos_lvt L=2e-08 W=5.4e-08 nfin=2 $X=0.179 $Y=0.135

* .include "NAND2x1_ASAP7_6t_L.pex.sp.pxi"
* Start of included file NAND2x1_ASAP7_6t_L.pex.sp.pxi
x_PM_NAND2x1_ASAP7_6t_L%A vss A N_M0_g N_M1_g N_M4_g N_A_11 N_A_1 N_A_4 N_A_10
+ N_A_3 PM_NAND2x1_ASAP7_6t_L%A
x_PM_NAND2x1_ASAP7_6t_L%Y vss Y N_M2_d N_M3_d N_M5_d N_M4_s N_Y_11 N_Y_1 N_Y_10
+ N_Y_12 N_Y_15 N_Y_2 N_Y_3 N_Y_16 PM_NAND2x1_ASAP7_6t_L%Y
cc_1 N_Y_11 N_A_4 0.0221335f $X=0.11 $Y=0.162
cc_2 N_Y_1 N_A_4 0.00188822f $X=0.108 $Y=0.162
cc_3 N_Y_11 N_A_1 0.00243245f $X=0.11 $Y=0.162
        ⋮
cc_34 N_5_13 N_B_10 0.00449409f $X=0.0425 $Y=0.036
cc_35 N_5_11 N_B_3 0.0239474f $X=0.1475 $Y=0.054
cc_36 N_5_12 N_B_4 0.0273023f $X=0.2555 $Y=0.054
* End of included file NAND2x1_ASAP7_6t_L.pex.sp.pxi
.ends
```

b)

图 6-16　标准单元库中的晶体管级网表

a）不带连线寄生参数 Pre-layout 的网表　b）带连线寄生参数 Post-layout 的网表

图 6-17 提供了一个二输入与非门的 GDSII 格式文件示例。正如芯片是借助一层层掩模层多次光刻制造出来的，GDSII 文件也是通过不同功能的层（layer）堆叠来描述标准单元的物理信息的。例如，图层 1 定义了标准单元中 N 型阱的区域、图层 7 定义了标准单元中栅所在的位置和形状、图层 19 定义了金属 M1 的位置和形状……。芯片制造商利用 GDSII 文件中不同层的信息，就能够制造出相应的掩膜层，从而制作出相应的单元。

除了 GDSII 文件外，标准单元库还提供了更抽象的 LEF 文件用于后端物理综合过程。在后端物理综合过程中，由于工具仅需要完成标准单元的布局和布线，实际上工具并不需要知道标准单元所有的物理信息。例如，后端工具并不需要知道标准单元的沟道长度是多少、离子注入区域在哪里，它仅需要知道标准单元的边界在哪里（用于规划单元的摆放）、标准单元的接口（Pin）所在的位置（用于指导绕线）等部分信息。因此，LEF 文件在完整的 GDSII 版图文件上进行了抽象（Abstract），剔除了版图上的一些底层信息，能够简化后端工具对单元物理信息处理的复杂性。图 6–18 提供了一个二输入与非门的 LEF 文件示例，其中包括单元名字、单元原点位置、尺寸以及 PIN 的位置信息等。

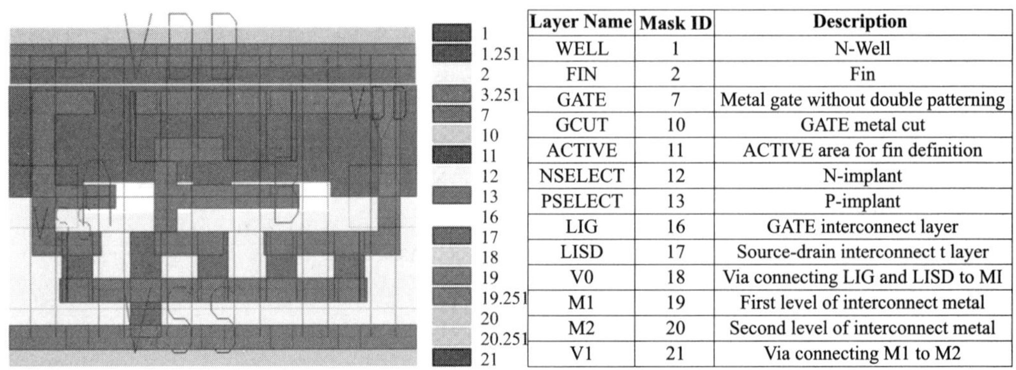

Layer Name	Mask ID	Description
WELL	1	N-Well
FIN	2	Fin
GATE	7	Metal gate without double patterning
GCUT	10	GATE metal cut
ACTIVE	11	ACTIVE area for fin definition
NSELECT	12	N-implant
PSELECT	13	P-implant
LIG	16	GATE interconnect layer
LISD	17	Source-drain interconnect t layer
V0	18	Via connecting LIG and LISD to MI
M1	19	First level of interconnect metal
M2	20	Second level of interconnect metal
V1	21	Via connecting M1 to M2

图 6–17　一个二输入与非门的 GDSII 格式文件示例

```
MACRO NAND2x1_ASAP7_6t_L                    —— 单元名字
  CLASS CORE ;
  ORIGIN 0 0 ;                              —— 原点位置
  FOREIGN NAND2x1_ASAP7_6t_L 0 0 ;
  SIZE 0.324 BY 0.216 ;                     —— 尺寸(长乘高)
  SYMMETRY X Y ;
  SITE asap7sc6t ;
  PIN A                                     —— 接下来为PIN A的描述
    DIRECTION INPUT ;                       —— 方向为输入
    USE SIGNAL ;
    PORT                                    —— 可绕线端口字段
      LAYER M1 ;                            —— 采用M1金属
        RECT 0.018 0.099 0.084 0.117 ;
        RECT 0.018 0.063 0.073 0.081 ;
        RECT 0.018 0.171 0.068 0.189 ;      —— 矩形块
        RECT 0.018 0.063 0.036 0.189 ;         数字依次为:
    END                                        左下x坐标
  END A                                        左下y坐标
                                               右上x坐标
  ⋮                                            右上y坐标
```

图 6–18　一个二输入与非门的 LEF 文件示例

3. 功能模型

在得到电路的门级网表之后，电路设计者需要对其进行功能仿真，确保电路功能正确。由于门级网表是基于标准单元构成的，为了对其进行功能仿真，标准单元库提

供包含标准单元功能描述的 Verilog 行为仿真模型。图 6–19 提供了一个二输入与非门的行为仿真 Verilog 模型示例。模型中首先指定了单元的名字和端口信息。之后，定义了内部连线的名字。接下来，Verilog 模型采用 Verilog 原语定义出了该标准单元的逻辑功能。在门级网表仿真时，电路设计者还希望标准单元能够像实际电路一样具有一定的延时，这样能得到更准确的仿真结果。在标准单元的 Verilog 模型中，单元的延时通过 specify 字段进行定义，如示例中输入 A 到输出 Y 的上升、下降延时均为 1.0 ns。实际情况中，单元的延时通常还受到输入信号的转换时间（Transition Time）、输出负载等因素影响，单元的延时计算比 Verilog 模型中的更加复杂。因此，实际的门级网表仿真时通常采用 EDA 工具写出电路的 SDF 文件对标准单元的延时进行反标，而不直接使用 Verilog 模型中的延时值。

```
`timescale 1ns/10ps
`celldefine
module NAND2x1_ASAP7_6t_R (Y, A, B);
    output Y;
    input A, B;

    // Function
    wire A__bar, B__bar;

    not (B__bar, B);
    not (A__bar, A);
    or (Y, A__bar, B__bar);

    // Timing
    specify
        (A => Y) = 1.0;
        (B => Y) = 1.0;
    endspecify
endmodule
`endcelldefine
```

图 6–19　一个二输入与非门的行为仿真 Verilog 模型示例

4. 时序模型

在电路的逻辑综合和物理综合中，EDA 工具需要知道标准单元的延时、面积和功耗信息才能在标准单元库数量众多（不同类型、不同尺寸）的单元中选出最优的单元来满足电路的约束。一种方法是电路设计者可以通过 SPICE 仿真来获取标准单元的延时信息，然而 SPICE 仿真虽然十分精准，但是速度较慢，不适合用于快速从标准单元库中选出想要的单元。另一种更为高效的方法是给标准单元创建一个简化的时序模型来降低时序评估的复杂度。

工业标准规定采用 Liberty 格式文件（.lib）来描述特定工艺下的标准单元的延时大小。标准单元的延时实际上由输入信号的转换时间以及输出上的负载电容大小决定。基于此，Liberty 文件通过内建查找表，利用输入转换时间和输出负载电容为索引来查找单元的延时。图 6–20 展示了一个标准单元 Liberty 库的格式。首先，Liberty 库中会指定该单元库的名字。之后，Liberty 库中给出该库的属性定义，常见的包括库中数值的单位、库的工作条件（电压、温度、工艺角等）、查找表格式、转换时间定义和线负载模型等。接下来，库中给出标准单元定义，包括标准单元的如面积等属性以及每个 Pin 的定义。其中，Pin 的属性定义包括 Pin 的方向、功能、电容大小等；Pin 的时序信息通过查找表的形式给出，包括上升、下降延时和上升、下降转换时间。

```
library (LibraryName) {
/* 单元库属性，如单位、工作条件、查找表格式等 */
...
/* 标准单元定义 */
cell (CellName) {
    /* 标准单元属性，如面积 */
    ...
    /* 标准单元的 Pin 定义 */
    pin(PinName) {
        /* Pin 的属性，如方向、功能、电容大小等 */
        ...
        /* Pin 的时序信息 */
        timing () {
            ... /* 时序定义属性，如相关 Pin、时序类型 */
            ... /* 时序查找表，如上升延迟、下降转换时间等 */
        }
    } /* Pin 定义结束 */
    ... /* 更多的 Pin 描述 */
} /* 标准单元定义结束 */

... /* 更多的标准单元定义 */

} /* 标准单元库结束 */
```

图 6–20　标准单元 Liberty 库的格式

标准单元的 Liberty 库可以通过特征化提取（Characterization）工具例如国产工具 Liberal 得到。这类工具为标准单元产生不同的激励和负载，然后用 SPICE 仿真得到标准单元的延时，最终再生成查找表。对标准单元延时的特征化抽取主要采用两种不同的时序建模：非线性延时模型（Non-linear delay model，NLDM）和电流源模型

 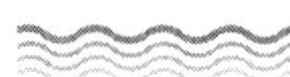

（Current Source Model），后者又包括复合电流源模型（composite current source，CCS）和有效电流源模型（effective current source model，ECSM）。电流源模型利用电流源为驱动来模拟单元的非线性行为，相比于非线性延时模型采用的电压源驱动，模拟了更加真实的情况。基于电流源模型的时序库和 SPICE 仿真的误差精度仅为 2%~3%，因此在先进工艺下被广泛采用。

三、标准单元库的基本操作

在电路后端设计流程中，主要用到的标准单元库文件是用于时序分析的 Liberty 库文件以及用于布局布线的 LEF 文件。本小节介绍如何读入标准单元 Liberty 库文件以及 LEF 文件，并且如何进行基本的检查。

（一）标准单元时序库的读入和检查

在电路设计过程中，逻辑综合阶段和物理综合阶段都需要使用标准单元 Liberty 库来对电路进行时序分析。以 Design Compiler 工具为例，例 6-4 展示了标准单元 Liberty 库读入和检查所需命令及相应结果。首先，该示例将待读入的标准单元 Liberty 库文件路径赋值给 target_libarty 变量，工具即可自动将该变量指向的文件作为时序库使用；之后，可以用 check_library 命令对读入的标准单元库进行检查；此外，还可以使用 report_lib 命令报告读入标准单元库的基本信息。在 check_library 命令对单元库检查的结果中，电路设计者需要确认单元库的名字及路径是否正确、数值单位是否正确、库中包含的标准单元类型和种类是否满足电路设计要求等。在 report_lib 命令对单元库进行报告的结果中，电路设计者需要关注单元库的工作条件如电压、工艺、温度等是否与待设计电路需求一致。

【例 6-4】 标准单元时序库的读入命令和检查结果示例。

标准单元 Liberty 库的读入和检查指令如下：

```
# 读入标准单元 Liberty 库
set target_library     "asap7sc7p5t_AO_RVT_TT_nldm_211120.db"
# 对读入的标准单元库进行基本的检查
```

```
check_library
# link 之后报告读入标准单元库信息
report_lib  asap7sc7p5t_AO_RVT_TT_nldm_211120
```

check_library 对单元库的检查结果如下，其中包括所检查的标准单元库名以及所在路径、标准单元库中的数值单位定义、对于单元电源相关的检查、单元类型及数量检查等。

```
#BEGIN_XCHECK_LIBRARY
Logic Library #1                              标准单元库名及文件所在路径
    Library name            asap7sc7p5t_AO_RVT_TT_nldm_211120
    File name               asap7sc7p5t_AO_RVT_TT_nldm_211120.db
    Library  type           pg_pin based db
    Time unit               1ps
    Capacitance unit        1ff
    Leakage power unit      1pw
    Current unit            1mA

#BEGIN_LIBSCREEN_UPF
Library#1 (asap7sc7p5t_AO_RVT_TT_nldm_211120):
PG checking passed.                       电源 Pin 检查、电源管理单元检查
No power management cells in library#1.
#END_LIBSCREEN_UPF

Information: List of cell classification (LIBCHK-312)
------------------------------------------------------------------
Library name                asap7sc7p5t_AO_RVT_TT_nldm_211120(lib#1)
------------------------------------------------------------------
```

```
Total number                      42
Inverter                          0
Buffer                            0
Level shifter                     0
Differential level shifter        0
Isolation cell                    0
Clock Isolation cell              0          单元类型及数量检查
Retention cell                    0
Switch cell                       0
Always on cell                    0
------------------------------------------------------------
```

report_lib 命令对单元库的报告结果如下，其中包括所检查标准单元库的工作条件、单元库中包含的单元类型和属性等。

```
Operating Conditions:
    Operating Condition Name : PVT_0P7V_25C
    Library    : asap7sc7p5t_SIMPLE_RVT_TT_nldm_211120
    Process    : 1.00                    标准单元库的工作条件：
    Temperature : 25.00                  工艺角、温度、电压等
    Voltage    : 0.70
    :
  Cell                     Footprint              Attributes
------------------------------------------------------------
  AND2x2_ASAP7_75t_R
  AND2x4_ASAP7_75t_R               标准单元库包含的所有单元及其属性
  AND2x6_ASAP7_75t_R
  AND3x1_ASAP7_75t_R
```

```
AND3x2_ASAP7_75t_R
FAx1_ASAP7_75t_R                                            r
HAxp5_ASAP7_75t_R                                           r
MAJIxp5_ASAP7_75t_R
⋮
```

（二）标准单元物理库的读入和检查

在电路设计过程中，电路设计者需要使用包含标准单元物理信息的 LEF 库来进行物理检查。以 Innovus 工具为例，例 6-5 展示了对 LEF 库读入和检查的命令和相应结果。首先，该示例将标准单元 LEF 库文件所在位置赋值给 init_lef_file 变量，之后工具即可自动读入该变量所指定的 LEF 库文件；随后，采用 check_library 命令对读入的 LEF 库进行检查。check_library 命令检查的内容包括 LEF 库中的标准单元是否符合设计规则、Pin 是否可绕线以及 Pin 是否处于布线通道上等。此外，设计者还需要在读入 LEF 库后检查 Liberty 库和 LEF 库之间包含的单元是否一致。

【例 6-5】 标准单元物理库的读入和检查。

标准单元 LEF 文件的读入和检查指令示例如下：

```
# 指定标准单元 LEF 库的文件位置
set init_lef_file "asap7_tech_4x_201209.lef asap7sc7p5t_28_R_4x_220121a.lef"
# 检查标准单元 LEF 库
check_library -all_lib_cell -place
```

标准单元 LEF 文件的检查结果示例如下，其中展示了每个单元的设计规则是否满足、Pin 是否可绕线和 Pin 是否在布线通道上（Y 为通过，N 为不通过）。

```
##################################################################
# Generated by:        Cadence Innovus 19.10-p002_1
# Design:              adder32
# Command:             check_library -place
```

```
# Help:
#     Y -> Check passed
#     N -> Check failed
#     Use check_library -place -cell <cell> for more details
##################################################################
  CELL                             DRC    PinAccess    PinTrackAlign
A2O1A1Ixp33_ASAP7_75t_R             Y        Y              Y
A2O1A1O1Ixp25_ASAP7_75t_R           Y        Y              Y
AND2x2_ASAP7_75t_R                  Y        Y              Y
AND2x4_ASAP7_75t_R                  Y        Y              Y
AND2x6_ASAP7_75t_R                  Y        Y              Y
AND3x1_ASAP7_75t_R                  Y        Y              Y
AND3x2_ASAP7_75t_R                  Y        Y              Y
  ⋮                        设计规则满足、Pin 可达、Pin 落在布线通道上
```

第四节　逻 辑 综 合

考核知识点及能力要求：

- 了解逻辑综合的概念、方法和流程。
- 掌握逻辑综合约束文件的编写方法。
- 了解逻辑综合脚本文件的编写方法，掌握逻辑综合工具的使用方法。

一、逻辑综合简介

逻辑综合是通过翻译、优化和映射等一系列操作将电路的 RTL 代码转换为门级网表的过程。门级网表是用标准单元门描述的电路，其功能和 RTL 代码一致。图 6–21 给出了电路的 RTL 代码转换为门级网表的示例。其中，代码中的“与”操作被转换为实际的与门，“或”操作被转换为实际的或门，always 语句则综合成了 D 触发器。实际的逻辑综合过程不仅仅是简单的逻辑映射，逻辑综合工具还会根据给定的电路约束，通过逻辑重组的方式对逻辑进行优化，使电路能够满足性能、面积等约束要求。

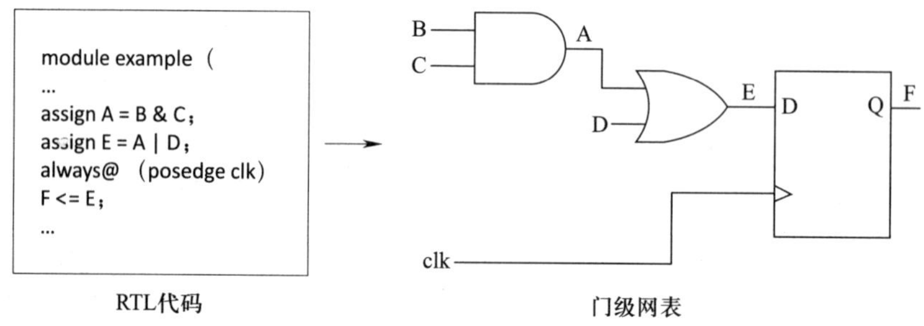

图 6–21　逻辑综合将 RTL 代码转换为门级网表

逻辑综合的流程可以分为代码翻译、功能优化和工艺映射三大步骤，具体如图 6–22 所示。

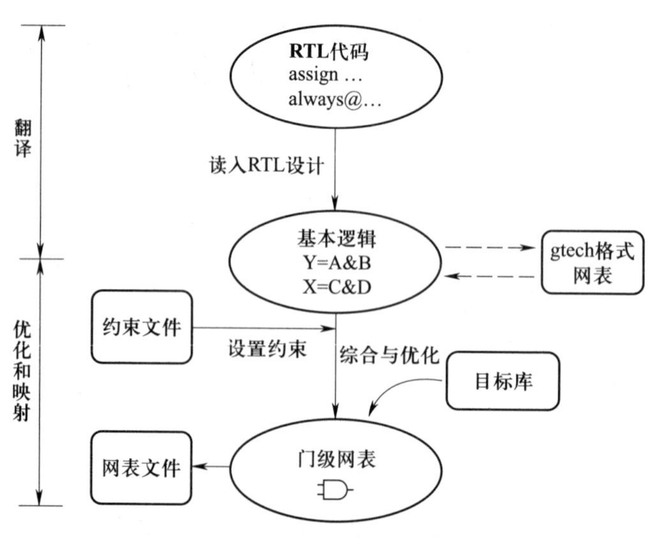

图 6–22　逻辑综合的流程

（1）代码翻译。逻辑综合工具读入 RTL 代码后，首先会将其翻译为布尔表达式的组合。RTL 代码中可能有复杂的多位加、减和乘法等操作，也可能用 if 等分支语句进行判断，然而数字电路是由一个个简单的逻辑门组合而成的。翻译就是将这些高级功能描述转化为通用布尔逻辑描述的过程，该过程和工艺无关。

（2）功能优化。根据用户对于电路设计的约束，工具会重组和优化电路逻辑。在编写 RTL 代码时，很难准确地预测采用什么样的编写方法可以得到期望的性能。因此，RTL 代码的功能描述往往不能翻译成最优的门级网表。针对这种情况，综合工具会在保证功能相同的前提下优化逻辑，包括排除冗余逻辑和优化电路时序等，以满足约束要求。

（3）工艺映射。芯片最终用到的是工艺库中的标准单元，因此工具会根据实际情况将优化后的逻辑映射到库中的具体单元上。

其中，优化与映射是密不可分的。优化依赖于电路标准单元的时序、功耗等信息，无法脱离映射独自进行；如何进行合理的映射也是优化工作的重要部分。实际综合过程中，工具需要根据单元的具体信息，不断改变逻辑结构、不断尝试新的映射方法，多轮迭代以得到最优综合结果。

逻辑综合的过程可以概括为：

（1）读入电路的 RTL 代码。在此过程中，工具会自动执行翻译操作，通过调用与芯片代工厂工艺无关的 gtech 单元库，将 RTL 代码转换为门级网表。该网表中的逻辑单元不包含延时、功耗等与工艺相关的信息，仅描述逻辑单元的功能。正常情况下，基于 gtech 库的门级网表只是工具内部使用的中间形态。

（2）综合工具通过读入用户编写的约束文件得知用户期望的综合目标，并以此为优化目标对设计进行逻辑综合。

（3）综合与优化。在此过程中，工具会使用芯片代工厂提供的标准单元库，以约束为目标，不断优化逻辑和映射方式，将基于 gtech 库的门级网表映射为基于标准单元库的门级网表。

（4）将逻辑综合得到的门级网表写出到网表文件，供后续的时序分析和物理综合使用。

二、面向逻辑综合的电路约束

概括来说，电路的约束是给工具设定的逻辑综合的目标和条件。约束的功能分为三种：设定优化目标、模拟实际条件和规定设计规则。

设定优化目标很容易理解。在设计电路时，实现功能只是最基本的要求，更重要的是电路的工作频率、面积、功耗等指标，这些才是评价芯片性能的标准。设计的优化目标不同，工具对电路进行优化和映射方式也不同。模拟实际条件主要针对信号的输入输出延时、时钟信号到达不同寄存器的时钟偏斜等条件进行设置，以便在逻辑综合中模拟电路的实际工作情况，为设计留有足够的时序裕量。同时，为了优化信号完整性和电路功耗等指标，电路设计者还需要规定一定的设计规则。例如，设计者可以通过设置信号的最长转换时间的约束，避免信号出现过长的转换时间导致电路动态功耗增加。

下面，将具体介绍用于设定优化目标和模拟实际条件的基本约束，包括对于电路时钟周期和面积的设定，对于输入、输出延时的模拟，以及对于输出负载和输入驱动的模拟等。

（一）时钟周期和面积约束

数字电路通常采用同步时序的设计方法，时钟对于数字电路的运行至关重要，因此对于时钟信号的约束是数字电路逻辑综合最重要的约束之一。如图 6–23 所示，数字电路由一般由负责运算的组合逻辑和负责存储的时序单元组成。时序单元最常用的是 D 触发器，由时钟信号驱动。在时钟的上升沿，触发器会对输入端 D 的数据进行采样并更新输出端 Q 为新的采样值，输出端 Q 上的值会被锁存直至下一个时钟上升沿到来。如图 6–23 虚线框内部所示，两级时序单元之间存在着组合逻辑。这些组合逻辑在得到上一级寄存器的输出结果后，利用这些数据进行运算，需要在下一个时钟上升沿到来之前运算完成，从而使下一级触发器能采样到新的运算结果，即组合逻辑的延时必须小于一个时钟周期。显然，时钟周期越小意味着电路的运算速度越快，但与此同时，越小的时钟周期也意味着时序单元之间能够容纳的组合逻辑路径越短。

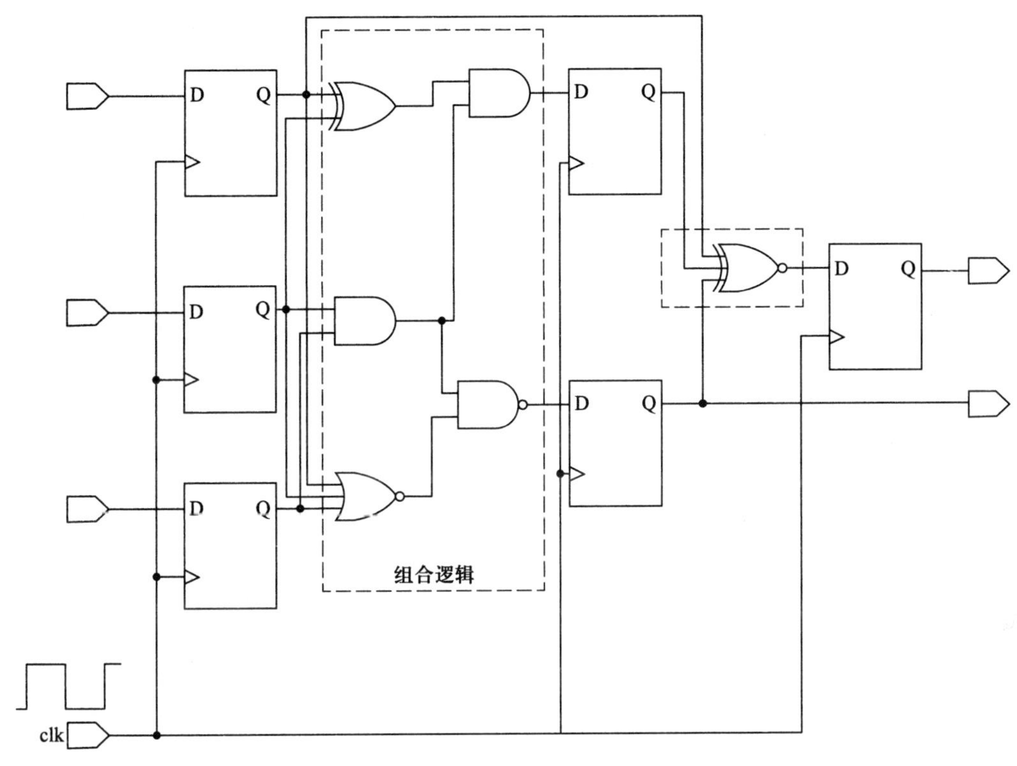

图 6–23　数字电路的结构示例

为了确保电路能够在预期的时钟频率下运行，设计者必须为电路设置时钟周期约束。约束时钟周期的命令是 create_clock，其作用是指定电路设计中的某个信号为时钟信号，并规定其时钟周期、具体波形等特征。如例 6–6 所示，create_clock 命令的将端口 clk 上的信号定义为时钟信号并指定时钟波形。该命令创建的时钟信号波形如图 6–24 所示，其时钟周期为 50 ns，其中 0~25 ns 为时钟的高电平、25~50 ns 为时钟低电平区间。

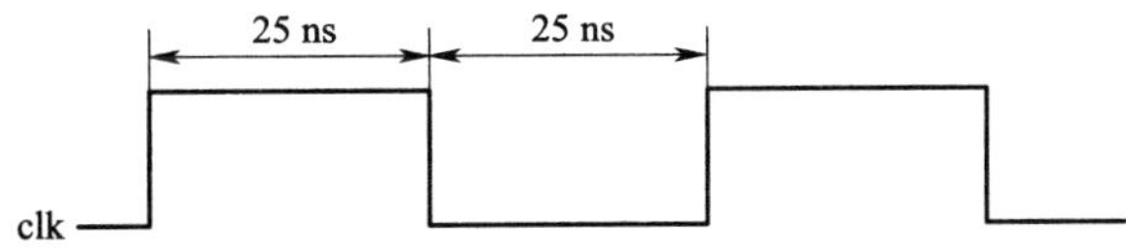

图 6–24　create_clock 创建的时钟信号波形示例

数字电路中成百上千的寄存器往往共用一个时钟信号，这些不同寄存器的时钟端口相互连接，构成了时钟网络。假如时钟信号直接驱动这些寄存器，时钟源需要对千百个寄存器的栅电容进行充放电，此时时钟信号的转换时间将达到无法接受的程度。因此，数字电路中的时钟通常采用时钟树的方式传播，即采用多级缓冲器逐级将时钟信号传播到所有的寄存器时钟端口上。然而，时钟树需要在物理设计阶段确定了所有寄存器的物理位置之后才能生成。因此，在逻辑综合阶段，通常将时钟网络设置为理想网络，避免工具对时钟信号进行分析和优化。如例 6–6 所示，设计者可以通过 set_ideal_network 命令将时钟设置为理想信号，并利用 set_dont_touch 命令避免逻辑综合工具对其进行改动。

【例 6–6】 时钟周期约束设置。

```
set clk_period 50
# 创建时钟，其中 -waveform 指定波形，列表中两个值分别为时钟上升沿和下降沿时间
create_clock -period $clk_period [get_ports clk] -waveform {0 25}

set_dont_touch [get_ports clk]
set_ideal_network {clk}
```

在数字电路设计中，除时钟周期外，也会追求尽可能小的面积，从而降低芯片的生产成本。约束面积的命令为 set_max_area，给出面积上的优化目标。若想让工具持续优化，可以设置一个不可实现的目标值，其用法如例 6–7 所示，该示例中将目标面积设为 0。

【例 6–7】 电路面积约束设置。

```
set_max_area 0
```

（二）输入延时和输出延时约束

在数字电路中，除了两个触发器之间的路径外，从输入端口到触发器的路径以及从触发器到达输出端口的路径也是两类重要的路径。这两类路径受到外部路径延时的

影响，需要指定合适的输入输出延时才能确保电路不会出错。

如图 6–25 所示，虚线框内为待综合电路，L1、L2 为组合逻辑，A 为待综合电路输入端口，那么对于待综合电路来说，其输入路径为从端口 A 到触发器 reg2。假设 L2 的路径延时和 reg2 的建立时间共 6 ns，且待综合电路的时钟周期为 10 ns，那么对待综合电路进行时序分析会显示满足时序要求。然而，实际情况下输入端口 A 的信号可能来自外部的 reg1 并经过组合逻辑 L1。考虑到从 reg1 的 Q 端口到 reg2 的 D 端口有一个时钟周期的路径延时约束，如果组合逻辑 L1 及 reg1 的延时大于 4 ns，则电路会出现时序违例。为此，设计者需要设置输入延时来对输入端口之前可能的额外逻辑延时进行约束，由此才能对输入路径进行更合理的时序优化。设置输入延时的命令为 set_input_delay，如例 6–8 所示。示例中将除时钟 clk 以外的所有输入端口的输入延时设置为时钟周期的四分之一，此外还可以通过 get_ports 命令为指定端口（如端口 A）设置输入延时。

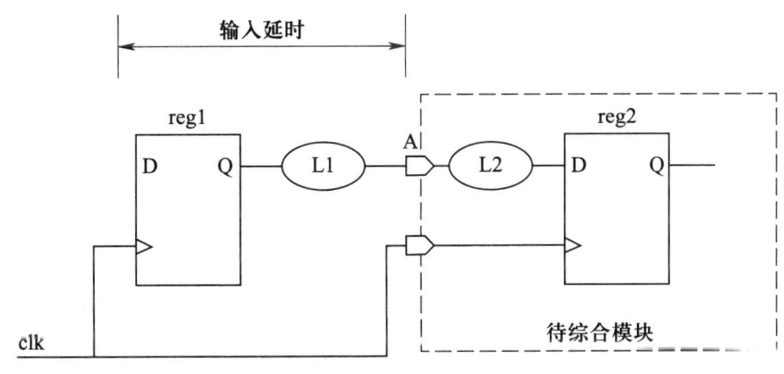

图 6–25　输入延时的定义

【例 6–8】 输入路径延时约束。

```
# 针对除时钟外的输入路径进行延时约束设置
# 使用 [remove_from_collection [all_inputs] {clk}] 将 clk 从输入端口中排除
# -max 后面设置输入延时的值，clock 后面指定控制电路的时钟
set_input_delay -max [expr 0.25*$clk_period] -clock clk \
 [remove_from_collection [all_inputs] {clk}]
```

```
# 针对特定端口设置延迟延时约束
set_input_delay -max 6 -clock clk [get_ports A]
```

输出延时的定义如图 6–26 所示。在输出端口 B 之后可能有额外的组合逻辑（即 L2），其延时大小会对从触发器 reg1 到输出端口 B 的输出路径产生影响。与设置输入延时约束类似，设计者需要对输出端口外可能的路径延时进行约束。设置输出延时的命令为 set_output_delay，如例 6–9 所示。示例中对所有输出端口设置了大小为四分之一时钟周期的延时。

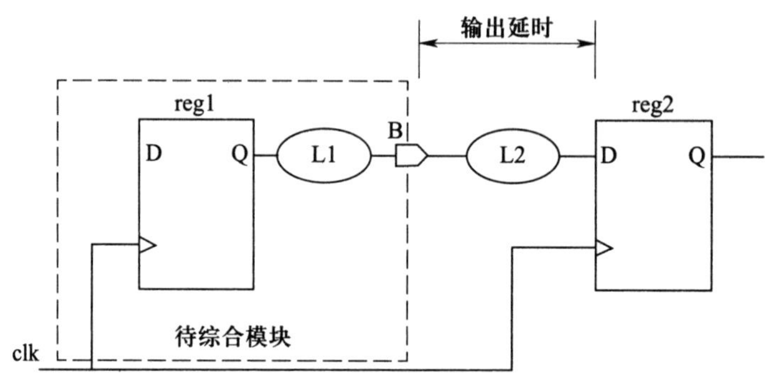

图 6–26　输出延时的定义

【例 6–9】 输出路径延时约束。

```
set_output_delay -max [expr 0.25*$clk_period] -clock clk [all_outputs]
```

（三）输出负载和输入驱动的约束

待综合电路的输入和输出端口通常还会连接其他电路，如图 6–27 所示。输入端口由上一级电路驱动，输出端口有下一级电路作为负载。上一级电路的驱动能力有限，而下一级电路造成的输出端口负载也不可忽略，这二者都会对待综合电路的路径延时造成影响。因此，电路设计者必须指定合理的输入驱动和输出负载约束。

负载指的是电路输出端口所要驱动的电容大小。负载电容越大，所需充放电的时间就越长，信号的电平转换时间也就越长。逻辑综合工具默认的电路输出负载是 0，这样显然过于乐观。设置输出负载的命令是 set_load。如例 6–10 所示，输出负载有两

种设置方式：第一种直接给指定端口设置特定负载电容大小，如给 out1 端口添加 2 fF 的负载电容值；第二种方式利用 load_of 命令指定工具采用工艺库中某一单元的输入电容值作为负载，如示例中将所有输出的负载设为与门 AND2x2_ASAP7_75t_R 输入端 A 栅电容的两倍，其模拟的情况如图 6-28 所示。

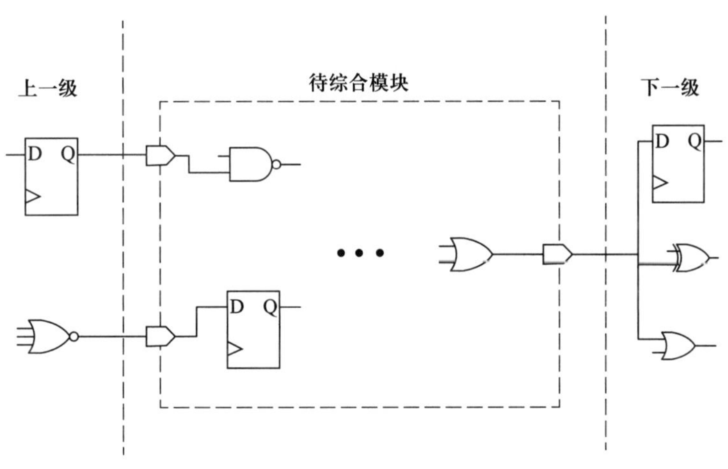

图 6-27　输出负载和输入驱动

【例 6-10】 输出负载设置。

```
# 输出负载的第一种设置方式
set_load 2 [get_ports out1]
```

```
# 输出负载的第二种设置方式
set my_lib asap7sc7p5t_SIMPLE_RVT_TT_nldm_211120
set_load [expr [load_of $my_lib/AND2x2_ASAP7_75t_R/A]*2] [all_outputs]
```

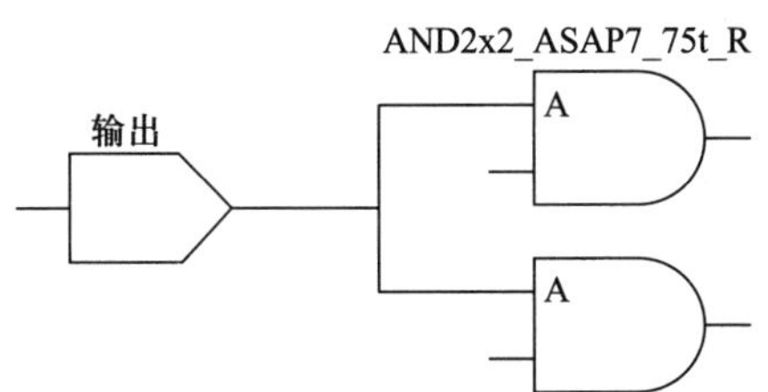

图 6-28　提取工艺库单元的输入端电容模拟负载

输入驱动模拟的则是外部电路驱动输入端口的能力。逻辑功能相同的标准单元尺寸越大，则从电源或地到输出端的电阻越小、充放电能力越强、单元的驱动能力越强、其输出信号的电平转换时间越小。不同的输入驱动会影响输入信号的转换时间，从而影响电路性能。设置输入驱动的命令为 set_driving_cell，其作用为使用指定单元库中的具体单元模拟输入端的驱动。如例 6–11 中将 clk 以外输入端口的驱动单元设定为 BUFx4_ASAP7_75t_R，此单元将从读入的逻辑单元库中进行查找。例 6–11 模拟的情况如图 6–29 所示。

【例 6–11】 输入驱动设置。

```
set_driving_cell -lib_cell BUFx4_ASAP7_75t_R [remove_from_collection \
[all_inputs] clk]
```

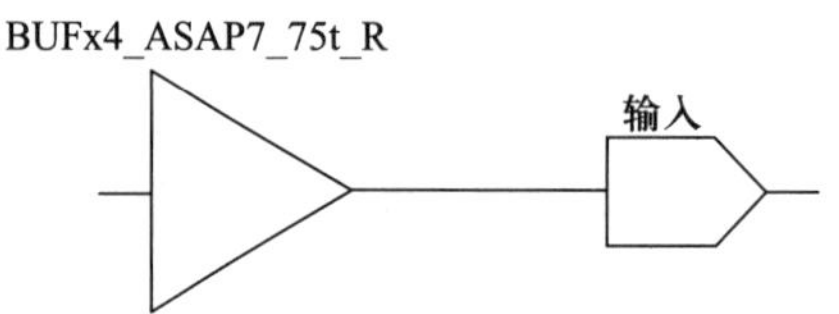

图 6–29　使用库中的具体单元模拟输入驱动

三、电路的逻辑综合脚本

用户一般使用脚本和命令行控制工具完成逻辑综合，其脚本的基本执行顺序如图 6–30 所示。首先，用户需要配置综合环境，规定工艺库信息；随后，工具读入 RTL 语言描述的电路设计；然后，通过约束设置优化目标与限制条件，以此为指导进

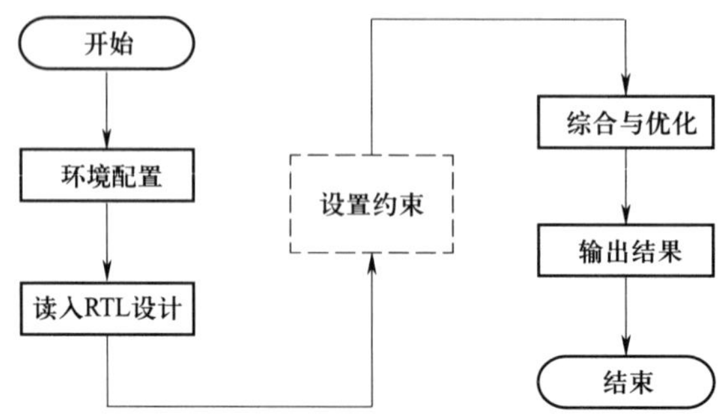

图 6–30　逻辑综合脚本的执行顺序

行电路的综合与优化；最后，输出各种设计报告以及电路的门级网表。

下面以 32 位加法器的综合脚本代码为例，分别对每个步骤详细介绍。

（一）环境配置

首先，需要设置搜索路径。搜索路径告知综合工具可以到何处读入文件，可搜索的文件类型包括库文件、脚本文件、设计文件等。在搜索路径设置完成后，用户只需要指定所需读入的文件名，工具会自动从指定的搜索路径目录下查找该文件。

在逻辑综合中，搜索路径保存于保留变量 search_path，此变量默认指向综合工具自带库所在的目录。综合工具自带库包括用于生成与工艺无关的门级网表的 gtech.db、符号库 generic.sdb、包含基本功能模块 IP 的 DesignWare 库 dw_foundation.sldb 等。因此，不推荐将 search_path 设置为全新路径，而是使用 lappend 命令，将额外的路径添加到原路径所在的列表中，或者在 search_path 的定义列表里加上默认路径，具体设置方式如例 6–12 所示。该示例指定的搜索路径结构如图 6–31 所示，../rtl 指定了 RTL 设计的文件目录，../scripts 指定了脚本文件所在的目录，/home/public/asap7/asap7sc7p5t_28/LIB/NLDM 则包含了芯片代工厂提供的库文件。当后续脚本中用到这三种类型的文件时，可以直接指定文件名而不再需要添加相应的目录路径，从而简化了脚本编写。

【例 6–12】 搜索路径设置。

```
set search_path "$search_path ../rtl ../scripts \
/home/public/asap7/asap7sc7p5t_28/LIB/NLDM "
# 路径列表中包括 $search_path 表示包含 search_path 的默认值
```

```
lappend search_path "$search_path ../rtl ../scripts \
/home/public/asap7/asap7sc7p5t_28/LIB/NLDM "
# 设置搜索路径的另一种方法，格式为 lappend search_path < 路径列表 >
```

在设置完搜索路径之后，电路设计者需要配置以下四个库文件信息：目标库、符号库、模型库和链接库，它们各自的作用如下。

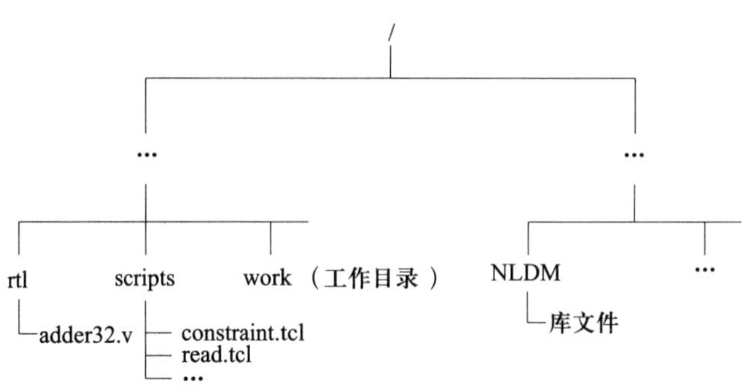

图 6–31　搜索路径设置实例

（1）目标库：用于指定逻辑综合所要用到的工艺库。该工艺库由流片厂商提供，包含最终构成芯片的标准逻辑单元。综合过程中，工具会使用目标库中的单元对逻辑进行映射。

（2）符号库：调用可视化界面查看电路原理图时，使用其中的符号进行显示。要求符号库和工艺库必须匹配，否则会被工具拒绝读入。假如不对其进行设置，工具会使用通用库“generic.sdb”产生原理图。图 6–32 即用默认符号库产生的电路原理图，可以看出，电路中的触发器和反相器单元用各自的符号图进行显示。

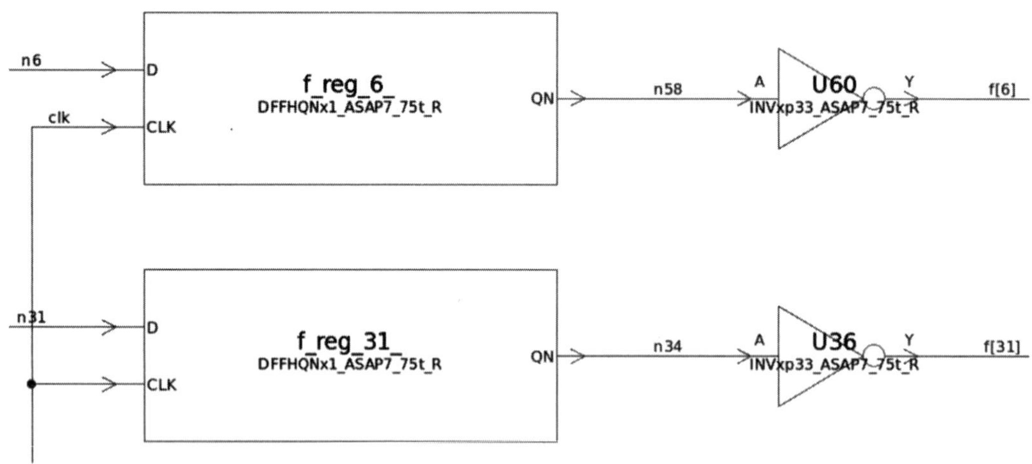

图 6–32　电路的符号化实例

（3）模型库：工具会从中寻找某些模型（IP）进行电路的优化设计。数字电路行业经过数十年的发展，加法器、乘法器、比较器、求绝对值等功能模块的设计已经非

常成熟，这些模块可作为 IP 被工具直接调用，可以指定“dw_foundation.sldb”这一工具自带的模型库来进行加法器等特定电路的优化。

（4）链接库：其中应包含模块和逻辑单元的引用（reference）。综合工具在识别电路中的实例（instance）时，从链接库中查找其实例化的引用。链接库应包含目标库和模型库。此外，链接库的定义中还必须包含“*”，表示综合工具在引用实例化模块或单元时先搜索已经调入综合工具内存的模块和单元电路，若不添加“*”，已调入的单元不会被引用，可能产生无法匹配的错误。

目标库和链接库概念常常容易混淆，下面阐述两者的区别。链接库用于链接（link）操作，应包含电路用到的所有引用（reference），供综合工具对电路中的实例（instance）进行识别。用户编写的模块、工艺库的逻辑单元均是引用，表示一种实际的电路结构。电路结构被调用的过程称为实例化，结果是产生一个实例。如图 6–33 所示，INVxp33_ASAP7_75t_R 反相器单元被实例化为 U36。U36 是实例名，是一个便于电路结构管理的“代号”。实例名本身不具有任何意义，只有被识别为引用 INVxp33_ASAP7_75t_R 后，综合工具才能获取其功能、时序、功耗等信息。综合工具识别电路实例时，查找的就是链接库。因此链接库应包含目标库和所有用到的 IP 库。目标库一般指定为标准单元库，仅用于综合中的优化映射过程。逻辑综合工具想要将逻辑映射为标准单元时会查找目标库，而非链接库；逻辑综合工具在识别实例时，即使链接库没有被指定，工具也不会查找目标库。表 6–4 展示了有无链接库或目标库的情况下逻辑综合工具功能的对比。

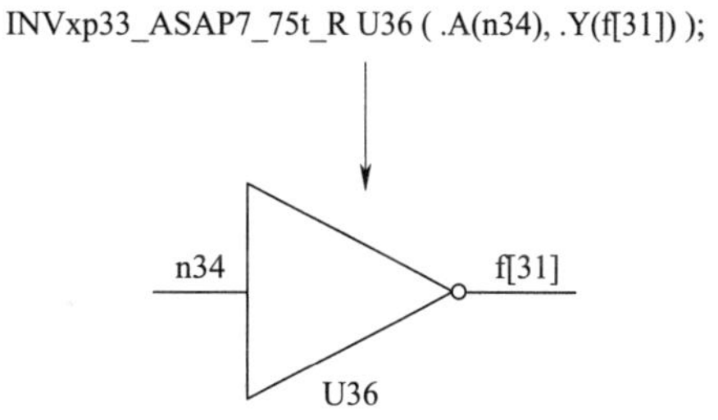

INVxp33_ASAP7_75t_R U36 (.A(n34), .Y(f[31]));

图 6–33　反相器的实例与引用

表 6–4　有无链接库或目标库功能上的对比

	仅链接库	仅目标库	链接库和模型库
能否识别网表	能	不能	能
能否综合纯 RTL 代码	不能	能	能
能否综合带 IP 的设计	不能	不能	能
能否综合已部分综合的设计	不能	不能	能

逻辑综合中库文件的指定方法的如例 6–13 所示。逻辑综合工具内部保留了四个系统变量 target_library、synthetic_library、symbol_library、link_library，分别代表目标库、模型库、符号库和链接库。示例中，模型库使用 Design Compiler 自带模型库 dw_foundation.sldb。

【例 6–13】 工艺库的指定。

```
set target_library   "asap7sc7p5t_AO_RVT_TT_nldm_211120.db \
asap7sc7p5t_INVBUF_RVT_TT_nldm_211120.db \
asap7sc7p5t_OA_RVT_TT_nldm_211120.db \
asap7sc7p5t_SEQ_RVT_TT_nldm_220123.db \
asap7sc7p5t_SIMPLE_RVT_TT_nldm_211120.db"

set synthetic_library   "dw_foundation.sldb"

# 符号库设置命令为 set symbol_library < 符号库文件 >，此处缺省

set link_library   "* $target_library $synthetic_library"
```

（二）读入 RTL 设计

读入电路的 RTL 设计有两种常用方式，一种是 read_file，另一种是 analyze+elaborate。

read_file 的作用是将指定的文件读入内存。读入的过程中，工具会分析模块结构，并建立模块的层次。设计读入后，须使用 current_design 命令定义待综合的模块，然后才能进行综合。其具体用法参考例 6–14，在该示例中读入的设计是 32 位加法器模块 adder.v。此文件位于 ../rtl 目录下，由于此路径已包含于搜索路径中（参考环境配置小节），此处仅须指定文件名。

【例 6–14】 RTL 设计读入示例。

```
read_file -format verilog  adder32.v
# 在 -format 后面指定文件类型，不仅可以读入 RTL 设计，也可以读入 sdc、ddc 等文件
# read_verilog 等效于 read_file -format verilog
current_design $top_design
link
```

读入文件后使用 link 命令进行链接，使用 link 命令一方面为了确保链接操作被执行，另一方面，如果链接出现问题，可以看到更详细的错误信息。

在 analyze+elaborate 方法中，analyze 负责读入和分析每个模块，elaborate 负责使用分析结果建立层次结构。analyze 会详细分析每个模块的接口结构，以及与子模块的连接信息，并将所有信息导出到 .mr、.syn 和 .pvl 格式的中间文件中，从而不再占用内存。analyze 执行结束后，用户须使用 elaborate 将整个设计“建造”起来，包括层次结构、参数传递等。elaborate 使用的信息全部来自 analyze 产生的中间文件。除此之外，analyze+elaborate 流程无须指定当前设计，elaborate 的对象会自动被设置为当前设计，命令具体用法如例 6–15 所示。

【例 6–15】 逻辑综合的 analyze 与 elaborate 命令使用示例。

```
set top_design adder32
analyze -format verilog adder32.v
# 在 -format 后面指定文件类型，类型只能是 verilog、vhdl、sverilog 三个之一
elaborate $top_design
link
```

两种读入方式的数据流区别如图 6–34 所示，analyze+ elaborate 将分析与建立过程拆成了两个步骤，其分析的过程较为复杂，结果较为详尽，可以用于处理 Verilog 代码中带可传递参数的设计。如例 6–16 所示，在 Mux4 的端口列表前，定义了一个可传递

参数 WIDTH，并用其定义 in1 − 4 和 out 的宽度。综合工具需要中间文件 .pvl 的帮助才能理解这种定义方式。如果用户使用 read_file 读取 Mux4.v，工具会警告找不到相应的 .pvl 文件，结果是模块无法读入，此时可以用 analyze+ elaborate 的方式处理。

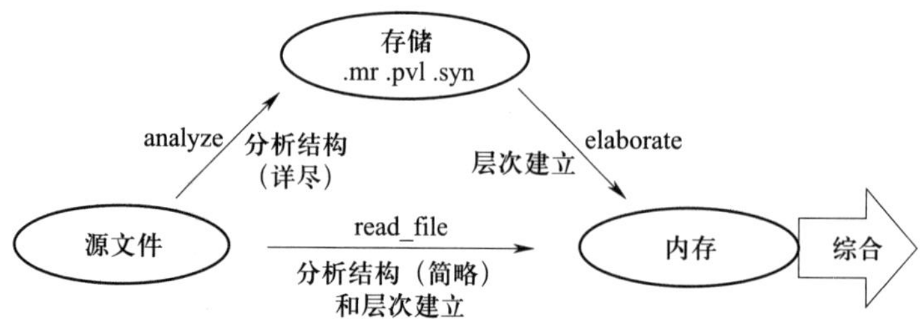

图 6–34　read_file 和 analyze+elaborate 方式的差别

【例 6–16】 带可传递参数的模块。

```
module Mux4 #(parameter WIDTH = 32)(
    input  [1:0] sel,
    input  [(WIDTH-1):0] in0, in1, in2, in3,
    output reg [(WIDTH-1):0] out
    );
    always @(*) begin
        case (sel)
            2'b00 : out <= in0;
            2'b01 : out <= in1;
            2'b10 : out <= in2;
            2'b11 : out <= in3;
        endcase
    end
endmodule
```

处理方式的差别也导致在进行大型设计时 analyze+elaborate 方式往往更具优势。假设某个复杂设计中，只有一个小模块需要修改。修改完成再次综合时，若使用 read_

file，需要将所有 .v 文件再次读入内存；而 elaborate 所需的全部信息均来自 analyze 产生的中间文件，这些文件还存在于硬盘中。因此，用户只需使用 analyze 分析改动的模块，其余模块的中间文件可重新利用。由此，使用 analyze+elaborate 可以使得重新读入的时间大大缩短，设计效率得到提升。表 6–5 总结了两种方式的区别。

表 6–5　　read_file 和 analyze+elaborate 的区别

	read_file	analyze+elaborate
是否产生中间文件	否	是
每个模块的分析结果存储位置	内存	中间文件（硬盘）
是否适用可传递参数设计	否	是
进行大型设计的效率	低	高

（三）综合与优化

在库文件、源代码文件、约束均配置成功后，就可以开始逻辑综合了。在进行逻辑优化和映射的过程中，工具会进行逻辑的重组和映射方式的优化。图 6–35 左侧为

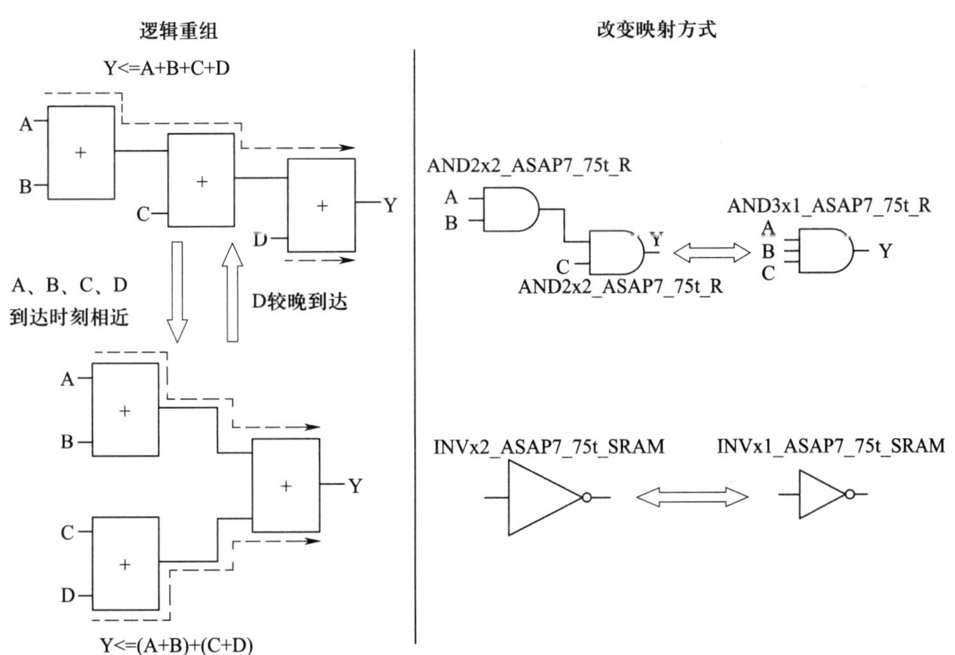

图 6–35　逻辑重组与映射方式改变的示意图

逻辑重组的实例。假设有表达式 Y<=A+B+C+D，其直接对应的逻辑为串联的加法器结构（图 6-35 左上）。在 A、B、C、D 几乎同时到达的情况下，此结构受限于 A、B 到 Y 的长路径，其延时为三个加法操作；而左下方等效的实现方式中逻辑延时只有两个加法操作，且资源消耗不变。这种情况下，工具会将原逻辑优化为 Y<=（A+B）+（C+D）。而当 D 到达很晚时，A、B 到 Y 的路径不再是限制因素，左上方的逻辑在 D 到达后只需执行一次加法，而左下方的逻辑须执行两次加法操作，工具又会选择逻辑 Y<=A+B+C+D。图 6-35 的右侧则是映射方式改变的示例，两个双输入与门可以根据需求变为一个三输入与门，尺寸较大的反相器在优化面积时可能换用尺寸较小的反相器。

逻辑综合的命令是 compile，如例 6-17 所示。输入此命令后，DC 会根据约束自动开始综合和优化。

【例 6-17】 逻辑综合命令示例。

```
compile
uniquify
```

在脚本中，一般还要添加 uniquify 命令，以防止同一模块被多次实例化。假设用户用 Verilog HDL 编写了一个 array_buf 模块，RTL 代码中允许对其多次实例化，如例 6-18 所示，分别实例化为 array_0 和 array_1。然而，输出网表中须避免这种情况，这是因为后续综合时钟树时，相同的模块名会导致多个实例的时钟信号名重复，进而导致时钟树综合出错。为此，假如源代码中存在模块被实例化 n 次的情况，uniquify 会将此模块复制成 n 份，分配 n 个不同的模块名，每次实例化使用其中的一个。

【例 6-18】 模块的多次实例化。

```
array_buf array_0 (
        .wwlb (wwlb_wire[7:0]),
        .wbl  (wbl_latch),
        .wblb (wblb_latch),
        .rwl  (rwl),
```

```
            .rwlb (rwlb),
            .rbl  (q_wire_0)
      );
array_buf array_1 (
            .wwlb (wwlb_wire[15:8]),
            .wbl  (wbl_latch),
            .wblb (wblb_latch),
            .rwl  (rwl),
            .rwlb (rwlb),
            .rbl  (q_wire_1)
      );
```

（四）输出结果

逻辑综合完成后，需要输出三种格式的文件。

（1）.v 文件：用 Verilog HDL 描述的门级网表文件，例化了工艺库中的标准单元。

（2）.sdc 文件：输出的约束文件，包括输入输出延时、输入驱动、输出负载等一系列约束信息。

（3）.sdf 文件：存储了整个设计的延时信息，包括互连延时、单元延时。

这些文件包含了逻辑综合后的所有信息，后续的物理综合工具会将其读入。上述文件的导出脚本如例 6–19 所示，该示例将网表文件导出到 ../netlist 目录，将 .sdc 和 .sdf 文件导出到 ../reports 目录。

【例 6–19】 输出结果脚本示例。

```
set outdir ..

# 输出 VerilogHDL 格式网表
# 命令格式 write -format verilog -hier -output < 文件路径 >
write -format verilog -hier -output $outdir/netlists/${top_design}.nl.v
```

```
# 输出 sdf 文件
write_sdf $outdir/reports/${top_design}.sdf

# 输出 sdc 文件
write_sdc $outdir/reports/${top_design}.sdc
```

为了查看逻辑综合的具体情况，用户往往需要查看电路的时序、功耗等信息以评估设计，如使用 report_timing 报告时序情况、使用 report_area 报告电路总面积等。为了方便阅读和分析，常将其写成一个文件，相应的脚本如例 6–20 所示。其中，第 1、3 条作用相同，都是将时序报告从头写入 reports 文件夹下的 timing.rpt 文件；第 2、4 条功能相同，是从文件尾写入；第 5 条使用了 –tee 选项，该命令既写入文件，同时又在屏幕上打印信息。

【例 6–20】 时序报告输出脚本。

```
report_timing > ../reports/timing.rpt
report_timing >> ../reports/timing.rpt
redirect ../reports/timing.rpt report_timing
redirect -append ../reports/timing.rpt report_timing
redirect -tee ../reports/timing.rpt report_timing
```

（五）逻辑综合完整流程的脚本示例

此小节提供了 32 位加法器和 16 位乘法器进行逻辑综合的完整脚本。其中，例 6–21 展示了顶层脚本 dc.tcl，在综合工具中通过 source dc.tcl 命令开始运行该脚本；该顶层脚本调用了两个脚本，分别为读入设计的脚本 read.tcl（见例 6–22）和约束脚本 constraint.tcl（见例 6–23）。在示例中，加法器和乘法器的综合流程只有两个地方有差别：顶层模块名称的定义以及 read.tcl 中读入的设计文件不同。在示例中，16 位乘法器与加法器综合流程中不同的部分用“#”注释于脚本中。

【例 6–21】 顶层脚本 dc.tcl。

```
remove_design -all
############################### set library ##################################
set search_path "$search_path ../rtl ../scripts \
/home1/public_temp/asap7/asap7sc7p5t_28/LIB/NLDM "

set target_library  "asap7sc7p5t_AO_RVT_TT_nldm_211120.db \
asap7sc7p5t_INVBUF_RVT_TT_nldm_211120.db \
asap7sc7p5t_OA_RVT_TT_nldm_211120.db \
asap7sc7p5t_SEQ_RVT_TT_nldm_220123.db \
asap7sc7p5t_SIMPLE_RVT_TT_nldm_211120.db"

set synthetic_library  "dw_foundation.sldb"
set link_library   "* $target_library $synthetic_library"

############################### set location ##################################
####
set top_design adder32 # 将加法器顶层名赋予 top_design 变量
#set top_design multiplier16 # 取消注释该行可将乘法器顶层名赋予 top_design 变量
set outdir ..
################################# initial ##################################
###
source ../scripts/read.tcl
elaborate $top_design

############################## add constraint ##################################
```

```
source ../scripts/constraint.tcl
################## set library cells dontUse/prefer ##############################
uniquify
compile


############################## save results ######################################
source ../scripts/namingrules.tcl
write -format verilog -hier -out $outdir/netlists/${top_design}.nl.v
write_sdf $outdir/reports/${top_design}.sdf
write_sdc $outdir/reports/${top_design}.sdc
write -format ddc -hier -o $outdir/netlists/${top_design}.ddc
report_area -hier > $outdir/reports/area_${top_design}.rpt
report_power > $outdir/reports/power_${top_design}.rpt
report_power -hier >> $outdir/reports/power_${top_design}.rpt
report_constraint -all_violators > \
$outdir/reports/violation_${top_design}.rpt
report_timing -delay max > $outdir/reports/timing_${top_design}.rpt
report_timing -delay min >> $outdir/reports/timing_${top_design}.rpt
report_timing
check_design
```

【例 6–22】 读入设计的脚本 read.tcl 示例。

```
analyze -format verilog  adder32.v # 读入加法器设计
#analyze -format verilog  multiplier16.v  # 取消注释该行可读入乘法器设计
```

【例 6–23】 约束脚本 constrain.tcl 示例。

```
reset_design

set_max_area 0

set clk_period 500
create_clock -period $clk_period [get_ports clk] -waveform {0 250}
set_dont_touch [get_ports clk]
set_ideal_network {clk}

set_clock_uncertainty [expr 0.05*$clk_period] [get_clocks clk*]
set_output_delay -max [expr 0.25*$clk_period] -clock clk [all_outputs]
set_input_delay -max [expr 0.25*$clk_period] -clock clk \
[remove_from_collection [all_inputs] {clk}]

set_load 2 [all_outputs]
set_driving_cell -lib_cell BUFx4_ASAP7_75t_R [remove_from_collection \
[all_inputs] clk]
```

（六）一些常用的文件管理技巧

在电路设计时，工艺库文件会被许多工具用到，通常情况下应放在一个公共的位置。其余的几种文件，包括 RTL 源代码、脚本文件等，则可以分几个不同的文件夹放在设计目录下。比如，脚本文件可以统一放在 scripts 文件夹下，综合后的网表统一放在 netlists 文件夹下。值得注意的是，analyze 命令产生的中间文件默认会生成在工具的启动目录下。为了方便管理，可以创建一个 work 文件夹用作综合工具的工作目录，中间文件默认产生在此目录下。形成文件管理的固定习惯后，每做一个设计，目录的结构均类似，脚本更改起来也较为方便，先前设计的脚本只需稍作修改就可以用到新的设计中，有助于提高效率。

第五节　等效性检查

考核知识点及能力要求：

- 了解电路等效性检查的概念、方法。
- 掌握等效性检查的流程、工具使用和脚本文件编写方法。

一、等效性检查简介

通过逻辑综合工具，可以将电路的 RTL 描述转换为门级网表的表示形式。在此过程中，如何确保综合前电路的 RTL 代码和综合后的门级网表具有功能的一致性显得尤为重要。例 6–24 给出了一个 32 位加法器的 RTL 描述，其逻辑综合后的部分网表如例 6–25 所示。由于逻辑综合后的门级网表抽象层次非常低，设计人员几乎无法从门级网表中直观地分析出电路的功能。在此过程中，设计人员该如何保证两份代码所对应的电路功能是等价的呢？

【例 6–24】 32 位加法器 RTL 代码示例。

```
module adder32(
    input wire clk,
    input wire [31:0] a,
    input wire [31:0] b,
    output reg [31:0] f);
```

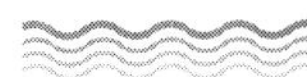

```
        reg [31:0] a_in, b_in;
        always@(posedge clk) begin
            a_in <= a;
            b_in <= b;
        end
        always@(posedge clk) begin
            f <= a_in + b_in;
        end
    endmodule
```

【例 6–25】 32 位加法器综合后的部分网表。

```
    module adder32 ( clk, a, b, f );
      input [31:0] a;
      input [31:0] b;
      output [31:0] f;
      input clk;
    wire   n0,n10,n2,n3,n4,n5,n6,n7,n8,n9,n100,n11,n12,n13, n14,n15,n16,n17, n18, n19,
n20, n21, n22, n23, n24, n25, n26,n27, n28,n29, n30, n31, n110;
      wire   [31:0] a_in;
      wire   [31:0] b_in;
      DFQD2BWP30P140 a_in_reg_0_ ( .D(a[0]), .CP(clk), .Q(a_in[0]) );
      DFQD2BWP30P140 b_in_reg_31_ ( .D(b[31]), .CP(clk), .Q(b_in[31]) );
      DFQD2BWP30P140 b_in_reg_30_ ( .D(b[30]), .CP(clk), .Q(b_in[30]) );
      DFQD2BWP30P140 b_in_reg_29_ ( .D(b[29]), .CP(clk), .Q(b_in[29]) );
    ……
    endmodule
```

一种直观的办法是对两种电路描述进行功能仿真，如果它们对于所有可能输入激励的输出响应是一致的，那么就可以证明两种类型的电路描述的功能是一致的。但是，这种验证方法一方面要求构造出百分百覆盖所有功能点的输入测试激励，另一方面还需要进行十分耗时的动态仿真验证，这对于超大规模集成电路设计而言是不可接受的。为此，人们提出了电路不同类型描述的功能一致性快速对比验证方法，即等效性检查验证。

等效性检查是用数学方式来验证同一个电路设计的两种不同模型间功能是否等价，从而保证设计过程中不同文件的一致性。等效性检查被广泛地应用到数字集成电路设计的不同设计阶段。如图 6-36 所示，这种检查方法可以用来验证电路 RTL 描述与综合后的门级网表、综合后的门级网表与 DFT 插入后的门级网表、物理设计前后的门级网表之间是否在功能上存在等价关系。

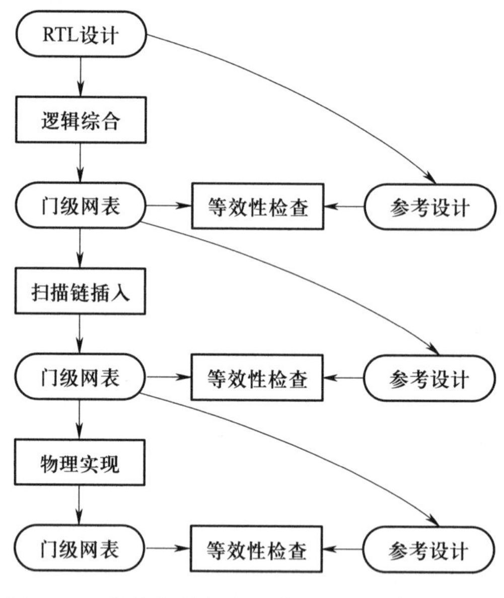

图 6-36　数字集成电路设计流程中的等效性检查

其中，两个 RTL 级电路设计之间的等效性检查是将一个参考的 RTL 级设计和修改过的 RTL 级设计进行对比，以此来检查对参考 RTL 进行设计优化和重组逻辑等操作时是否引入功能不一致问题；RTL 电路设计与门级网表之间的等效性检查则是将逻辑综合后的门级网表与 RTL 级设计进行对比检查，查看综合工具在综合过程中是否引

入错误而造成电路功能的不一致；两个门级网表之间的等效性检查可以对逻辑综合后不同阶段生成的门级网表进行对比检查，以保证后端设计的每一步都不会引起电路功能的变化。

等效性检查的主要优点是比动态仿真的功能验证速度更快，通常在数个小时内就可以对规模达数百万门的电路功能完成验证。此外，等效性检查能保证达到与参考设计相同的功能验证覆盖率，已经被主流的 EDA 设计流程所采用。

二、电路的等效性检查流程与脚本

（一）电路的等效性检查流程

目前，业界通常采用基于形式验证的方式来检验电路设计在变换前后的功能一致性，该方法基于数学拓扑原理进行等价性证明，用户只需要提供功能正确的参考设计和需要验证的电路设计，而无需构造测试激励。图 6–37 给出了等效性检查商业软件的一般流程，主要包括设置工作环境、读入参考设计、读入实现设计、执行设置、匹配比较点、执行验证、查看结果和调试等步骤。

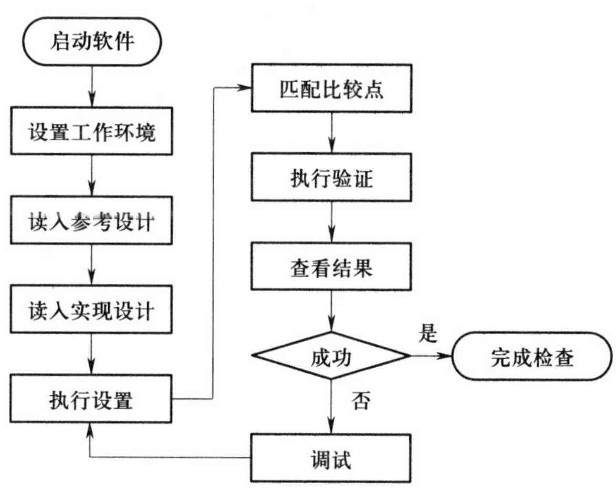

图 6–37　等效性检查的工作流程

首先，在等效性检查工具读入具体电路设计之前，用户可以对其运行环境进行设置，包括参考设计和对比设计文件、所用到的第三方 IP、工艺库文件的搜索路径等设置。通过设置这些环境变量，可以使得等效性检查工具知道电路主要的组成部分，并为电路中需要进行等效性检查的节点作评估。在此基础上，可以通过图形界面或者运行脚本将参考设计文件和实现设计分别读入等效性检查工具中。

其次，等效性检查工具可以对参考设计和实现设计进行等效性检查。通常包括匹配和比较两个部分。其中，匹配命令将会使等效性检查工具自动匹配参考设计和实现设计的比较点，而比较命令将会对匹配的比较点进行等效性验证。

最后，用户可以获得等效性检查的执行报告，包括等效性通过的电路节点、等效性失败的电路节点和未能进行等效性检查的电路节点等信息。

（二）等效性检查的实例与相关脚本

业界常用的等效性验证工具包括 Formality、Conformal 等，图 6–38 展示了 Formality 的工作界面，其主要特点包括：①提供了不依赖于激励向量的设计功能等价性验证，验证速度远快于一般基于激励驱动的仿真方法；②可执行 RTL 代码与 RTL 代码、RTL 代码与门级网表、门级网表与门级网表之间的验证；③设计文件的格式包括 VHDL 文件、Verilog HDL 文件和 System Verilog 文件；④对设计实行分层验证，并提供诊断功能，帮助用户确认和修正电路设计中等效性检查未通过的电路节点；⑤同时提供图形界面（GUI）和命令行界面（shell），可以储存和恢复验证进程；⑥提供大范围的设计修改，包括流水线的重定时和有限状态机的重编码等技术。

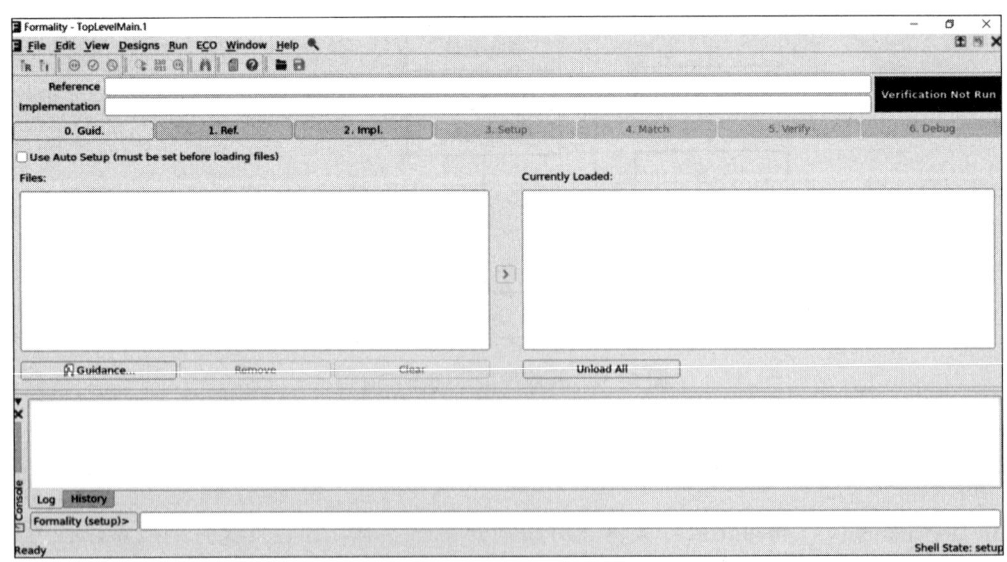

图 6–38 Formality 的工作界面

下面以例 6–24 中的 32 位加法器电路为案例，对 Formality 的具体用法作进一步讲述，对 RTL 代码与逻辑综合后的门级网表进行等效性分析。例 6–26 展示了该工具执行等效性检查的具体脚本，下面将对其简要分析：

第 1 行设置了相关文件的路径，其中 user_path 为用户工作目录的绝对路径。第 2 行是可选的设置软件工作环境，其中 svf_file_name.svf 为用户自己设置的文件。第 3 行是可选的电路使用的硬核库，其中 path_to_DesignCompiler_install 为用户自己设置的硬核库文件。第 4~5 行读入了参考电路设计，adder32.v 为 Verilog 格式的参考设计文件，adder32 为参考设计的电路顶层模块名称。第 6~8 行读入了实现电路设计，其中 user.db 是实现设计所依赖的工艺库文件，adder32.nl.v 为 Verilog 格式的实现设计文件，adder32 为实现设计的电路顶层模块名称。第 9~10 行对电路做了等效性检查，其中 match 命令将会使工具自动匹配设计文件和参考文件的比较点，而 verify 命令将会对匹配的比较点进行等效性验证。第 11~13 行获取了工具执行等效性检查的具体报告。

【例 6–26】 等效性检查的脚本示例。

```
1.  set search_path "user_path"        # 设置搜索路径
2.  set_svf svf_file_name.svf    # 设置运行环境
3.  set_app_var hdlin_dwroot path_to_DesignCompiler_install # 设置硬核库
4.  read_verilog -r ../RTL/adder32.v    # 读入参考设计
5.  set_top adder32                  # 设置参考设计顶层模块
6.  read_db -i ../LIB/user.db           # 读入参考设计依赖库
7.  read  verilog -i ../RTL/adder32.nl.v # 读入实现设计
8.  set_top adder32                # 设置实现设计顶层模块
9.  match                       # 匹配比较点
10. verify                      # 进行等效性检查
11. report_failing_points > ../rpt/failing_points.rpt  # 报告失败的点
12. report_passing_points > ../rpt/passing_points.rpt  # 报告通过的点
13. report_aborted_points > ../rpt/aborted_points.rpt  # 报告放弃的点
```

完成该脚本的执行后，查看执行结果报告，等效性检查工具放弃检查电路的节点部分报告内容为例 6–27 所示。

【例 6–27】 放弃等效性检查的电路节点报告。

```
**************************************************
Report            : aborted_points
Reference         : r:/WORK/adder32
Implementation : i:/WORK/adder32
Version           : O-2018.06-SP1
Date              : Thu Apr  7 10:57:47 2022
**************************************************
No aborted compare points.
1
```

电路的节点没有被等效性检查工具通过的部分报告内容如例 6–28 所示。

【例 6–28】 等效性检查失败的电路节点报告。

```
**************************************************
Report            : failing_points
Reference         : r:/WORK/adder32
Implementation : i:/WORK/adder32
Version           : O-2018.06-SP1
Date              :Thu Apr  7 10:57:47 2022
**************************************************
No failing compare points.
1
```

同时，查看通过检查的报告，其将会列出通过了等效性检查的具体寄存器名称，这里展示其部分内容，如例 6–29 所示。

【例 6–29】 等效性检查通过的电路节点报告。

```
**************************************************
Report            : passing_points
Reference         : r:/WORK/adder32
Implementation : i:/WORK/adder32
Version           : O-2018.06-SP1
Date              : Thu Apr  7 10:57:47 2022
**************************************************
128 Passing compare points:
Ref  DFF          r:/WORK/adder32/a_in_reg[0]
Impl DFF          i:/WORK/adder32/a_in_reg_0_
Ref  DFF          r:/WORK/adder32/a_in_reg[10]
Impl DFF          i:/WORK/adder32/a_in_reg_10_
Ref  DFF          r:/WORK/adder32/a_in_reg[11]
Impl DFF          i:/WORK/adder32/a_in_reg_11_
Ref  DFF          r:/WORK/adder32/a_in_reg[12]
Impl DFF          i:/WORK/adder32/a_in_reg_12_
Ref  DFF          r:/WORK/adder32/a_in_reg[13]
Impl DFF          i:/WORK/adder32/a_in_reg_13_
Ref  DFF          r:/WORK/adder32/a_in_reg[14]
Impl DFF          i:/WORK/adder32/a_in_reg_14_
……
```

通过上述报告内容可以发现，在等效性检查中没有出现功能不一致或者未进行检查的电路节点。同时，电路中参考设计的 62 个寄存器与实现设计的 62 个寄存器功能完全匹配。这说明了该 32 位加法器的电路设计通过了等效性检查，表明前端的 RTL 代码和逻辑综合后的门级网表在电路功能上完全一致。

第七章
数字集成电路的可测性设计

集成电路的可测性设计包括了芯片的测试方案设计、测试链插入、自动测试向量生成等内容，在设计之前需要做的准备包括：一是要了解集成电路可测性设计的基础知识；二是要了解集成电路量产测试的方法和流程。上述内容是进行电路可测性设计的基础。

- **职业功能：** 数字集成电路设计。
- **工作内容：** 数字集成电路的可测性设计。
- **专业能力要求：** 能根据设计方案、电路架构和制造工艺，撰写模块级集成电路的可测性设计方案；能根据可测性设计方案，使用可测性设计工具，完成简单模块的DFT测试向量生成，以及简单模块测试向量插入后的仿真验证；能进行DFT仿真验证的调试，定位跟踪问题。
- **相关知识要求：** 集成电路可测性设计知识；集成电路量产测试知识；集成电路可测性设计相关电子设计自动化工具的操作知识。

第一节　数字集成电路的缺陷与故障模型

考核知识点及能力要求：

- 了解数字集成电路可测性设计的基本概念。
- 了解数字集成电路的缺陷与故障模型。
- 了解数字集成电路可测性设计的方法和流程。

一、数字集成电路的可测性设计简介

在集成电路产业链中，对流片后的芯片进行测试是重要的一个环节。测试是指通过对被测电路施加已知的测试向量，并通过观察其输出结果来判断被测电路功能正确与否的过程。它与验证是两个不同概念，验证是指在流片之前检查芯片逻辑功能的正确性和完备性；而测试是指在流片之后检查芯片是否存在因制造过程中的缺陷导致的功能故障。随着芯片集成度越来越高，芯片测试的难度也在不断增加。

可测性是指芯片可以被测试的程度，具体包括可控性和可观测性两个方面。其中，可控性指的是芯片内部节点被外部控制的能力。如果某芯片内部绝大多数节点都可以被外部控制，则称其可控性高；反之如果某个节点不可以被外部控制，如 TIE0 或者 TIE1 的节点，则称该节点不可控。可观测性指的是芯片内部节点状态被获取的难易程度。如果某个节点无法被知晓其状态，则称该节点不可被观测。如或门一端接逻辑“1”时，另一端输入状态无法从或门的输出判断。

可测性设计指的是在芯片设计阶段插入一些专门用于测试的电路以提高芯片的可

测性，这样在芯片测试时内部信号可以通过这部分测试电路进行观察和控制，从而提高芯片的测试效率。如图 7–1 所示，如果待测电路未采用可测性结构，假设电路中某一点发生了故障，那么在测试时则需要在输入端加入测试激励后，通过输出端的响应来判断是否发生故障；反之，如果待测电路提前在可能的故障点插入了可测性结构，那么可以直接通过检测可测点的信号响应来快速判断该点是否发生了故障。因此，可测性设计是一种可以实现快速检测芯片故障的方法。

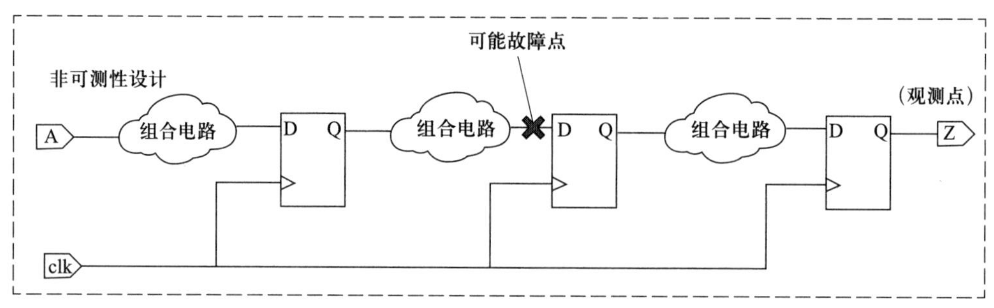

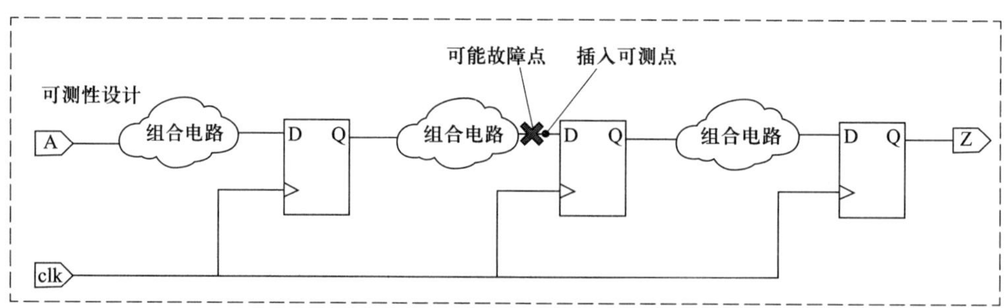

图 7–1　可测性设计示意图

最简单的可测性结构就是添加额外的输入引脚来控制被测电路，或者添加额外的输出引脚来观测被测电路的内部节点。这种方法虽然有效，但由于芯片内部节点的数量巨大，为每个节点都添加输入输出引脚会带来巨大的引脚开销。在可测性设计中，所设计的电路结构要合理权衡可测性和额外的硬件消耗面积两个指标，常用的包括内部扫描、边界扫描和内建自测试等测试方法。

内部扫描使用扫描寄存器去替换掉电路中原有的寄存器，如图 7–2 所示。与寄存器相比，扫描寄存器增加了一个二选一的单元用来选择扫描数据或者正常数据。其中，scan_in（SI）是扫描数据输入端口，scan_enable（SE）是输入选择控制端，scan_ out（SO）是测试响应和电路数据输出的复用端口。同时，如图 7-3 所示，这些替换后的扫描寄存器 SI 和 SO 端口会串接到一起形成测试扫描链（Scan Chain，SC）。当 SE 信号置为高位时，电路就进入了扫描移位工作模式，此时数据从 scan_in 输入，利用多个时钟节拍将特定的输入值逐级传递到扫描链上所有的时序寄存器，并最终从 scan_out 输出。接下来，将 SE 置为低电平，扫描寄存器采样待测电路的响应。最后，SE 又被置为高电平，这些待测电路的响应值通过扫描链被送到输出端口，并将其与期望响应值进行对比。对比的结果可以用来确认电路中是否存在故障及其相应的位置。

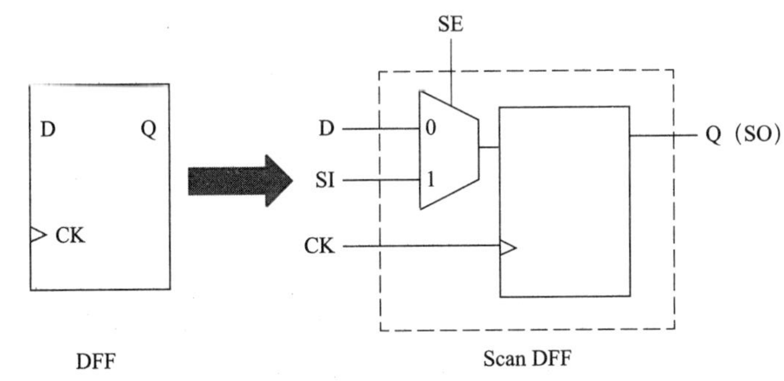

图 7-2　传统寄存器和扫描寄存器的结构示意图

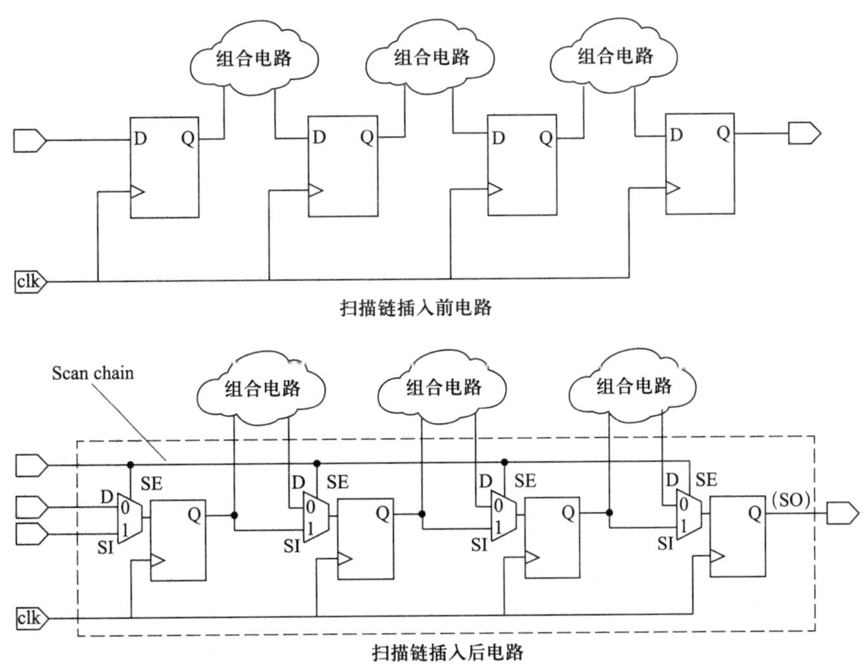

图 7-3　扫描链插入前后电路对比

内部扫描是为了测试芯片内部是否存在缺陷，而边界扫描技术是为了测试芯片与芯片之间的互连是否存在问题。一方面，边界扫描技术在芯片的引脚与内部电路之间插入边界扫描单元并将其串联，从而使得芯片引脚上的值具有可观测性。另一方面，它也可以使用移入移出的方式将向量施加到芯片内部，从而实现可控性。

内建自测试是在芯片内部插入一个测试电路，该电路包含控制器、向量产生、结果比较等模块。在测试之前，外部控制信号激活内建自测试电路，从而能在电路内部自行生成向量并完成测试。这一方法虽然会导致芯片面积的增加，但是简化了测试步骤并且减少了输入输出引脚。而且，由于该测试电路建立在待测电路的芯片内，所以测试时钟可以与待测电路的工作频率相同，所以这种测试又被称为全速测试（at-speed testing）。

对于数字集成电路设计而言，内部扫描测试是电路模块级最重要的可测性设计方法，其设计流程如图 7-4 所示，包括：首先在逻辑综合后的网表内插入扫描链；接下来，基于插入扫描链后的网表，借助工具完成测试向量的自动生成；最后，把生成的测试向量和网表一起放入仿真工具中进行仿真验证与错误定位。

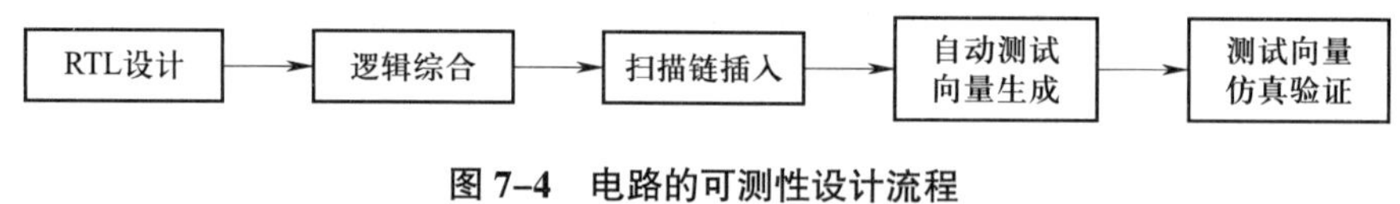

图 7-4　电路的可测性设计流程

二、数字集成电路的缺陷与故障模型

在集成电路的制造阶段，由于制造加工条件的不稳定和偏差会造成电路的物理结构出现异常，称之为集成电路的缺陷。CMOS 工艺中常见的制造缺陷有封装引脚间的短路、由尘埃引起的连线短路、金属层开路或者短路等。图 7-5 展示了部分制造过程中导致的金属短路、线路断开或者桥接等缺陷。

制造缺陷的存在会导致芯片的功能错误或者性能不达标。在芯片的制造过程中，由于灰尘、工艺等问题会产生各种各样的缺陷，如断路、短路等。为了方便分析和判断，需要对这些缺陷的特征进行抽象和分类，并把呈现相同特征的缺陷抽象成同一种故障模型。在数字逻辑中，常见的故障模型包括固定型故障模型（stuck-at fault model）、桥接故障模型和延时故障模型等。

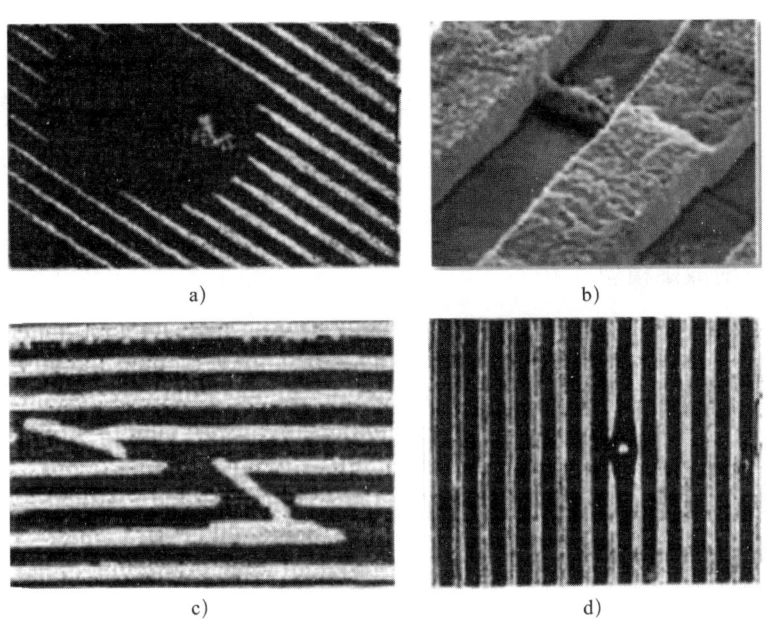

图 7–5　集成电路制造过程中引入的缺陷 [1]

a）颗粒造成线路开路　b）金属短路　c）线路桥接　d）颗粒导致线路变细

（一）固定型故障模型

在固定型故障模型中，最常见的是单固定故障模型，即假设一个电路同一时刻只有一处故障。该模型在定位很多电路的缺陷类型中具有较高的效率，也是故障仿真中最常见的故障模型。当电路中某个节点始终处于高或低电平时，可以利用该模型对其进行建模。如果电路中某个节点始终为低电平，该点可以固定为 stuck–at 0（S.A.0）故障，通常认为发生故障的地方出现了到地的短接；如果电路中某个节点始终为高电平，则认为发生了 stuck–at 1（S.A.1）故障，通常认为发生故障的地方出现了到电源的短接。图 7–6 展示了一个二输入的与非门（2NAND）结构，当 A 端口短接到地时，就可以建模为 A 处发生固定为 0（S.A.0）的故障。

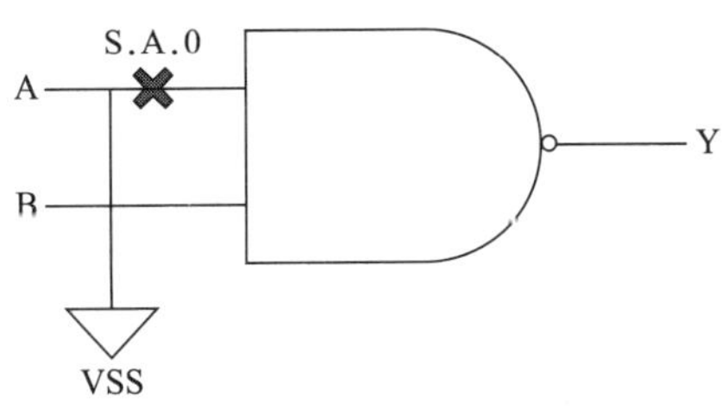

图 7–6　固定型故障模型示意图

[1]　秦红亮，张德申．集成电路测试技术与应用［J］. 电工文摘，2010（6）：57–59.

（二）桥接故障模型

如果芯片制造过程中相邻的门或者走线距离太近，就有可能使得两条线路之间产生桥接影响，称之为桥接故障。桥接故障随着工艺尺寸的不断减小而不断增加，当前最常见的桥接故障就是信号线之间的短路。

（三）延时故障模型

当电路某条走线或者某个单元因为工艺问题导致延时增加从而导致电路的逻辑功能出现错误，则这种缺陷为延时故障。通常情况下，延时故障模型分为跳变延时故障模型和路径延时故障模型两种，而跳变延时故障模型又分为缓慢上升（slow to rise，STR）节点和缓慢下降（slow to fall，STF）节点两型。这两种类型都是因为信号的跳变延时超过了所要求的时间。因此，为了判断是否发生此类故障，可以在某一时刻发射一个跳变的激励，在规定间隔时间后捕获测试点的信号观察是否跳变至正确值。

图 7–7 通过一个二输入的与门给出了该模型的原理示意图。假设某一时刻给了 A 一个激励，A 由低电平翻转为高电平，B 一直保持高电平，在规定的间隔时间后对输出 Y 进行捕获，那么当 Y 为高电平时电路正常工作，反之当 Y 为低电平时则认为电路发生了跳变延时故障。与跳变延时故障模型不同的是，路径延时故障模型没有本地化的故障点，该模型通过测量某条路径的延时来判断是否发生故障。

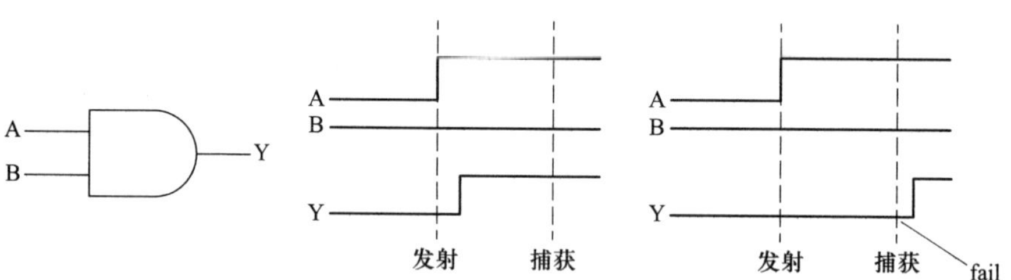

图 7–7　跳变延时故障模型

同样地，路径延时故障模型也分为缓慢上升路径和缓慢下降路径两种类型。该模型虽然能够覆盖到跳变延时故障和大多数固定型故障，但因为在生成测试向量时需要遍历的路径数目非常之多，对其模型的求解也十分困难，所以该模型很少在实际中使用。

（四）电流故障模型

上述的三种故障模型都基于门级电路进行抽象的，而很多时候缺陷可能发生在门电路内部。由于一个逻辑门是由多个晶体管搭建起来的，所以也需要建立晶体管级的故障模型。电流故障模型可以通过测量器件的静态电流来检测晶体管固定开路故障和固定短路故障。如图 7–8 所示是一个二输入或非门的晶体管结构示意图，如果 N1 晶体管发生固定短路（stuck–on）故障，则可通过测量漏电流是否过大加以判断。这种模型能发现一些固定故障模型无法检测出的故障，但是因为测量电流所需的时间较长，所以难以覆盖所有的路径。同时，随着工艺的发展，晶体管本身漏电流在增大，增加了故障测试的难度，所以该故障模型使用频率较低。

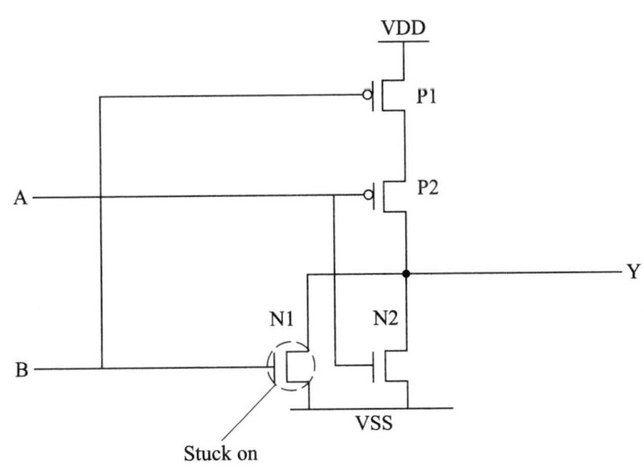

图 7–8　电路的电流故障模型示意图

上述介绍的故障模型用于一般逻辑电路，而存储器的故障模型与之有显著的不同。存储器的故障模型还包括单元固定故障、状态跳变故障、单元耦合故障、临近图形敏感故障、地址译码故障和数据保留故障等。

除了上述的故障模型能测得的故障外，还有不可测故障的概念。如果故障电路产生了与正常电路同样的输出，则故障不可检测。如图 7–9 所示的电路结构，U1 是为了避免输出端的毛刺而添加的，未改变电路的实际功能，为冗余电路。可以发现如果 U1 端发生了 S.A.0 的故障，此时不管如何改变 ABC 的输入值，Y 端的结果都不会发生改变，那么 U1 的 S.A.0 即为不可测故障。除了上述针对电路可靠性进行的设计会产生冗余电路外，还有电路的桥接有时也不会改变电路的逻辑功能，这类电路故障都存在检测不出来的可能性。

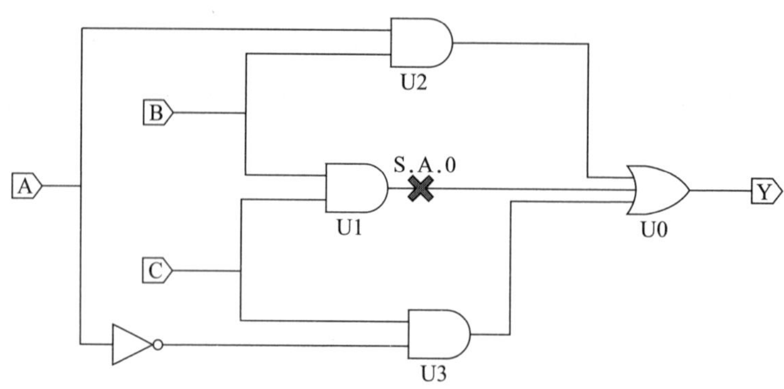

图 7-9　电路的不可测故障示意图

第二节　数字集成电路的可测性设计方案

考核知识点及能力要求：

- 了解数字集成电路可测性设计方案的主要内容。
- 掌握数字集成电路模块级可测性设计方案的编写。

一、模块级的可测性设计方案

本节主要介绍如何制定模块级数字集成电路的可测性设计方案。首先，从常用的模块级可测性设计技术介绍开始，随后会介绍模块级可测性设计的流程，接下来会以一个 16 位 MIPS 处理器作为实例来介绍模块级可测性设计的具体实施方案。

（一）模块级可测性设计常用方案

当前比较常用的模块级可测性设计技术主要包括两种：内部扫描（Scan）和内建

自测试（BIST）。根据模块本身的可测性设计需求，可以使用两种可测性技术中的一种或者一起使用。其中，内部扫描技术是实现数字系统可测性设计的关键技术，在大规模数字芯片设计中被广泛使用，它的核心思想是把难以测试的时序逻辑转化成为比较容易测试的组合逻辑。

图 7-10 展示了一个时序电路的测试模型结构。该模型包含组合逻辑和时序逻辑两部分，时序逻辑由寄存器组成，组合逻辑是除时序逻辑之外的部分，包含电路中所有的组合逻辑单元。电路的主输入（PI）和主输出（PO）仅用于组合逻辑的部分，电路的伪输入（PPI）和伪输出（PPO）是组合逻辑与时序逻辑之间的接口。扫描链入口（Scan-in）用于按位向寄存器中移入向量，扫描链出口（Scan-out）用于从寄存器中移出向量，扫描链使能（Scan-enable）用于控制寄存器是处于移入 / 移出模式下还是处于捕获模式。

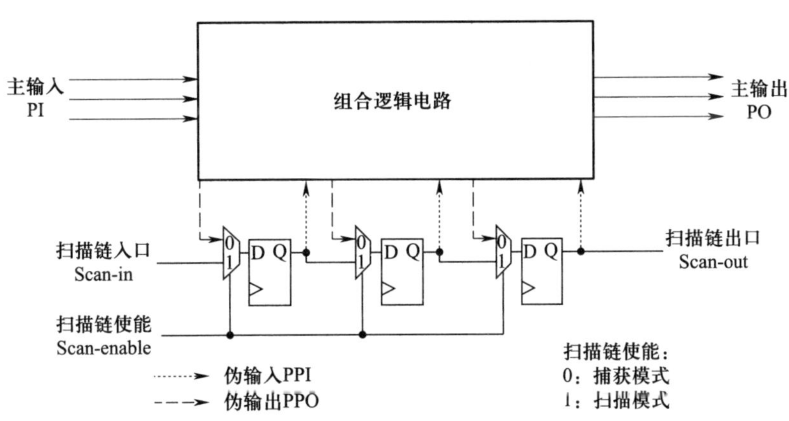

图 7-10　时序电路的测试模型（展开的霍夫曼模型）

在移入 / 移出模式下，寄存器的数据均直接来自于前一个寄存器的输出，与电路中的组合逻辑伪输出 PPO 无关。在捕获模式下，寄存器会捕获来自组合逻辑的伪输出 PPO。在这样的时序模型中，由扫描链入口、一系列首尾直接相连的寄存器、扫描链出口构成的链称为内部扫描链。

通过建立这样一条内部扫描链，可以实现对于电路的时序逻辑以及组合逻辑的可控性与可观测性。具体而言，内部扫描链的工作原理可以分两个部分，一部分是对时序逻辑的扫描，另一部分是对组合逻辑的扫描。对时序逻辑的扫描可以分为以下三个步骤，分别为进入移入 / 移出模式、清空扫描链、在扫描链入口处移入测试向量并在扫描链出口处观察数据是否正确。

时序逻辑的正常工作是扫描链测试的基础。在完成对时序逻辑的扫描并确认无误后，对组合逻辑的扫描可以分为以下七个步骤：

（1）进入移入 / 移出模式。

（2）从扫描链入口移入测试向量。

（3）为组合逻辑中的主输入端口赋值，并进入捕获模式。

（4）观察组合逻辑中主输出端口的值。

（5）从伪输出端口捕获组合逻辑的响应。

（6）进入移入 / 移出模式。

（7）从扫描链的出口移出向量，从第 1 个步骤开始下个测试向量的测试。

在当今的芯片设计中，会大量地使用片上存储器。相比于寄存器，存储器中的存储单元（bitcell）有更高的集成密度，其容量一般也更大。在此情况下，采用内部扫描方式来对存储单元进行测试已经不太适合了，因此存储器一般采用内建自测试的测试方式。

如图 7–11 所示，以 SRAM 为测试目标的内建自测试结构由内建自测试控制器、选择器、结果比较电路等几部分组成。其中，内建自测试控制器是核心部分，负责整个测试过程，包括使用的测试算法、生成地址 / 数据 / 控制信号等。该模块由状态机、数据产生器、地址产生器、控制产生器和参考数据这五部分组成。选择器是为了旁路正常工作模式下的信号，使得内建自测试的信号被正确地送到待测 SRAM 中去，并由内建自测试使能信号控制。结果比较器的作用是比较从 SRAM 中读出的数据是否与期待的数据一致。

当内建自测试使能信号有效时，来自内部逻辑 1 的控制、地址和数据等信号均被旁路掉，SRAM 的这些端口被分别连接到内建自测试控制器中的控制产生器、地址产生器和数据产生器。在内建自测试时钟的控制下，产生的数据可以被写入 SRAM 并作为参考数据。将某一地址位读出的数据和该地址位的参考数据做比较，如果相等，则认为该次测试通过；如果不等，则认为 SRAM 存在缺陷和故障。

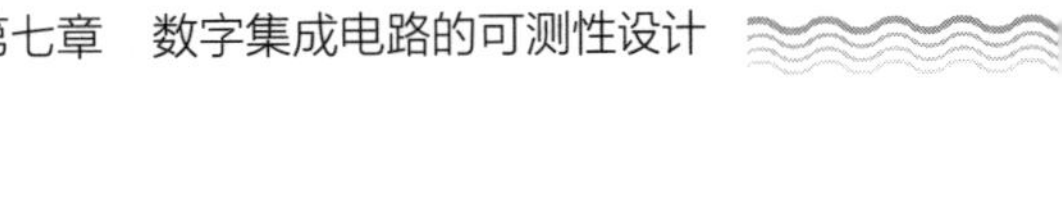

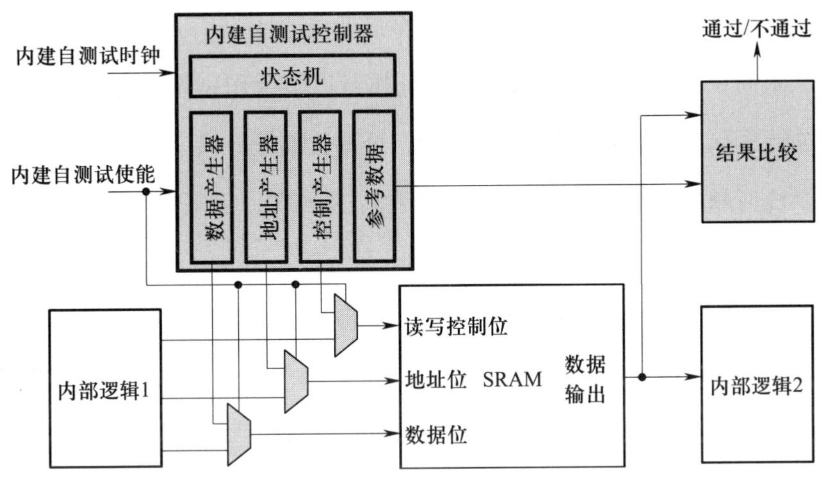

图 7–11　SRAM 内建自测试的结构示意图

对于内建自测试来说，如果给出足够的时长去遍历所有的故障情况，可以达到很高的故障覆盖率。但当芯片的测试时长有限制时，则需要研究测试算法以平衡覆盖率与测试时长。March C 算法是比较经典的内建自测试算法之一，整个算法由以下七个步骤组成，其流程如图 7–12 所示。

（1）初始化所有比特位。从最低位地址开始，对所有的比特位执行写 0 操作。

（2）从最低位地址开始，对每一个地址执行如下操作：先把比特位上的 0 读出，然后对其写入 1，重复以上操作直到遍历至最高位地址。

（3）从最低位地址开始，对每一个地址执行如下操作：先把比特位上的 1 读出，然后对其写入 0，重复以上操作直到遍历至最高位地址。

↑　写入0（初始化）
地址升序
↑　读出0，然后写入1
↑　读出1，然后写入0
↑　读出0

↓　读出0，然后写入1
地址降序
↓　读出1，然后写入0
↓　读出0

图 7–12　March C 测试算法的运行流程

（4）从最低位地址开始，对每一个地址执行以下操作：把比特位上的 0 读出，重复以上操作直到遍历至最高位地址。

（5）从最高位地址开始，对每一个地址执行以下操作：先把比特位上的 0 读出，然后对其进行写 1，重复以上操作直到遍历至最低位地址。

（6）从最高位地址开始，对每一个地址执行以下操作：先把比特位上的 1 读出，然后对其进行写 0，重复以上操作直到遍历至最低位地址。

（7）以任何顺序对每一地址执行以下操作：读出 0，重复以上操作直到遍历所有地址。

（二）模块级可测性设计的流程

在当前模块级可测性设计的流程中，内部扫描链的设计是必须的。模块级可测性设计的通用实施方案的流程如图 7–13 所示。在 RTL 级代码验证通过之后，首先对设计中的存储器插入内建自测试逻辑。然后，用综合优化工具对插入内建自测试逻辑的设计进行综合、优化和验证。如果此时验证出现问题，需要对插入的内建自测试逻辑进行分析并修改。接下来，进行内部扫描逻辑的插入，这一步需要对当前的设计进行分析，以识别并更改其中存在的可测性问题。之后，将利用自动测试向量生成工具产生当前设计的测试向量并进行覆盖率分析。如果覆盖率不能达到要求，则可以返回上一步分析并更改内部扫描逻辑的插入方式直至覆盖率达到要求。然后，做进一步的综合优化，使得设计本身和可测性设计都能够满足要求，在性能、功耗、面积等方面达到平衡。

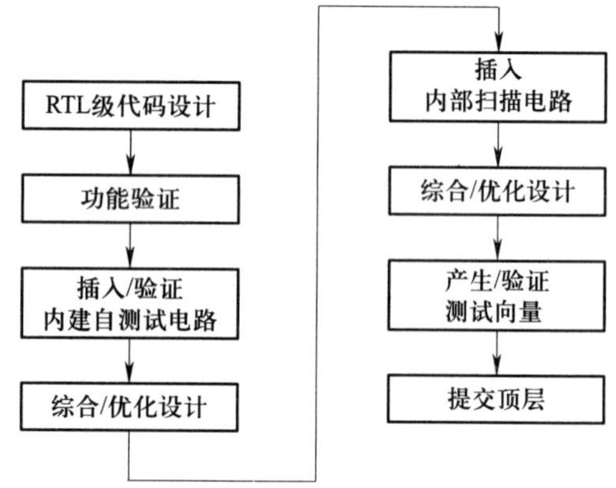

图 7–13　模块级可测性设计的流程

二、模块级可测性设计方案实例

模块级可测性设计方案与模块的电路结构有很大关系，需要根据实际情况来制定合理的可测性设计目标和可测性设计方案。本节以前面介绍的内部扫描设计和内建自测试为基础，以一个 16 位 MIPS 处理器为例，介绍可测性设计方案的实例。首先介绍 16 位 MIPS 处理器的结构，然后介绍其可测性设计目标与方案。

（一）16 位 MIPS 处理器的结构简介

处理器是芯片设计中一个典型的模块，它包含寄存器，又包含存储器，基本涵盖了模块级可测性设计的主要内容。在这里，该MIPS处理器采用了包含取指（IF）、译码（ID）、执行（EXE）、访存（MEM）和写回（WB）的5级流水线结构，共有284个寄存器，如图7–14所示。除了流水线外，还包含一个64×16 bit的指令存储器与一个64×16 bit的数据存储器。

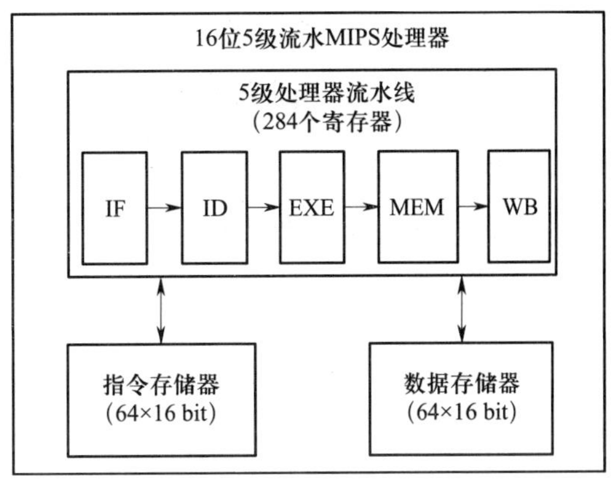

图7–14　16位MIPS处理器的结构框架

（二）16位MIPS处理器的可测性设计目标

在可测性设计之前，需要根据模块结构来制定合理的可测性设计要求和可测性设计目标。针对该处理器，确定了如下要求和目标：

（1）固定故障覆盖率要求达到95%以上。

（2）跳变故障覆盖率要求达到90%以上。

（3）尽可能小的测试开销（包括面积、额外端口数量和性能）、测试简单。

（4）测试结构尽量覆盖整个模块，通过整合内部扫描链和内建自测试来提高故障覆盖率。

（三）16位MIPS处理器的可测性设计方案

由于处理器流水线的所有寄存器都处于同一个时钟域，且无复位寄存器、逻辑上的门控时钟等结构，所以该处理器中的284个寄存器均可串到内部扫描链上。在处理器的流水线上，所有的寄存器都采用时钟上升沿触发，所以内部扫描链的寄存器串联顺序主要是考虑它们之间的物理连接距离。因此，284个寄存器的顺序并没有特殊要求。为了方便起见，本可测性设计方案采用了如图7–15所示的串联顺序，从IF级输入，WB级输出，按照流水线级的先后来进行串联。

由于增加了内部扫描链的设计，处理器流水线上需要增加额外的输入输出端口用于控制和观测。一般来说，内部扫描链增加的端口为分为扫描链输入、扫描链输出、扫描链使能、测试时钟四种端口。其中，扫描链输入与输出端口与电路中扫描链的数量相同。由于本方案只做了一条链，所以只需要一个扫描链输入与一个扫描链输出端口。增加的扫描链使能端口用来控制内部扫描链在移入 / 移出模式与捕获模式之间的切换。测试时钟端口用来提供测试时钟的输入，这个时钟频率一般会比处理器流水线的工作频率要慢很多。为了节省端口，本方案中复用了功能模式下的时钟端口。因此，该处理器流水线的可测性设计一共只需要增加三个端口，见表 7–1。

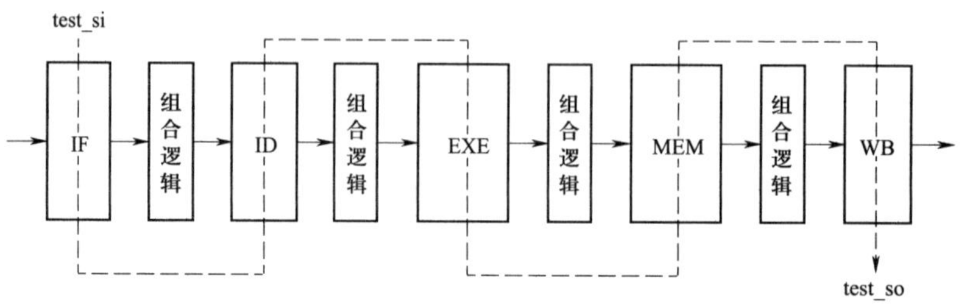

图 7–15　处理器流水线的串联顺序

表 7–1　处理器流水线可测性设计的端口开销

增加的端口	作用
test_si	扫描链输入端口
test_so	扫描链输出端口
test_en	扫描链使能端口

按照上述方案插入内部扫描链以后，处理器流水线的结构如图 7–16 所示，其中灰色部分表示增加的逻辑、端口与走线。

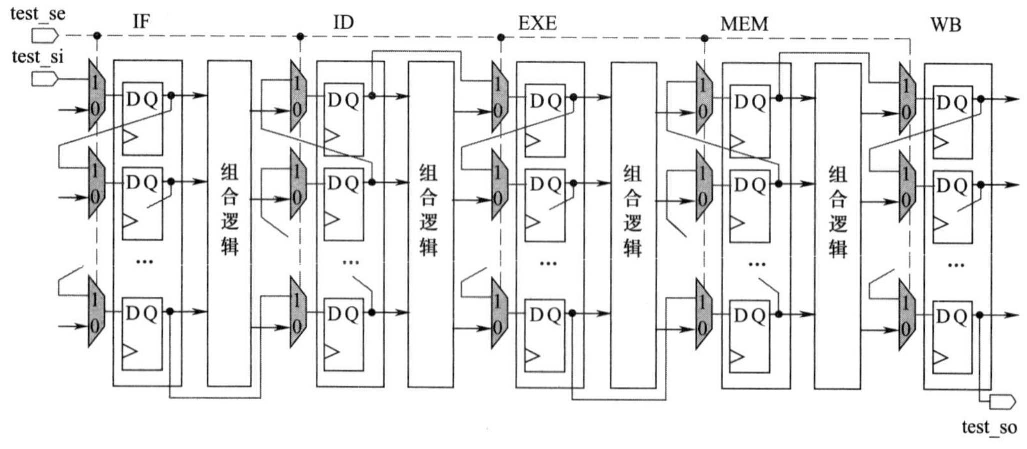

图 7–16　插入内部扫描链的处理器流水线

同时，16 位 MIPS 处理器还包含一个 64 × 16 bit 的指令存储器和数据存储器。两个存储器的大小、位宽、工作频率均一致，因此只需要设计一种内建自测试方案即可。这里采用比较经典的 March C 算法来作为数据存储器内建自测试的算法。如果在整个过程中所有的测试过程均通过，则称该存储器通过了内建自测试。该数据存储器的数据位宽为 16 位，地址位宽为 6 位。根据上述的这些信息便可以设计数据产生器、地址产生器、结果比较以及状态机等模块。

由于 March C 算法所使用的测试向量为全 0 或者全 1，本方案采用如图 7-17 所示的方式来设计数据产生器。数据产生器的位宽为 16 位，输出端被送往数据存储器与结果比较模块。使能信号来自状态机，用来控制输出全 0 还是全 1，当使能信号为高电平时输出全 1 数据。

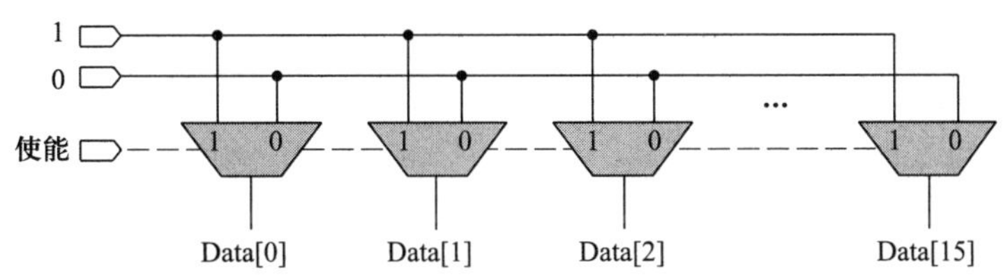

图 7-17　数据产生器的结构示意图

March C 算法中所使用的地址并不是任意选择的，而是以升序方式从最低位地址扫描到最高位地址或者以降序方式变化，所以还需要设计一个地址产生器，使之能够根据状态机来的控制信号生成所需的升序或者降序地址。如图 7-18 展示了本方案中采用的地址生成器，包括一个计数器，若干反相器以及选择单元。其中，计数器（位数为 6 位，与存储器的地址位宽相同）用来实现向上计数，反相器用来实现向下计数，选择器用来选择升序或者降序，选择器的控制端口来自于状态机。

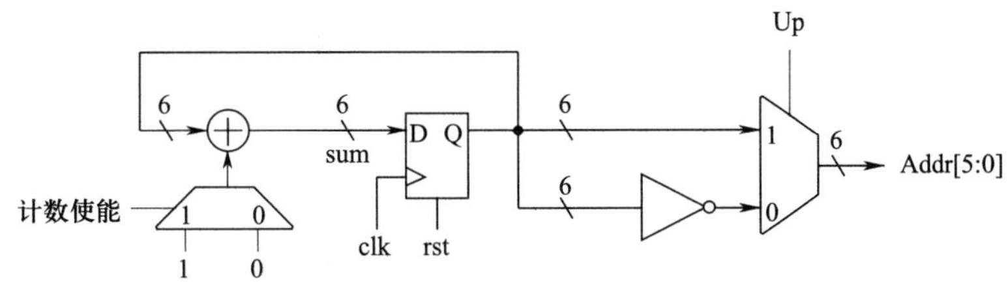

图 7-18　地址产生器的结构示意图

结果比较模块用来判断测试结果是否满足预期，其输入数据（data）与参考数据（ref）均为16位的位宽，分别来自存储器的输出与参考数据。这里采用一级异或门与四级或门树的方式来实现结果比较，如图7–19所示。第一级异或门用来一一比较对应数据与参考数据，并将16位比较结果送到四级或门电路的输入端口。或门树的最后一级是非逻辑，这也就表明，只要第一级的16位结果有一位是1，那么最终的输出succeed为0，即表示测试失败。反之，如果在测试过程中succeed始终为高，则表示测试成功。

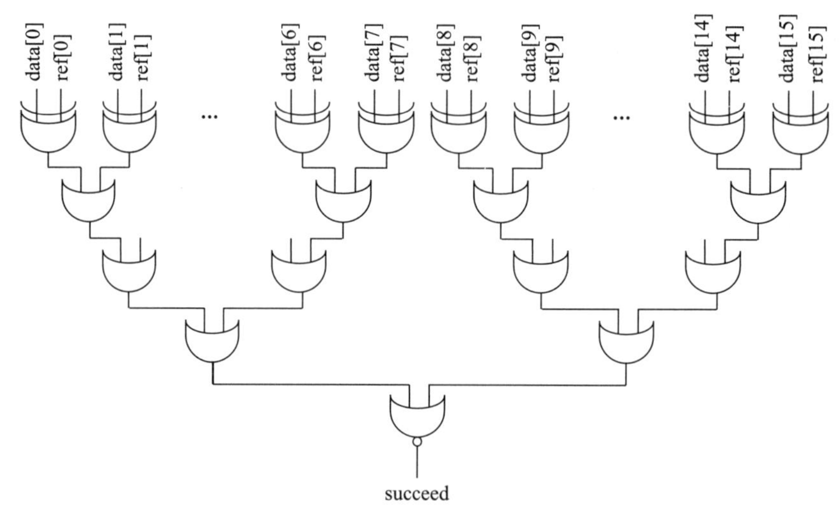

图7–19　结果比较的示意图

March C算法的状态机如图7–20所示。开始状态为S0，当检测到内建自测试使能信号有效时（bist_en=1）时，即进入S1状态。S1–S11是将March C算法按照前文所提到的步骤拆解的状态机，主要分为地址升序与地址降序两个过程。其中，S1–S6为地址升序的过程，S7–S11为地址降序的过程。S12和S13代表测试完成状态，前者代表测试成功，后者代表测试中存在错误。在处于比较的状态时（如S2、S4、S6、S7、S9和S11，图中填充为灰色），如果结果比较模块返回的succeed为0，则转入S13状态。

March C状态机的各个状态所代表的动作，以及产生的、送给其他模块的控制信号见表7–2。

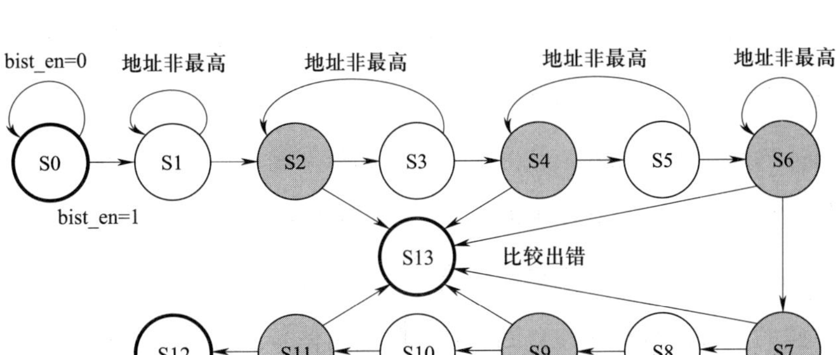

图 7–20 March C 状态机

表 7–2 March C 状态机所产生的动作及控制信号

状态	动作	数据产生模块	地址产生模块	控制信号
S0	空闲	—	计数器复位	—
S1	写 0，地址递增	使能为 0	Up 为 1；计数使能为 1	写有效
S2	读 0，比较 0	使能为 0	Up 为 1；计数使能为 0	读有效
S3	写 1，地址递增	使能为 1	Up 为 1；计数使能为 1	写有效
S4	读 1，比较 1	使能为 1	Up 为 1；计数使能为 0	读有效
S5	写 0，地址递增	使能为 0	Up 为 1；计数使能为 1	写有效
S6	读 0，比较 0，地址递增	使能为 0	Up 为 1；计数使能为 1	读有效
S7	读 0，比较 0	使能为 0	Up 为 0；计数使能为 0	读有效
S8	写 1，地址递减	使能为 1	Up 为 0；计数使能为 1	写有效
S9	读 1，比较 1	使能为 1	Up 为 0；计数使能为 0	读有效
S10	写 0，地址递减	使能为 0	Up 为 0；计数使能为 1	写有效
S11	读 0，比较 0，地址递减	使能为 0	Up 为 0；计数使能为 1	读有效
S12	完成，正确	—	—	—
S13	完成，出现错误	—	—	—

由于对存储器增加了内建自测试的设计，所以需要增加输入输出端口。根据方案，一共需要增加内建自测试使能、内建自测试复位、内建自测试完成、内建自测试时钟

四个端口。由于指令存储器和数据存储器的大小、位宽及频率均相同，所以可以使用同一套内建自测试的电路以节省端口、面积和功耗。增加的内建自测试使能端口用来控制是否进入内建自测试模式，并旁路存储器的数据输入。内建自测试时钟端口用来提供存储器的输入时钟。这个时钟频率一般与存储器的工作频率相同。为了节省端口，本方案复用功能模式下的时钟端口。内建自测试复位与内建自测试完成分别是内建自测试相关电路的复位信号与内建自测试结束的输出信号。所以，本方案的存储器可测性设计一共只需要增加三个端口，见表 7–3。

表 7–3　　存储器可测性设计的端口开销

增加的端口	作用
bist_en	内建自测试使能
bist_rst	内建自测试复位
bist_done	内建自测试完成

第三节　数字集成电路的可测性设计与验证

考核知识点及能力要求：

- 掌握数字集成电路测试扫描链的生成方法。
- 掌握数字集成电路测试向量的自动生成方法。
- 了解数字集成电路 DFT 的方案定义、仿真验证和调试。

一、测试扫描链的生成

扫描链是可测性设计的一种重要实现方式，通常会将传统的触发器替换为扫描时序单元，如 Muxed-D 扫描寄存器、Level Sensitive Scan Design（LSSD）等。然后，将这些寄存器首尾相连，形成移位寄存器的链条。

（一）库的检查和替换规则设置

要搭建扫描链，首先需要有支持扫描模式的 Muxed-D 扫描寄存器，其结构如图 7-2 所示。用户可以从标准单元的 Datasheet 或者 Liberty 库（.lib 文件）中查找相应的测试单元。可测性时序单元的定义中会有专门声明其作用的字段，以“test_cell”开头，可通过查找“test_cell”字段判断 Liberty 库中是否有可测性时序单元。

综合工具读入工艺库后会自动识别库中存在的扫描寄存器，插入扫描链时也会自动使用它们替换触发器。但是如果只想使用特定的一个或几个单元，或者明确替换规则，可以通过例 7-1 所示的两条命令进行设置。两个命令的区别在于，第一种方式只指定能够用于替换的扫描寄存器，示例中指定为 SDFHx1_ASAP7_75t_R；而第二种方式同时指定待替换普通时序单元和替换可测性时序单元类型，示例中将原电路中 DFFHQNx1_ASAP7_75t_R 的替换单元指定为 SDFHx1_ASAP7_75t_R。

【例 7-1】 指定扫描寄存器。

```
1. set_scan_register_type  type SDFHx1_ASAP7_75t_R
2. set_scan_replacement -nonscan DFFHQNx1_ASAP7_75t_R \
     -multiplexed_flip_flop SDFHx1_ASAP7_75t_R
```

（二）测试协议的创建

在插入扫描链之前，综合工具要求用户必须创建一个测试协议（test protocol），告知插入扫描链的策略。例如，协议需要包括使用 Muxed-D 扫描寄存器还是 LSSD 等扫描时序单元，test_se、test_si 和 scan_clock 用什么端口，测试周期如何等。

例 7-2 是一个创建测试协议的完整过程，包括：

（1）指定可测性时序单元类型，一般使用 Muxed-D 扫描寄存器。

（2）设置扫描链条数。若不设置，默认用 1 条扫描链连接所有寄存器。

（3）设置四个应用变量，均以 ns 为单位。在简单的扫描链设计中，test_default_delay 和 test_default_bidir_delay 维持缺省值 0 即可；test_default_period 是指一个测试向量在电路中保持的时间，定义了测试的频率，示例其设置为默认值 100 ns；test_default_strobe 同样设为默认值 40 ns。实际操作中，这些时序参数需要与测试方对接。

（4）用 set_dft_signal 指定 test_se、test_si、test_so、scanclock 几个基本测试信号的信息。其中，scanclock 的信息是必需的，其余几个可缺省。在缺省的情况下，工具在后续过程中会自动创建输入端口 test_se 和 test_si。test_so 则可能直接复用电路原有输出端口，即工具会尝试将连接输出端口的寄存器综合到扫描链尾部，此输出端口即可直接复用为 test_so。示例还指定使用已有的时钟 clk 作为测试时钟的输入，并指定了时钟的波形。

（5）通过 create_test_protocol 创建测试协议，此协议保存于综合工具的内存中，可以通过 write_test_protocol 命令写出。综合工具以协议为指导进行 DRC 检查和扫描链的综合。

【例 7–2】 测试协议的创建。

```
# 指定可测性时序单元类型为 mux-dff
# -style 选项表示设置可测性时序单元类型
# -style 后面可填入的类型可通过 man set_scan_configuration 查看
set_scan_configuration -style multiplexed_flip_flop

# 设置扫描链条数为 3 条
set_scan_configuration -chain_count 3

# 设置扫描链延迟和周期
set test_default_delay 0
set test_default_bidir_delay 0
```

```
set test_default_strobe 40
set test_default_period 100

# 配置测试信号
# -timing 选项用于指定波形，列表中第一个值为上升沿到来时刻，第二个值为下降沿到来时刻
# -type 选项用于选择当前设置的信号，此处为测试时钟，还可以选择 test_si、test_se 等信号
set_dft_signal -view exist -type ScanClock -port clk -timing "0.45 \
 0.55"

# 创建测试协议
create_test_protocol
```

(三)扫描链的综合

创建好测试协议后，就可以开始综合扫描链了。整个过程如例 7–3 所示，分为以下几步：

（1）使用 dft_drc 命令进行设计规则检查。综合工具会根据测试协议中的设置，检查待综合设计有无违例。可以通过 set_dft_configuration –fix_clock enable 和 set_dft_configuration –fix_reset enable，让综合工具在综合扫描链时自动解决这些问题。

（2）compile –scan。此命令会将电路中的原时序单元替换为可测性时序单元，但不进行扫描链的连接和测试用端口的创建。

（3）preview_dft。此命令作用为预综合。工具不会修改网表，只将综合后可能的效果呈现给用户。在这一步后，可以用 dft_drc 再检查一遍设计规则，对设计和协议进行调整，以便最终进行综合。

（4）insert_dft。此命令最终生成扫描链。综合工具会以用户创建的测试协议为指导创建扫描链，包括扫描寄存器的互连，测试端口的创建，DRC 问题的修复等。

【例 7–3】 扫描链的综合。

```
# 设计规则检查
dft_drc

# 时序单元替换
compile -scan

# dft 预综合
preview_dft -show all
dft_drc

# dft 综合
insert_dft
```

（四）创建扫描链的完整脚本

包含上文所介绍的设置扫描寄存器、创建测试协议和综合扫描链的完整脚本汇总如例 7–4 所示。

【例 7–4】 创建扫描链的完整脚本。

```
set_scan_configuration -style multiplexed_flip_flop
set test_default_delay 0
set test_default_bidir_delay 0
set test_default_strobe [expr 0.4*$clk_period]
set test_default_period $clk_period
set_dft_signal -view exist -type ScanClock -port clk -timing "[expr \
0.45*$clk_period] [expr 0.55*$clk_period]"
create_test_protocol
dft_drc
```

```
compile -scan
preview_dft -show all
dft_drc
insert_dft
```

二、测试向量的自动生成

对于一个被测电路来说，如果存在一组输入激励能够使电路在发生故障时与正常工作时能产生不同的输出结果，就把该组输入激励定义为被测电路的一组测试向量。如图 7–21 所示，假定被测电路为最简单的二输入与门（AND2），且 A 端口发生了固定为 0 的故障。为了检测出 A 端口的故障，首先要给 A 端口设一个相反的值 1。同时，为了让 A 端口的输入能够传到 Y 端口，B 端口的输入端值应设为 1。电路正常工作状态下，Y 端口对应的输出值应该为 1；当 A 端口处发生了固定为 0 的故障时，Y 端口输出值为 0。见表 7–4，此时 A=1，B=1，Y=1 可以作为一组测试向量检测 A 处是否发生固定为 0 的故障。同理，可以推断出检测 A 处固定为 1 的故障的测试向量为：A=0，B=1，Y=0。

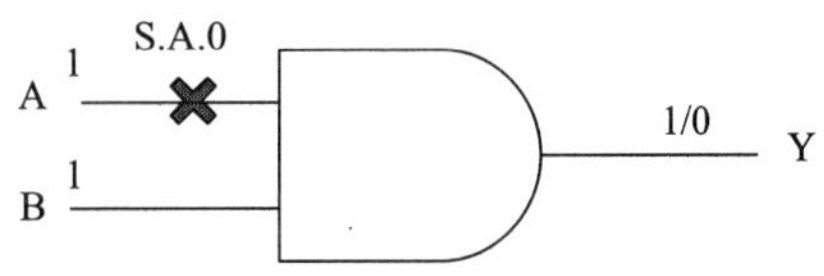

图 7–21　AND2 测试向量示意图

表 7–4　AND2 测试向量生成表

A	B	Y		
		正常工作	A 固定为 0	A 固定为 1
0	0	0	0	0
0	1	0	0	1
1	0	0	0	0
1	1	1	0	1

通过观察可以发现，B 处或者 Y 处是否发生固定为 0 的故障也可以通过检测 A 是否固定为 0 的测试向量 A=1，B=1，Y=1 检测出来。把能够被同一组测试向量检测出的所有故障称为等价故障。在测试向量的生成中，只需要选择所有等价故障中的一个

进行求解即可，这样可以大大减少测试向量的生成时间。

由于电路中等价故障的存在，在测试向量生成之前需要把等价故障合并成一类，这个过程称为故障压缩。以图 7–22 为例，压缩前电路可能发生的故障有 28 个，压缩后故障变为 10 个，其测试向量生成的时间也相应减少。

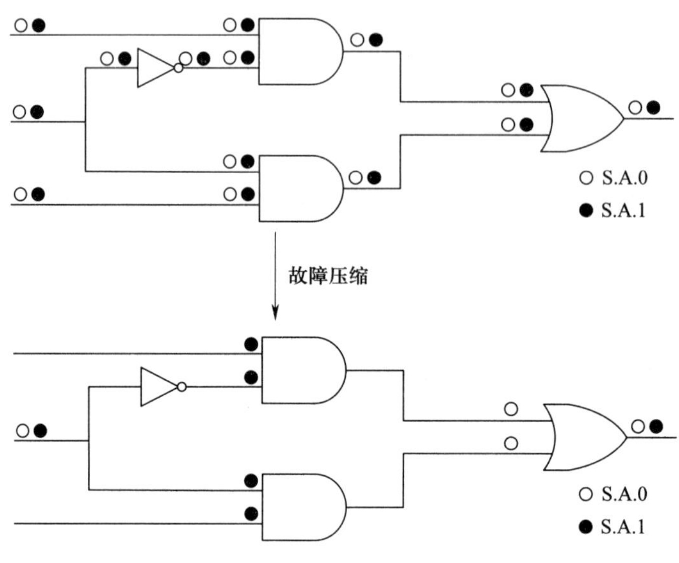

图 7–22　故障压缩示意图

上面介绍了测试向量生成的基本方法，也介绍了为了节省生成测试向量的时间提出的等效故障和故障压缩的相关概念，事实上电路设计者在电路可测性设计过程中通常借助于 ATPG（Automatic Test Pattern Generation）工具实现测试向量的自动生成。ATPG 工具生成测试向量的流程图如图 7–23 所示。首先，针对待测电路生成故障列表，然后选择其中的一个故障求解生成测试向量；在此基础上，用生成的测试向量对待测电路进行故障仿真，看能覆盖到哪些故障，并将能覆盖到的故障从故障列表中删除；接下来，再从更新后的故障列表中选择一个新的故障并重复上述步骤。

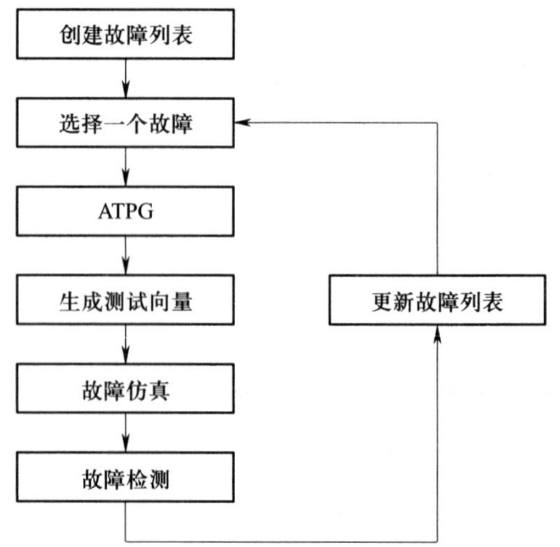

图 7–23　ATPG 工具自动生成测试向量的流程图

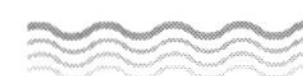

目前 ATPG 工具已经可以支持千万门级组合逻辑和全扫描电路的测试向量生成。下面以 Synopsys 的 TetraMAX 工具为例，为一个 32 位加法器自动生成测试向量。如图 7-24 所示，其设计步骤如下：

（1）输入含扫描结构的门级网表和库文件。

（2）建立 ATPG 模型。ATPG 工具根据库文件和网表文件建立模型。在建立模型之前工具提供了 set_build 参数，可以分别把部分电路设置为 empty_box 和 black_box。其中，black_box 用于设定电路内部的存储器。

（3）根据 STIL protocol file（.spf）文件进行设计规则检查。.spf 文件是标准测试接口文件，包含扫描结构的一系列信息和信号的约束，该文件在上述插入扫描链时由 DFT Complier 生成。设计规则检查首先检查扫描链是否完全可控，之后进行时钟规则和数据规则的检查等。

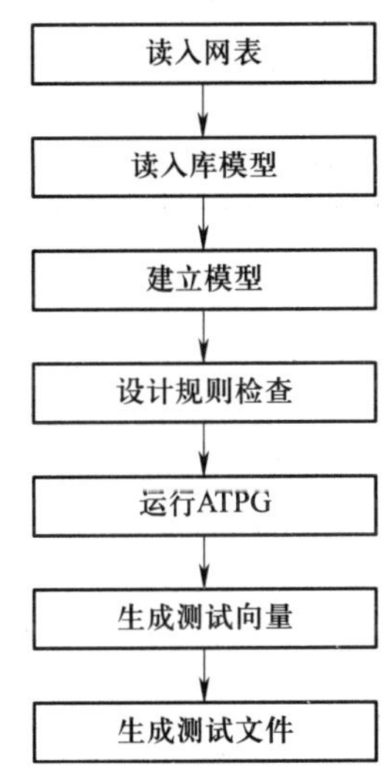

图 7-24　ATPG 的流程示意图

（4）生成测试向量。在生成测试向量时有两种向量形式可供选择，分别为 parallel pattern 和 serial pattern。基于 parallel pattern 的扫描链加载 / 卸载是扁平的，扫描单元是侧面加载的，仿真速度快，用于 debug 时的定位仿真故障，但不能覆盖扫描移位过程中会产生的问题；serial pattern 按照周期将数据一步步移入扫描连，一般用于集成电路自动测试机（Automatic Test Equipment，ATE）测试中，PI 端口将测试值输入，在 PO 口观测输出值。

（5）输出测试向量和故障列表。生成测试向量文件时有多种文件格式供选择，一般选择 STIL 格式，该种格式可以转化成 Verilog 格式的 testbench 以便仿真验证。

例 7-5 给出了 ATPG 工具生成测试向量的参考脚本。

【例 7-5】 ATPG 生成测试向量的参考脚本。

```
read_netlist library.v   // 读入库文件
read_netlist my_design_adder.v    // 读入扫描链插入后的网表
run_build_model mydesign_adder    // 建立模型
```

```
run_drc mydesign_adder.spf        // 设计规则检查
add faults -all                   // 添加所有可能故障
run_atpg
write_pattern mypat.stil -format stil        // 输出测试向量
Write_testbench -input mypat.stil -output testbench.v -replace    // 转换 .v 格式
```

在完成上述操作后，可以查看工具生成的自动测试向量。例 7–6 给出了两条生成测试向量（pattern0 和 pattern1）的示例。测试向量的扫描和测试分为两个阶段，如图 7–25 所示，根据第二节的原理，其中“Load_unload”阶段对扫描寄存器移位进行赋值或者读取，test_si 端输入所有扫描寄存器该条测试向量需要的值，然后进行移位赋予的同时也可以通过输出端读出，在以加法器为例的设计中就是 f[31] 端口，“muticlock_capture”阶段进行主输入 PI 和主输出 PO 的赋值和读取。

【例 7–6】 输出测试向量。

```
Pattern "_pattern_" {
   W "_multiclock_capture_WFT_";
  "precondition all Signals": C { "_PI"=\r67 0 ;
    "_PO"=\r32 X ;}
  Macro "test_setup";
  Ann {* chain_test *}
  "pattern 0":Call "load_unload" {
    "test_si"=00110011001100110011001100110011;}
  Call "multiclock_capture" {
     "_PI"=1101101110100011110001100110010000101111101111000100110001100
000011;
    "_PO"=LHLLHHLLHHLHLHHLLHHLLHHHLLLHHLLH;}
  "pattern 1": Call "load_unload" {
```

```
        "f[31]"=LLHHLLHHLLHHLLHHLLHHLLHHLLHHLLHH;
    "test_si"=00100001101000110101001011110101; }
    Call "multiclock_capture" {
        "_PI"=0011011101010111100010101100100111011111011010001001101011000
000P00;
        "_PO"=LHLLLLLLHHLLHHHHLLHLHHLHLLLHLHHH; }
```

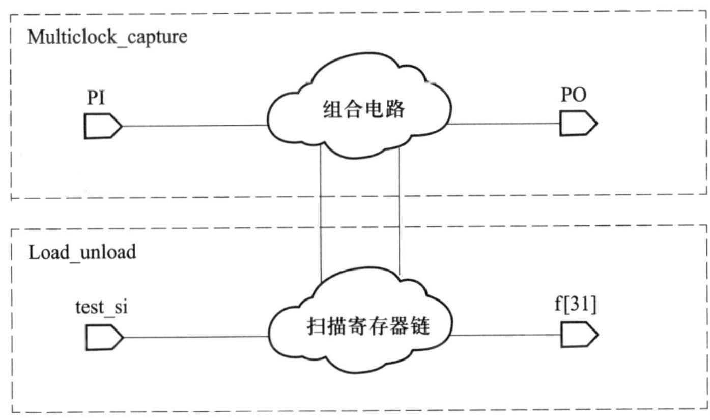

图 7–25　测试向量的扫描与测试示意图

三、测试向量的仿真验证

在自动生成测试向量后，需要对生成的测试向量进行仿真验证。以 32 位加法器为例，将综合过后的电路门级网表和 ATPG 工具给出的 testbench 一起进行仿真，可以验证 32 位加法器是否发生故障。例 7 7 给出了加法器的仿真结果，从中可以看出，加入测试向量后，电路仿真没有问题。

【例 7–7】 32 位加法器的仿真结果。

```
XTB： Starting serial simulation of 41 patterns
XTB： Begin serial scan load for pattern 0 (T=1000.00 ns, V=3)
XTB： Begin serial scan load for pattern 5 (T=86000.00 ns, V=173)
```

```
XTB： Begin serial scan load for pattern 10 (T=171000.00 ns, V=343)
XTB： Begin serial scan load for pattern 15 (T=256000.00 ns, V=513)
XTB： Begin serial scan load for pattern 20 (T=341000.00 ns, V=683)
XTB： Begin serial scan load for pattern 25 (T=426000.00 ns, V=853)
XTB： Begin serial scan load for pattern 30 (T=511000.00 ns, V=1023)
XTB： Begin serial scan load for pattern 35 (T=596000.00 ns, V=1193)
XTB： Begin serial scan load for pattern 40 (T=681000.00 ns, V=1363)
XTB： Begin serial scan load for pattern 40, unload 2 (T=698000.00 ns, V=1397)
XTB： Simulation of 41 patterns completed with 0 mismatches (time： 714500.00 ns,
cycles： 1429)
```

同时，可以修改网表中的两个节点的连接点来模拟电路生产过程中发生的故障，再进行上述的功能仿真。部分仿真结果如例 7–8 所示，此时可以看到仿真结果报错。通过观察报错信息可以发现，scan cell 26 发生了错误。为此，可以找到 scan cell 26 在门级网表中的位置，并往前追溯电路结构，发现电路出现 Y 和 A 波形不同的错误，如图 7–26 所示。通过该方法，可以知道门级网表中 XOR 的 Y 端到 INV 的 A 端发生了故障。

通过上述的例子，当实际芯片发生故障时，测试工程师可以通过类似的施加测试向量并观察相应输出结果的方法，来快速定位电路结构中故障发生的位置，从而达到快速测试芯片的目的，所以可测性设计大大提高了芯片测试的效率。

【例 7–8】 32 位加法器的仿真结果。

```
XTB: Starting parallel simulation of 41 patterns
XTB: Using 0 serial shifts
XTB: Begin parallel scan load for pattern 0 (T=1000.00 ns, V=3)
>>>  Error during scan pattern 2 (detected from parallel unload of pattern 1)
>>>     At T=4700.00 ns, V=10, exp=0, got=1, chain 1, pin f[31], scan cell 26
```

```
>>> Error during scan pattern 3 (detected from parallel unload of pattern 2)
>>>   At T=6200.00 ns, V=13, exp=0, got=1, chain 1, pin f[31], scan cell 26
XTB: Begin parallel scan load for pattern 35 (T=53500.00 ns, V=108)
>>> Error during scan pattern 35 (detected from parallel unload of pattern 34)
>>>   At T=54200.00 ns, V=109, exp=0, got=1, chain 1, pin f[31], scan cell 26
XTB: Simulation of 41 patterns completed with 16 mismatches (time: 63500.00 ns, cycles: 127)
```

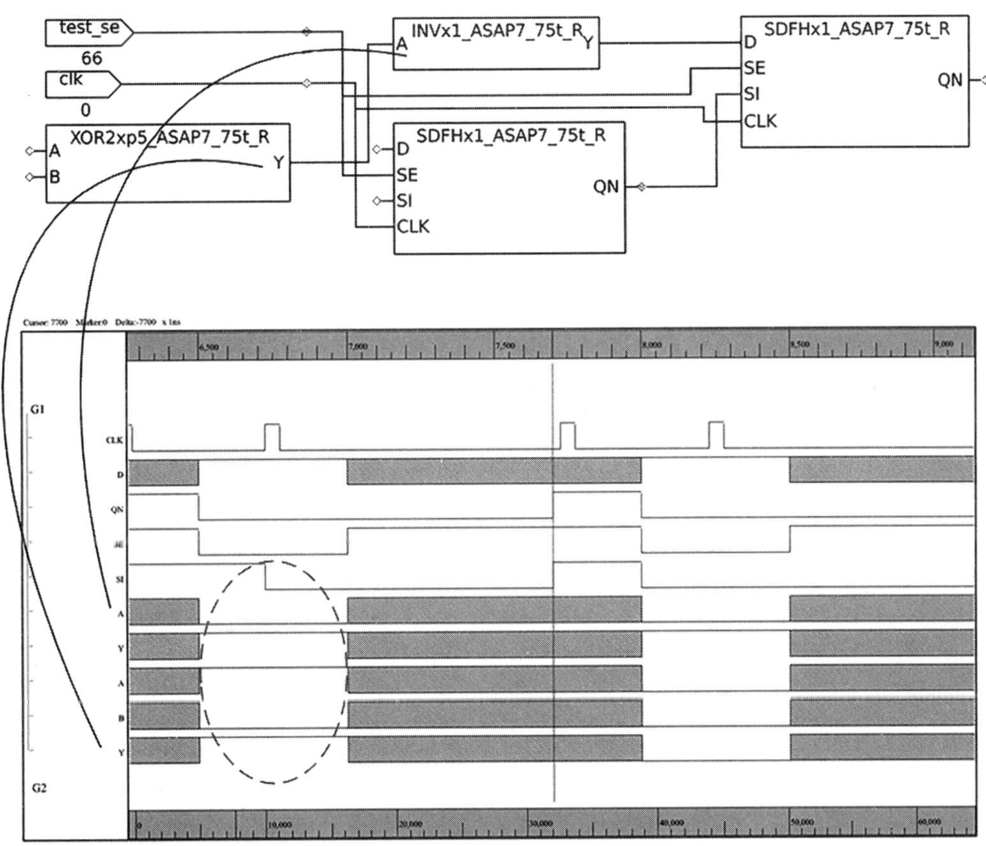

图 7-26　32 位加法器电路的结构框图和部分仿真波形图

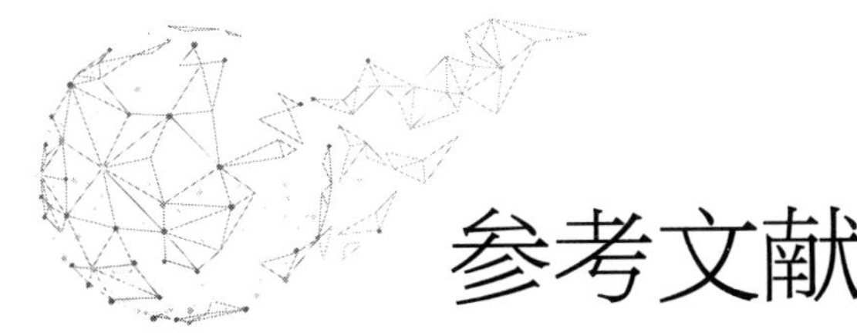

参考文献

［1］ Phillip E.Allen，Douglas R.Holberg.CMOS 模拟电路设计［M］.2 版．北京：电子工业出版社，2005.

［2］ 夏宇闻，韩彬 .Verilog 数字系统设计教程［M］. 北京：北京航空航天大学出版社，2017.

［3］ 魏家明 . Verilog 编程艺术［M］. 北京：电子工业出版社，2014.

［4］ 何宾 . EDA 原理及 Verilog HDL 实现［M］. 北京：清华大学出版社，2016.

［5］ 王金明 . 数字系统设计与 Verilog HDL［M］. 北京：电子工业出版社，2021.

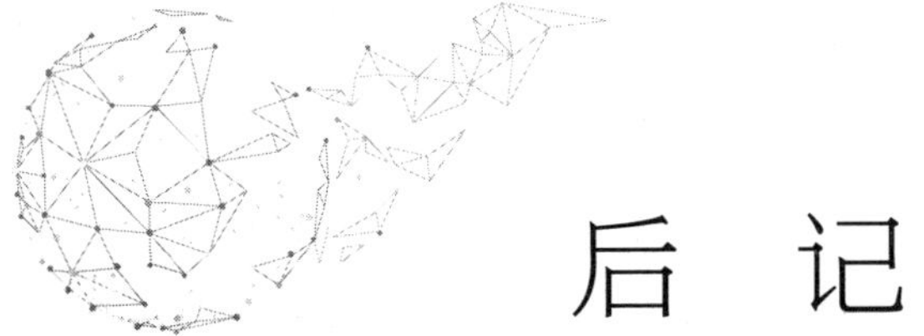

后 记

随着人工智能、物联网等新兴产业的崛起以及通信、计算机、消费电子、智能电网等应用领域需求带动，近年来全球集成电路市场规模整体呈现出不断扩大的态势。集成电路作为我国的支柱性产业，是引领新一轮科技革命和产业变革的关键力量，不仅对国民经济和生产生活至关重要，而且对国家的信息安全与综合国力具有战略性意义。

在国家政策支持和市场需求拉动下，我国集成电路发展迅速，取得了不俗的成绩。从 2017 年到 2021 年，我国集成电路市场规模由 5 411 亿元增至 10 966 亿元，年复合增长率达 19.31%，远高于全球增速。从我国集成电路产业结构来看，设计、制造和封装测试三个子行业的格局正在不断变化，同时产业链结构也在不断优化。其中，设计业保持高速增长，占比逐渐上升，从 2016 年起销售额规模已超过封装测试业，成为我国集成电路产业第一大行业。

2021 年 3 月，《人力资源社会保障部办公厅　市场监管总局办公厅　统计局办公室关于发布集成电路工程技术人员等职业信息的通知》正式将集成电路工程技术人员列为新职业。集成电路工程技术人员作为数字化技术发展和变革催生出的新职业，对于促进数字经济的健康发展具有重要意义。在充分考虑科技进步、社会经济发展和产业结构变化对集成电路工程技术人员专业要求的基础上，以客观反映集成电路技术发展水平及其对从业人员的专业能力要求为目标，根据《集成电路工程技术人员国家职业技术技能标准（2021 年版）》（以下简称《标准》）对集成电路工程技术人员职业功能、工作内容、专业能力要求和相关知识要求的描述，在人力资源社会保障部专业技术人员管理司指导下，中国电子技术标准化研究院组织有关专家开展了集成电路工程技术人员培训教程（以下简称教程）的编写工作，用于全国专业技术人员新职业培训。

集成电路工程技术人员是从事集成电路需求分析，集成电路架构设计，集成电路详细设计、测试验证、网表设计和版图设计的工程技术人员。共设三个等级，分别为初级、中级、高级。初级、中级、高级均设三个职业方向：集成电路设计、集成电路工艺实现和集成电路封测。

与此相对应，教程也分为初级、中级、高级，分别对应其专业能力考核要求。各专业技术等级的每个职业方向分别对应一本教程，另外各专业技术等级还包含一本《集成电路工程技术人员——集成电路基础知识》教程。

在使用本系列教程开展培训时，应当结合培训目标与受训人员的实际水平和专业方向，选用合适的教程。在集成电路工程技术人员各专业技术等级的培训中，基础知识教程是每个职业方向都需要掌握的，在此基础上，可根据培训目标与受训人员实际，选用不同职业方向的教程开展培训。培训考核合格后，获得相应证书。

初级教程包含《集成电路工程技术人员——集成电路基础知识》《集成电路工程技术人员（初级）——集成电路设计》《集成电路工程技术人员（初级）——集成电路工艺实现》《集成电路工程技术人员（初级）——集成电路封测》，共 4 本。《集成电路工程技术人员——集成电路基础知识》一书对应《标准》中的共性职业功能，是各职业方向培训教程的基础。《集成电路工程技术人员（初级）——集成电路设计》一书内容涵盖《标准》中初级集成电路设计职业方向应该具备的专业能力和相关知识要求。《集成电路工程技术人员（初级）——集成电路工艺实现》一书内容涵盖《标准》中初级集成电路工艺实现职业方向应该具备的专业能力和相关知识要求。《集成电路工程技术人员（初级）——集成电路封测》一书内容涵盖《标准》中初级集成电路封测职业方向应该具备的专业能力和相关知识要求。

本教程适用于大学专科学历（或高等职业学校毕业）以上，具有较强的学习能力、计算能力、表达能力及分析、推理和判断能力，参加全国专业技术人员新职业培训的人员。

集成电路工程技术人员需按照《标准》的职业要求参加有关课程培训，完成规定学时，取得学时证明。初级 128 标准学时，中级 128 标准学时，高级 160 标准学时。

本教程编写过程中，得到了人力资源社会保障部、工业和信息化部相关司局的全力支持，来自行业龙头企业、高校、科研院所的专家学者参与了编写和审定，同时参考了多方面的文献，吸取了许多专家学者以及行业优秀企业的研究成果，在此一并表示感谢。

由于编者水平、经验与时间所限，本书的不足与疏漏之处在所难免，恳请广大读者批评与指正。

本书编委会